シリーズ 現代の生態学

集団生物学

日本生態学会 編

担当編集委員
巖佐 庸
舘田英典

共立出版

【執筆者一覧】(担当章)

巌佐　庸　　　　九州大学大学院理学研究院(第 2・3・4・6・8・9 章)
舘田英典　　　　九州大学大学院理学研究院(第 1・11・12・13 章)
岩見真吾　　　　九州大学大学院理学研究院(第 5 章)
粕谷英一　　　　九州大学大学院理学研究院(第 7・10 章)
楠見淳子　　　　九州大学大学院比較社会文化研究院(第 14・15・16 章)
渡慶次睦範　　　九州大学理学部附属天草臨海実験所(第 17・18・19 章)
荒谷邦雄　　　　九州大学大学院比較社会文化研究院(第 20・21 章)
矢原徹一　　　　九州大学大学院理学研究院(第 22 章)
細谷忠嗣　　　　九州大学持続可能な社会のための決断科学センター(第 23 章)

『シリーズ現代の生態学』編集委員会
編集幹事：矢原徹一・巌佐庸・池田浩明
編集委員：相場慎一郎・大園享司・鏡味麻衣子・加藤元海・沓掛展之・工藤　洋・古賀庸憲・佐竹暁子・津田　敦・原登志彦・正木　隆・森田健太郎・森長真一・吉田丈人 (50 音順)

『シリーズ　現代の生態学』刊行にあたって

「かつて自然とともに住むことを心がけた日本人は，自然を征服しようとした欧米人よりも，自分達の幸福を求めて，知らぬ間によりひどく自然の破壊をすすめている．われわれはいまこそ自然を知らねばならぬ．われわれと自然とのかかわり合いを知らねばならぬ．」

これは，1972～1976年にかけて共立出版から刊行された『生態学講座』における刊行の言葉の冒頭部である．この刊行から30年以上も経ち，状況も変わったので，講座の改訂というより新しいシリーズができないかという話が共立出版から日本生態学会に持ちかけられた．この提案を常任委員会で検討した結果，生態学全体の内容を網羅する講座を出版すべきだという意見と，新しいトピック的なものだけで構成されるシリーズものが良いという対立意見が提出された．議論の結果，どちらにも一長一短があるので，中道として，新進気鋭の若手生態学者が考える生態学の体系をシリーズ化するという方向に決まった．これに伴い，若手を中心とする編集委員が選任され，編集委員会での検討を経て，全11巻から構成されるシリーズにまとまった．

思い起こせば『生態学講座』が刊行された時代は，まだ生態学の教科書も少なく，生態学という学問の枠組みを体系立てて示すことが重要であった．しかも，『生態学講座』冒頭の言葉には，日本における人間と自然とのかかわり合いの急速な変化に対する懸念と，人間の行為によって自然が失われる前に科学的な知見を明らかにしておかなければならないという危機感があふれている．それから30年以上経った現在，生態学は生物学の一分野として確立され，教科書も多数が出版された．生物多様性に関する生態学的研究の進展は特筆すべきものがある．また，生態学と進化生物学や分子生物学との統合，あるいは社会科学との統合も新しい動向となっており，生態学者が対象とする分野も拡大を続けている．しかし，その一方で生態学の細分化が進み，学問としての全体像がみえにくくなってきている．もしかすると，この傾向は学問における自然な「遷移」なのかもしれないが，この転換期において確固とした学問体系を示すことはきわめて困難な作

業といえる．その結果，本シリーズは巻によって目的が異なり，ある分野を網羅的に体系づける巻と近年めざましく進んだトピックから構成される巻が共存する．シリーズ名も『シリーズ　現代の生態学』とし，現在における生態学の中心的な動向をスナップショット的に切り取り，今後の方向性を探る道標としての役割を果たしたいと考えた．

　本シリーズがターゲットとする読者層は大学学部生であり，これから生態学の専門家になろうとする初学者だけでなく，広く生態学を学ぼうとする一般の学生にとっても必読となる内容にするよう心がけた．また，1冊12～15章の構成とし，そのまま大学での講義に利用できることを狙いとしている．近年の日本生態学会員の増加にみられるように，今日の生態学に求められる学術的・社会的ニーズはきわめて高く，かつ，多様化している．これらのニーズに応えるためには，次世代を担う若者の育成が必須である．本シリーズが，そのような育成の場に活用され，さらなる生態学の発展と普及の一助になれば幸いである．

日本生態学会　『シリーズ　現代の生態学』　編集委員会　一同

まえがき

　集団生物学（population biology）は，生態学・動物行動学・集団遺伝学・進化学等を含む個体以上のレベルの生物学の総称である．

　集団生物学という語は，1970年ころに個体群生態学と集団遺伝学を2つの核とする新進分野として提唱された．従来の「暗記もの」的イメージのあった進化学や生態学において，数理モデリングをきちんと教える生物学として大きなインパクトを与えた．現状をみると，その試みは成功しすっかり定着している．当時集団遺伝学者が取り組んでいた野外集団の遺伝的構成を理解する手段は，その後に発展した分子進化学や分子系統学とともに，生態学者の日々の研究の一部に組み入れられている．他方で進化生態学の勃興とともに，生物の形態や行動が，長い進化プロセスを経て形成された結果であることに着目した解析が極めて有効であることがはっきりし，野外での適応度を測定することが生態学の重要な研究テーマとなった．

　その結果，集団生物学に属する諸科学は互いに融合してきた．いまや生態学と進化学を分けようとしても，分子進化学と分類学に線引きをしようとしてもそれほど意味がないと感じられるまでになってきた．加えて保全生物学という応用分野と進化学や動物行動学などの基礎分野との境目も壁が低くなっている．

　本書は，学部の1年生と2年生前半に対する講義科目の教科書として使用することを念頭において企画された．九州大学に入学した1年生および2年生前期に行われる基幹教育において開講される「集団生物学」の受講生には，工学部，芸術工学部，医学部など，高等学校で生物学を学んでいない学生が多く含まれている．同時期に開講される生物学の科目には，個体の内部に関する生物学をカバーする「細胞生物学」が別に設けられており，これに対して個体以上のいわゆるマクロ生物学をカバーする科目が「集団生物学」である．

　執筆者は生態学，集団遺伝学，分子進化学，分類学，数理生物学など，集団生物学の分野を専門として研究している教員である．しかし本書を用いれば，発生学や神経生物学など異なる分野を専門とする生物学教員にも集団生物学の講義を担当していただけるのではないか，ということが1つの執筆の動機であった．

本書の構成は次のようになっている．

まず第1章において，地球上の生物多様性の空間的分布と生命の歴史を概括する．そのあと，第Ⅰ部「生物の人口論」では，生物が増殖し死亡することの結果起きる人口増加，餌や棲み場所を巡って競争する2種の共存，捕食者とその餌となる生物とが示す振動などについて述べる．これは個体群生態学と呼ばれる分野である．

第Ⅱ部「適応戦略」は，捕食行動や餌生物が被食を回避する行動や形態について触れたあと，配偶行動，生活史等について述べる．これらのテーマでは現実に生物が採用する行動や形態，生理などが，より多く生き延び多数の子供を残す意味での適応的な挙動になっているとする考え方が有効である．最適化の数学やゲーム理論が活躍する分野である．

第Ⅲ部「進化のメカニズム」では，現代進化学にとって基本的な遺伝子のダイナミックスとしての側面を説明する．最初にメンデル遺伝学について概説し，そのように繁殖をする個体の集団において遺伝的組成がどのように変化するのかを述べる．また複数の遺伝子座を持つ場合，そして多数の遺伝子座が1つの形質（たとえば体長）を決めるときの状況などの取り扱いを説明する．遺伝率という基本概念を理解することは，現代社会の生活でも重要である．

第Ⅳ部「系統と進化」では，生物の適応進化の例を挙げながら，自然淘汰にはどのようなタイプがあるかを述べる．また分子情報から進化系統樹を描く方法や，種の数が増える種分化プロセスについてとりあげる．

生物は野外において1種だけで生活しているわけではなく，餌や捕食者，競争者など，多数の種と相互作用をしている．加えて生物は環境を改変する．多数の生物種とそれらが作り出し，維持している物理的化学的環境を全体として1つのシステムとみたとき，それを「生態系」という．第Ⅴ部「生態系と群集」では，生態系に関する基本コンセプトを解説し，種数や種の頻度パターンへの考え方を説明する．

第Ⅵ部「生物多様性保全」では，このような多様性を取り扱う上で最も歴史のある生物学である「分類学」について説明するとともに，多様性消失の危機をもたらすプロセスについて，また保全をするにあたって，どのような点を注意すべきか，について述べる．

1回90分の講義を念頭において，そこで使用する内容をそれぞれの章の分量と

した．基本事項を扱った章が 16 章あり，そのほかにアドバンスドなトピックを扱った章が 7 章で合計 23 章となっている．章立ては，マクロ生物学を理解してもらうためにはこのような範囲の話題を一通り教えることが必要だという私達の判断にもとづいたものである．学生の理解度に応じて，それぞれの章の中でも基本概念に絞って学生に理解できるよう丁寧に説明したり，アドバンスドな章から興味ある話題をピックアップして興味深い講義にされることも望ましい．さらに，具体的な研究事例や対象生物に関する話題をとりあげ，それらを理解する上に，本書に書かれたさまざまな解析や概念がどのように役立つかを説明したり，とくに動物や植物，生態系などの写真や映画を見せながら講義ができれば，学生の理解を促進できる．

20 世紀後半に進展した分子生物学を基盤にした生物学の発展とともに，集団生物学でも分子生物学的手法が取りこまれるようになった．遺伝マーカーを使用して野外集団の動態や繁殖成功を調べる研究はすでに行き渡り，種内の社会的相互作用や生物種間相互作用にかかわる遺伝子発現を調べ，遺伝子ネットワークを解析する研究が急速に進展している．このような共通性の一方で，集団生物学には，生物学や生命科学の他分野と比較したときに，いくつかの際立った特徴がある．

まず第 1 に，生態学，分類学，集団遺伝学，動物行動学などの集団生物学に属する諸科学は，フィールド科学としての側面をもつ．そのため実験室での研究や理論的研究の一方で，野外調査及び野外での大規模実験を行うことに特色がある．

次に，地球科学との交流が重要なことがある．古い年代の進化を理解しようとすると，古生物学，生命の起源，などを理解することが必要である．人間活動による地球環境の変化により森林等の生態系が失われたり，逆に生態系が環境変化を押しとどめたり，生物の遠く離れた集団が交流することを理解しようとすると，気象学や地球化学，土壌の形成や海流・大陸移動などを無視することはできない．

第 3 に，環境科学としての側面がある．20 世紀後半には人間活動が急速に自然を破壊し，気候さえ改変し，多くの生物種を減ぼしていることが明らかになり，環境科学への一般社会の関心が高まった．人間の生存基盤である食料，水，住環境などを供給しているものが究極のところ生態系であることが意識されるように

なり，野生動植物の種及び生態系の保全に関心が寄せられた．生物多様性の語のもとに生物進化の本質が意識され，それらの現象を理解し生物的自然を管理するための基礎科学として集団生物学が注目を集めるようになった．

　第4に，数理科学と緊密な関連をもっている．集団生物学においては，数学にもとづくモデルが分野の基本をなし，数学や統計学，コンピュータシミュレーションなどの数理的研究の役割が，すべての生物学の中でもっともよく確立しているといえる．最低限の数学モデルの紹介をしないと，単なるお話になってしまう．そのため本書では高校までに教育されている数学はある程度使ってかまわないとした．

　本書の企画からかなり経ってしまった．粘り強く待ってくださった共立出版編集部の信沢孝一取締役や編集部の皆様，本当にありがとうございました．また海外調査や国際会議などで飛び回っている方に，執筆をお願いして快く引き受けてくださったこと，編集者として大変感謝しています．

編集者を代表して　　巖佐　庸

もくじ

序論　1

第1章　生物多様性の分布と生命の歴史　3
1.1　生物の多様性 ……………………………………………………………… 3
1.2　生物進化の歴史 …………………………………………………………… 6

I部　生物の人口論　15

第2章　人口増殖と環境収容力　17
2.1　指数増殖 ………………………………………………………………… 17
2.2　ロジステイックス増殖 …………………………………………………… 18
2.3　密度依存と環境収容力 …………………………………………………… 21
2.4　平衡状態と安定性 ………………………………………………………… 22
2.5　ロジスティック式で表せる生物 ………………………………………… 24
2.6　ケモスタット …………………………………………………………… 26

第3章　競争と共存　28
3.1　異なる種の間の競争 ……………………………………………………… 28
3.2　ロトカ・ヴォルテラ競争式 ……………………………………………… 30
3.3　アイソクライン …………………………………………………………… 31
3.4　資源利用の重なりと共存のしやすさ …………………………………… 34
3.5　資源競争と見かけの競争 ………………………………………………… 37
3.6　サドル，ノード，セパラトリックス …………………………………… 38

第4章　捕食者と被食者の周期的変動　40
4.1　カワリウサギとヤマネコ ………………………………………………… 40
4.2　捕食者・被食者のモデル ………………………………………………… 42
4.3　いろいろな振幅を持つ解がある ………………………………………… 45
4.4　安定リミットサイクル …………………………………………………… 46

- 4.5 負のフィードバックによる周期的変動 ……………………………49
- 4.6 さまざまな種間関係 ……………………………………………50

第5章 *advanced* 感染症の動態　52
- 5.1 感染症は過去の恐怖？ ……………………………………………52
- 5.2 感染症の流行を捉える数理モデル ………………………………53
- 5.3 感染症が流行するための条件 ……………………………………55
- 5.4 感染症の流行後 ……………………………………………………56
- 5.5 基本再生産数という概念 …………………………………………59
- 5.6 最終規模方程式について …………………………………………61
- 5.7 集団免疫による感染症流行の制御 ………………………………62
- 5.8 これらの理論疫学が果たす役割 …………………………………64

II部　適応戦略　65

第6章 捕食行動　67
- 6.1 生物の適応戦略 ……………………………………………………67
- 6.2 餌選択モデル ………………………………………………………67
- 6.3 餌の探し方 …………………………………………………………72
- 6.4 パッチ間の距離とパッチ内の最適探索時間 ……………………74
- 6.5 保険とギャンブル …………………………………………………77

第7章 *advanced* 被食回避行動　80
- 7.1 食うものと食われるものの関係 …………………………………80
- 7.2 警告色 ………………………………………………………………85

第8章 生活史の適応　88
- 8.1 適応戦略は進化の結果 ……………………………………………88
- 8.2 子供の大きさと子供の数 …………………………………………89
- 8.3 一年草の開花季節 …………………………………………………92
- 8.4 一年生と多年生 ……………………………………………………97
- 8.5 当年に繁殖するか翌年に残すか …………………………………99

第 9 章 性と配偶のゲーム　　　103
- 9.1 利害の対立 ……………………………………………………………… 103
- 9.2 子の世話はどちらの親が行うのか ……………………………………… 103
- 9.3 魚とエビの性転換 ………………………………………………………… 106
- 9.4 雄と雌の比率 ……………………………………………………………… 108
- 9.5 樹木が幹をもつわけ ……………………………………………………… 110
- 9.6 雄と雌との違い …………………………………………………………… 111
- 9.7 配偶者選択 ………………………………………………………………… 113

第 10 章　*advanced*　利他行動と社会性　　　115
- 10.1 利他性が進化する条件 …………………………………………………… 116
- 10.2 互恵的利他主義 …………………………………………………………… 117
- 10.3 血縁淘汰 …………………………………………………………………… 119

III 部　進化のメカニズム　　　129

第 11 章　遺伝学　　　131
- 11.1 メンデルの法則 …………………………………………………………… 131
- 11.2 複数遺伝子座での遺伝 …………………………………………………… 134
- 11.3 遺伝子と DNA …………………………………………………………… 135
- 11.4 突然変異 …………………………………………………………………… 137
- 11.5 集団遺伝学とは？ ………………………………………………………… 139

第 12 章　集団遺伝学　　　142
- 12.1 近親交配 …………………………………………………………………… 142
- 12.2 自然淘汰 …………………………………………………………………… 145
- 12.3 突然変異 …………………………………………………………………… 148
- 12.4 集団の地理的構造と移住 ………………………………………………… 149
- 12.5 遺伝的浮動 ………………………………………………………………… 151
- 12.6 遺伝子系図学 ……………………………………………………………… 154

第 13 章　量的遺伝学　　　157
- 13.1 2 遺伝子座の集団遺伝学 ………………………………………………… 157

13.2 量的遺伝学 …………………………………………………………… 160

IV部　系統と進化　　169

第14章　適応進化と共進化　171
14.1 適応進化 …………………………………………………………… 171
14.2 共進化 ……………………………………………………………… 179
14.3 分子情報から適応進化を検出する ……………………………… 181

第15章　分子進化学と分子系統学　184
15.1 分子時計の発見と分子進化速度 ………………………………… 184
15.2 分子進化の中立説 ………………………………………………… 186
15.3 進化距離の推定 …………………………………………………… 187
15.4 遺伝子重複による進化 …………………………………………… 192
15.5 分子系統学 ………………………………………………………… 193

第16章　*advanced*　種分化　203
16.1 種概念 ……………………………………………………………… 203
16.2 生殖隔離 …………………………………………………………… 205
16.3 種の違いをもたらす遺伝子を検出する ………………………… 212
16.4 種分化のゲノミクス ……………………………………………… 213

V部　生態系と群集　215

第17章　生態系　217
17.1 生態系の特徴 ……………………………………………………… 218
17.2 生態系における物質の循環 ……………………………………… 219
17.3 生態系におけるエネルギーの流れ ……………………………… 226
17.4 食物網 ……………………………………………………………… 230
17.5 生態系における生息場所の重要性と生態系エンジニア ……… 233
17.6 生態系サービス …………………………………………………… 235

第 18 章　種の多様性　　237
- 18.1　群集・生物多様性・種数 ……………………………………… 237
- 18.2　種数を知りたい ………………………………………………… 238
- 18.3　異なる生態系間の種数の違い ………………………………… 239
- 18.4　種数-面積関係を読む ………………………………………… 242
- 18.5　種数-面積関係の応用：気候変動と生態系の保全管理 ……… 246
- 18.6　種数-面積関係と生息環境複雑性 …………………………… 250
- 18.7　種数-資源量関係と生態系の富栄養化 ……………………… 251

第 19 章　*advanced*　種の相対量とニッチ分割　　255
- 19.1　群集の要 ………………………………………………………… 255
- 19.2　種の多少と資源・ニッチ分割 ………………………………… 256
- 19.3　同時的で優劣なしの資源の取り合い？ ……………………… 257
- 19.4　同時な取り合いでなかったら？ ……………………………… 259
- 19.5　ニッチ分割の両極端 …………………………………………… 261
- 19.6　よりランダム性の高いニッチ分割 …………………………… 264
- 19.7　ニッチ分割のさらなる統合：ベキ乗分割モデル …………… 268
- 19.8　ニッチ分割の応用：多様性指数を読む ……………………… 272

VI部　生物多様性保全　　277

第 20 章　生物多様性の体系　　279
- 20.1　分類学とは何か？ ……………………………………………… 279
- 20.2　博物学から分類学へ …………………………………………… 280
- 20.3　Linné と近代分類学 …………………………………………… 281
- 20.4　国際動物命名規約 ……………………………………………… 285
- 20.5　何種類の動物がいるか ………………………………………… 290

第 21 章　*advanced*　分類学　　293
- 21.1　種概念と種の識別形質 ………………………………………… 293
- 21.2　進化理論と分類学 ……………………………………………… 294
- 21.3　表形分類学 ……………………………………………………… 295
- 21.4　分岐学 …………………………………………………………… 296

- 21.5 分岐分類学 ……………………………………………… 298
- 21.6 進化分類学 ……………………………………………… 300
- 21.7 分類学と系統学の違い ………………………………… 301
- 21.8 分子系統学がもたらしたもの ………………………… 303
- 21.9 動物界の系統 …………………………………………… 307
- 21.10 今後の課題 ……………………………………………… 321

第22章 地球環境問題と保全生物学　322
- 22.1 危機の現状 ……………………………………………… 322
- 22.2 危機の背景：人口と環境負荷の増加 ………………… 328
- 22.3 危機への対策 …………………………………………… 335
- 22.4 地球環境問題解決への展望 …………………………… 340

第23章 *advanced* 外来種による危機　347
- 23.1 外来種とは ……………………………………………… 347
- 23.2 外国産動植物の輸入状況 ……………………………… 348
- 23.3 外来種問題が生ずる原因 ……………………………… 348
- 23.4 どのような外来種が定着に成功するのか？ ………… 349
- 23.5 どのような場所が外来種の定着を引き起こしやすいのか？ ……… 350
- 23.6 外来種問題 ……………………………………………… 350
- 23.7 生物間相互作用を通じた在来種への脅威 …………… 351
- 23.8 在来種との交雑 ………………………………………… 356
- 23.9 生態系の物理的な基盤を変化させる ………………… 357
- 23.10 人に対する直接的な影響 ……………………………… 357
- 23.11 産業に対する影響 ……………………………………… 359
- 23.12 外来種問題に対する取り組み ………………………… 361
- 23.13 国内外来種問題 ………………………………………… 363
- 23.14 外来種問題に対する対策 ……………………………… 364

参考文献の紹介　さらに学びたい人に　367

引用文献　371

索引　381

序論

第1章 生物多様性の分布と生命の歴史

舘田英典

1.1 生物の多様性

1.1.1 地球上の様々な生物

　地球上には実に多様な生物が生息している．表1.1にこれまでに分類学者によって同定された（学名が付いている）生物種数の推定値をリストしたが，現在のところその数は総計で約160万種となっている．分類学者によって同定されていない生物種はおそらくこれを超えてはるかに多く，未同定種も含めると現存の生物種は500万種を超えると考えられている．

　さてこの表を見ると生物種群で最も種数が多いのは節足動物で，そのうちでも特に昆虫の種数は約80万種となっている．植物では維管束植物が多いが，その中でも特に多いのが被子植物である．古細菌・細菌・原生生物などの微生物はサイズが小さいために見落とされていることも多く，おそらく表1.1の種数はかなり過小評価されているであろう．また熱帯多雨林ではまだ同定されていない昆虫などの種が多数存在している可能性がある．

表1.1　各分類群の推定種数

大分類群	種数	中分類群	種数	小分類群	種数
古細菌（Archaea）	281				
細菌（Bacteria）	6,468				
動物（Animalia）	1,090,805	節足動物	916,857	昆虫	795,003
		脊索動物	66,592	哺乳類	4,863
クロミスタ（Chromista）	2,067				
菌類（Fungi）	128,436				
植物（Plantae）	342,824	コケ植物	14,222		
		維管束植物	328,602	被子植物	314,521
原生生物（Protozoa）	12,637				
ウィルス（Viruses）	2,876				
合計	1,586,394				

Species 2000 より作成．

これらの生物種は地球上の様々な環境に生息している．例えば古細菌の仲間の好熱菌 *Methanopyrus kandleri* のように深海の熱水噴出孔など 100℃を超える温度で生息する生物もいれば，ヒマラヤの氷河に棲むユスリカ Diamesa 属の一種のように氷点下の温度で活動できる種もいる．いずれの場合も地球上の極限環境に適応していると言える（極限環境に生きる生物の例については，例えば Rothschild & Mancinelli, 2001 参照）．このように極端ではなくても温度や乾燥の程度等棲む物理環境に応じて生物相は変化し，陸上では，熱帯多雨林，熱帯季節林，温帯常緑樹林，温帯落葉樹林，亜寒帯針葉樹林，サバンナ，ステップ，ツンドラ等で異なる生物種が見られる．

個々の生物種の分布域を見ていくと，シャチのように世界中の海で見られる広域分布種もいるし，小笠原諸島のみに見られるミカン科シロテツ属植物のような固有種も多くある．このように生物種の分布域は広い場合もあれば狭い場合もあり，またそれぞれの種の個体数にも大きな違いがある．固有種の分布は世界的には均一ではなく，Myers *et al.*（2000）によれば，全維管束植物種の 44％，魚類を除いた脊椎動物種の 35％ が，総面積が 1.4％ となる 25 の陸地域で見られるという．

1.1.2 生物間相互作用と進化

このように生物は非常に多様で地球上の至る所で見られるが，その多様性を考える際に種数が多いというだけではなく，次の 2 つの観点を持つことが重要である．第 1 の観点は，生物個体は単独で生きているのではなく同種個体の集団の一員としてお互いに協同・競争等の相互作用（種内相互作用）を与えあっており，更に一緒に棲む他種生物とも相互作用（種間相互作用）しあって生きているという点である．種間相互作用の卑近な例として，例えば我々ヒトは植物や他の動物を食料として生きており，更に病原体による寄生を受けている．このような捕食・寄生関係は他の多くの生物でも見られる．この他にも花と送粉者のようなお互いに利益を与え合う相利関係や，異なる植物が光・水・栄養塩等を巡って競争する種間競争等も至る所に見られる．このように生物が 1 個体のみで生きているのではないという認識から，集団（個体群）あるいは更にその上のレベルである生態系から生物を考察することの重要性がわかる．

もう 1 点重要な観点は，上にも述べたが生物はその生息環境に非常に良く適応

しているという点である．このような適応は光，水，温度，栄養塩，地形等の物理的な生息環境に対してだけではなく，同じ場所に生息して相互作用する他種の生物，つまり生物的環境に対しても見られる．例えば鳥の嫌うアルカロイドを含むウマノスズクサを食べるベニモンアゲハ (*Pachliopta aristolochiae*) は体中にアルカロイドを含むことによって鳥の捕食を逃れているが，同じ場所に棲んでいてアルカロイドを含まないシロオビアゲハ (*Pachliopta aristolochiae*) の中にもベニモンアゲハと似た体色を持ち（擬態），同様に鳥の捕食を逃れるものがいる (Uesugi, 1996)．この場合，鳥，ベニモンアゲハ，シロオビアゲハ，ウマノスズクサの種間関係の中で，鳥に対するベニモンアゲハの適応（体中のアルカロイドの蓄積）やシロオビアゲハの擬態による適応が起こっている．物理的環境・生物的環境いずれについてもそこに生息する生物は適応しており，これが生物の多様性を生む源となっている．

　このような適応がどのようにして起こり，いかにして現在のような多様な生物が見られるようになったかを統一的に説明したのが，C. R. Darwin の進化論である．Darwin はその著書『種の起原』の中で，もともと単一またはごく少数の生物の祖先種が，長い時間の間に異なる種への分岐（種分化）と形質の変化を繰り返しながら現在の多様な生物種ができ上がったこと，形質の変化は自然淘汰によって起こったことを，事例を挙げながら示した (Darwin, 1859)．自然淘汰は種内に親から子に伝わる変異（遺伝的変異）が存在し，次世代に残す子供の数に関してその変異を持った個体間に違いがある時には必然的に起こる（12.2 節参照）．これによって適応的な変異が集団中に広がり，その生物種全体が適応的な進化を遂げる．

1.1.3 生物多様性の 3 つの階層

　生物進化の歴史については次節で述べるが，最後にこの 2 つの観点を踏まえて，生物多様性の階層について考察する．これまでは生物の多様性を種間の違いに着目し生物種数のみをもとに述べてきたが，それぞれの生物種は種内に遺伝的な変異を持っており，Darwin が示したようにこの変異から新しい種が創出されるので，生物多様性の一側面として重要である．このような多様性は生物多様性の一番下のレベルにあるものであり，遺伝子多様性と呼ばれる．遺伝子多様性を持つ個体が集まってそれぞれの種が構成されるが，これらの種間に見られる多様

性が種多様性である．種多様性は冒頭で説明した種数を尺度として測ることができる．実際の生物はこのように多様な種が集まって相互作用し合う生態系の中で生きている．さらに生態系にも様々なものがあり，生態系の多様性を生態系多様性と呼ぶ．このように生物多様性は，遺伝子，種，生態系の3つのレベルからなるので，生物多様性の創出と維持を考える場合，それぞれのレベルでの多様性について考慮していく必要がある．

1.2 生物進化の歴史

Darwinが示したように，現在の地球上に存在する全ての生物種は遠い過去に存在した共通祖先種（原始生命）から分岐と形質の変化を繰り返し進化したと考えられる．地球誕生以来のこの歴史を見ていくことにしよう（表1.2，図1.1，詳しくはBarton et al., 2009を参照）．

1.2.1 RNAワールド

地球は約45億年前に形成された．しかし原初の地球は隕石の衝突等により過酷な環境だったので，生命が安定して存在することは難しかった．このような過酷な状態が終わったのは約40億年前頃で，生命はこれ以降の時代に起源したと考えられている．実際の細胞の化石と考えられるものや生命が残す特有の化学的残滓物が見られるのは35～38億年前なので，それまでには原始生命が生まれていたことになる．

さて最初に生まれた生命はどのようなものだったのだろうか．現存生物のほとんどはDNAを情報分子（遺伝物質）としタンパク質を機能分子としてその生命活動を営んでいる．生物の最も重要な特性は自己複製を行うことである．DNAはヌクレオチドの相補結合により自己複製を可能にする性質を持っているが，それ自体に複製を行うための触媒機能は持たない．一方現在のほとんどの生物では，DNAの情報を基に作られるタンパク質がこの触媒機能を担っている．つまりDNAを自己複製するためにタンパク質が，タンパク質を作るためにDNAが必要となり，この2つが同時に存在しないと自己複製活動が始まらないことになる．無生物的にDNAやタンパク質の構成要素であるヌクレオチドやアミノ酸を

表1.2 地質時代と生物進化

地質時代		開始年	化石・出来事	起こった年
始生代		約46億年	地球の誕生 最古の生命の痕跡？	約46億年 35億〜38億年
原生代		25億年	最古の真核生物化石 最古の多細胞生物化石 大型多細胞生物化石	17〜19億年 6億3500万年 5億7500万年
顕生代	古生代 カンブリア紀	5億4200万年	カンブリア爆発	5億3000万年
	古生代 オルドビス紀	4億8800万年	陸上植物？	
	古生代 シルル紀	4億4400万年	維管束植物の化石 節足動物の陸上進出	4億2800万年 4億2500万年
	古生代 デボン紀	4億1600万年	陸上植物の多様化 最初の種子植物・四足動物	3億6500万年
	古生代 石炭紀	3億5900万年	シダ植物等の繁茂 脊椎動物の陸上侵入 羊膜動物	3億5000万年 約3億年
	古生代 ペルム紀	2億9900万年	ペルム紀末の大絶滅	2億5100万年
	中生代 三畳紀	2億5100万年	恐竜の最初の化石	2億4000万年
	中生代 ジュラ紀	2億年	恐竜の繁栄	
	中生代 白亜紀	1億4600万年	被子植物の最初の化石 最初の鳥類の化石 白亜紀末の大絶滅	1億4000万年 1億5000万年 6500万年
	新生代 パレオジーン	6500万年	哺乳類・被子植物の放散 旧世界ザルと類人猿分岐	2500万年
	新生代 ネオジーン	2300万年	ヒトとチンパンジー分岐 ホモサピエンスの出現 ヒトの出アフリカ	500〜800万年 20万年 10〜6万年

Barton *et al.*（2007）を参考に作成.

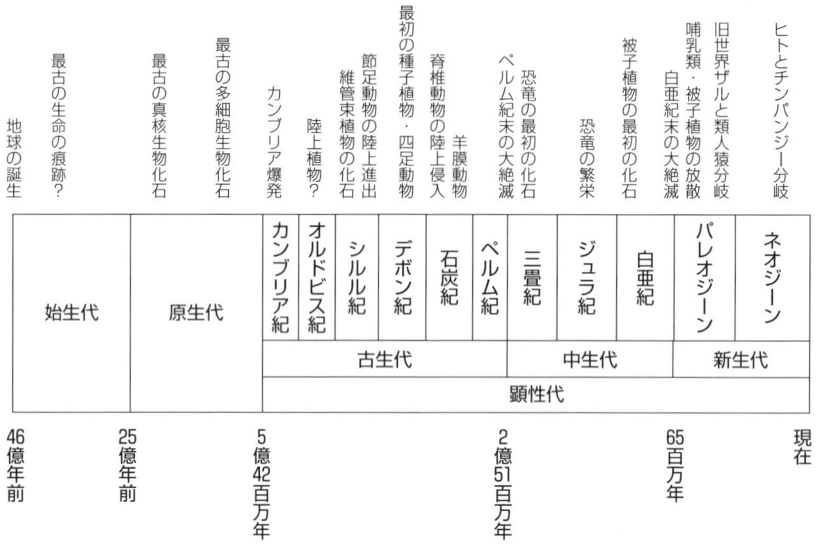

地球の誕生 / 最古の生命の痕跡?	最古の真核生物化石	最古の多細胞生物化石	カンブリア爆発	陸上植物?	節足動物の陸上進出 / 維管束植物の化石	脊椎動物の陸上侵入 / 最初の種子植物	羊膜動物	恐竜の最初の化石 / ペルム紀末の大絶滅	恐竜の繁栄	被子植物の最初の化石 / 白亜紀末の大絶滅	哺乳類・被子植物の放散 / 旧世界ザルと類人猿分岐	ヒトとチンパンジー分岐
始生代	原生代		カンブリア紀	オルドビス紀	シルル紀	デボン紀	石炭紀	ペルム紀	三畳紀	ジュラ紀	白亜紀	パレオジーン	ネオジーン
			古生代						中生代			新生代	
							顕生代						

46億年前 　　25億年前　　　5億42百万年　　　　　　　　　　　　2億51百万年　　　　　　65百万年　　　　現在

図 1.1　地質時代と生物進化
横軸は時間の長さには比例していない. Barton *et al.* (2007) を参考に作成.

作ることが可能だが，同時に DNA，タンパク質，さらにお互いの依存関係を可能にする仕組みが，どれも無いところから生じるのは非常に難しく，どのようにして生命が誕生したかは大きな謎であった．

　しかし 1980 年代になって，DNA と同じくヌクレオチドのポリマーで塩基の相補結合による複製能を持つ RNA に触媒機能を持つものがあることが示され，原始生命は RNA からなっていた（RNA ワールド）という考えが広く受け入れられるようになった．RNA ワールドでは RNA 分子が自己の複製を触媒する．一旦このようにして自己複製のサイクルが出来上がると，複製の際に起こるエラーによって生じた変異間で自然淘汰（12.2 節）が働き，自己複製の効率が次第に高まるように進化し，ついには原始生命として出来上がったと考えられる．現在の生物でも rRNA, tRNA 等を含めて多くの RNA が生命活動の中で使われているのは，その名残りであると考えられている．

　上にも述べたように現存する生物の多くは DNA を情報分子，タンパク質を機能分子として生命活動を営んでいる．RNA に較べて，DNA は情報分子としてより安定性を持っており，またタンパク質も機能分子としてより多様で高い効率性

を持っているので，どこかの時点でRNAの持つ情報保持と触媒機能がDNAおよびタンパク質に振り分けられたと考えられるが，どのようにこの移行が起こったかについては現在のところはっきりしていない．脂質膜に覆われたDNAとタンパク質およびDNAをタンパク質に翻訳する装置（tRNA, mRNA, リボソーム等）からなる自己複製する集合体が原始細胞である．化石データから示されているように，このような生命体がおそらく35億年前までに地球上で生命活動を開始した．遺伝暗号がほぼ全生物で共有されていること等から，現存生物の祖先が単一であったと推測されている．

1.2.2 真正細菌，古細菌，真核生物

　ウィルスを除くと現存生物は全て細胞からなっているが，これらは系統的に3グループ（ドメイン），つまり，真正細菌，古細菌（アーキア），真核生物に分けられる．真正細菌は大腸菌や藍藻（シアノバクテリア）などを含む我々がいわゆる細菌と認識する生物群であるが，これらと異なるrRNAを持つ一群の細菌が古細菌である．高温，高圧等より原始地球環境に近いと考えられる場所で最初に見つかったので古細菌という名前が付けられた．真正細菌及び古細菌ではDNAが核膜に包まれていないが，アメーバのような原生生物や動植物を含む真核生物ではDNAは核膜に包まれて存在する．複製や翻訳等生命の基本的活動に関わる遺伝子の分子系統学的研究（14.3節）の結果，まず真正細菌が他の2ドメインから分岐し，その後古細菌と真核生物が分岐したと考えられている．しかし他の遺伝子ではおそらくドメイン間の遺伝子水平伝達（異なる種間での遺伝子の移動）が起こったことにより複製翻訳関連遺伝子とは異なる系統関係を示すことがしばしば見られる．遺伝子の水平伝達の可能性等によりこれらの分岐，特に最初の分岐がいつの時代に起こったかを推定することは難しいが，古細菌と真核生物の分岐については現在までに見つかった最も古い真核細胞の化石が約19～17億年前であることから，それ以前に既に起こっていたと考えられる．

　真核生物がどのようにして生まれたか，特に核膜がどのように作られたかについてはよくわかっていない．ほとんどの真核生物が持っているミトコンドリアや植物等が持つ葉緑体等の色素体は，真正細菌が真核細胞に共生することによって出来たことがわかっている．例えばミトコンドリアの場合この共生は真核生物進化の初期に真正細菌のαプロテオバクテリアを取り込むことによって起きた．

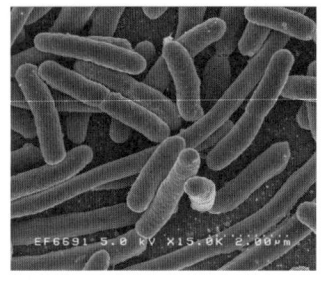 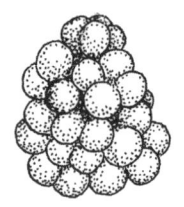 

αプロテオバクテリア（大腸菌）　　メタン菌（古細菌）*　　高度好塩菌（古細菌）*

取り込まれた細菌も DNA を持っているが，そのうちの大半は取り込んだ側の生物の DNA に移行する傾向がある．このような共生は真核生物ではしばしば見られ，例えば原生生物のクリプト藻は，色素体を取り込んでいる紅藻を更に他の真核細胞が取り込むという二次共生によって生まれたことが知られている．

1.2.3 多細胞生物

　我々を含む動植物は分化した複数の細胞よりなる多細胞生物であり，多細胞化は生物の複雑性増大に大きく貢献した．多細胞化は動物や植物等複数の系統で独立に起こったことが知られている．現在見つかっている多細胞生物の最古の化石は中国南部の 6 億 3500 万年前〜5 億 5000 万年の地層で見つかった多細胞藻類や動物のもので，この頃には既に多細胞生物が生まれていたことがわかる．

　大型の多細胞生物化石が見つかるのは 5 億 7500 万年〜5 億 4200 万年前の地層で，この年代の地層で見つかる生物はエディアカラ生物群と呼ばれている．大きさは数 10 cm におよぶものもあり，南極を除く全ての大陸で化石が見つかっているので，世界中にこの生物群の多細胞生物が存在していたと考えられる．およそ 100 種の化石が見つかっているが，これらの中には形態から現生の生物群との関係が推測されるものと，そうでないものが見られる．後者は次に述べるカンブリア紀までに絶滅してしまった系統の化石かもしれない．

1.2.4 カンブリア紀の爆発

　5 億 4200 万年前から始まる古生代カンブリア紀には，おそらく捕食者からの防御のためと考えられるが，殻等の硬組織を動物が持つようになったために動物の化石記録が格段に増える．そこでこれ以前の時代を先カンブリア時代と呼んで，

ディッキンソニアの化石（エディアカラ生物群）
http://en.wikipedia.org/wiki/Dickinsonia より．

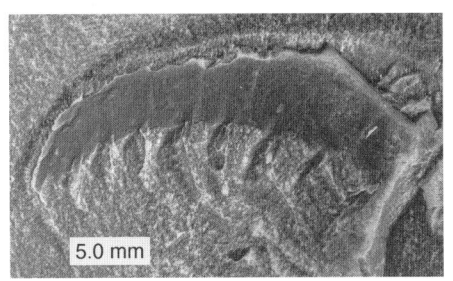
アノマロカリス科動物の化石の一部
（バージェス化石）

これ以降の時代（顕性代）と区別する．特に 5 億 3000 万年からの約 2000 万年間の間に現在見られる動物の主要な門はほとんどが出揃ったことが，軟組織しか持たない動物も含めて非常に良く保存されたバージェス頁岩等の化石からわかっており，これはカンブリア爆発と呼ばれる．脊椎動物の祖先の化石もこの時代から見られるようになる．実際には海綿動物や刺胞動物等の門や旧口および新口動物は先カンブリア時代にすでに分岐していたことが分子系統学的研究から推測されているが，それ以外の門の分岐はカンブリア紀以降のものであろう．

1.2.5 陸上への進出

これまで述べてきた多細胞生物の進化は全て水中で起こった．しかしカンブリア紀の終わり頃（約 5 億年前）の地層では陸上で活動した節足動物の足跡が見つかっており，空気呼吸をしたと考えられる節足動物ヤスデの化石も 4 億 4400 万年前から始まるシルル紀の地層から見つかっている．動物の陸上への進出に先立っておそらく植物の陸上への進出があったと考えられるが，最初に陸上植物化したコケ類の化石はデボン紀後期の地層でしか見つかっていない．これはコケ類の性質と生息環境が化石を残しにくかったためと考えられている．植物が陸上で多様化し繁栄するためには，水を根から植物体に輸送する組織（仮道管や道管）を進化させることが重要な役割を果たした．このような組織を持つ植物を維管束植物と呼ぶが，最古の維管束植物の化石はシルル紀の 4 億 2800 万年前の地層から見つかる．陸上植物はその後 4 億 1600 万年前から始まるデボン紀に多様化を遂げ，3 億 5900 万年前に始まる石炭紀にはシダ類，後に裸子・被子植物に進化するシダ種子植物等の巨大な樹木が陸上に繁茂し，その遺骸が現在見られる分厚い石

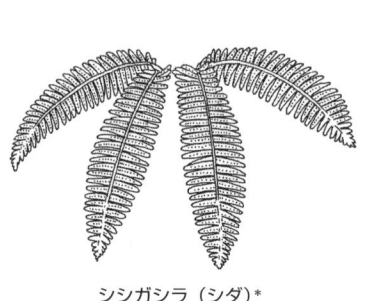
シシガシラ（シダ）*

スギ（裸子植物）*

ヤマユリ（被子植物）*

イクチオステガ
Dr. Günter Bechly による想像画.

アオダイショウ（爬虫類）

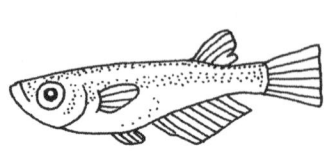
メダカ（硬骨魚類）*

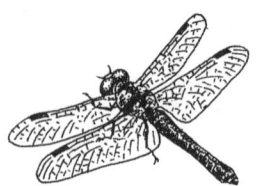
アキアカネ（昆虫）*

炭層を形成した.

　脊椎動物が陸上に進出する前には鰭の四足化が起こった．デボン紀後期の3億6000万年ごろの化石が見つかるイクチオステガやアカントステガが最初の四足動物と考えられるが，これらの動物はかなりの時間を水中で過ごしていたようである．石炭紀の初め3億5000万年前の地層からは陸上生活をしていたと考えられるペデルペスの化石が見つかっており，これまでに脊椎動物の陸上への進出が

起こったと考えられる．

　生活のすべてを陸上で営むためには卵も陸上で生存する必要がある．卵を膜で覆うことによってこれを可能にした羊膜動物（爬虫類，鳥類，哺乳類）が両生類から進化した．最初の爬虫類の化石は約3億年前の石炭紀後期の地層から見つかっている．この原始爬虫類からこれ以降，現在の爬虫類，恐竜，鳥類，哺乳類が進化する．

　陸上に進出した動物の中で，節足動物と脊椎動物は更に飛翔能力を進化させた．最初に飛翔能力を持ったのは昆虫で，翅を持ったと考えられる化石がデボン紀に見つかっている．石炭紀には翅を持った昆虫が多様化した．脊椎動物の飛翔が進化したのは中生代なので，これについては次項で述べる．

　約2億5100万年前のペルム紀末に生物の大絶滅が起こり，三葉虫等いくつかの分類群は姿を消した．これは顕性代の最大の絶滅で，当時存在した科の60%が消滅したと推測されている．

1.2.6 中生代

　恐竜の最初の化石は2億4000万年前の三畳紀の地層から見つかるが，この後恐竜は多様化し中生代全般を通じて繁栄する．植物では裸子植物が同じように多様化して繁栄した．裸子植物と被子植物の分岐は分子系統学的研究から3億年以上前と考えられているが，被子植物の化石が見つかるのは1億4000万年前の白亜紀以降の地層である．中生代初期の三畳紀には，脊椎動物で初めて飛翔能力を持った翼竜が現れたが，この系統は後に絶滅する．しかし恐竜の中から約1億5000万年前のジュラ紀に羽毛を持った鳥類が進化する．

　恐竜繁栄の時代は白亜紀末6500万年前の大絶滅によって終わる．この絶滅はメキシコのユカタン半島に衝突した隕石によって引き起こされたと考えられている．この衝突やその後に起きた寒冷化等の気候変動により，鳥類を除く恐竜やアンモナイトを含む多くの種が絶滅した．

　顕性代において，ペルム紀や白亜紀末の大絶滅以外にオルドビス紀末（4億8800万年前），デボン紀後期（3億7400万年前），三畳紀末（2億年前）と合計5回の大絶滅が起こっている．白亜紀末の大絶滅を除いては，どのような原因で絶滅が起こったかについてはまだ良くわかっていない．いずれにせよそれぞれの大絶滅はその後の生物の多様化（適応放散）を生み生物進化に大きな影響を与えた．

1.2.7 新生代とヒトの進化

6500万年前から始まる新生代には哺乳類と被子植物が優勢となる．実際，新生代前期の地層から現在の哺乳類の目に相当する様々な動物群の化石が見いだされるようになり，また被子植物も新生代になってから多様性を急速に増加させ優勢な植物群となったことが化石記録から示されている．しかし分子系統学的研究からは，どちらの分岐も白亜紀以前であったことが示唆されている．

霊長目は白亜紀に齧歯目などの他の哺乳類から分岐したが，その後新生代に入って分化をとげ約2500万年前には我々の祖先である類人猿が旧世界ザルのグループから分岐した．類人猿の中でヒトに最も近縁なのはチンパンジーで，両者の分岐は500〜800万年前に起こったと考えられている．チンパンジーとの分岐の後，約400万年前の地層より出現する直立二足歩行をするアウストラロピテクス，約180万年前に存在し道具を制作・使用したホモ属の出現等をへて，現在のヒト，ホモ・サピエンスとほぼ同じ形態を持つ化石が約20万年前のアフリカの地層から出現する．この後ホモ・サピエンスは10万年前以降にアフリカを出て，世界中に広がって行くことになる．

チンパンジー（類人猿）

アカネズミ（哺乳類）*

ヒトの拡散と人口増大は他種生物の生存に大きな影響を与えており，多くの生物種が人間活動を原因として絶滅し，あるいは絶滅の危機に瀕している．ヒトによって引き起こされた絶滅はこのまま進むと過去の大絶滅に匹敵する影響を他種生物に及ぼすのではないかと危惧されており，生物の多様性に関する条約の締結によって生物多様性保全の国際的協力が進められている．

本章の*のついたイラスト：安富佐織氏作画．

Ⅰ部　生物の人口論

第2章 人口増殖と環境収容力

巌佐 庸

2.1 指数増殖

生物が一定の速さで増殖を続けると，わずかな個体数ではじめても，瞬く間に膨大な数になってそこら中を埋めつくすようになるという話は，世界中の数多くの民族にある．たとえば和算では「正月に雌雄2匹のネズミが12匹の子を産み，2月には親子ともに雌雄で12匹の子を産み，と毎月繰り返すと，12月には276億匹もの多数になる」という計算をネズミ算という．生物の潜在的な増殖能力が急激であることを印象的に物語っている．

人間も含めて生物の集団のサイズ，つまり個体数は，出生と死亡のバランスによって変化する．例えば10万人の集団が5年間に約100人増加したとすると，生存率・出産率が同じであれば，20万人の集団なら200人増加し，30万人なら300人増加するはずである．このことをはじめて明確に述べた T. R. Malthus を記念して，1人当たりの人口増加率 m をマルサス係数とよぶ．時間 t の関数 $x(t)$ と考えると，その増加速度 dx/dt が現在の集団サイズ $x(t)$ に比例することは，次の式によって表すことができる．

$$\frac{dx}{dt} = mx \tag{2.1}$$

ここで比例定数 m は1個体当たりの増加率である．

このような指数増殖は，十分な栄養を含む培地に，少数個体の微生物を入れたときに見られる．図2.1には，その例があがっている．

(2.1) 式のように変数 x の時間変化を示した式を微分方程式という．それを満たす解が $x(t) = x(0)e^{mt}$ であることは，この式を (2.1) の両辺に直接代入して確かめることができる．この結果は，一定の環境がしばらく続くと個体数は時間とともに指数関数を描いて増大することを表している．バクテリアなどの微生物を

18   2章 人口増殖と環境収容力

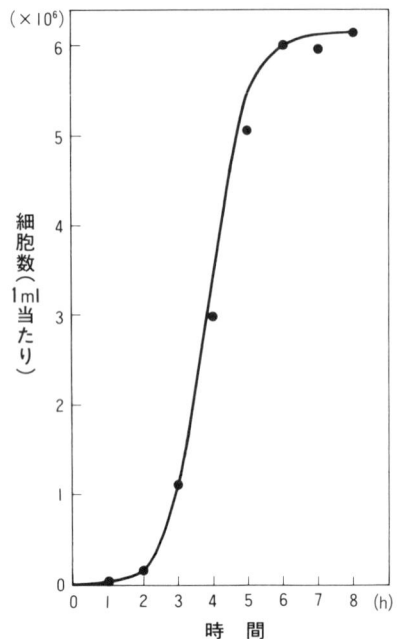

図 2.1 バクテリアの個体数増加
栄養が十分にある培地にわずかの個体数のバクテリアを植え付けると、はじめしばらくは指数増殖をする。37℃でペプトン培地での大腸菌の増殖。22.3分ごとに2倍になる。M'Kendrick & Lesava Pai (1911) にもとづいて Hutchinson (1978) が描いたものより。巌佐 (1998) p.2, 図1.1 より転載。

使った実験で、指数増殖の例が確かめられる。一般に十分な栄養と好適な生育環境が多数の世代に渡って続けば、生物の個体数は指数関数を描いて増殖する。

(2.1) 式にあるような微分方程式は、対象となるシステムの状態を記述する変数が、どのように時間変化するかを示している。これに対して最初に何人いたかということ、つまり $x(0)=x_0$ は、初期値と呼ばれる。初期値と微分方程式を合わせると、時間 t のときにいる個体数が $x(t)=x_0 e^{mt}$ と求まる。

2.2 ロジステイックス増殖

微生物であっても指数増殖を続けると、短い時間で培地の中を埋め尽くすよう

になり，それ以上は同じ調子では増えられなくなる．だから現実の生物集団がいつまでも指数的に増殖することはできない．図2.1に示したバクテリアの人口増加でも，指数期の後には，増殖が止まる定常期がある．もっと体の大きな生物でも個体数がある程度まで増加すると増殖率は低下する．個体数が増大するにつれて，餌や営巣場所など成長や繁殖に必要な資源が得にくくなり，栄養状態が悪化すると病気が広がりやすくなる．つまり密度が高くなるにつれ，それぞれの個体にとっての環境が悪くなるのである．

このように高密度で増殖が停止することを表すうえに，大変有効な微分方程式が，次のロジスティック式（logistic equation）である．

$$\frac{dx}{dt} = rx\left(1 - \frac{x}{K}\right) \tag{2.2}$$

この方程式は，(2.1)式にある，1個体当たりの増殖率（マルサス係数）m を x とともに減少する関数 $r(1-x/K)$ に置き換えたものである．そのため，個体数 x は K よりも小さいと増加し（$dx/dt > 0$），K よりも大きいと減少する（$dx/dt < 0$）．

(2.2)式を積分することによって，個体数 $x(t)$ を時間の関数として解いてみよう．まず変数分離をして積分記号をつける．

$$\int^x \frac{dx}{x(1-x/K)} = \int^t r\,dt$$

次に積分を計算して整理すると，積分定数 C を使って

$$x(t) = \frac{K}{1 + Ce^{-rt}}$$

となる．初期の人口が $x(0) = x_0$ であることから積分定数 C を決めることができる．

$$x(t) = \frac{K}{1 + \left(\frac{K}{x_0} - 1\right)e^{-rt}} \tag{2.3}$$

十分に時間が経ったときの値を考えると，t が無限大になると分母にある指数

関数がゼロになるために，$x(\infty)=K$ となる．つまり人口は最終的には K に収束するのである．逆にごく少ない人口からスタートした場合，$x \ll K$ となるので，(2.2)式の x/K を無視することができて，人口増加はマルサス係数が r の指数増殖となる．これから $x(t)=x_0 e^{rt}$ が出てくる．つまり最初に人口が K に比べて少ない間は指数的に増大する．しかし，人口が増えて K に比べて無視できなくなると次第に増加速度が低下し，K に収束するのである．

ロジスティック成長の例が図2.2に示されている．低い個体数からスタートすると，S字型にカーブを描いて K の値に収束する．K より高い値から出発すると，逆に減少してやはり K に収束する．K は，その環境中で維持できる個体数という意味から，環境収容力（carrying capacity）と呼ばれている．

これに対してもうひとつのパラメータ r は，個体数密度が小さくて環境に資源が十分にあるときの増加率を示すので，内的自然増加率（intrinsic rate of natural increase）という．

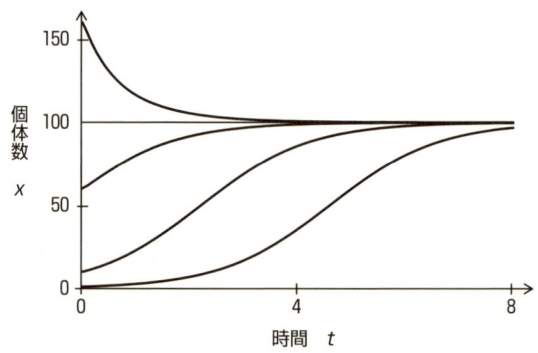

図2.2 ロジスティック増殖
　個体数は最終的に環境収容力 K に収束する．初期の個体数が K よりもずっと小さい場合，最初は指数増殖をするが，多くなると個体数増加の速度が遅くなり K に収束する．全体として個体数はS字型の曲線を描く．初期に K より大きいときには減少して K に収束する．個体数が時間とともに変化しないのは，$x=0$ と $x=K$ である．これらは，ともに平衡状態である．$r=1.0$, $K=100$.

2.3 密度依存と環境収容力

　ロジスティック式の右辺は，個体数が増大するにつれ，それぞれの個体当たりの増殖率が低下することを示している．生物が生育し繁殖するには，動物の場合には餌を食べることが必要である．また繁殖期には営巣する場所が必要である．植物だと光合成のために葉に光を受けることが必要で，また根からは水分や栄養塩類を取り込む必要がある．これらを「資源」という．個体数が少ない間はこの資源がふんだんにあるが，増加して環境収容力に近づくにつれ，資源が不足し，生存や成長，繁殖などが次第に低下してきて，その結果，個体数の増加が抑えられる．個体の間で他の個体がいることで資源が手に入りにくくなり，生育しにくくなることを種内競争（intraspecific competition）という．

　種内競争の例としては，カシやマツ，ブナなどのうっそうと茂る森を考えると良い．樹木は，花を咲かせ沢山の実をつける．それらの果実（ドングリ）が落ちるとその年度内に発芽し，小さな植物（実生，みしょう）が芽生えて森林の床を埋め尽くす．しかしそれらのほとんどすべては，大きくなれずに枯れてしまう．というのもうっそうと茂る森林の中は暗く，光合成が十分にはできないからである．しかし，たまには大きな樹木が枯れて倒れることがある．するとその樹木が占めていた林冠があいて，光が降り注ぐようになる．たまたまその下で待っていた実生が急速に成長し，互いに競争して勝ち残った1個体が林冠にまで到達し，もとの大きな樹木のあとを埋める．このように樹木同士は，光を巡って厳しく競争しているのだ．

　海岸に行ってみよう．波が打ち付けている磯には，岩にムラサキイガイがびっしりついている．イガイの幼生はプランクトン生活をしてある程度大きくなると岩に定着し小さなムラサキイガイになる．しかし岩にはすでにイガイ同士がほぼ隙間なくついてるので，新しい幼生が定着する場所がないし，定着できても成長が難しい．これもまた森林の樹木とおなじく定着場所を巡る競争をしている．嵐の際に群集の一部がはげ落ちることがある．そのあとの空き地では，幼生が定着して小さなイガイが急速に成長する．加えて，周りにあったイガイが少しずつ場所をずらすことで，穴が次第に塞がってくる．

　以上の例では競争は，餌や生育地，水分といった資源が次第に入りにくくなる

ことを通じて生じるマイナスの効果であった．それとは違って，個体が直接にぶつかって闘争をすることで怪我をしたり死んだりすることによる競争もある．

2.4 平衡状態と安定性

（2.2）式は，状態を時間 t の関数として（2.3）式のように書ける．生物学に出てくる方程式で，このように解が書き下せる場合は実はそれほど多くない．たとえば次の章では，1種類の生物ではなく複数種類の生物の個体数（x と y）の変化を微分方程式で表す．これらについて初期値が決まったとして，t だけ時間が経ったときの値を関数できちんと書くことはできない．それは生物学で出てくる多くの方程式が非線形であるからだ．

しかし解が関数で書き表せないといって何もわからないわけではない．たとえば個体数が時間とともに爆発して増えるのか，それとも減少してゼロになるのか，または途中の値に収束するのかということは，生物学としてまず知っておきたいことだろう．そのような情報は方程式を調べることできちんと理解できる．

このようにシステムの挙動を理解する上でとても役立つものが，平衡状態とその安定性を知ることである．これらに注目してモデルの性質を調べることは「定性的解析」という．

図 2.2 をみると，$x=0$ と $x=K$ という2つの値は他の x とは異なる特殊な事情があることがわかる．軌跡がそれら以外の場合には，時間とともに x が増加したり減少したりするのに対して，最初にこれらの値からスタートすると，そのままずっとその値をとり続ける．このような性質を示す状態を平衡状態（equilibrium）という．

平衡状態というのは，「そこからスタートするといつまでもその状態が続く」というのが定義なので，x の状態のうち時間とともに変化しないものを求めればよい．モデルが微分方程式（2.2）で与えられるので，$dx/dt=0$ という式から決まる．すると右辺が0であるということから2次方程式の解として $x=0$ と $x=K$ とが得られる．

しかしこれら2つの平衡状態は性質が随分違っている．$x=K$ はそれより小さい値（初期値）からスタートすると人口は増加し，それより大きな値からスター

トすると減少し，いずれにしても $x=K$ に近づいてくる．つまりこの平衡状態から上でも下でもずれたときには，時間とともに系はその状態に戻ってくる．このような性質をもつ状態を，安定な（stable）平衡状態という．

これに対して，$x=0$ は，初期値がきちんとその値であれば，以後ずっとそこに留まるという意味で平衡状態ではあるが，それから少し上にずれると，人口はずっと増加して $x=0$ から離れてしまう．そのため不安定な（unstable）平衡状態という．

安定な平衡状態と不安定な平衡状態を直感的に説明すると図2.3のようになるだろう．図2.3aでは，ボールが谷底に向かって落ちようとする．一番底の点は，ずれたときにもとに戻ってくる安定平衡点である．図2.3bでは，ボールは山の上にある．ちょうどピークに置けばそのまま留まるかもしれないが，すこしでもずれると下に向かって転がるために離れて行ってしまうのだ．

平衡状態の安定性は，解を求めなくても，変数 x の変化方向を考えるだけでわかる．

dx/dt は図2.4のように2次関数で与えられている．これから $0<x<K$ では $dx/dt>0$ で，$x<0$ と $x>K$ では $dx/dt<0$ である．横に x の数直線が描かれ，右に行くほど x の値が大きくなる．だから

　　　$dx/dt>0$ ならば　右に移動（x が増大）

　　　$dx/dt<0$ ならば　左に移動（x が減少）

というふうに時間とともに移動する方向がわかる．図では矢印によって描いた．これをみると2つの平衡状態の安定性がすぐにわかる．$x=K$ はすこしずれても元に戻ってくるので安定である．これに対して $x=0$ は少し右にずれるとそのままさらに右へと移動し，もっと離れて行ってしまうので，不安定である．

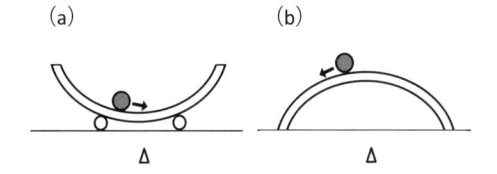

図2.3　安定平衡状態と不安定平衡状態のイメージ
　（a）ボールを底からずらすともとに戻るように動く．底は安定平衡状態である．（b）ボールを頂上にそっと置くと，そのまま留まるが，少しでもずらすと，離れて行ってしまう．頂上は不安定平衡状態である．

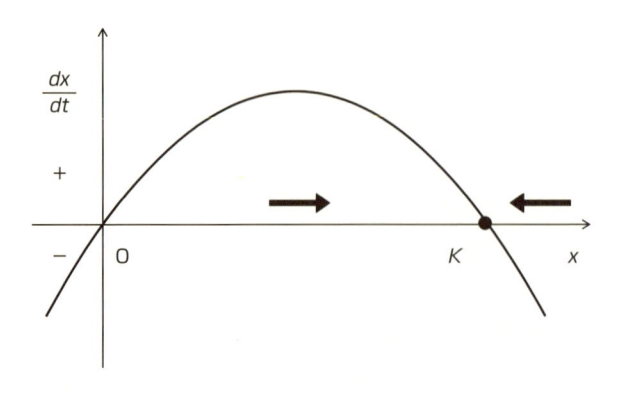

図 2.4 平衡状態と安定性
曲線は dx/dt のグラフで横軸は x. 上に凸の二次曲線であり，x 切片には $x=0$ と $x=K$ の 2 つがある．これらはともに平衡状態である．グラフが正である x の区間（$0<x<K$）では，x が時間とともに増加するので右に移動し，グラフが負である区間（$x<0$ と $x>K$）では，K は減少するので左に移動する．その動きを矢印で示した．これから $x=K$ が安定で，$x=0$ が不安定であることがわかる．$r=1.0, K=100$.

2.5 ロジスティック式で表せる生物

　古典的な実験だが，図 2.5 にはタマミジンコを用いて個体数の増加を追跡した研究を示した．これをみると 3 つの温度で飼育したときにそれぞれロジスティック式で良く記述できる S 字曲線を描いている．最終的な個体数が K であるが，それは 24.8℃ のときが最も多く，19.8℃ とか 33.6℃ のときには少なくなることがわかる．だから同じ環境でより多数の個体を持続的に維持できるのは中間的な水温であるといえる．ところが密度が低いときの増加率である r を見ると，より温度が高い 33.6℃ が一番大きく，その次に 24.8℃，そして 19.8℃ となっている．つまり最初の増加率が大きいことと最終的な個体数が多いことは必ずしも対応していない．

　このように実験室において微生物を一定環境で飼育した増殖をみるような状況では，ロジステイック式は個体数の変化を定量的にも正確に予測できる．しかしたとえばシカだとか鳥類などの数年の寿命を持つ生物の場合，一定環境のもとで人口が増加するといった設定が不自然であるので，ロジステイック式はそのままでデータに合わせたりはできない．特定の季節にだけ集中して繁殖したり，年に

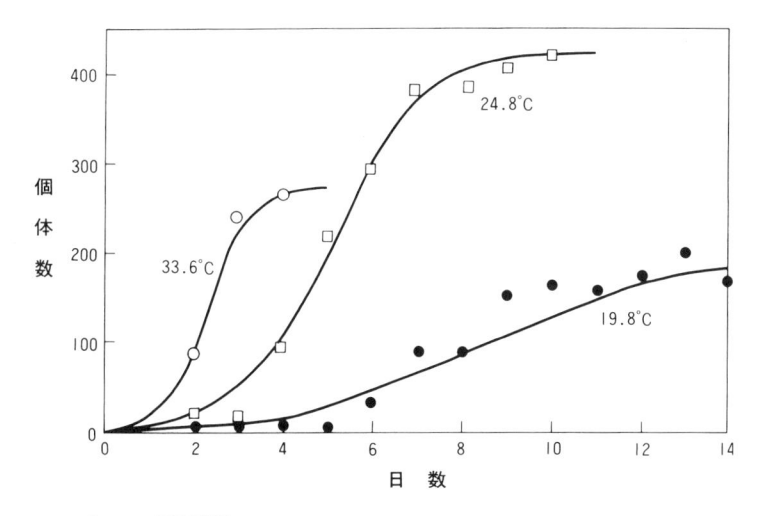

図 2.5 タマミジンコの個体数増加
ロジスティック式に従う．飼育温度によってパラメータの値が異なる．Terao & Tanaka (1928) より．巌佐 (1998) p.6, 図 1.3 より転載．

よって餌の量が大きく変動する，といった要素を入れたモデルが使われる．しかし，生物が個体数が少ないときには指数的に増殖し，環境中に増えてくるとそれ以上増えなくなるという現象は広く認められており，シカでも当てはまる．ロジステイック式はその一般原則を上手く表現している．

とくに環境収容力というコンセプトはロジステイック式を超えて幅広い文脈で使用されている．20世紀後半に，国際生物学基本計画が遂行された．それは世界中の生態系を調査し，それから将来人間が何人くらいこの地球上で住めるか，いわば人間の環境収容力を測定するものである．人が生きるには食料がいるが，農産物を作るには水が必要で，地球上の多くの生態系は乾燥地であり，植物の生産力は水の入手可能性に強く依存している．光合成をして食料を作り出すことができる良い季節は，高山や極地では限られている．砂漠などの乾燥地に水を導入して作物を植えつけると，最初は非常に生産力が高まる．ところが，しばらくすると地下にある塩分が地上に現れてきて作物がまったく育たなくなることがある．この場合，一時的に食物生産ができても，それが「持続的」には続かないのだ．人間が現在の技術力で生き続けるには，食料だけでなくエネルギーや水などさまざまなものを消費し続けないといけない．それが持続可能かどうかというのが重要な問題である．

2.6 ケモスタット

微生物を培養するのに，図2.6にあるようなケモスタットを用いることがある．液体培地が入ったプールがあり，上から一定の速度で栄養等を含む液体が供給される．プールから溢れた液体は外に流れ出す．培地では微生物が分裂によって増殖しているが，他方で液体が流れ出すときに一部の個体が一緒に流出する．培地の中はよくかき混ぜられて一定の密度になっている．

培地には x 個体いるとしよう．培地での微生物の増殖はロジステイック式 (2.2) に従うとする．その体積を V ml とすると，微生物の密度は x/V 個体／ml となる．流量が，毎分 F ml とすると，この流出とともに培地を出ていく微生物の個体数は $F(x/V)$ （個体／分）である．

増殖と流出とのバランスを考えると

$$\frac{dx}{dt} = rx\left(1 - \frac{x}{K}\right) - Dx \tag{2.4}$$

となる．ここで $D=F/V$ と置いた．右辺の第1項は培地の中での微生物の増加速度を表し，第2項は流出による微生物の減少速度を表す．右辺は展開して整理

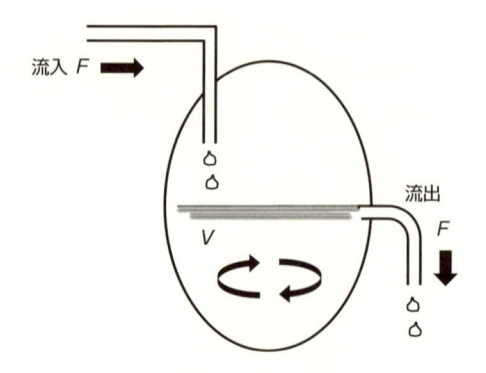

図2.6　ケモスタットの概念図
　栄養の入った培養液が一定の速度 F で流入する．培地の体積は一定 V であり，それを超えた培養液は溢れて速度 F で流出する．培地内はよくかき混ぜられているため，微生物などもともに流出する．実際には，空気の出入りなども制御されている．流入量 F が大きいと，増殖の遅い微生物は，この培地にはとどまれずに消失する．

し直すことによって次のような x の 2 次式になっている.

$$\frac{dx}{dt} = (r-D)x\left(1 - \frac{x}{K(1-D/r)}\right) \tag{2.5}$$

つまり $r \to r-D$ と $K \to K(1-D/r)$ というふうに r と K とが元よりも小さな値になってはいるが,やはりロジスティック式なのである.

この場合,個体数は図 2.7 に示すように S 字曲線を描いて増大する.しかし流出がないときに比べて,流出があると,最終状態での密度,つまり環境収容力が小さくなる.また最初の人口増加の指数,つまり内的自然増加率も低くなる.つまり個体数がよりゆっくりと増加し低い値で停止することになる.$D<r$ の間は,もとより低いながらもある程度の個体数を維持している.しかし $D>r$ の場合には,この微生物は培地の中にはとどまれず,最終的にすべてが流出してしまう.

数種類の微生物が混ざった状態で培養したとしても,流入させる栄養の組成や流量を調整することによって,その培地でゆっくりとしか増加できない種類は消失し,その培地で維持できるものだけを残すことができる.

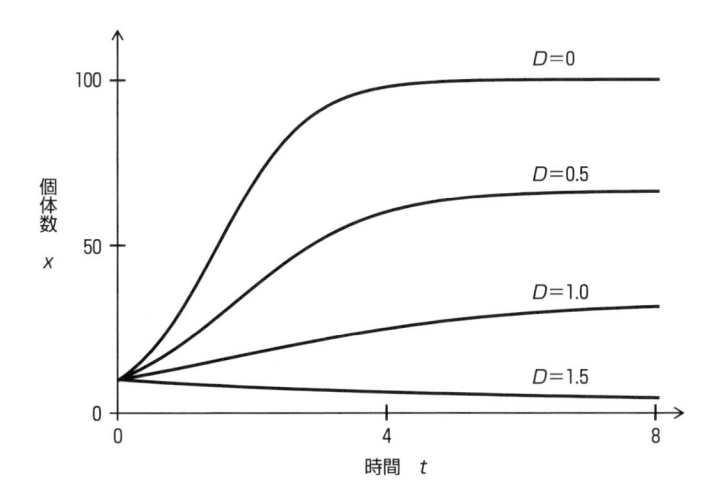

図 2.7 ケモスタットの中の微生物の個体数増殖
横軸は時間.$D=F/V$ が 0 だと,ロジスティック増殖をして微生物の個体数が環境収容力 K に到達する.D が正だと,やはりロジスティック増殖するが,環境収容力も内的自然増加率もともに小さくなる.最終状態での個体数はより小さな値でとまる.D が r を超えると微生物はこの培地にはとどまれない.$r=1.5, K=100$.

第3章 競争と共存

巖佐 庸

3.1 異なる種の間の競争

　前章で，個体数が増えてくると，餌や棲み場所など生育や繁殖に必要な資源が不足するようになり，個体の成長や繁殖，そして生存などが低下することを説明した．これは種内競争と呼ばれる．同様な効果は，種の異なる生物の場合にも起きる．ある生物の数が増えると，それと同じ餌を食べている他の種類の生物にとって餌不足をもたらし，後者の増殖にマイナスの影響を与える．これが種間競争（interspecific competition）である．

　ガラパゴス諸島にいるフィンチを丁寧に調べた研究がある．2種類の鳥が共通の餌，例えば草のタネを食べているとする．大きなくちばしを持つ種類は大きなタネを割って食べることができ，小さなくちばしを持つ種類は小さなタネを効率よく食べることができる．両者はそれぞれ得意なサイズのタネを食べるが，加えて中間のサイズのタネも利用する．そのことで大きなフィンチがいると，中間サイズのタネが減少するため，それを利用している小さなくちばしのフィンチにとっては，餌が減り成長や繁殖が低下する．しかし小さなタネについては影響を受けないため，資源利用の重なりは部分的である．異なる種がいることの悪影響は，同じ個体数だけ同種がいる場合に受ける悪影響に比べてましな面があるといえよう．

　図3.1にはニューギニア高地に生息する2種類の鳥の高度分布を示している．ネズミムシクイは5400フィート（1646 m）より低い場所に，ヤマネズミムシクイはそれより高い場所に分布しており，境目での分布はシャープに入れ換わっている．このことは，2種が互いにマイナスの影響を与えて，他を排除していることを示唆するものであり，種間競争の間接的証拠である．競争を直接に示すためには，片方の種を取り除いて，他の種が分布を広げてくるかどうかを調べるといった野外での実験的研究が必要になる．

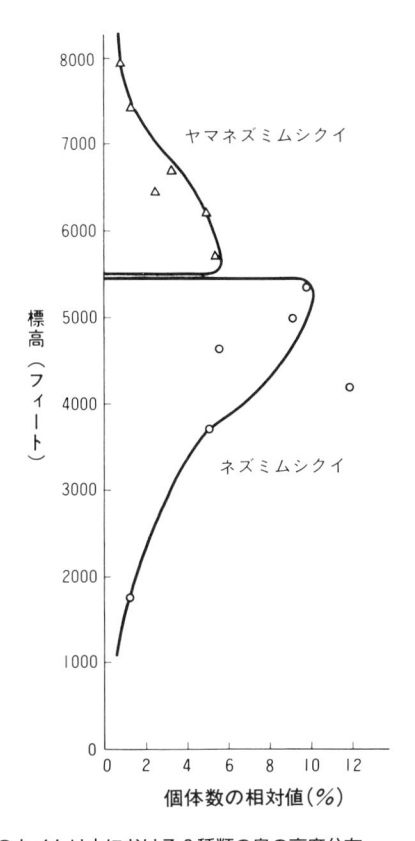

図 3.1 ニューギニア高地のカイムリ山における2種類の鳥の高度分布
　ネズミムシクイは 5400 フィート（1646 m）より低い場所に，ヤマネズミムシクイはより高い場所に分布する．その分布は突然に入れ替わる．両種は似た餌を食べ，似た生活をしていることから，互いの間に競争関係があり，その結果同じ場所ではいずれか一方しか存続できず，相対的な競争の有利さが入れ替わるところで，分布が入れ替わっていると，示唆する．しかし種間で競争があるかどうかは，互いにどのように相互作用しているかをさらに調べるか，実験的に片方を取り除いて影響をみるといった研究で確かめる必要がある．J. M. Diamond により．MacArthar (1972) より．巌佐 (1998) p. 19, 図 2.4 より転載．

　人間活動の活発化によって多数の野生生物が絶滅し，残っている種でも多数のもので絶滅のリスクが高くなっている．その要因としては，人間の開発によりそれらの生物の生息地が縮小したこととともに，外来種が侵入することで在来種が滅ぶことが重要である．たとえばオーストラリア大陸では，ヨーロッパ人の入植とともに，非常に多数の動物や植物が持ち込まれた．その結果，多くの在来種が滅んだ．侵入種と同じような餌を食べ，似た生活をしている種が特に滅ぼされや

すかった．このことは種間の競争によるものと考えられる．

競争が起きていることをはっきりさせるには，両種の生存率や出産率，それぞれがどのような資源を利用し，それぞれの資源がどの程度必須のものかなどを調べる必要がある．しかし，分布の変遷や互いの避け合いも，競争が起きていることの重要な間接的証拠である．

3.2 ロトカ・ヴォルテラ競争式

このような競争している2種の個体数の変動を表すモデルを考えてみよう．これらの個体数をそれぞれ x と y とする．前章で1種の生物の個体数の増加をロジスティック式で表した．ここではそれからスタートして次のように考えてみる．

$$\frac{dx}{dt} = r_1 x \left(1 - \frac{x+ay}{K_1}\right) \tag{3.1a}$$

$$\frac{dy}{dt} = r_2 y \left(1 - \frac{bx+y}{K_2}\right) \tag{3.1b}$$

ここで2種いるのでそれぞれの個体数の従う微分方程式が書かれている．(3.1a)式の第1種の個体群動態において，同種の密度が高まるに連れて増加率が低下するという部分に $x+ay$ というふうに第2種の数 y も重みつきで寄与するようになっている．つまり第2種の個体の存在も第1種の増加率にマイナスにはたらく．そのとき種が異なると，同種の個体数にくらべ使用する資源が違うために，それだけマイナスのインパクトも小さいかもしれない．しかし第2種の個体の方

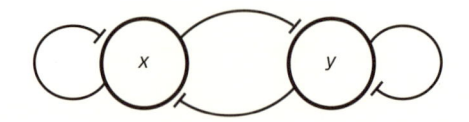

図3.2　2種の競争関係の図
　　　第1種と第2種の間には，互いに相手の増殖率にマイナスの影響を与える．例えば共通の餌や巣場所などの資源をめぐる場合が1つの可能性としてあげられる．同じ種の個体が増えると増殖率が低下するという種内競争に加えて，異なる種の間でもこのような種間競争によるマイナスの影響がある．

が体が大きい場合には，同じ種の個体以上に資源を消費し，そのインパクトは大きいかもしれない．そこで (3.1a) 式では，第 2 種の個体は第 1 種の個体の a 倍の影響をもつとして表している．

同じように (3.1b) での右辺での個体数による増殖率低下では，第 1 種の個体数が第 2 種の増加率に与えるマイナスの影響が，同種個体の b 倍であるとしている．a および b は，種間競争の強さを，種内競争に対する相対的な値として表したという解釈もできる．だから a や b は，2 つの種が異なる餌や活動時間を持つほど小さくなり，同じ資源を利用していると大きくなると予想される．

(3.1a) と (3.1b) の連立方程式は，それを提案し解析した A. J. Lotka と V. Volterra という 2 人の研究者の名前をつけて，ロトカ・ヴォルテラ競争式という．

まず，$a=b=0$ の場合を考えてみる．すると (3.1a) および (3.1b) はそれぞれ第 2 章の (3.2) 式と同じであって，2 種はそれぞれにロジステイック式に従って増殖する．パラメータは種によって異なり，第 1 種については r_1 と K_1，第 2 種については r_2 と K_2，をそれぞれパラメータとする S 字型曲線を描いて増加する．互いに相手にマイナスの影響がなく，2 種は独立に振る舞っている．

a および b がともに正であると，図 3.3 にあるようになる．図 3.3a の例では，最初は両種とも個体数が少ない状況なので両種ともに増大するが，大きくなるにつれ第 2 種は個体数が減少に転じて最終的には消滅してしまう ($y(\infty)=0$)．第 1 種は最終的に生き残り，その種の環境収容力に収束する ($x(\infty)=K_1$)．つまり第 1 種が競争で勝ち，第 2 種を滅ぼすのだ．

図 3.3b では，パラメータが異なり，最終的に両方の種とも正の値をとる．つまり共存できることを示している．しかしそれぞれの環境収容力よりも小さな値である ($0<x(\infty)<K_1$, $0<y(\infty)<K_2$)．これは競争種が残っているために，自分だけで占拠できる場合よりも個体数が低下するからである．

3.3 アイソクライン

さて，このような振る舞いを数式から解析するにはどうしたらよいだろうか．前章で述べたように，時間 t の簡単な関数を使って $x(t)$ と $y(t)$ とを表すことはできない．とはいっても，その 2 種が共存できるのかそれとも片方が勝つのか，

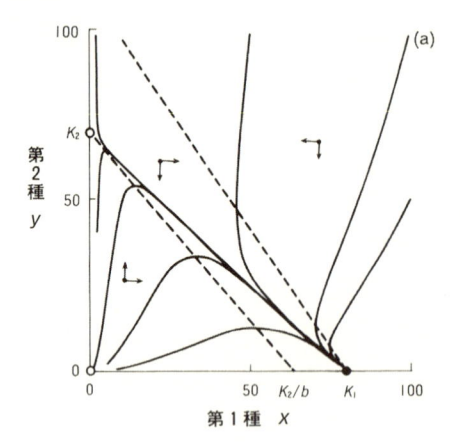

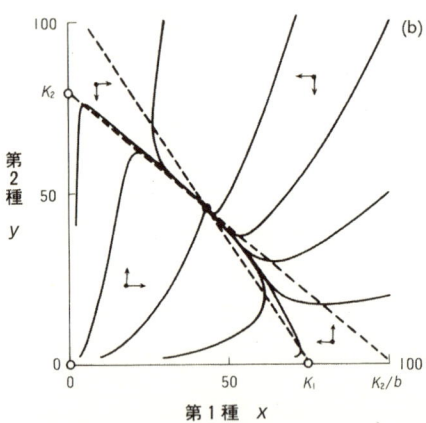

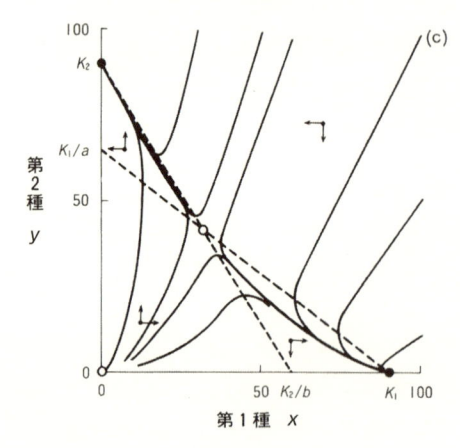

図 3.3 ロトカ・ヴォルテラ競争式の軌道
横軸は第1種，縦軸は第2種の個体数を表す．2本の破線および両軸は，アイソクラインで，いずれかの変数の時間変化がゼロになる．交点が平衡状態である．(a) 第1種が必ず勝ち残る場合．($r_1=1, r_2=1, K_1=80, K_2=70, a=0.7, b=1.1$)．(b) 両種が共存する場合 ($K_1=75, K_2=80, b=0.8$ 他は同じ))．(c) 初期値によっていずれかの種が勝ち，他方を排除する場合 ($K_1=90, K_2=90, a=1.4, b=1.5$, 他は同じ)．巌佐 (1998) p.16, 図2.1 より転載．

後者の場合にはいずれの種が勝ち残るのかといったことは是非知りたい．これらの側面は，平衡状態を求め，それらの安定性を調べることによって知ることができる．

前章に述べたように，平衡状態はそこにいたら状態が変化しない点のことである．平衡状態は，2変数が変化しないという条件から，$dx/dt=0$ と $dy/dt=0$ とが両方成立する値 (x, y) として求めることができる．平衡状態を求めるために，前章では1種のダイナミックスだったので，数直線を考えた．ここでは第1種と第2種の個体数の変化を追跡するから，数平面が必要になる．図3.3のような状態空間がそれである．横軸および縦軸は第1種と第2種の個体数をそれぞれ表す．

そこでまず $dx/dt=0$ が成立する点を描くとそれは（3.1a）式の右辺をゼロと置いた式を満たす．それは，$x=0$ と $x+ay=K_1$ となり，それは数平面の上に描くと2本の直線である．これらの線の上の点では，x 方向の動きが止まっている．つまり状態を表す点は左右には動かない．軌跡はその線を上下に横切る．だからこれらの直線は「傾き無限大のアイソクライン」と呼ばれる（アイソクラインとは傾きが一定という意味）．このアイソクラインで分けられた領域では片方では x が時間とともに増え，他方では x が時間とともに減る，つまり片方では右向きに，他方では左向きに状態点が移動することになる．

これに対して，$dy/dt=0$ を満たす点は $y=0$ と $bx+y=K_2$ となり，数平面では別の2本の直線になる．これらの直線上では上下方向の動きが止まっているので，軌跡はこれらの線を左右に横切る．そのため「傾きゼロのアイソクライン」と呼ばれる．

平衡状態は，これら2種類のアイソクラインが交わるところである．図3.3aの例を考えてみよう．ここでは $K_1>K_2/b$ であり $K_1/a>K_2$ である．x 軸上の $(K_1, 0)$，y 軸上の $(0, K_2)$，それに原点 $(0, 0)$，の3点が平衡状態である．これらはそれぞれ，「第1種だけがいる」，「第2種だけがいる」，そして「両方ともいない」という状態を表している．両方の種が正の値をとるという第1象限の平衡状態がない．ということは，この図に示したようなアイソクラインの交わり方のときには，2種は共存できないことを意味している．

これだけでは第1種と第2種のどちらが勝つのかはわからない．それは平衡状態の安定性を調べることで理解できる．前の章では1種系の場合について，平衡状態の安定性が，数直線の上での時間変化方向，つまり矢印を描くことで理解で

きることを示した．ここでは変数がxとyというふうに2つあるため，数直線ではなく数平面になるが，そこで変数が増えるか減るかを矢印で描くことによって理解できる．

$dx/dt>0$ では 右向きの矢印

$dx/dt<0$ では 左向きの矢印

ということになる．不等式を満たす領域は，境界にあたる $dx/dt=0$ の線の片方であり，どちらなのかは符号を調べることでわかる．また符号は境界をまたぐときに変化する．同じようにして y が上下方向の座標なので，

$dy/dt>0$ では 上向きの矢印

$dy/dt<0$ では 下向きの矢印

が成立する．

図3.3aの場合，第1象限は，3つの領域に分けられている．原点に近い場所では矢印は上向きと右向きであり，両座標とも増加することが示される．状態点の軌跡は右上に向かって進む．その次の領域では，右向きと下向き，つまり x 座標は増大し，y 座標は減少する．とするとそれらの境目にあたる $bx+y=K_2$ では軌跡は水平に横切ることになる．つまり左下から上がってきてアイソクラインを切るところでピークを描いて右下へと下りて行くのだ．原点から最も遠い領域では，矢印は左向きと下向きであり，両座標とも減少することを示す．その軌跡は $x+ay=K_1$ の線を上下に横切る．つまり軌跡は右上からこのアイソクラインを上から下に横切り，そのあと右下へと向かう．

これらのことを考えながら，軌跡を描くと，どの場所からスタートしてもすべて最終的には $(K_1,0)$ の平衡状態に収束することがわかる．他の2つの平衡状態 $(0,K_2)$ と $(0,0)$ とは近くからスタートすると離れて行ってしまう．つまり $(K_1,0)$ は安定平衡状態であり，$(0,K_2)$ と $(0,0)$ とは不安定平衡状態である．

3.4 資源利用の重なりと共存のしやすさ

さて，図3.3aの場合から両軸上の切片の大小関係がともに逆転して，$K_1<K_2/b$ であり $K_1/a<K_2$ のときは，2つの種の立場が入れ変わる．先と同じやり方で調べると，第1象限のどの点からスタートしても，$(0,K_2)$ に収束することが

わかる．それは安定平衡状態であり，$(K_1, 0)$ と $(0, 0)$ とは不安定平衡状態である．この場合第2種が勝ち残り第1種は消えてしまうため，共存はできない．

図3.3b では $K_1 < K_2/b$ であり $K_1/a > K_2$ である．このときには，第1象限，つまり $x > 0$ でかつ $y > 0$ を満たす平衡状態がある．これは両種の共存を示すものである．それが安定であることがさらなる解析によってわかる．

図3.3c では，逆に $K_1 > K_2/b$ であり $K_1/a < K_2$ である．2種の共存を表す平衡状態は存在するがそれは不安定である．軌跡は，いったん近づいたように見えても，時間が経つと遠ざかってしまう．最終的には，第1種だけがいる状態 $(K_1, 0)$ と第2種だけがいる状態 $(0, K_2)$ とのどちらかに収束する．このようなパラメータ領域では共存は不可能である．いずれの種もそれが他を圧倒するように多いと，他種に勝って，全体を占めることができる．

このように両種が共存する平衡状態が存在しても，安定なことも不安定なこともある．それらは直感的にはどう理解すればよいだろうか？

2つを区別するのは2つの不等式であったが，それらから図3.3b のときには $ab < 1$，図3.3c のときには $ab > 1$ であることがわかる．a と b とは，種間競争の強さと種内競争の強さとの相対値である．このことに着目すると，共存平衡状態が存在するときには，「種間競争の方が種内競争に比べて弱いときには共存できるが，種間競争の方が強いときには共存ができない」というふうにまとめることができる．

競争の係数 a と b は，それぞれの種が利用する資源の範囲を考えることによって，資源利用の重なりの強さと関連づけられることがある．先に種子食の鳥について，太いくちばしをもつ種は堅い殻をもつ大きなタネを食べることができ，細いくちばしをもつ種は小さなタネを効率よく食べることができるということを述べた．両種が利用する餌の大きさに重なりがないと，それらが互いに影響をおよぼす競争は生じない．しかし中間のサイズの餌については，両種ともが利用すると，競争が生じる．図3.4a には，2種の資源利用の範囲を，餌のサイズの分布として表した．これらの曲線の重なりが大きいほど，両種の間の競争が激しいと考えることができる．

他の種との競争を避けるためには，互いに相手とは利用する資源をずらせて重なりを減らす方が望ましい，ということが考えられよう．図3.4b にあるように，A という種だけがいる生息地でのサイズ分布と，B という種だけがいる生息地で

のサイズ分布は似ているのに，AとBとが一緒にいる場所でのサイズ分布は互いにずれていることがある．これは形質置換といわれる．共存する場所でのAのサイズ分布は単独の場所でのものより小さな方にシフトし，Bは逆に大きな方にシフトし，結果として互いにサイズ分布の違いが大きくなり，資源利用の重なりも小さくなっていると推測される．競争種が存在することによるこのような形質の変化は，遺伝子の置き換えによる進化によって生じることもあるが，個体の生涯の中で生じる適応（表現型可塑性）とか行動の適応的変化（学習）によるものかもしれない．

　競争は，野外での生物間のマイナスの相互作用のことであるが，人間社会での企業についても考えることができる．同じ業種のライバル企業が近くに出店していると，片方に来るはずの顧客が他方に流れてしまうということでマイナスの面があると考えられる．しかしもしかしたら，数軒の店が固まっていることで，1軒だけの場合よりも，多数の客が来るかもしれない．この場合，同業種の店があることがプラスになる協力関係の面もあるといえよう．実際に競争なのか逆の協力関係なのかは，調べてみないとわからない．

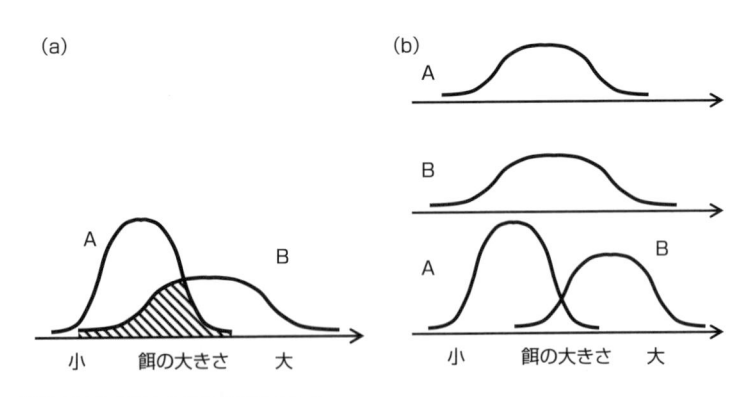

図3.4　種間の競争の強さと資源利用の重なり
　　種Aと種Bがいて，それらの利用する餌などの資源が部分的に重なる場合，資源利用の重なりが大きいほど種間競争の係数は大きくなり，共存が困難になる傾向がある．ここの例では横軸は餌の大きさ，曲線はそれぞれの種の利用する範囲を表す．(a) 両種が理由する餌のサイズが重なる部分が大きいほど競争が強いと考えられる．(b) 種Aも種Bもそれぞれ単独で利用するときには同じ範囲の餌を利用する．両種が同じ場所に共存していると，互いに利用する範囲を変更し，重なりが小さくなる場合がある．これは形質置換と呼ばれる．

3.5 資源競争と見かけの競争

 2種の間で競争が生じている状況の典型例は，餌や巣場所等共通する資源を利用する種が，資源を奪いあうために共存が難しいことである．図3.5aにあるようにxとyという2種がいて共通の餌Rを利用しているとする．片方の種yの個体数が多いと，餌Rの量が減ってしまい，その結果，他方の種xにとって生存や繁殖にマイナスになる．それが資源消費を通じた競争である．これはyがRに影響を与え，Rの減少がxに影響したということだから，xとyとは直接の相互作用がなくてもRを介して影響する例といえる．ある種に起きた変化がそれと相互作用していた別の種に影響し，後者に相互作用する種へその影響が広がるというふうに，複数の種の鎖を渡って影響が波及することを「間接効果」という．第17章において，多数の種を含む群集の中で，ある種への影響が他の多数の種に伝わる現象を紹介する．

 互いにマイナス影響を与える間接効果ということでは，共通の資源を介する場合の他に，共通の捕食者や共通の寄生者による影響もある．図3.5bに示した例では，xとyとはともに共通の捕食者Pに襲われている，もしくは共通の病原体に感染する場合である．yが多くなると，Pが増えてしまい，その結果xにとってマイナスになる．これは捕食者や寄生者Pを介したマイナスの間接効果である．このタイプのものを「見かけの競争」と呼ぶ．

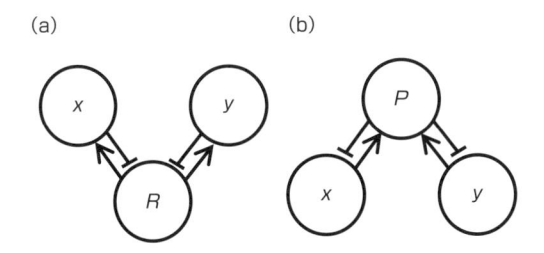

図3.5 種間の影響が，別の種を介して伝わる例
 (a) xとyとは共通の餌Rを利用している．xやyが増えるとRの増殖率は減少する．しかしRが増えるとxもyもその増殖率が改善する．yが増えると，Rが減少し，xの増殖率が減少する．これがxとyとの間の資源競争である．(b) Pはxもyも襲う捕食者である．もしくは両方に感染する病原体や寄生虫とする．このときもyが増えるとPが増え，結果としてxの増殖率が低下する．これを見かけの競争という．

3.6 サドル，ノード，セパラトリックス

(3.1) 式のような連立微分方程式は，状態が時間とともにどのように変化するかを表現するもので力学系 (dynamics) ともよばれる．力学系を理解する上に役立つ用語をいくつか解説しておこう．

共存平衡状態が存在する2つの場合について，その平衡状態の周りの挙動を考えてみよう．図3.3b においては，軌跡が平衡状態に最終的に収束する安定ノードと呼ばれる形をしている．最終的に平衡状態に近づくときには，2つの方向のいずれかから近づくのである．

これに対して図3.3c においては，共存平衡状態にはいったん近づくものの，最終的に離れて行ってしまう．これも共存平衡状態の近くをみると，2つの方向から離れて行く．平衡状態の近くの軌道がこのような形をしているとき，その状態をサドルという．サドルというのは馬に乗るときに騎手が座る場所のことで，自転車にもあるサドルである．馬にまたがると脚は馬の左右の側にきて，首と尾の方はより高くなっている．サドルは「峠点」とも呼ばれる．山の続く嶺（稜線）で仕切られた場所に片方から他方へと歩いて行くときには，稜線のうちで一番低いところ，つまり峠を越えるのが一番楽である．このような地形に雨が降ったと考えてみよう．水は稜線を境目にして向こう側とこちら側に分かれて流れていく．

図3.3c の場合には，第1種だけがいる状態 $(K_1, 0)$ と第2種だけがいる状態 $(0, K_2)$ とはともに安定である．最終的にいずれの状態に収束するかで分けると，第1象限は，ある曲線によって2つの領域に分けることができる．その曲線のことをセパラトリックスという．これは先ほどの地形のイメージでいうと稜線にあたる．それぞれの平衡状態に収束することになる点の集合，つまりセパラトリックスで分けられる2つの領域のことを，それぞれの平衡状態の吸引域という．

もう1つ，非線形の力学系を理解する上で重要な概念に局所安定と大域安定の違いがある．たとえば，図3.3a においては，第1象限のどこからスタートしても，軌跡は最終的に $(K_1, 0)$ に収束する．このとき $(K_1, 0)$ は大域安定という．図3.3c の場合にも，$(K_1, 0)$ は安定平衡状態である．というのもそこから少しずれても元に戻るからである．しかしながら大域安定ではない．というのもセパラトリクスがあり，それを超えて反対側にまでずれると，元には戻らずに，他方の平

衡状態 $(0, K_2)$ に行ってしまうからである．そのためこれは局所安定という．もちろん $(0, K_2)$ もまた局所安定である．

図 3.3b の場合には，2 種が共存する点が大域安定である．というのも第 1 象限のどの点からスタートしても共存点に収束するからである．

平衡状態は，その近くの軌道の様子によって，いくつかのタイプに分けられる．図 3.6 に示したように，(a) 安定ノードと (c) サドルの他に，(b) 不安定ノード，がある．軌道の形は安定ノードに似ているが，軌道は平衡状態から時間とともに離れていく．さらに軌道が螺旋状を描きながら回りながら近づいてくるものを (d) 安定フォーカス，逆に回りながら遠ざかるものを (e) 不安定フォーカスという．これら 5 つのタイプはとくに頻繁にでてくるものであり，それらの種類の区別については，そのまわりで力学系を線形化して係数行列を調べることによって理解できるが，これについては別の本を参照してほしい．

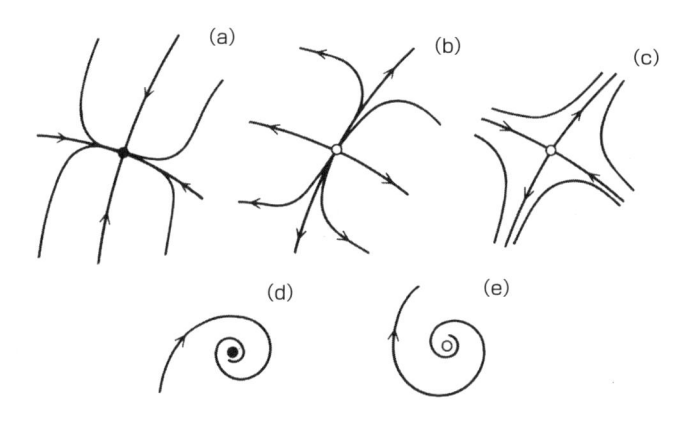

図 3.6　平衡状態の種類
　(a) 安定ノード，(b) 不安定ノード，(c) サドル，(d) 安定フォーカス，(e) 不安定フォーカス．これらのうち，安定ノードと安定フォーカスが安定な平衡状態だが，他の 3 つは，平衡状態の近くからでもそこから離れて遠くに行く軌道があるため不安定である．巌佐 (1998) p. 24，図 2.8 より転載．

第4章 捕食者と被食者の周期的変動

巖佐 庸

4.1 カワリウサギとヤマネコ

19世紀にカナダでとれた毛皮の数は，図4.1が示すように約11年ほどの周期で大きく振動していた．カワリウサギの振動と，オオヤマネコの振動をみると，それらの周期はほぼ同じだが，両者のピークが少しずれている．カワリウサギが非常に増えてピークを描いてそのあと急速に数を減らすときに，オオヤマネコの数がピークを示すように見える．これは他の動物を餌として捕まえて食べる「捕食者」と，捕食者に食べられる「被食者」という2種類の動物の間で引き起こされる振動ではないかとの考えがある．

オオヤマネコはライオンのような肉食者である．これに対してカワリウサギは草を食べていて，オオヤマネコに狙われる餌である．カワリウサギの数が増えると，餌が増えたのだからオオヤマネコの生存率も出産率も改善される．つまり被

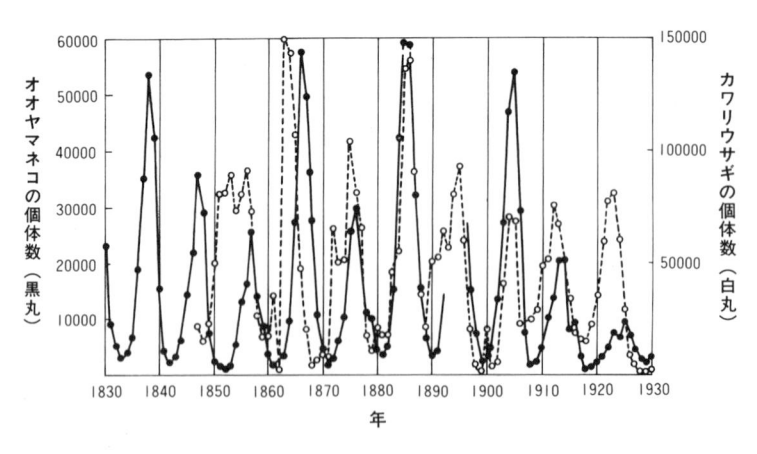

図4.1 カナダにおけるオオヤマネコとカワリウサギの個体数変動
伊藤 (1976) より．巖佐 (1998) p.40, 図3.5より転載．

食者が増えるとしばらくすると捕食者も個体数を増大するようになる．捕食者の数が増える結果，カワリウサギの個体数が減少するようになる．すると被食者の個体数が少なくなるので，しばらくすると捕食者の個体数も減る．

　こういう風に，捕食者とその餌となる動物（つまり被食者）との間の相互作用によって，振動が引き起こされる可能性がある．

　安定した周期的変動は，生物の体の内部の現象でもみられる．代表的なものに概日リズムがある．我々がヨーロッパやアメリカに旅行をすると，時差があるため夜に眠れなかったり昼に眠たかったりといったことが1週間ほどつづく．それは体内に時計があり，それに従って代謝が変動しているためといえる．哺乳類だけではない．ショウジョウバエや植物，アカパンカビ，そしてランソウのような単純な構造を持つ生物にも，体内時計がある．一定の環境においてもほぼ24時間の周期でいつまでも活動の振動が続く．周期がきっちりと24時間ではないため，一定環境では何日かすると振動の位相が周りの環境からずれてくる．これは環境に合わせて振動しているのではなく，自律的に振動する性質，つまり時計を持っていることを示している．

　1980年代になると，それが時計遺伝子というべき遺伝子によって担われていることがわかってきた．たとえば*period*というショウジョウバエの遺伝子は，それが転写されてPERIODタンパク質ができると，これが核内に入って自らを作った遺伝子の発現を抑える（図4.2）．そのためしばらく盛んに遺伝子が読み取られるが，数時間のあとには，産物であるタンパク質が遺伝子を抑えて発現が止まる．その後，タンパク質が次第に分解されていき，ある時間が経つと再び遺伝子が発現されはじめる．このようにして大きな振動がいつまでも続くのである．

　生物の体内でみられる振動の別の例としては，心臓の鼓動がある．心臓の細胞をバラバラにして培養するとそれぞれの細胞が自律的に周期的に収縮し始める．個々の細胞の振動周期は少しずつ違っているが，それらが互いに接触すると振動が同調するようになる．

　また別の例として，神経細胞が周期的な興奮を行うことがある．この周期的な興奮が神経細胞の長い軸索を伝って，興奮のピークが多数引き続いて生じるような神経シグナルとして伝わって行く．

　本章では，一定の環境のもとでも，相互作用する複数の変数が振動することを，捕食者と被食者の個体数動態を例として説明したい．

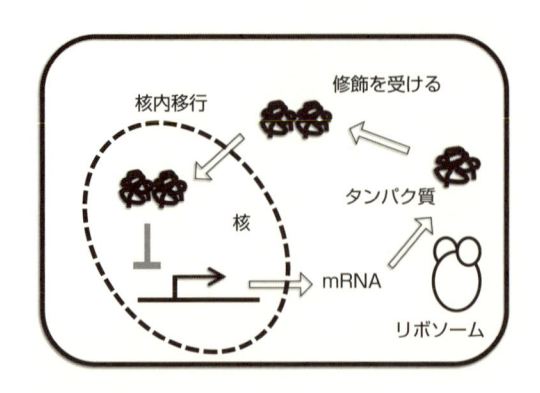

図 4.2 体内時計の周期的変動の機構
遺伝子が盛んに転写され,その産物である mRNA が細胞質に移動しタンパク質に翻訳される.そうしてできたタンパク質は修飾を受けたり,多量体になったりといった変化を受け,核内にとりこまれて自らをつくった遺伝子の転写を抑制する.その結果,盛んに発現される時期と転写が抑制される時期の間でほぼ 24 時間の周期での振動が生じて,タンパク質量も大きく変動する.このように遺伝子発現の負のフィードバックによって振動が生じることが生物の体内時計をもたらす.

4.2 捕食者・被食者のモデル

捕食者と被食者のモデルで最も簡単なものを想定してみよう.$x(t)$ が被食者(つまり餌)の個体数,$y(t)$ は捕食者の個体数とする.次の方程式を考えてみよう(図 4.3).

$$\frac{dx}{dt} = rx - axy \tag{4.1a}$$

$$\frac{dy}{dt} = bxy - cy \tag{4.1b}$$

(4.1a) 式は,被食者,先の例ではカワリウサギの個体数変動を示している.右辺第 1 項はカワリウサギが指数増殖をすることを示している.第 2 項は,捕食者であるオオヤマネコに食われてカワリウサギ個体数が減少することを示す.これらの両者のバランスでウサギの個体数動態が決まる.捕食速度は axy というふうに捕食者の数と被食者の数との積で決まるとしている.捕食者 1 個体当たりでは,捕食速度は ax であり,餌の密度 x に正比例して増大するように仮定してい

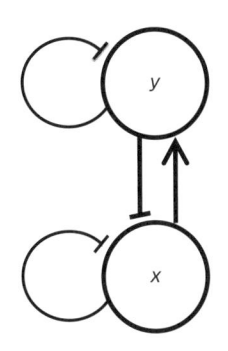

図 4.3 捕食者と被食者の相互作用
被食者の数 x が増えると捕食者 y の増殖率は改善される．これに対して捕食者 y が増えると被食者の死亡率が増し，増殖率は低下する．片方が相手にプラスの影響，もう一方はマイナスの影響を与えるようになっている．

る．これは捕食者が餌をランダムに探すとし，そのプロセスが捕食の速度を決めているときに対応している．

（4.1b）式は捕食者の個体数を記述している．第1項は，捕食者の出産数を表し，餌として捕食者に取り込まれた量に比例して，新らしく子供が生まれるとしている．第2項は，死亡を表し，新たな個体が生まれないと捕食者の数が減少することを示す．

（4.1a）と（4.1b）の連立微分方程式は，図4.4のように x と y との数平面の上に表すことができる．まずアイソクライン $dx/dt=0$ は，y 軸 $x=0$ と，それに垂直な直線 $y=r/a$ である．他方のアイソクライン $dy/dt=0$ は，x 軸 $y=0$ と，それに垂直な直線 $x=c/b$ である．これらの交わる点は，両方が滅んでいる $(0,0)$ と，両方の種が存在する $(c/b, r/a)$ の2つである．

2つの座標が x と y であることから，両変数の増加と減少に対してそれを示す矢印をつける．すると図4.4aのように共存点の周りを巡るように動くことがわかる．Aという状態では，捕食者はピークを描いている．つまり増加してピークを描いて減少を始めるところがAである．このとき捕食者が最大に多いので，被食者の減少速度も最大である．次にBの点にいくと，捕食者はどんどんと減少していく．被食者数は最小になり減少から増加に転じるところである．被食者が少ないために捕食者が減少するし，捕食者数が減るために被食者もそれ以上減らずに回復するのだ．次のCにいくと，捕食者は最低数になる．捕食者が少ない結

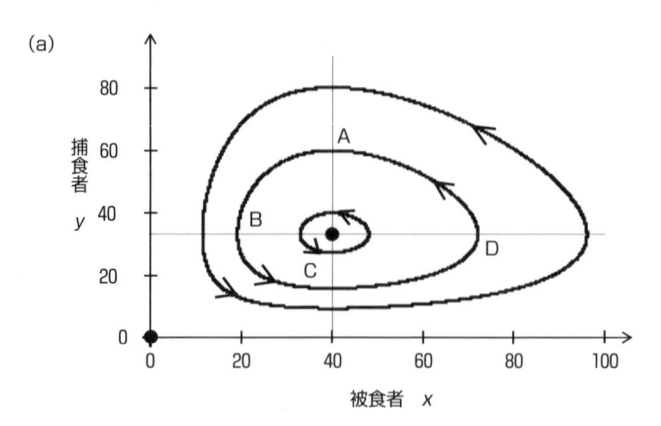

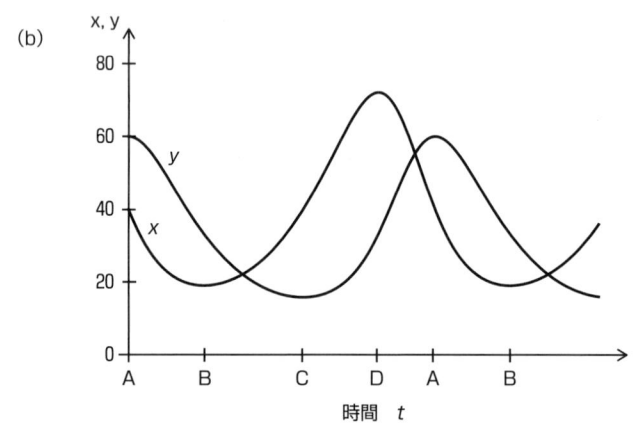

図 4.4 捕食者・被食者モデル
(4.1) 式で与えられる．ロトカ・ヴォルテラ捕食系と呼ばれることもある．(a) 横軸と縦軸は，被食者の個体数と捕食者の個体数である．アイソクラインから平衡状態は，両種ともいない原点 (0,0) と，両種とも存在する ($c/b, r/a$) の2つである．軌道は，共存平衡状態を取り囲むようにぐるっと一周する．さらなる解析によって，軌道はきちんともとの場所にもどってくることがわかる．つまり共存平衡状態を取り囲むような周期的な解が多数存在することになる．(b) 被食者個体数 x，捕食者個体数 y を時間 t に対して描いたもの．A, B, C, D はそれぞれ (b) の A, B, C, D に対応している．被食者も捕食者も振動をするが，捕食者の振動の位相は被食者よりも遅れる．$r=1.0, a=0.03, b=0.025, c=1$．

果，被食者数は増加する．そして次に D にいくと被食者数が最大になるのである．そうしてしばらくすると捕食者数が最高になり，捕食者が多いので被食者が減るという A の状態にもどるのである．

　図 4.4b には，横軸に時間をとり2つの変数 $x(t)$ と $y(t)$ を示してある．これ

らのグラフではともに時間 t の関数として描かれているが，媒介変数としての t を消去し，x と y との 2 変数の平面に書いた軌跡が，図 4.4a である．

4.3 いろいろな振幅を持つ解がある

さて，平衡状態の周りを一周回ってくることはわかったが，そのときに元に戻るのか，それとも元よりも外側に戻るのか，内側に戻るのか，ということについてはこのような矢印をたどるだけではわからない．このシステムでは，実は一周回ったらきっちりともとの値に戻ることを示すことができる．ということは，図 4.4a に示されたように，$(c/b, r/a)$ という平衡状態を取り囲み，一周回るともとに戻る．違う点からスタートしても，軌跡はそれぞれもとの点に戻る．このように異なる振幅での振動がすべて (4.1) 式の解である．つまり平衡状態からスタートすればそのままそこに留まる．少しずれたところからスタートすると，小さな振幅をずっと続ける．もっと大きくずれたところから始めるともっと大きな振動がいつまでも続く．ということで，初期値の違いによって全く違う振動の仕方をすることになる．平衡状態 $(c/b, r/a)$ からずれたときに，元に戻ってくるわけではないが，離れていってしまうのでもない．そのため，それは「中立安定な平衡状態」という．

先に，概日リズムや心臓の鼓動など生理的に重要な機能をもつ振動を紹介した．そのような振動が，振幅の違う多数の軌道があるようなモデルから作り出されることはあり得ない．生理学的な規則的な振動を表すモデルは，一定環境にいればそこで一定の振幅と周期を持つ振動を示すはずである．もし図 4.4 に示されるような振動の解をしているとすれば，少しでも外部から影響を受けて状態がシフトすると，別の軌道に移ってしまう．するといくら待っても，もと周期と振幅には戻らず，振動の振幅が小さく，もしくは大きく変化することになる．これは，困ったことである．というのも一定の振幅で振動していた心臓が，驚かされたときには，しばらくは大きな振幅で振動するかもしれないが，何回か振動したあとには，元の振動と同じ周期に戻るのが望ましい．もし驚いた心臓が大きく振動し続けるとか，逆に別の刺激に対しては平衡状態の近くにシフトしてしまって振幅がずっと小さく振動するままでいつまでも振幅が回復しないというのは大変だ．

だから心臓の鼓動が，図4.4のようなタイプのモデルで表されるはずはない．

捕食者と被食者の振動もそうである．野外にはさまざまな変動がある．その中でも図4.1にみられるようなはっきりとした振動を維持できるためには，図4.4のモデルではいけないのだ．外部から撹乱を受けたとしてもその後，もとの振幅と周期をもつ振動にもどるというモデルにはどのようなものがあるだろうか．

4.4 安定リミットサイクル

(4.1a) 式と (4.1b) 式を次のように変形してみよう．

$$\frac{dx}{dt} = rx\left(1 - \frac{x}{K}\right) - \frac{axy}{1+hx} \tag{4.2a}$$

$$\frac{dy}{dt} = \frac{bxy}{1+hx} - cy \tag{4.2a}$$

(4.1a) 式および (4.1b) 式と比べると，(4.2a) 式と (4.2b) 式では2種類の変更を加えている．まず第1に，被食者の増殖を表す (4.2a) 式の右辺第1項が，指数増殖を表す rx ではなくロジスティック式 $rx(1-x/K)$ になっていることである．これは個体数が多くなると，捕食者によって減らされなくても被食者自身の餌や営巣場所の不足といった要因で無限には増えられないということを示している．この変更は，上記のモデルを (4.1) 式に比べて個体数が爆発的に増えることをとどめ，系を安定化させる．実際この変化だけだと，中立安定であった共存平衡状態が，安定な平衡状態に変化することを示すことができる．

第2の変更は，(4.1a) 式の右辺第2項において捕食者1個体当たりの捕食速度が ax から $ax/(1+hx)$ に変わっていることである．これは捕食速度が被食者（つまり餌）の量に比例するのではなく，餌の量とともに増えながらも次第にその速度を落とし，最大捕食速度 a/h を超えないことを示している．このことは捕食者が餌を見つけるだけでなく，そのあと捕まえたり飲み込んだり消化したりすることに時間がかかるとすると，餌が多ければそれに比例して多く食べるのは無理であることを表している．同じ変化は，(4.1b) の右辺第1項において bx から $bx/(1+hx)$ に変わっていることにも現れている．

4.4 安定リミットサイクル

さてこのように変化した (4.2a) (4.2b) というモデルについて，平衡状態とその安定性をアイソクラインを描く方法で調べてみよう．

$dx/dt=0$ のアイソクラインは y 軸 $x=0$ と，$y=(r/aK)(K-x)(1+hx)$ という放物線である．後者は x 軸と 2 カ所で交わり，x 切片は，$x=K$ と $x=-1/h$ である．

それに対してもう1つのアイソクライン $dy/dt=0$ は，x 軸 $y=0$ とそれに垂直な直線 $x=1/(b/c-h)$ である．

図 4.5 には，両者の交点のあり方に関して異なる 3 つの場合を示した．まず，$dx/dt=0$ のアイソクラインの放物線がそのピークを $x>0$ の範囲に持つ場合を考えると，図 4.3a ではそのピークよりも右側で $x=1/(b/c-h)$ が交わる場合である．図 4.5b はピークよりも左側で $x=1/(b/c-h)$ が交わる．それに対して図 4.5c は，放物線と $x=1/(b/c-h)$ とが第 1 象限では交わらない場合である．

それぞれ矢印を記入するやり方で調べると，図 4.5a と図 4.5b では捕食者と被食者とがともに正であるような平衡状態がある．しかし図 4.5c には共存する平衡状態はない．矢印を描いてみると，図 4.5c の場合には，第 1 象限のどこからスタートしても，被食者だけがいて捕食者がいない $(K_1, 0)$ という平衡状態に収束する．

図 4.5a と図 4.5b ではともに，遠くからスタートすると平衡状態の近くへと集まってくる．しかし平衡状態のすぐ近くからスタートすると，図 4.3a では巻き付きながら平衡状態に収束するのに対して，図 4.5b では周りを巡りながらも平衡状態から離れて行く．つまり図 4.5a では平衡状態は安定だが，図 4.5b では不安定である．

図 4.5b では遠くからは平衡状態に近づいてきて，平衡状態のすぐ近くからはむしろ離れて行く．そのために，途中で平衡状態を取り囲む曲線がありすべての軌跡がそこに収束して行く．この周期解は一定の周期と振幅を持つものである．だからこのモデルではどのような状態からスタートしても最終的には一定の振幅と周期をもつ周期変動を示すようになるといえる．このような周期解は安定なリミットサイクルという．

このような安定なリミットサイクルをもつモデルは，それから撹乱を受けたときにどう振る舞うであろうか．それは一時的には振幅が大きくなったりするかもしれないが，次第にもとの振幅におさまり，周期ももとの通りになる．ただ位相

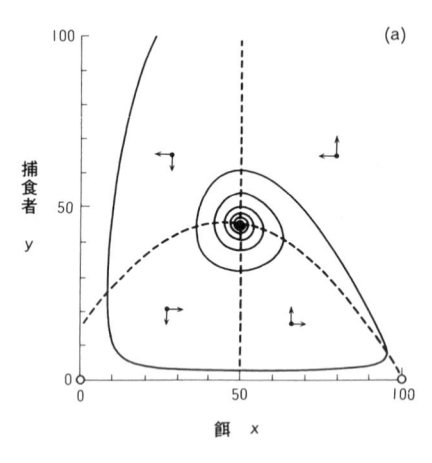

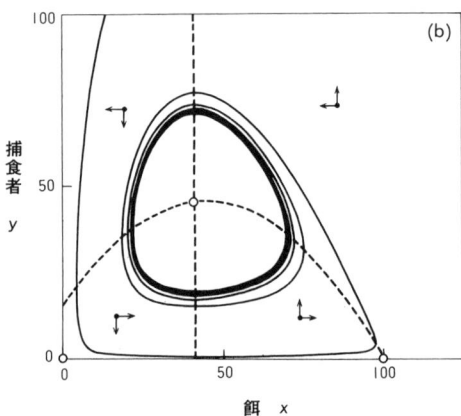

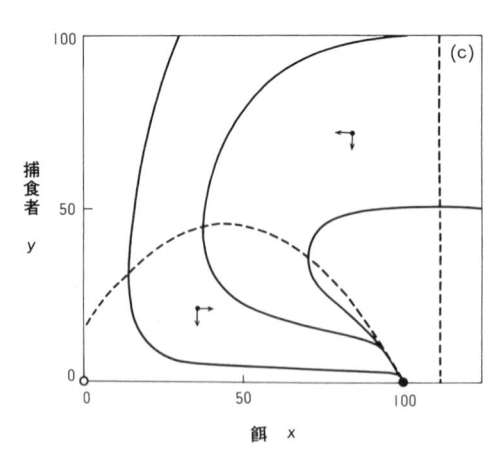

図 4.5 改訂した捕食者・被食者モデル
(4.2) 式で与えられる. (a) 共存平衡状態は安定である. どこからスタートしてもこの共存平衡状態に収束して捕食者と被食者の個体数は一定値になる. $a=0.002, b=0.012, c=0.1, r=0.03, K=100, h=0.1$. (b) 共存平衡状態は不安定で, そのまわりをリミットサイクルが取り囲んでいる. どこからスタートしても周期解に収束する. $b=0.0124$, 他は (a) と同じ. (c) 被食者だけがいて捕食者がいない平衡状態が大域安定である. 捕食者はこの系の中では維持できず絶滅する. $b=0.0109$, 他は (a) と同じ. 巌佐 (1998) p.38, 図 3.3 より転載.

がずれる．そのずれ方は，どのようなサイズの撹乱をどの時点で受けたかによってちがってくる．

このような振る舞いは，以前に示した (4.1) 式の場合のような中立な平衡状態の周りを多数の振動解がとりまいているシステムとはまったく異なるものである．先に述べたように概日周期をつくりだすメカニズムも，また心臓の細胞の振動のモデルも，このような安定リミットサイクルを示すものでなければならない．図 4.1 にあるような生態学の持続する振動も，安定リミットサイクルを持つモデルに対応すると考えられる．

4.5 負のフィードバックによる周期的変動

さて，いまあるパラメータを少しずつずらせたと考えてみよう．それぞれの値のときに，安定な平衡状態を持つ状態から，それに巻付き方がゆっくりになり，ついには巻付かずに逆に平衡状態から巻きだしてくるような解に変わる．今の場合，最初は小さなサイズのリミットサイクルができ，平衡状態は不安定で，外からも巻付いて行くようになる．パラメータがもっとずれると，このリミットサイクルのサイズが大きくなる．以上のような変化は，振動を示さないモデルが，周期的な振動を示すモデルへと変化するときの，1つの典型的な移り変わり方である．ホップ分岐という名前がついている（図 4.6）．

このように振動が現れたり，消えたりするときのやり方には，頻繁に現れるいくつかのタイプがあり，知っておくととても便利である．

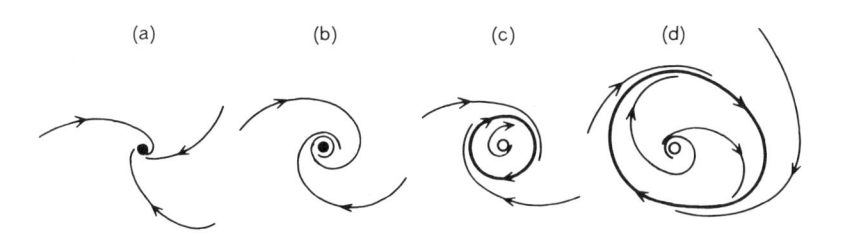

図 4.6　ホップ分岐の 1 例
　　パラメータが連続的に変化するにつれ，最初は安定だった平衡状態が不安定になって，そのまわりに小さな振動が生じ，さらにそれが大きな周期的振動（リミットサイクル）になるという変化を示す．巌佐 (1998) p. 39，図 3.4 より転載．

先に述べたように，概日リズムを作り出す時計遺伝子は，遺伝子の発現の産物が，その遺伝子を抑制することによる負のフィードバックで作られている（図4.2）．捕食者と被食者の力学も，その観点から考えてみることができる．被食者であるカワリウサギの個体数が多かったとしよう．それを餌とする捕食者であるオオヤマネコの個体数がしばらくすると増えてくる，そうすると捕食者が多くなるので被食者の増殖率が低下することになる．つまり数が多いことがしばらくして個体数の増加率を低下させているのだから，これも負のフィードバックの例なのである．

もう1つ大事なことに，いまウサギが多いからといってウサギの死亡率がすぐ高くなるのではない．ヤマネコの数を増やす上に，ある程度の時間がかかるのだから，負のフィードバックがかかってくるのに「時間遅れ」があるのだ．逆に現在被食者数が少ないと，それを餌とする捕食者の数が減って，しばらくあとで被食者が増えやすくなる結果になる．これもまた減りすぎた被食者数を元に戻す効果があると言えよう．しかしながら，現在の数が多いことが直ちに現在の死亡率には効かない．しばらく経って捕食者の数が増えてから効くのだ．ということは，現在の数がしばらく後で将来の数の減少をもたらすという意味で「時間遅れ」を示しているとも言える．

4.6 さまざまな種間関係

前章では，互いにマイナスの影響を与え合っている種の競争関係を扱った．本章では，片方が他方にプラスの影響を，逆の方向はマイナスの影響を与えるという捕食者・被食者の関係を扱った．このほかに，互いにプラスの関係を与え合うという「相利共生」がある．例えば陸上植物は土壌からリンや窒素などの栄養塩類を吸収するために，自分の根をつかうだけでなく，土壌中にある菌類を用いる．菌類は菌糸を土壌内に張り巡らし，それを吸収するのである．植物は地上で光をうけて光合成をする．空中から二酸化炭素を吸収し，太陽のエネルギーを用いて，有機物をつくる．これは炭素を固定していることになる．有機物の形で炭素を土中の菌類に供給する．だから光合成で炭素を固定する植物はその一部を菌類に渡し，菌類は土壌中のリンなどを吸収して植物に渡す．このことでそれぞれに

とって必要だが手に入りにくい元素を相手の能力を利用して使用しているのだ．似た例としては，空気中の窒素を固定して植物に供給する根粒菌がいるが，植物は根粒菌が生育できる場所を供給するとともに，必要な栄養分を与えている．

　植物は，子供を作るにあたって，他個体が作った花粉を受け取り受精する必要がある．しかし移動能力がない植物にとってはなかなか難しい．多量の花粉をつくって，まき散らすという風媒もあるが，多くの植物は昆虫の助けを借りてこの花粉の受け渡しをしている．目立った色と形をもつ花弁をつけた花を咲かせ，そこに昆虫を呼ぶための蜜を供給する．昆虫は蜜やタンパク質源となる花粉を餌として手に入れようと集まってきて，そのときに他の個体の花に花粉を運ぶことになる．これによって植物は，効率よく受粉が行えるし，昆虫は栄養を受け取ることができる．

　このように互いにプラスになっている場合，相利共生という．ただともに生育しているという「共生」というだけだと，それは互いにプラスか（つまり相利共生か）どうかわからない．多くのものは，片方が，他方の体の側にいることで生存や繁殖に有利になっているが，後者にとっては，前者はいてもいなくても影響がないという「片利共生」ということも多い．また片方にとって他方の存在は有利なのだが，逆に後者にとっては，迷惑ということもある．それは寄生関係といえる．同じ2種が，状況によって相利共生になったり寄生になったりすることもある．たとえば，先の植物と菌根菌の場合でも，土壌中のリンが不足している場合には，菌根菌がいる植物の方がそうでない植物よりもよく成長できるので，相利共生なのだ．しかし土壌中のリンが十分にある状況になると，菌根菌がついた植物よりもついていない植物の方が成長が速いことがみられる．だから環境条件によって同じ2種の関係が相利共生になったり寄生になったり変化することになる．

　また他方がいることで互いに生存や成長・繁殖の意味で有利になるというのは，両者の能力に大きな違いがあることが多い．その結果，生活や能力が似た種同士よりも，全く違った種が相利共生をすることが多い．

第5章 感染症の動態

Advanced

岩見真吾

5.1 感染症は過去の恐怖？

かつてペストは恐ろしい言葉で，大人も子供も口にするだけでも身震いした．この疫病は昔から人類にとって最大級の惨事であったといえる．歴史の流れが何回か変わったほどだ．ペストが発生したとき，感染を免れたい者に常に与える助言は，「避難すること」であった．これは医師や聖職者たちにとってジレンマである．病と死に直面している貧しい者，病んでいる者を見捨てることを意味するからだ．しかし，感染のさらなる拡大を防ぐという観点で，重要な行動であったはずだ．もちろん，人々はペストに感染したくない，という一心でとった行動ではあるのだろうが．さらに，後世のペスト流行の時には，当局は，糞の山を片付けることや感染者の検疫を命じた．1377年，ラグーザ（現クロアチアのドゥブロヴニク）にあったベネチア人租界は，感染地域から来た者を近くの島に30日間拘留した．その後，この期間では短いということで40日（quarantinigiorni）に延ばされた．ここから現在の検疫・隔離（quarantini）という言葉が生まれた．14〜15世紀，イタリア国家はペストの流行期間，厳しい検疫を課し，他の国もまもなくこれを習うようになったのである（小林，2010）．

このように人々は感染症から逃れ，制御するために，今日まで必死の思いで感染症と闘う方法を精査し，確立してきた．その甲斐あって人類は天然痘については，完全撲滅という究極のゴールにも到達した．1980年5月8日には，世界保健機構が天然痘の根絶を声高らかに宣言し，感染症はもはや人の手によって制御できるモノと思い込んでしまった．しかし，間もなく人類はその楽観主義が誤りであることに気づかされた．HIV（ヒト免疫不全ウイルス）やSARS（重症急性呼吸器症候群）ウイルス，新型インフルエンザウイルスが出現し，瞬く間に全世界に広がり，我々を震撼させたことは記憶に新しい．また，ごく最近では史上最も恐れられているエボラウイルスによる大規模な流行がアフリカ諸国を襲ったり，

日本では有史以来初めてとなるデングウイルスによる感染が広がりつつある．1990年代以降に出版された本や映画，ゲームには，「新しい殺人微生物」，「バイオハザード」，「Plague Inc.」などといったタイトルが付けられ始めるなど，多くの疫病が決して容易に撲滅されないことが一目でわかる．

目まぐるしい速度で新たな感染症問題が勃発し，欧米諸国や日本をはじめとする先進国でさえそれらを十分に制御することは困難を極めている．こういった感染症を制御し，根絶するためには，人口集団中で感染症がどのように伝播し，流行するのかを理論的に解明する必要がある．この時，力を発揮するのが「数理モデル」と総称される力学系やコンピュータシミュレーションである．感染症の動態を捉え，定量的に扱う力がある数理モデルは，20年間以上に渡り公衆衛生の現場で広く利用され，実用化されてきた．また，近年では，感染症対策を立案する上で欠かすことのできないツールとなりつつある．本章では，集団生物学の枠組みで感染症の動態を理解する数理モデルを紹介し，今後この理論疫学がどのように私たちの社会に影響を与えていくのかを議論していく．

5.2 感染症の流行を捉える数理モデル

ある地域に住む人々の集団を考える．この地域の住民は他の地域の住民とほとんど交流せず，その地域の中だけで，お互いが均等に交流しているものと仮定する．そして，住民たちの交流によって，ある感染症がその地域に流行するとしよう．ただし，住民の出生，自然死，他地域への移住などは考えないことにする．従って，全住民数は N 人で一定である．このような仮定に基づく数理モデルは，あまりに単純化されすぎて役に立たないのではないか？と思われるかもしれない．しかし，インフルエンザ (influenza) 等の，呼吸器系を侵す，極めて感染力の高いウイルス疾患などの流行を記述する良い近似モデルであることが知られており，現在まで広く利用されている（稲葉，2002, 2008; Iannelli *et al.*, 2014；佐藤，1987）．

以下に数理モデルの詳細を説明する．住民は感染者，感受性者および除去者の3つのグループに分けられるとする．ここで，除去者とは，病気に感染して死亡した者，回復して免疫をもつ者，免疫をもつまでその地域から隔離されている者などを考えている．また，病気に感染すると，感受性者はただちに感染者に変わ

るものとする．すなわち，感染後，病原体が宿主の体内で増殖し，感染性を持つまでの時間が短いと仮定している．ある時刻 t における感受性者数を $S(t)$，感染者数を $I(t)$，除去者数を $R(t)$ で表せば，感染症の流行は以下の微分方程式で捉えられる：

$$\frac{dS(t)}{dt}=-\beta S(t)I(t), \quad \frac{dI(t)}{dt}=\beta S(t)I(t)-\nu I(t), \quad \frac{dR(t)}{dt}=\nu I(t). \tag{5.1}$$

ここで，任意の時刻 t に対して $S(t)+I(t)+R(t)=N$ を満たしている．ただし，病気の伝播は，感染者数 $I(t)$ と感受性者数 $S(t)$ の積に比例するとし，単位時間あたり・単位個体あたりの感染率は β であると仮定した．また，死亡・回復・隔離を含む感染者の除去は，感染者数 $I(t)$ に比例するとし，単位時間当たりの除去率は ν であるとした．この数理モデルは，1927 年 Kermak と McKendrick によって提案されたことより Kermak-McKendrick モデル（本章では以後この表現を用いる）と呼ばれる．また，感受性者（susceptibles），感染者（infectious），除去者（removed）の頭文字を取って SIR モデルなどと呼ばれることもある（稲葉，2002, 2008）．図 5.1 は，Kermak-McKendrick モデルを用いた感染症流行を模すシミュレーションである．実線は流行中の感受性者数を，点線は感染者数を，破線は除去者数を表している．

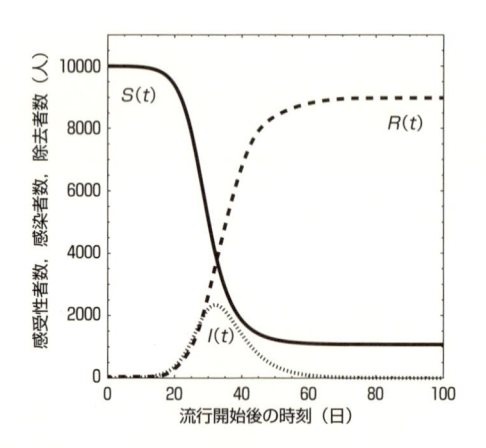

図 5.1 感染症流行のシミュレーション
人口 10000 人の地域に，1 人の感染者が発生した状況を仮定している（$S(0)=10^4, I(0)=1, R(0)=0$）．また，病気の感染率は $\beta=1.0\times 10^{-5}$ であり，除去率は $\nu=0.2$ とした．実線は流行中の感受性者数を，点線は感染者数を，破線は除去者数を表している．

5.3 感染症が流行するための条件

他の地域と交渉のない地域で,感受性者からなる住民のなかに,わずかに感染者が入ってくる場合を考えよう.この仮定は,例えば,大航海時代に新大陸にはなかった天然痘や麻疹がスペイン人の侵略によって持ち込まれた状況や,家禽中で流行していた鳥インフルエンザウイルスが変異することで人から人へと感染する能力を獲得した新型インフルエンザが出現した状況などに対応している.感染者が発生した時,まず,私達はこの初期感染者が病気を感受性者に伝播した結果,感染症が流行するか否かを知る必要がある.

Kermak-McKendrickモデルを用いることで,感染症が流行するための条件を次のように導くことができる.まず,病気が住民の間で伝播し始める時,ほとんどの住民は感受性であると考えることができる.すなわち,$S(t)=S(0)\approx N$と仮定できる.すると感染者数の時間変化は,

$$\frac{dI(t)}{dt}=(\beta N-\nu)I(t),$$

で表される.また,$\lambda_0=\beta N-\nu$と定義すれば,任意の時刻tにおける感染者数は,

$$I(t)=I(0)e^{\lambda_0 t},$$

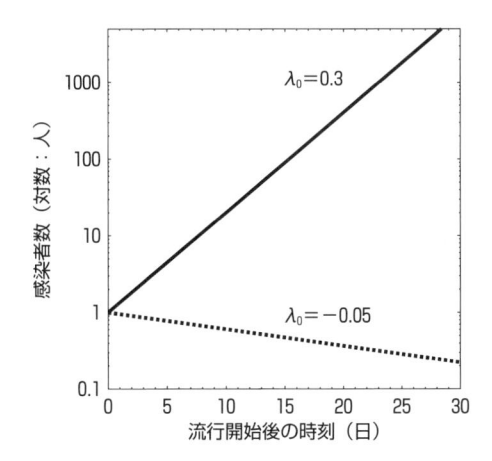

図5.2 初期の感染症流行のシミュレーション
マルサス係数は$\lambda_0=0.3$(実線)および$\lambda_0=-0.05$(点線)である.

となる.ここで,λ_0 はマルサス係数(Malthusian coefficient)と呼ばれ,流行初期の感染者数は指数的に変化するマルサス法則(Malthusian law)に従うことがわかる.つまり,感染症が流行するための条件は,マルサス係数が正($\lambda_0>0$)になることである(図 5.2:実線).さらに,マルサス係数が大きければ大きいほど,感染者数の指数的な増加速度は大きくなることより,マルサス係数は感染症がどの程度速く流行するか(言い換えると感染症の適応度)を表す指標にもなっている.もちろん,マルサス係数が負($\lambda_0<0$)の場合,流行は起きずに感染症は消滅することになる(図 5.2:点線).

次に,「マルサス係数が正」であるとは,いったいどのような状況に対応しているのかを考える.マルサス係数の定義より,次の関係が導ける:

$$\lambda_0>0 \Leftrightarrow N>\frac{\nu}{\beta}.$$

ここで,$N_C=\nu/\beta$ と定義すれば,N_C は感染症が流行するために必要となる臨界的な住民数を表している.これは,疫学史上もっとも有名な閾値原理(Threshold principle)で,以下の意味を持つことになる:

> 感受性者からなる集団のなかへ感染者がはいっても,感受性者の人口数が N_C を超えないかぎり,病気の爆発的な流行は起こらない.しかし,人口数が N_C を超えると,急激な流行がはじまる.

この原理は,東京や大阪などの人口密度の高い都市では感染症が流行しやすいこと,あるいは,航空機や列車などの発達により地域間の繋がりが強くなっている現在では,一昔前と比較して感染症が流行する機会が増えつつあることを示唆している.この閾値原理は,1927 年に Kermak と McKendrick によってはじめて明らかにされ(稲葉,2002),その後さまざまな数理モデルを構築し解析する上で重要な指針を与えてきた.

5.4 感染症の流行後

ある地域で,感染症が流行し終息した後,どの程度の住民が病気に感染し,一方で,どの程度の住民が感染から免れられるのであろうか? 例えば,インフルエンザ抗体価調査などの事業を実施すれば,インフルエンザの流行後における住

民の感受性状況や抗体保有状況が明らかになる．事実，住民の免疫保有状況を把握できれば，今後の流行を予測するとともに，効果的な予防接種の運用を図るなど，大いに役立つ．しかし，大掛かりな血清疫学調査を行うことは容易ではない上に，簡便な検査キットが開発されていない場合もある．このようにたとえ疫学的な調査ができない状況であったとしても，Kermak-McKendrick モデルを用いれば，興味深いことに，以下のように流行後の住民の感受性状況や感染履歴をおおまかに知ることが可能になる（佐藤，1987）．第 2 式を第 1 式で割れば，

$$\frac{dI(t)}{dS(t)} = \frac{\frac{dI(t)}{dt}}{\frac{dS(t)}{dt}} = \frac{\beta S(t)I(t) - \nu I(t)}{-\beta S(t)I(t)} = -1 + \frac{N_c}{S(t)},$$

を得る．さらに，両辺に $dS(t)$ をかけることで，

$$dI(t) = -dS(t) + N_c \frac{dS(t)}{S(t)},$$

と変形できる．時刻 0 から t まで積分すれば，

$$\int_0^t dI(t) = -\int_0^t dS(t) + N_c \int_0^t \frac{dS(t)}{S(t)},$$

となる．ゆえに，

$$I(t) = I(0) + S(0) - S(t) + N_c \log \frac{S(t)}{S(0)}, \tag{5.2}$$

という方程式が導出される．Kermak-McKendrick モデルでは，流行後，感染者数は 0 になり，また，感受性者数はある正の値 S_∞ になる（$\lim_{t\to\infty} S(t) = S_\infty$，$\lim_{t\to\infty} I(t) = 0$）（図 5.1）．$I(0)$ は，$S(0)$ と比べて十分に小さいことより上式は，

$$S(0) - S_\infty + N_c \log \frac{S_\infty}{S(0)} = S(0) - S_\infty + N_c \log\left(1 - \frac{S(0) - S_\infty}{S(0)}\right) = 0,$$

と書き直すことができる．ここで，$(S(0) - S_\infty)/S(0)$ は 1 に比べて小さい値であるとしよう．すると，テイラー展開を行えば，

$$\log\left(1 - \frac{S(0) - S_\infty}{S(0)}\right) = \left(-\frac{S(0) - S_\infty}{S(0)}\right) - \frac{1}{2}\left(-\frac{S(0) - S_\infty}{S(0)}\right)^2 + \cdots$$

と変形できる．高次の項を切り捨てれば，

$$S(0) - S_\infty - N_c\left(\frac{S(0) - S_\infty}{S(0)}\right) - \frac{N_c}{2}\left(\frac{S(0) - S_\infty}{S(0)}\right)^2 = 0.$$

すなわち，以下を得る．

$$1 - \frac{N_C}{S(0)} - \frac{N_C}{2S(0)^2}(S(0)-S_\infty) = 0.$$

流行前の感受性者数と臨界的な住民数の差を $S(0)-N_C=\Delta$ とすれば，上式より

$$S(0) - S_\infty = 2\Delta + 2N_C\left(\frac{\Delta}{N_C}\right)^2,$$

となり，一般に Δ は N_C と比べて十分に小さいと考えることができるので，第2項を無視すれば，

$$S(0) - S_\infty \approx 2\Delta, \tag{5.3}$$

となる．すなわち，感染症の流行により病気に感染した住民数 $S(0)-S_\infty$ は，2Δ になると近似することができる．また，感染から免れられた住民数 S_∞ は，$N_C - \Delta$ である．つまり，流行後の感受性者数が臨界的な住民数 N_C を下回っていることを意味している．このことは，一般に感染症が大流行したあとには，かなり長い時間が経過しないと流行が再発しないことに対応している．さらに，Kermak-McKendrick モデルから流行後の除去者数，すなわち免疫保有状況を以下のように計算することができる（佐藤，1987）．第1式を第3式で割れば，

$$\frac{\frac{dS(t)}{dt}}{\frac{dR(t)}{dt}} = \frac{dS(t)}{dR(t)} = \frac{-\beta S(t)I(t)}{\nu I(t)} = -\frac{1}{N_C}S(t),$$

を得る．$S(t)$ を $R(t)$ の関数と見なせば，以下の方程式を得る：

$$S(t) = S(0)e^{-\frac{R(t)}{N_C}}.$$

また，$I(t) = N - S(t) - R(t)$ であることより，Kermak-McKendrick モデルの第3式に代入すれば，

$$\frac{dR(t)}{dt} = \nu\left(N - R(t) - S(0)e^{-\frac{R(t)}{N_C}}\right),$$

を導出できる．先に説明したようにここでは，感染症の流行が激しくない場合を考えているので，住民の交流から除去される者の数 $R(t)$ は小さい数と考えられる．さらに，一般的に，$1/N_C$ は十分に小さい値であることより，$R(t)/N_C$ は相対的に小さな値と仮定できる．テイラー展開を行えば，

$$e^{-\frac{R(t)}{N_C}} = 1 - \frac{R(t)}{N_C} + \frac{1}{2}\left(-\frac{R(t)}{N_C}\right)^2 + \cdots$$

と変形できる．高次の項を切り捨てれば，除去者数の時間変化は，

$$\frac{dR(t)}{dt} = \nu\left[N - R(t) - S(0)\left(1 - \frac{R(t)}{N_C} + \frac{1}{2}\left(-\frac{R(t)}{N_C}\right)^2\right)\right],$$

となる．Kermak-McKendrick モデルでは，流行後の除去者数はある正の値 R_∞ になる（$\lim_{t\to\infty} R(t) = R_\infty$）（図 5.1）．すなわち，$R_\infty$ は上式の平衡点であり，$dR(t)/dt = 0$ を解くことで求められる．ここで，$N \approx S(0)$ であることを考慮すれば，

$$R_\infty = 2(S(0) - N_C)\frac{N_C}{S(0)},$$

となる．特別な場合として，$S(0)$ が N_C の近くにあれば，$N_C/S(0)$ はほとんど 1 に近い値になる．従って，近似的に，

$$R_\infty = 2\Delta, \tag{5.4}$$

が成り立つ．このことは，感染症の流行により病気に感染した住民数 $S(0) - S_\infty = 2\Delta$ が除去された（あるいは，免疫を保持した）者の数と等しくなることや，感染から免れられた住民数が $S_\infty = S(0) - R_\infty = N_C - \Delta$ と表されることと一致している．

5.5 基本再生産数という概念

全ての住民が感受性である集団で，典型的な 1 人の感染者が発生した時，感染者がその全感染期間において再生産する 2 次感染者の期待値を基本再生産数（basic reproduction number）と呼び，R_0 で表す（稲葉，2002 & 2008; Iannelli et al., 2014）．疫学史上，最も基本的で，最も重要な概念である．直感的に考えれば，もし 2 次感染者数が 1 人よりも多ければ（$R_0 > 1$），病気が住民の間で効率よく伝播し，爆発的な流行が起こると予想できる．これに対して，2 次感染者数が 1 人よりも少なければ（$R_0 < 1$），病気は住民の間で効率よく伝播することなく，流行は起こらないと考えられる．すなわち，5.3 節の閾値原理は，

基本再生産数が 1 よりも大きければ（$R_0 > 1$）流行が起きるが，1 よりも小さければ（$R_0 < 1$）流行が起きない

と言い換えることができる．それでは，Kermak-McKendrick モデルにおいて，この基本再生産数はどのように定式化されるのであろうか？ さらに，本章で説明してきた"マルサス係数 λ_0"や"臨界的な住民数 N_C"とは，どういった関係に

なっているのであろうか？　次の通り説明することができる．

単位時間あたりに発生する新規感染者数が $\beta S(t)I(t)$ であることより，N 人全ての住民が感受性である集団において，1人の感染者が単位時間あたりに産生する新規感染者数は，

$\beta \times N \times 1$

である．また，感染者にとって感染から τ 時間経過した時，未だに感染性を保持している確率は $1-e^{-\nu\tau}$ である（すなわち，指数分布に従っている）．つまり，感染からの経過時間 τ において除去される（あるいは，免疫を保持する）確率密度は $\nu e^{-\nu\tau}$ となる．従って，感染者が感染性である平均時間の長さ，言い換えれば，除去されるまでの平均時間は，

$$T=\int_0^\infty \nu \tau e^{-\nu\tau}d\tau=\frac{1}{\nu},$$

となる．以上より，感染者が単位時間あたりに産生する新規感染者数 βN に感染者が感染性である平均時間 T を乗じた値

$$R_0=\frac{\beta N}{\nu}, \tag{5.5}$$

が，1人の感染者が感染性でいる間に産生する2次感染者の総数となり，基本再生産数である．さらに，マルサス係数，臨界的な住民数の定義より，次の関係が導ける：

$\lambda_0>0 \Leftrightarrow N>N_C \Leftrightarrow R_0>1$.

このように，3つの指数 λ_0, N_C, R_0 は，異なる視点で感染症の流行を捉える役割を果たしており，全ての考察を矛盾なく解釈できる．

次に，基本再生産数が初期の流行データから推定できることを説明しておこう．基本再生産数はその定義より，

$$R_0=1+\lambda_0 T, \tag{5.6}$$

と書き換えることができる．つまり，感染者が感染性である平均時間 T（例えば，インフルエンザであれば約4日間）がわかっているのであれば，流行当初の指数関数的な感染者数の増加率よりマルサス係数 λ_0 を推定することによって，基本再生産数 R_0 が計算できるのである．この方法は，最も単純かつ基本的な推定方法であり，広く用いられている（稲葉，2008）．

5.6 最終規模方程式について

初期の流行データから基本再生産数が推定できることが示された．同様に，初期の流行データより流行後に病気に感染する住民数を予測できないだろうか？もし予測できるのであれば，その予測値がたとえ近似値であっても，そこから疫学的に有効な，あるいは，適切な対策をとることができる．このことは，保健衛生上の観点からもたいへん喜ばしいことである．また，5.4 節で紹介した $S(0)-S_\infty \approx 2\Delta$ という近似式では，$\Delta = S(0) - N_C$，すなわち，臨界的な住民数 N_C を事前に知る必要があり，この関係式より流行後の感染者数を予測することは容易ではない．以下では，この方法に代わる近似式を導出していく．

5.4 節で導出した関係式，

$$S(0) - S_\infty + N_C \log\left(1 - \frac{S(0) - S_\infty}{S(0)}\right) = 0,$$

を用いれば，感染から免れられた住民数 S_∞ に関する方程式を得る：

$$S_\infty = S(0) \exp\left(-\frac{S(0) - S_\infty}{N_C}\right).$$

さらに，$p = 1 - S_\infty/S(0)$ と定義すれば，上式は，

$$1 - p = e^{-R_0 p}, \tag{5.7}$$

と書き下せる．この方程式を最終規模方程式（final size equation）と呼ぶ．ここで，p は感染症の流行において初期の感受性者数 $S(0)$ から感染によって除去される人口の割合（流行の強度，または，最終規模（final size））を示している．特に，興味深い点は，最終規模方程式は，基本再生産数 R_0 が決まれば解くことができる点にある．すなわち，初期の流行データから基本再生産数が推定できれば，最終規模方程式より p が決まり，流行後に病気に感染する住民数を $S(0) - S_\infty = pS(0)$ と予測することができるのである．流行後の感染者数は，2Δ を用いるよりも $pS(0)$ を用いた方が高い精度で予測されることが知られている．また，最終規模方程式は超越方程式になっており，$R_0 > 1$ の時のみ，唯一の正根 $p > 0$ を持つ（$R_0 < 1$ の場合は，実根を持たない）．

一方，初期の流行データが得られない場合であっても，流行後，感染から免れられた住民の割合，$1 - p$ を知ることができれば，最終規模方程式から

$$R_0 = -\frac{\log(1-p)}{p},\quad(5.8)$$

として基本再生産数を計算できる．実際，感染症の流行中に，感受性患者が新たに感染者となったとき，新しい感染者数を正確に把握することが困難な場合が多い（通常，保健衛生統計では，症状が現れ病院を受診した患者数を記録している）．このような時，仮に，血清疫学調査などから，免疫を保持している住民の割合（p）がわかれば，最終規模方程式から基本再生産数が推定でき，過去に起こった流行の情報を得ることもできる．

5.7 集団免疫による感染症流行の制御

人体には，細菌やウイルスなどの病原体が侵入してきたとき，それを排除する免疫機能が備わっている．ワクチンは，感染症の原因となる細菌やウイルスの病原性を弱めたり，無力化した製剤である．あらかじめワクチンを接種すること（予防接種）で，これらの病原体に対する免疫を事前に誘導でき，その結果，ワクチンで備わった免疫力により，病気に感染しなくなる．Edward Jenner が天然痘ワクチンを開発して以来，感染症の流行を制御する有力な手段としてワクチン接種（予防接種）が行われている．仮に，全ての住民にワクチンを接種できれば，もちろんその地域に病気が広がることはない．それでは，いったいどの程度の住民に予防接種を行えば，感染症の流行を防ぐことができるのであろうか？　以下，Kermak-McKendrick モデルにより考察していく．

ある地域に住む全住民 N 人のうち eN 人にワクチンを接種できたとする．すなわち，$0<e<1$ がワクチン接種率である．今，この地域に感染者が発生した時，感受性のある住民数は，$S(0)=(1-e)N$ である．従って，ワクチン接種下における典型的な1人の感染者が，その全感染性期間に再生産する2次感染者総数 R_e は，

$$R_e = (1-e)\frac{\beta N}{\nu} = (1-e)R_0,$$

で表される．R_e は，実効再生生産数（effective reproduction number）と呼ばれ，完全に感受性人口のみからなる集団を前提とした2次感染者の再生産数である基本再生産数 R_0 とは区別されている（稲葉，2008）．また，ワクチン接種が行われ

ていない，すなわち，$e=0$ の場合，実行再生生産数は，基本再生産数に一致する．流行が起こらない条件は，1人の感染者が感染性でいる間に産生する2次感染者の総数が1人以下であることより，$R_e<1$ である．従って，ワクチン接種率が，

$$1-\frac{1}{R_0}<e,$$

を満たすことが感染症の流行を防ぐ条件である．この臨界的なワクチン接種率,

$$e^*=1-\frac{1}{R_0}, \tag{5.9}$$

を集団における臨界免疫化割合（critical proportion of immunization）という．このことは，集団内に免疫をもつ住民が多くなれば病気が広がりにくくなることに対応している．そして，臨界免疫化割合を超える住民へのワクチン接種率によって達成される集団レベルの免疫状態を集団免疫（herd immunity）と呼ぶ．図 5.3 は，様々なワクチン接種率に対する，感染症流行の違いを示している．ワクチン接種率が上がるにつれて，感染者数のピークが低くなり，かつ，遅くなることがわかる（$\varepsilon=0.0 \sim 0.5$）．さらに，接種率が臨界免疫化割合を超えると流行が起こらないことも分かる（$\varepsilon=0.6$）．このように，予防接種には，個人レベルで感染を防ぐ役割と，集団レベルで感染症を制御する2つの役割とがある．

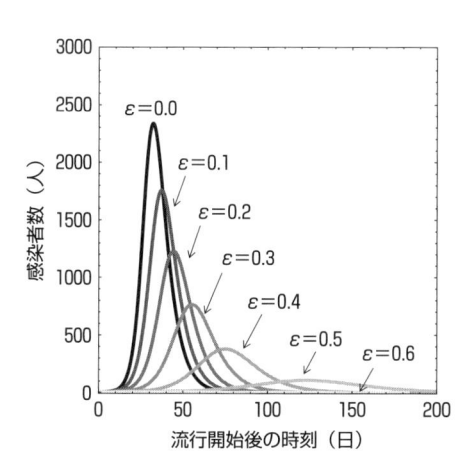

図 5.3 ワクチン接種下の感染症流行のシミュレーション
　　　　ワクチン接種率は 10% ずつ 60%（臨界免疫化割合）まで変化させた．
　　　　図 5.1 の場合をワクチン接種率 0% とした．

5.8 これらの理論疫学が果たす役割

　作家アルベール・カミュ（1913〜1960）の小説『ペスト』の中でリウー医師は，ペストが町中を覆ったときの混乱，恐怖，死の痛み，悲観の心を述べている（小林，2010）．当時，人々はペストの由来，原因，伝染について，まず，神，あるいは天が与えたと考えた．もちろん，現在ではその感染経路も明らかにされ，抗菌剤も防疫体制も整っている．人類は，多くの感染症を経験し，それらと闘ってきた歴史の中で，感染症の防疫に心血をそそぐ思いで努力を重ねてきた．そして，感染症の流行を阻止，あるいは，制御するための手立てを開発してきた：人間の病気のかかりやすさを理解したり，ウイルス，動物，昆虫などの謎めいた媒介ルートを発見したり，診断法，ワクチン，治療薬を発見したりもした．さらに言えば，数理モデルやその解析から生まれた理論も，もちろんその「手立て」の一部である．数理モデルを駆使した定量的研究により，現実に観察される様々な感染症の流行データが分析され，政策判断や立案に還元されてきたのである．このように，数理モデルが最も実践的威力を発揮するのは，感染症疫学の現場におけるデータ解析であった．中でも，特に，重要であったことは，基本再生産数の推定であり，臨界免疫化割合を計算することであった．流行を防止するということは，基本再生産数を1以下に押さえることに他ならず，また，流行を制御する方策の有効性を検討できるからである．

　理論疫学が果たす役割は重要である．感染症が発生した場合，流行を評価するためには，人，あるいは，動物のあいだで広がる病気の伝播を正確に捉える数理モデルの開発が必要となる．また，数理モデルが複雑になってくれば基本再生産数 R_0 を決定することも必ずしも容易ではない．本章で説明してきた Kermak-McKendrick モデルですら，その挙動の全貌が明らかになったのは，1980年前後に至ってからであった．従って，広いクラスの数理モデルに対して有効な基本再生産数の計算方法を見いだすこと，およびそれに対する他のパラメータ変化の影響を解析するための一般的な理論が必要になっている（Diekmann *et al.*, 2012）．集団の振舞いを数理モデルで扱う集団生物学の貢献は大きい．

II部　適応戦略

第6章 捕食行動

巖佐 庸

6.1 生物の適応戦略

　生物の振る舞いをみたときに，体が上手くできているとか，とても効率よく行動している，などと感じられることがしばしばある．これが生物の適応性，もしくは経済性である．それは形や行動だけでなく，生理にも細胞の仕組みにも，タンパク質の構造にさえ見られる．つまり生物の示すさまざまな側面は，その適応戦略として見なすことができる（巖佐, 1981；1998）．生物の体と生物が作り出したもの，つまり動物や植物・微生物だけでなく，動物の1種である人間と人工物や人間社会を含めて生物システムと呼ぶとしよう．それらが，天体や半導体や，地形や海流などの非生物システムとの間で，何がもっとも大きな違いだろうか．私は，それは生物システムが示す「適応性」にあるではないかと思う．それは，生物のすることについて，人々が古くから感じてきた直観を表現したものである．

　このように上手くできているということを理解するために，人間がつくる人工物の適応的なデザインを考えるための数学が，制御工学やオペレーションズリサーチで発展してきた．生物を理解するためにも，それらはとても役立つ．

　本章ではこのような生物の適応戦略という考えが最も有効であった，「捕食行動」について説明したい．

6.2 餌選択モデル

　魚が泳ぎながらいくつかの種類の餌に出会う．1つに出会うごとに，それを食べるか，それとも無視して泳ぎ続けるかを選ぶとする．どれを食べてどれを無視するかということ，つまり，餌選択を調べると，状況によって変化することがわかった．餌が少ないと何でも幅広く利用するが，餌が多いと好きなものだけを食

べて，それ以外は見つけても無視するようになる．餌選択性がこのように変化するのは，魚が経済効率を追求した結果ではないか，と考えられるようになった．

魚のような動物が餌を探して泳ぎつづけているとする（図 6.1）．餌となるものには，2種類あり，$i=1$ と $i=2$ のように区別されているとする（図 6.2）．魚はそれらの餌を探索して泳いでいる．それらの1つを見つけると，それを追いかけ，飲み込み食べ終わると，ふたたび探索活動にもどる．このようにタイプが i である餌を見つけて食べることで手にする栄養を g_i カロリーとし，追いかけて食べ終わるまでの「処理時間」を h_i 分とする．

探索している魚がそれぞれのタイプの餌に出会える頻度を，毎分 λ_i 回としておく．これは，それぞれの餌の密度によって決まる．ランダムに出会うのだから，そのタイプの餌に出会うまでに泳ぐ平均時間は，$1/\lambda_i$ 分である．

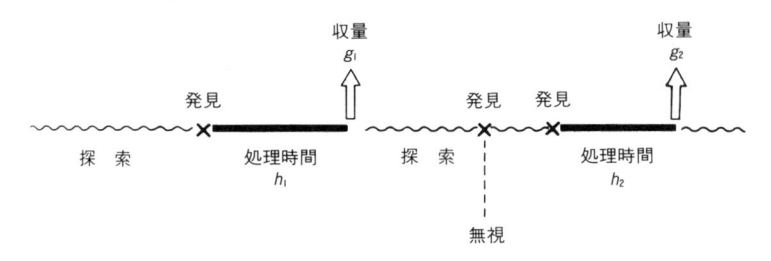

図 6.1 最適餌選択モデルでの魚の時間スケジュール
餌の探索，発見，食べるかどうかの決定，食べる場合には処理時間をかけ，そしてカロリーを手に入れる，再び探索，ということを非常に多数回繰り返す．巌佐（1998）p.145，図 10.1 より．

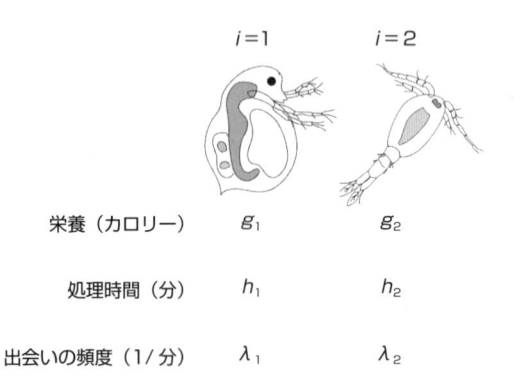

図 6.2 最適餌選択モデルを考えるときの2種類の餌
餌には $i=1$ と $i=2$ の2種類がある．食べたときに得られる栄養（カロリー），見つけて食べ終えるまでの時間（処理時間），そしてそれぞれの餌に出会う頻度．

見つけたときに追いかけないで無視をして探索し続けることもできる．魚にとっては，どの餌を食べて，どの餌を無視するかについていろいろなやり方がある．見つけた餌はどちらでも追いかけて食べるというものと，$i=1$ ならば追いかけて食べるが $i=2$ ならば無視する，逆に $i=2$ ならば食べるが $i=1$ は無視するということなどである．それらのうちで何れが最も効率よく餌をとれるのかということが問題になる．魚は1日中このような捕食活動に従事しており，泳いでは見つけて食べ，また泳いでということを非常に多数回繰り返しているとしよう．餌選択行動の良さの尺度としては，「長時間の平均捕食速度」を考えてみよう．

そこで，まず「見つけた餌はどちらであっても追いかけて食べる」という魚の長時間平均捕食速度を計算してみる．

$$r_{12} = \frac{\dfrac{\lambda_1}{\lambda_1+\lambda_2}g_1 + \dfrac{\lambda_2}{\lambda_1+\lambda_2}g_2}{\dfrac{1}{\lambda_1+\lambda_2} + \left(\dfrac{\lambda_1}{\lambda_1+\lambda_2}h_1 + \dfrac{\lambda_2}{\lambda_1+\lambda_2}h_2\right)} \tag{6.1}$$

となる．ここで探索活動において，餌のいずれかに出会い，そのあと見つけた餌を処理し，ふたたび探索を始めるということを1サイクルと考えると，1サイクルの平均カロリーを平均長さで割った量が上記の長時間平均捕食速度なのである．分子は g_i という取得カロリー量を2種類の餌に出会う割合で重み付き平均を計算したものである．分母は2つの量の和である．最初の $1/(\lambda_1+\lambda_2)$ が2種類の餌のいずれかに出会うまでの平均時間である．次の括弧に入っている量は処理時間 h_i の平均値でこれも取得カロリーと同じように2種類の餌に出会う割合で重み付き平均を計算している．少し整理すると，次のようになる．

$$r_{12} = \frac{\lambda_1 g_1 + \lambda_2 g_2}{1 + \lambda_1 h_1 + \lambda_2 h_2} \tag{6.2a}$$

次に，「$i=1$ ならば追いかけて食べるが $i=2$ ならば無視する」という魚の，長時間平均捕食速度を計算してみる．(6.2a) 式のうちで，$i=2$ の添字がついた項をゼロと置けば良い．つまり $g_2=h_2=0$ とするのである．

$$r_1 = \frac{\lambda_1 g_1}{1 + \lambda_1 h_1} \tag{6.2b}$$

これらの違い $r_{12}-r_1$ を計算して，その正負を考えると

$$\frac{g_2}{\lambda_1 h_1 h_2} + \frac{g_2}{h_2} > \frac{g_1}{h_1} \text{ のとき} \qquad r_{12} > r_1 \tag{6.3a}$$

$$\frac{g_2}{\lambda_1 h_1 h_2} + \frac{g_2}{h_2} < \frac{g_1}{h_1} \text{ のとき} \qquad r_{12} < r_1 \tag{6.3b}$$

となる．ここで，条件式を見るとカロリー量 g_i とか処理時間 h_i はそれぞれの餌について決まった値をとると考えられる．それに対して，出会いの頻度 λ_i は環境中の密度によるのだから，場所により時刻によって大きく変動するはずである．たとえば午前中はタイプ 1 の餌が多数いたとしても午後になるとほとんどいなくなるということもある．もっと短い時間で 10 分ほどの間にはすっかり 2 種類の餌の頻度が変わっていることもあるだろう．

餌のカロリー量を処理時間で割った比率，g_1/h_1 と g_2/h_2 は，それぞれの餌の「良さ」を表しているとも言える．これらの間の大小がたとえばタイプ 2 の方がタイプ 1 よりも望ましい餌である（$g_2/h_2 > g_1/h_1$）という場合を考えてみよう．すると (6.3a) が必ず成立し，(6.3b) は起こりえないことがわかる．つまりタイプ 2 の方が良い餌の場合には，「両方食べる」方が「1 だけ食べる」よりも必ず望ましいことがわかる．逆に言えば，「悪い方の餌だけを食べて，良い餌を無視するという行動は最適戦略にはなれない」というふうに結論ができる．

いまとは逆に，タイプ 1 の方が望ましい餌である場合（$g_2/h_2 < g_1/h_1$）を考えてみる．すると (6.3a) と (6.3b) のいずれが成立するのかは，より望ましい餌の頻度 λ_1 によって変わることがわかる．λ_1 が分母にあることから，大きいときにその項が小さくなることによって，λ_1 が大きいときには，(6.3b) が成立し，「両方食べる」よりも「より望ましい 1 だけを食べる」方が捕食速度が速い（$r_{12} < r_1$）ことがわかる．逆に λ_1 が小さいときには，(6.3a) が成立し，「両方を食べる」方が捕食速度が速い（$r_{12} > r_1$）ことがわかる．さらに興味深いことに，この条件には悪い方の餌の密度，λ_2 は影響を与えない．

以上をまとめると次のようになる．最適な餌選択では次のようになっている．
(1) 餌のタイプの間に，餌のカロリー量を処理時間で割った比率で順位をつけると，それが望ましさを与えるものといえる．
(2) 望ましい餌は，必ず見逃されずに食べられる．

(3) 望ましい餌が十分な頻度あると，他の餌は見つけても無視される．
(4) 望ましい餌の頻度が少ないと，次善の餌も無視せず食べられることになる．
(5) ある餌が食べられるかどうかは，それよりも望ましい餌が十分にあるかどうかで決まり，その餌自身の密度が影響することがない．

　これらの結果は，もし動物が最適な餌選択をしていたとすれば，このように振る舞うはずだという予測を与える．聞くともっともらしい点もあるが，本当にこのとおりに魚や鳥が振る舞っているかどうかは詳細な実験をしないとわからない．最初は，野外の鳥の観測から，どのような餌を食べているかを見て，その時期での野外での様々な餌の発生を参考にして，上記の理論が当てはまっているどうかが議論された．よりコントロールが効いた実験をした方が確かだということで，大きな水槽に2種類の餌を様々な頻度で入れて，短い時間に捕食者の魚がどれを食べるかを調べるという検証実験が行われた．さらには，シジュウカラを用いて，ベルトコンベアで餌が運ばれる装置による実験がなされた．餌は大きいミールウォームとそれを半分に切ったもので，どのような密度と順番で出てくるのかは，実験者によって制御された．シジュウカラがある餌を見逃すか食べるかを決めるが，食べると決めるとある程度の時間，次の餌を見逃すことになるという設定である．後は，2種類の餌の頻度をさまざまに変えて鳥がどの餌を見逃してどの餌を食べたかを記録していく．

　上記の最適捕食の予測のうち，多くのものが当てはまった．たとえば，望ましい餌は見逃さないといったこと，それから望ましくない餌は見逃されることも見逃されることもあるが，それはそれ自身の密度にはよらないこと，などである．望ましくない餌が見逃されるかどうかは，それよりも望ましい餌が十分あるかどうかで決まるということも正しかった．ただこの量的な依存性は上記の最適餌選択モデルのようにはならなかった．

　図6.3には，望ましくない餌（半分のサイズのミールウォーム）を見逃した割合が書かれている．横軸は，望ましい餌の頻度である．長時間平均捕食速度を最大にするような最適捕食を計算すると，横軸がある値以下だといっさい拒否せず，その値よりも高いと悪い餌は100％拒否するはずだ．しかし実際にはそのようにシャープな依存性は示さなかった．シジュウカラは，小さい餌を見逃した方が望ましい状況でも，小さな餌も時々食べてしまう（つまり見逃し率は100％より小さい）．つまり動物の餌密度に対する応答は，階段状にならず，ずるずると増

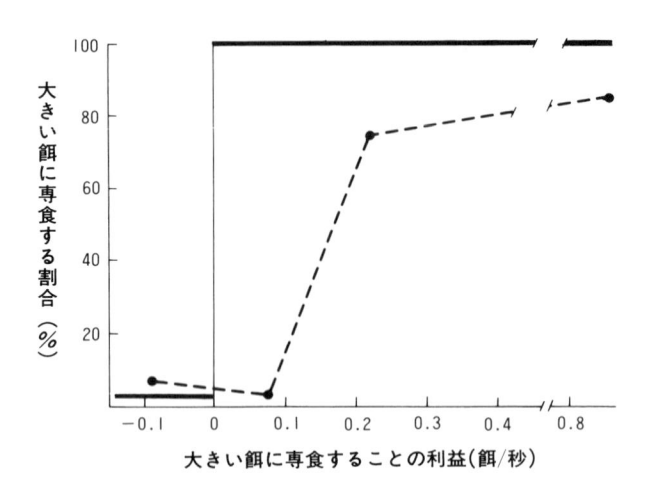

図 6.3　シジュウカラを用いた餌選択実験の結果
餌はミールウォームで大小の2種類あり，ベルトコンベアで実験者が決めた頻度と順序で与えられる．シジュウカラは，大きな餌は見逃さず食べるが，大きな餌の頻度 λ_1 が多いときには小さな餌を見逃す．しかし小さな餌を食べるかどうかには小さな餌自身の頻度は影響しない．これは最適捕食理論の示す通りである．しかし理論には合わない部分がある．このグラフの縦軸は小さい餌を見逃した割合を表すが，これは大きい餌に専食する割合とも言える．長時間平均捕食速度を最大にするとすれば，大きな餌の頻度 λ_1 が小さいと見逃しは0%で，ある値より大きいと見逃しは100%になるはずだが，実際には λ_1 が大きくてもある割合は見逃し，ときどき食べるという行動をとる．黒点が実験の結果．Kacelnik *et al.*（1977）による．巌佐（1998）p.146, 図10.2 より転載．

加をしたのである．

以上のことから，動物の餌選択は，経済的に最も望ましい行動に近い振る舞いをするが，完璧ではないことがわかる．

6.3 餌の探し方

次に捕食者が餌を探すときの行動についてのモデルを考えてみよう．鳥のような捕食者を考え，その餌である昆虫の幼虫イモムシは木の茂みについているとする．つまり木が「パッチ」であり，そこを次々と渡り歩いて餌を探すのである（図6.4）．このとき「パッチ」内でしばらく餌を探した後，次のパッチに移動することになる．というのも1つのパッチに飛び込んだばかりのときには餌が見つけやすいが，次第に見つけにくくなるからである．そもそもイモムシが食べられて数

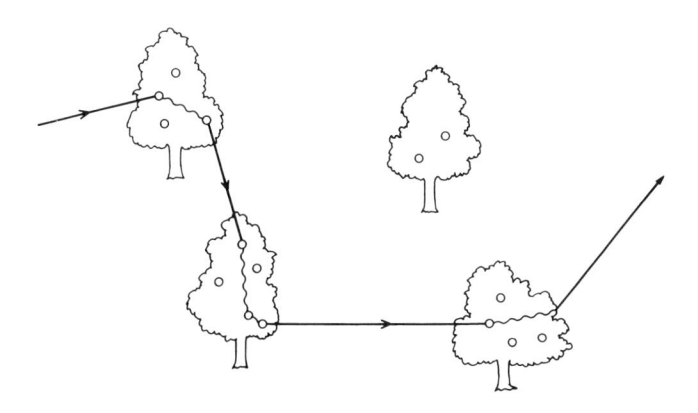

図 6.4 餌の探し方のモデルのためのスキーム
捕食者は昆虫食の鳥で，餌の昆虫は樹木の葉に隠れているとする．捕食者は樹木に入ってから時間をかけて探索するが，そのうちに食べにくくなると，次の樹木に移動する．樹木が餌のパッチで，樹木の葉についている昆虫が餌である．樹木間の移動は T_M だけの移動時間がかかる．それぞれの樹木の中を探索する時間をパッチ内時間 t とする．巌佐 (1998) p.150, 図 10.3 より転載．

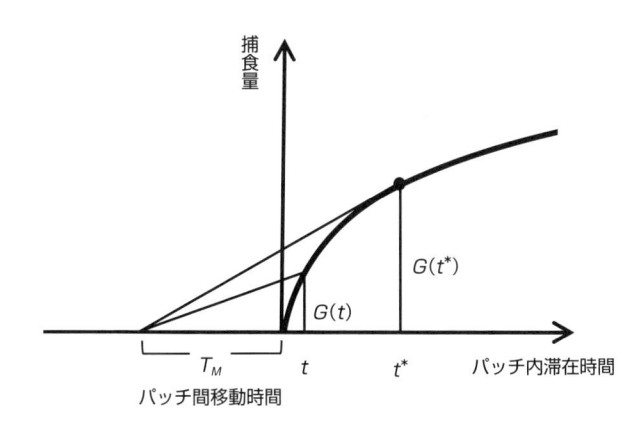

図 6.5 最適なパッチ滞在時間
パッチからの餌の収量 $G(t)$ をパッチ滞在時間 t の関数として示した曲線上の点に対して，$(-T_M, 0)$ から引いた線の傾きが，長時間平均捕食速度を表す．これが最大になるのは，$G(t)$ の曲線への接線のときである．その接点の t 座標が最適パッチ滞在時間 t^* である．

が減るということもあるが，加えて餌のイモムシが鳥を警戒するようになる．そこで，t 時間を探索したときに採れる餌の量を $G(t)$ としておこう（図 6.5）．これは増加関数ではあるが，その傾きは，最初は急激で次第に緩やかになってくる．

捕食者は 1 つのパッチで餌探しをして t だけの時間が経つと，次のパッチに移

動し，またそこで t だけの時間，餌探しをすると次に移る，ということを繰り返すとする．パッチ間移動のための平均時間を T_M とすると，このようなサイクルを繰り返したときの長時間平均捕食速度は次のようになる．

$$r(t) = \frac{G(t)}{t + T_M} \tag{6.4}$$

ここで，分子は1サイクルでの捕食量，分母は1サイクルの平均時間でパッチ内での探索時間とパッチ間移動時間の和である．

(6.4) 式を最大にするのは，グラフを描くと求めることができる．図 6.5 にあるように横軸にパッチ時間 t をとり，縦軸に積算捕食量 $G(t)$ をとる．$G(t)$ のグラフは傾きが正だが上に凸，つまり次第にその傾きが小さくなるという飽和型の曲線を描いている．そして原点の左側つまりマイナス側に $(-T_M, 0)$ に印をつける．そしてこの $G(-T_M, 0)$ から $G(t)$ のグラフに向かって，接線を引くのだ．その接点の座標が最適なパッチ内探索時間なのである．

その理由は (6.4) 式の意味を考えるとわかる．t のところに縦の線を引いてみるとそれが $G(t)$ の曲線と交わるところの高さが $G(t)$ である．$(-T_M, 0)$ から $(t, 0)$，そして $(t, G(t))$，が描く直角三角形を描いてみると，斜めの線の傾きが $r(t)$ である．それは (6.4) 式をみると，横の辺の長さが $t+T_M$ で縦の辺の長さが $G(t)$ であることからわかる．

あとは t をいろいろと変えて，直角三角形の斜辺の傾きを最大にする点を求めてみると，それは $(-T_M, 0)$ から $G(t)$ のグラフに向かって引いた接線のときであることがわかる．

6.4 パッチ間の距離とパッチ内の最適探索時間

いま餌のイモムシを含むパッチである樹木が，まばらに生えている場所と，密度高く生えている場所について，各パッチにおいてどれだけ長く探すべきかを比較してみよう．樹木あたりのイモムシの数は全てのパッチで変わらないとしよう．つまり $G(t)$ の曲線が同じである．図 6.6 にあるように，2 カ所で異なるのは，パッチ間の移動時間 T_M である．

図 6.6a, b をみると $G(t)$ の曲線が同じでも $(-T_M, 0)$ から引いた接線の接点の座標は，T_M が小さいときには小さく，T_M が大きいときには大きいことがわかる．このことから，次のパッチを見つけるまでの時間が長いほど，それぞれのパッチをより丁寧に探索するはずだと予測する．この面についてホシムクドリを用いた実験を紹介しよう．

餌がでてくる口の前に止まり木がついている給餌装置がつくられた．その止まり木に最初に止まると 1 つペレット（餌を固めたもの）が出る．次には 2 回ホップすると次のペレットが出る．さらに 4 回ホップすると次の餌が，そして 8 回ホップするとその次の餌が出る，というふうに次第に餌が出にくくなってくるようになっている．この装置は全体としてパッチに対応しており，最初は餌がすぐに見つかるが次第に餌が手に入りにくくなるということをシミュレートしたものである．この給餌装置をホシムクドリが営巣している樹木の近くに置くと，ある程度ホップすると次第に餌が出にくくなるためにホシムクドリはそれまでに手に入った餌を巣に持ち帰ってヒナに与え，また給餌装置に戻ってくる．そうすると給餌装置は初期化され，ふたたび餌がすぐに出る状態にもどっている．ホシムクドリは学習がとても得意でこのような設定になっていることは比較的短い時間のう

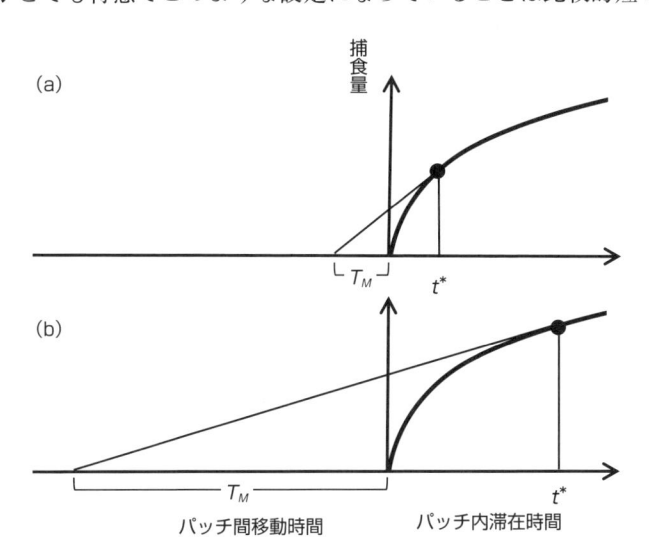

図 6.6　パッチ間の移動時間が異なる状況における最適パッチ内探索時間
(a) パッチ間移動時間が短い．(b) パッチ間移動時間が長い．パッチ間移動時間が長いほど，最適のパッチ時間は長くなる．

ちに理解し，適応的な餌探し行動をとってくれる．ホップする回数も，モデルで計算した最適解に近い回数だけ，実際に鳥がホップをすることが確かめられる．

パッチ間の移動時間を変更したときの効果をみるために，巣と給餌装置の間の距離を変えたり，間に様々な障害物を置いて，遠回りしないとアクセスができないようにしたりする．ホシムクドリは給餌装置を離れて巣に寄りまた戻ってくるまでの時間が長くなるにつれ，給餌装置でもしつこく留まって餌を手に入れることがわかり，またその回数も最適解の予測に近いことがわかった．

さらに，環境が変化してパッチの間の距離が急に増えたり，急に減ったりしたときに，ホシムクドリはパッチ間の移動時間の変化にすぐに合わせることができるのかどうかを調べるため，図6.7にあるようにT字型の装置で実験が行われた．ランプがつくまでは給餌装置には餌が出てこないので，鳥は，3カ所にある止まり木の間を行き来している．そのうちにランプが点灯して，給餌装置に餌が出されることが示される．ホシムクドリは給餌装置の前で何度かホップをして餌を手に入れる．長くホップしていると次第に餌が出にくくなるので，もうやめて3カ所の止まり木の間をふたたび行き来しはじめる．ここで次にランプが点灯するまで待つのである．ランプをつくまでの時間は，パッチを探して飛んでいることに対応している．探索をはじめてから次のパッチが見つかるまでの時間（つまり次にランプがつくまでの時間）は，実験者が自由に決めることができる．だから最初はパッチの間の時間は結構短く，給餌装置から離れて止まり木の間の行き

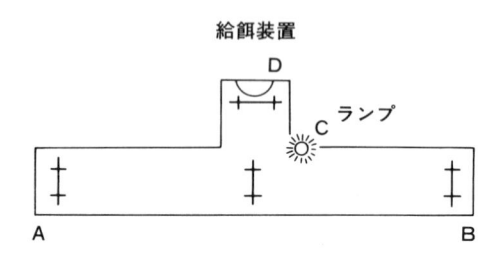

図6.7 パッチ内の探索時間を測定するための装置
ランプが消えているとホシムクドリは止まり木の間を飛んでいるが，ランプがつくと給餌装置に行き，供給される餌を手に入れる．給餌装置は最初はすぐに餌が出るが次第に出にくくなる．そのためあるところでホシムクドリはやめて止まり木の間の移動をはじめる．ランプがつくことがパッチの発見を意味し，給餌装置での滞在時間がパッチ内の探索時間に相当する．次のパッチを発見するまでの時間を実験者が変更することで，ホシムクドリが，環境変化を知り行動を適応的に変えるかどうか，つまり学習能力を調べる実験である（Cuthill *et al.*, 1990）．巌佐（1998）p. 152，図10.5より転載．

来をしてもすぐにランプがつくという状況だが，あるときからパッチ間の飛翔時間が長くなる，というふうに設定できる．これは次のパッチまで遠く飛ばないといけなくなったことに対応している．このように環境の変動に対して，動物はどのように適応できるのか，つまり「学習」を調べるための実験なのである．

6.5 保険とギャンブル

　これまで紹介したものは餌の手に入る平均量を最大にするという基準で行動の良さを議論したモデルであった．長期に繰り返して餌を探し続けるという場合には確かに平均捕食速度というのは有用な尺度といえる．しかし，実際に手に入る餌の量の平均値だけでなく分散（バラツキ）が行動の選択に多く影響することがわかっている．人間の社会での行動選択を理解するための枠組みでは，保険をかけることは収入のバラツキを下げることへの選好，ギャンブルを行うことは逆に収入の変動が大きいことへの選好を，それぞれ人々が示していると考えられている．

　このような行動選択を理解するために，動物には手に入る餌の量とともに増加するような「効用関数」$u(x)$があり，この効用関数の期待値をより高いものを選ぶという考えがある（図6.8a）．手に入る餌の量が一定であれば，それは餌が多いほど望ましいので，$u(x)$はxの増加関数である．手に入る餌の量が確率的な場合には，効用関数をつかってバラツキの効果を考慮することができる．

　ホシムクドリに対して2つの間で片方を選ばせるという実験をする．片方を選ぶと他方は引っ込められる．たとえば片方には5匹の餌が入っていて，他方には10匹の餌が入っているかもしれないが，0匹，つまり何も入っていないかもしれないという状況を与える．片方は確実な選択枝で他方は確率的である．このときどちらをとるかを選ばせる実験をすると，ホシムクドリは前者を選ぶことがわかったとする．すると，次のように考えることができる．効用関数は餌が多いほど高いので，当然$u(10)>u(5)>u(0)$である．いま50%の確率で10匹，50%の確率で0匹という選択肢の平均効用は，2つの場合の平均値なので$(u(10)+u(0))/2$である．これが確実に5匹がもらえる場合の効用$u(5)$よりも低いということは十分ありうる．たとえば図6.8aに示すように，$u(x)$の関数が上に凸の

増加関数である場合がそうである．逆に言えば，鳥が確実な収入を選んだことから，効用関数が上に凸と推測されるのだ．

さらに同じ確率的な選択枝を，確実に4匹がもらえるという選択枝と比べれば，鳥ははやり後者を選んだとしてみよう．しかし確実に3匹がもらえるというものを比べれば，確率的に10匹か0匹かという方がましだ，というふうに行動で示したとしよう．これからわかることは，$u(3) < (u(10)+u(0))/2 < u(4)$が成立するということである．このような実験を非常に多数回繰り返すことによって，効用関数の形を決めることができる（Caraco et al., 1980）．

その形が図6.8のように上に凸であるとすると，ホシムクドリはバラツキを嫌う選択をする．ある量の餌が確実に手に入る選択と，それより多くなるか少なくなるかが確率的に生じるという選択だったら，前者を選ぶのである．というのも，基準より餌の量が下がった場合の効用の低下は，餌が同じ量だけ増えた場合の効用の増加よりもずっと大きいからである．このような状況では，もし平均値が同じならば，収入の分散の小さい方を好むという選択をする．さらに言えば，少しくらい平均値が低下したとしても手に入る餌の量にバラツキがない方が望ましいということを表している．これは，リスク回避（risk aversion）と呼ばれる．

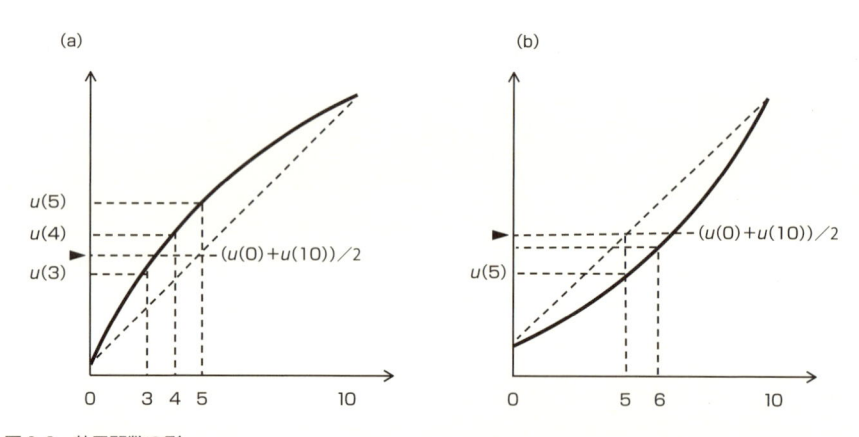

図6.8 効用関数の形
横軸は手に入る餌の量x．効用関数はxの増加関数ではあるが，直線的には増加しない．(a) リスク回避の場合の効用関数．上に凸の増加関数である．餌の数が，10個と0個が50%ずつであるような確率的選択枝は，常に5個もしくは常に4個が得られるよりも避けられるが，常に3個しかえられないよりは好まれることがわかる．(b) リスク愛好（もしくはリスク志向）の効用関数．下に凸の増加関数である．手に入る餌の数の平均値が同じであれば，バラツキを好む選好を表す．ホシムクドリでは，実験条件の違いによって，両方の結果が得られている．

面白いことに逆の結果も観測されている．収量の平均値が同じであれば，バラツキが大きい方を好むという選択である．効用関数が図 6.8b にあるように下に凸のグラフである場合，5 匹の餌ではなく，0 匹か 10 匹かが 1:1 という方を選ぶことになる．これはリスク愛好（もしくはリスク志向）と呼ばれる．面白いことに同じホシムクドリを用いて実験をしても，実験条件によってリスク回避（図6.8a）とリスク愛好（図 6.8b）の両方の結果が得られることである．実験条件では，満腹だと鳥が捕食行動を行ってくれない．そのためある程度の空腹条件をもたらすようにしてこの選択実験を行う必要がある．その空腹程度が弱くと図6.8a のようにリスク回避が，空腹の程度が強いと図 6.8b のようにリスク愛好が見られたのである（Caraco *et al.*, 1980）．

　これらの手法や考え方は，人間の選択行動や学習行動を理解するために，心理学や社会科学で発展してきたものである．その意味で，動物行動学が人文社会科学と近い側面を持っていることがわかる．

第7章 *Advanced* 被食回避行動

粕谷英一

　餌とそれを食べる動物の間の関係は，主要な種間関係の1つである．食べる側で餌の獲得やその効率を高めるさまざまな適応が進化している一方で，餌の側では食べられることを避けるさまざまな行動などの性質が進化している．

　食べる側は，餌をおもにその外側から食べる捕食者（predator）と内側から食べる捕食寄生者（parasitoid）に大きく分かれる．捕食寄生は，昆虫などでは大きな死亡要因を占める一般的な現象である．決して，珍しい現象や少数の生物で見られるものではない（Godfray, 1994）．この章では，単に捕食者もしくは「食うもの」[1]と言ったときには捕食寄生者と狭い意味の捕食者を合わせたものを指すことにする．

7.1 食うものと食われるものの関係

　食うものと食われるものとの関係では，お互いの利害が反するのが特徴である．捕食が失敗すれば食うものは餌を失うことになるが食われるものは生き延びることになる．逆に，捕食が成功すれば食うものは餌を得るが食われるものは命を失う．食われる側の生存と死亡はもちろん，食う側の餌の獲得と飢えも，適応度に強く影響する．そこで，片方の側の進化はもう片方の側の対抗進化を引き起こす．たとえば，食うものの側で採餌の効率を上げるような進化が起これば，食われるものの側にはそれまでとはちがった淘汰の力が働く（Schaffer & Rosenzweig, 1978 など参照）．この両者では，餌を得られるか／得られないかの違いである食う側よりも，生存か／死亡かという違いである食われる側への淘汰圧の方が強いと考えられることが多い（たとえば，life-dinner principle: Dawkins & Krebs, 1979）．

---

[1] 捕食に対して食われることを被食，食われるものを被食者ということもある．

ここでは主に食われる側から，捕食されることを避ける行動などの性質について見ていく（この話題についての全体的な解説をした本として，Ruxton et al., 2004 がある）．食われることの回避に関する性質を見るときは，死亡か生存かや結果としての生存率の変化などだけではなく，捕食を回避する行動などの性質が及ぼす，それ以外の結果も重要である（Lima, 2002）．たとえば捕食者が多い地域を避けるために生息地を変えれば，繁殖や採餌（食われる側も餌をとる必要がある）をはじめとした他の面にも影響があるのが普通である．

一般に，捕食を避けることは食われる側にとって有利であり，さまざまな段階で捕食されないことにつながる性質が進化している．捕食に至るできごとの連鎖として，まず，捕食者が餌を探知・発見し，餌のところへ行き，そして捕獲し食べるといったことが起こる．そういう各段階で捕食を回避する行動などの性質が見られる．

同じ生息地に捕食者と食われる側がいるところから始めてみる．まず，食われる側は捕食者に自分の存在や位置を探知されず発見されなければ捕食を避けることができる．

7.1.1 捕食者による探知・発見を避ける

一般に，食う側と食われる側のどちらが先に相手を探知できるかが，捕食を回避できるかそれとも捕食されるかに大きな影響を与える（Ferrari et al., 2010）．

隠蔽色（cryptic coloration）は，食われる側の外見（色や模様など）が背景となる環境と見分けにくいため，捕食者が発見しにくいことであり，カムフラージュとも呼ばれる（Bond, 2007 や Bond & Kamil, 2002 参照）．人間の活動による環境の変化が関係しているが，オオシモフリエダシャクの工業暗化は，背景が変わると同じ種の異なる遺伝子型の個体の隠蔽の効果が変わる例である．

視覚に関しては，どのような波長の光に感じやすいか，またどのような波長の光を識別できるかは，動物により異なる．たとえば，ヒトと比べたとき，昆虫や鳥は紫外線のうち波長の比較的長い部分も感知できる．また，可視光の領域でも光受容器（たとえば錐体）の感受性のスペクトルが異なれば色はちがって見える．ヒトが見て違いがなかったり見分けにくくても他の動物でもやはり隠蔽的だとは限らない．またその逆も成り立つ（この点は後で述べる警告色の場合も同様である）．隠蔽色はヒトの眼で見て判断してしまうことが多いが，注意が必要である．

隠蔽的であってもいったん発見されると捕食者に探索像（サーチ・イメージ）が形成されその後は発見しやすくなるとも言われてきた（Bond & Kamil, 2002）.そのような過程が起これば，同じ生息地にすむ隠蔽色の餌同士には異なる外観を持つような淘汰が働くことになる．同じ生息地にすむ隠蔽色の餌同士の見かけが多様化することは，aspect diversity（外観の多様性）と呼ばれる[2]．aspect diversity が一般的によく見られるパターンであるかどうかはまだ明らかでないが，実験的な結果には，aspect diversity を支持するものがある．たとえば，Pietrewicz & Kamil（1979）は，どちらも隠蔽色ではあるが色彩や模様が異なる2種のガがそれぞれ含まれる画像を提示して，鳥（これらのガを食べる）につつかせる実験をしている．2種の画像をランダムに提示したときに比べて同じ種のガの画像だけを連続して提示すると，隠蔽色であっても発見してつつかれる率が高かった．

　隠蔽色は，視覚に関するものだが，捕食者が探知・発見に使う感覚の種類により，視覚以外でも，隠蔽によって，捕食を回避していることがあると考えられる．

7.1.2 捕食者を探知する手がかり

　捕食者の接近や存在を探知するのに使われる手がかりとしては，捕食者自体に由来する手がかりのほか，捕食された餌由来の手がかりなどもある．捕食された餌があるということは比較的最近に捕食者が活動していたことを示すからである．手がかりとしては，捕食者による危険がその付近にその時に存在することと相関があればよい．

　ミノーなどの淡水魚では，捕食者に襲われた個体の傷ついた表皮の細胞から出る分泌物が逃避などの対捕食者反応を引き起こす（von Frisch, 1938; Chivers et al., 2007 も参照）．この現象を引き起こす物質は Schreckstoff と呼ばれ，多くの研究が行なわれてきた．当初は，同種の他個体に捕食者が存在する危険を知らせる信号機能が有利であるために進化したと考えられ，フェロモンという言葉が使われ始めたころには，フェロモンの代表的な例とも見なされた．だが，表皮の細胞の分泌物が信号機能として進化したとすると[3]，その個体（食べられる個体すなわち発信者）にどういう利益があるかを考えるのが難しい．また，この分泌物

---

[2] 隠蔽色の aspect diversity は，警告色におけるミュラー型の擬態とちょうど対照的になる現象だと考えることができる．

は本来は別の機能を持つために進化した物質であったが，結果的に捕食を受けて体が損傷すると水中に放出され，この存在が捕食の危険が高いことと相関するため，他の個体に利用されているだけと考えてもデータとは矛盾しない．信号機能のために進化したかどうかとは関係なく，捕食の危険との相関さえあれば，受信者側は手がかりとして利用できるのである．

表皮の細胞からの分泌物が信号機能のために進化したことを想定して，血縁個体の捕食回避を助ける，捕食者を捕食する動物を誘引するなどの仮説に基づいて長く検討されてきたが，現在では信号としての機能を持つために進化したのではなく，紫外線を防ぐなど他の機能に基いて進化したものが捕食者の存在と相関するために捕食回避の手がかりとして利用されたと考えられている（Chivers *et al.*, 2007）．

7.1.3 探知・発見されても

捕食者により探知や発見をされても，捕食を回避することは可能である．個体は周囲の見張り（vigilance）をしながら他の活動をして，捕食者の接近を見つけたら逃避することができる（Caraco, 1979）．見張りの行動をしていると採餌など他の行動ができないという一種のトレードオフがあると考えられるため，捕食者が現れる率などの条件に応じて，最適な見張り行動や時間配分が変化すると考えられる（Lima & Bednekoff, 1999 に始まる risk allocation model などが適用されてきた）．また，群れを作る動物では，大きな群れほど1個体あたりの見張る行動にかける時間が少なくても捕食者を発見できるという仮説も検討されてきた（Caraco, 1979）．

動物が群れを作っていても，発見される率などは群れを構成する個体数に比例して増えるわけではないことが多い．捕食者が群れごと捕食するような食べ方ではなく1頭ずつ捕食するような食べ方であれば，群れが捕食者に襲われたとき，大きな群れほど，ある1個体が捕食される確率は低い．これを希釈効果という．希釈効果のため大きな群れに参加した方が有利になって形成されるのが，利己的な集合（selfish herd: Hamilton, 1971）である．また，希釈効果や利己的な集合で

---

3) 信号（シグナル）という用語は動物の行動においては，ある個体（送信者）に由来する何かにより別の個体が行動を変えることであるが，広義には受信側の個体が行動を変えれば信号と呼び，狭義にはそれに加えて送信者側でその何かが信号機能として進化したものであるときに信号と呼ぶ．

は空間的な集合が扱われることが多いが，時間的に集合する．つまり，捕食を受けやすい活動などが短い時間帯に集中している場合にも同様のことが起こりうる．

7.1.4 捕食者の撃退

捕食者に探知・発見され，逃走できない場合にも，直ちに捕食されるわけではない．さまざまな手段で捕食者を撃退する例は数多く報告されている．ジリスの一種（*Spermophilus beecheyi*）は，尾を立てて左右に振って威嚇しながら，捕食者であるヘビを撃退することがある．捕食者のヘビには，赤外線を感知するピット器官を持つ種と持たない種がいる．ピット器官を持つヘビに対峙するときには，ピット器官を欠くヘビが相手のときに比べて，尾の部分の体温が高い．尾の部分が動き，温度も変えられるようにしたジリスのはく製を使って，尾の温度を変えて実験すると，ピット器官を持つヘビは，尾の温度が高くないときに比べ，温度が高くなった尾が左右に振られるときの方が，撃退されやすかった（Rundus *et al.*, 2007）．これは，捕食者の種類に応じて効果的な防衛方法を使って撃退している例である．

また，毒などによる化学的な防衛も知られている．*Photuris* 属のホタルのメスは，捕食者に襲われると体の関節部からルシブファギンというステロイドの一種を含む液体を分泌する．ルシブファギンは捕食者であるクモや鳥などに対して毒性があり，捕食者はこのホタルを捕獲してもルシブファギンを含む液体が分泌されると放してしまいやすくなる（Eisner *et al.*, 1997）．

フグなどの持つ猛毒としてよく知られているテトロドトキシンは，サメハダイモリにより防御物質として使われている．だが，ヘビの一種（*Thamnophis sirtalis*）では，サメハダイモリと同じ場所にいる個体群ではテトロドトキシンへの耐性を持っている．一方，サメハダイモリは個体群によってはテトロドトキシンのレベルが大きく異なる．テトロドトキシンの量が少ない，カナダのある島の集団では，イモリのテトロドトキシンの量が少なく，ヘビの方のテトロドトキシンへの耐性が低いことがわかっている（Brodie & Brodie, 1999）．

7.1.5 子への捕食

捕食の回避は，大きくは，自分自身への捕食を避けることと，子などへの捕食を避けることに分かれる．子への捕食を避けることについても，自分への捕食と

同様に，概観してみる．

　カなどの昆虫をはじめ淡水を産卵場所として使う動物では，捕食者自体やその存在を示す手がかり（たとえば捕食者由来の物質が溶けている水）により，そこでの産卵をやめて，場所を変えるような，産卵場所選択が見られる（Blaustein, 1999）．また，アメンボでは，卵の捕食寄生者であるハチ（成虫である母親を捕食することはない）がいると，母親は水中に潜り，捕食寄生される率の低い，水深の深いところに産卵する（Hirayama & Kasuya, 2009）．ショウジョウバエでは，親が捕食寄生者に出会うと，捕食寄生者にとって毒であるアルコールの多い場所に産卵することが知られている（Kacsoh et al., 2013）．

　巣などの構造物の中で子を養育する動物では，巣への捕食が大きな死亡要因となっていることが多い（Ricklefs, 1969）．営巣場所を選ぶ際に捕食者の多いところを避けることも見られる．また，オナガカエデチョウでは，親が巣付近に食肉目の哺乳類の糞（その餌である動物の毛や骨がよく含まれている）を付けることが観察されており，実験的に巣に糞を付加すると，捕食による子の死亡率が低下する（Schuetz, 2004）．また，フタモンアシナガバチでは，捕食者に巣を攻撃された後では母親が巣の防衛の努力を増し，しばらく巣への攻撃がないとまた巣の防衛の努力のレベルを下げる（Furuichi & Kasuya, 2013 など）．

7.2 警告色

　食う側にとってまずい餌が同時に目立つ餌でもあるというのが，警告色[4]（warning coloration あるいは aposematism）である．警告色という名前は，餌が，自分がまずいことを，目立つことにより，捕食者に対して警告しているといったニュアンスで付けられている．捕食を回避するうえでは見つかりにくいのが当然良いように思われるから，警告色は，捕食回避につながる他の性質と比べて，異彩を放っている．

　代表的な警告色の動物であるオオカバマダラ（英名で monarch）は，オレンジ色と黒のよく目立つチョウで，幼虫の食草であるトウワタに由来する有毒の強心

---

[4] 警戒色と呼ばれることもある．

配糖体を持っている．この強心配糖体を含む（とくに体表近くに多く含んでいる）ためオオカバマダラはまずく，捕食者である鳥は食べると嘔吐して戻してしまう．さらに食べた後嘔吐させないようにすると，鳥は死んでしまう．オオカバマダラを食べた経験の後では鳥はオオカバマダラに翅の色と模様が似た他種のチョウを避けるようになる（Brower, 1984; Malcolm & Brower, 1989）．

　食うものと食われるものの関係では基本的に利害は対立していると冒頭で述べた．だが，警告色の場合には，食う側と食われる側のどちらにも有利になることがありうる．警告色の餌を食べないことは，食べられる側にとっては生存につながるから有利であるし，もし他にまずくない餌があるなら食べる側にとってもまずい餌を食べなくてもすむので有利になる可能性がある．

　警告色と同様の，餌がまずくて同時に目立つという現象は，色のような視覚的なものだけに限られないと思われる．これまでの研究の多くは視覚的な特徴に集中しているが，たとえば，においや音などでも同様の現象が起こっている可能性は高い．それらは，警告色も含めて警告シグナルと呼ばれる．

7.2.1 警告色の初期進化

　警告色が進化し始めるときには，個体群の大部分は警告色でない個体であり，警告色の個体はごく少数だけいるという状況であろう．この状況では，捕食者の個体群はそれまで警告色の個体がまずいことを経験していない．そして，警告色の個体を食べる機会が少ないため，経験による学習（警告色の個体を食べたらまずかったという経験をした捕食者の個体が以後は学習し警告色の個体を避けるようになる）による場合でもそうでなくても，警告色の個体を避けることは少なく，警告色は有利ではなくむしろ目立つために不利になる可能性がある．

　警告色の個体の頻度が高ければ，状況は変わり，警告色の個体は捕食者から避けられることが増える．言い換えると，警告色の頻度には，正の頻度依存淘汰が働き，警告色でない状態から警告色の頻度が増え始めるところは難しいが，いったん警告色の個体が個体群の大部分になれば警告色が維持されるのは相対的に容易ということになる．警告色が初期進化の"壁"を越えるために，さまざまな可能性が考えられて来た（Ruxton *et al.*, 2004 参照）．

　初期進化にあたっては，警告色の個体が空間的にせよ時間的にせよ集合していると，局所的に警告色の頻度が高まったのと同様の効果をもたらす（Mappes *et al.,* 2005)．たとえば，捕食者が経験に基づく学習により警告色の個体を回避する場合，ある1個体の警告色の個体を食べた捕食者はまずいという経験をして以後警告色の個体を避ける．このときに，警告色の個体が集まっていれば，その近くにいる警告色の個体は捕食される率が低下する．一方，警告色の個体が集まらず散らばっていると，ある1個体の警告色の個体を食べた捕食者はまずいという経験をして学習するのだが，以降，警告色の個体と遭遇する機会はまれで，警告色の個体の生存率の上昇にはつながりにくい．

7.2.2 警告色と擬態

警告色は擬態（mimicry）と強いつながりがある．擬態とは，系統的に離れた複数の生物同士が似ているため他の生物がまちがうことである（Dawkins, 1986）．警告色に関係した擬態のタイプに，ベイツ型擬態とミュラー型擬態がある．まずくない種（ミミック）が警告色の種（モデル）に似るのがベイツ型擬態であり，警告色の複数の種同士が似るのがミュラー型擬態である．どちらのタイプでも，擬態の種のペアには必ず警告色の種が含まれる．ベイツ型擬態とミュラー型擬態は大まかな分け方であり，両タイプの擬態と似た過程により，程度が小さいがまずい種が警告色の種に似るといった中間的なものも考えられる．アゲハ類では，ベイツ型擬態の例がいくつか知られており，ベニモンアゲハ（モデル）とシロオビアゲハ（ミミック）などがある．

7.2.3 攻撃的擬態

Photuris 属のホタルのメスがステロイドの一種であるルシブファギンを捕食者に対して防御物質として使うことは既に述べた．このルシブファギンは自身で合成するのではなく，*Photinus* 属のホタルから得る．*Photinus* 属のホタルの異性間の発光信号とよく似たタイミングの発光信号を出すことにより，*Photinus* 属のホタルのオスを誘引して捕食して[5]，自分では合成できないルシブファギンを得ている．これは攻撃的擬態（aggressive mimicry）の例であるが，捕食回避と化学的な手段の重要性を示す例でもある（Eisner *et al.,* 1997）．

---

5) この行動のため，*Photuris* 属のホタルのメスは femmes fatale と呼ばれている（日本語では魔性の女と訳されることが多い）．

第8章 生活史の適応

巌佐 庸

8.1 適応戦略は進化の結果

　前章において，動物は上手く餌を食べているという仮定に立つモデルをつくり，それならばどのような餌を選ぶべきか，どのように餌を探すべきかを考えた．そしてその予測を，野外や実験室で観察される動物行動と比較をした．これは現在みられる生物がそのような適応的な振る舞いをすると仮定していることになる．ではなぜそう考えることができるのだろうか？

　その根拠は，生物が長い進化のプロセスにおいて選び抜かれてきたと想定することにある．自然界において我々が見ている生物の挙動は，長い進化過程の結果である．とすれば，起こりそうな変化はそれまでにすでに生じてしまっていて，我々が見ている生物の性質は，最後の行き止まり状態であろう．とすると，生物の多くの形質について，集団は侵入してくる突然変異が広がらないという性質をもっているはずだ．このことを「進化的に安定」（evolutionarily stable）と呼ぶ．生物が進化の最終状態である振る舞いをしているとすれば，それ以外のやり方をすれば生存や繁殖に不利であって，次第に負けて消えてしまうのだろう．このような考えから，現在見られる生物は最も効率の良い生き方をしているはずだという適応戦略の考えが基礎づけられている（Maynard Smith & Price 1973；Maynard Smith, 1982）．

　残せる子供の数を適応度（もしくはダーウィン適応度）という．適応度が高いとそのタイプは集団に広がりやすいので，「自然淘汰の上で有利」という．サイズが大きいこと，昆虫が遠くに飛べること，植物がアルカロイドなどの毒物をつくって害虫から食べられにくくしていることなどによって，より多くの子供を残せるならば，その挙動をもたらす遺伝子が広がっていく．このようにして，時間と共に頻度が変化するという意味の進化のダイナミックスと，ある挙動が有利か不利かという適応性もしくは経済的合理性とが結びつく．

このような適応的進化が起きるために，次の3つの条件が満たされる必要がある．第1に，生物の個体の間に，行動や体の大きさ，生育時期の長さなどの性質に変異があること，第2に，その変異によって，子供の残し方に違いが生じ，あるタイプは他のものより多くの子供を残すこと，第3に，この変異が遺伝することである．逆に，これらの3条件が満たされれば，進化は自動的に起きる．タイプによる違いによって，子供の残し方が異なる結果，次の世代における生物の性質の平均値がシフトしていくことを自然淘汰（natural selection）という．

以上のような議論から，とりうる挙動の中で最も効率の良い適応的なものを現実の生物が採用しているという考えがなりたつ．第6章で取り上げた捕食行動の例でいえば，与えられた環境での餌の頻度や組成をみて判断し，より多くの餌を効率よく手に入れる行動をした動物は，成長がよく生存率が高く，その結果多くの子供を残せる，と考えられる．このように生物の行動，生態，形態，生理などの適応の尺度は，「次世代に残す子供の数」もしくは「生涯繁殖成功度」である．だからこれらの量を最大にするように現実の生物が振る舞うというのは，良い仮説となるのだ．

多細胞生物は生まれたときには，卵や種子のような小さなサイズだが，次第に成長して大きくなり，ある程度に達すると，繁殖活動に入る，つまり次世代を生産するための生殖活動として求愛行動，交尾，出産，種によっては育児などを行う．植物でも花を咲かせ種子を実らせ，果実として次世代をつくる．

本章では，子供の大きさと数，繁殖と死亡のスケジュール，などのテーマを取り上げて，このような適応戦略としての考えがどのように多様な生物のあり方を説明できるかを示そう．

8.2 子供の大きさと子供の数

親は良く似た大きさや生活をしているのに，子供の数が非常に異なる場合がある．例えば，海の魚の中には数億個の小さな卵を産むものがいるが，逆に比較的少数の卵を生んで保護しながら大事に育てるものもいる．どういう状況でどちらが進化するのだろうか．これは母親にとって生き残れる次世代の子供の数を最大にするにはどうするべきかという最大化の問題としてうまく答えることができ

る.

　卵の大きさ（重量）を x と書こう．するとその卵がうまく孵化して，幼生の時期を生き延び，餌を上手く食べて大きくなり，何度か変態を繰り返して，ついに岩礁に定着し，そのあと成長して成体になる．それまでの生存率を考えると，大きなサイズからスタートして危険な時期を短くする方が有利である．プランクトン生活をする間も体が小さいほど他の魚に食べられやすい．陸上植物でも，種子から発芽した幼植物は，乾燥に弱くて最初は死亡率が高く，一部の個体がうまく生き伸びてサイズが大きくなると死亡率は小さくなる．その1つの原因は，種子に蓄えられた栄養によって根をのばしていくが，それが水のある地層に達しないと枯れてしまうことである．ヤシの果実が非常に大きいのは，種子が地中深く根をはって真水に到達する必要があるからだろう．

　このように動物でも植物でも，最初に大きな卵や種子を作っておくと，子供の生存率はずっと高くなる.

　そこで子供の生存率は，卵や種子などに親が渡した栄養の量とともに増大するとして，$S(x)$ と表し，そのグラフは図 8.1 にあるように S 字型をしているとしよう．それはある程度以下のサイズだと生存率はゼロに近いが，ある値を超えると高くなり，しかし生存率には上限があるので，大きいからといっていくらでも生存率が大きくなれるものではないからだ.

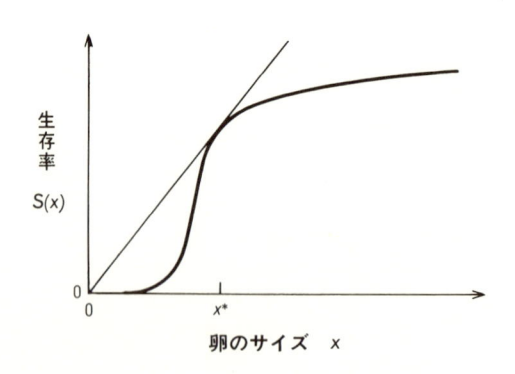

図 8.1　子供の生存率 $S(x)$
　　卵サイズ x の増加関数であるが，ある程度以下のサイズでは小さく，その後増えるが生存率は上限を超えられないので，非常に大きなサイズでは飽和する．その結果 S 字型の曲線になる．母親にとっての最適サイズは，原点から曲線に引いた接線の接点の x 座標である．巌佐（1998）p. 159, 図 11.2 より転載.

子の数を y とする．サイズが大きいほど生存率は高く，同じサイズであれば，子の数が多いほど当然ながら生き残る数も多い．だから x も y もともに大きい方が望ましい．しかし資源には限りがある．サイズ x を大きくすると，必然的に数 y は小さくせざるをえなくなる．

母親が繁殖のために使える資源量を ρ とする．すると考えるべき問題は，

$$xy=\rho \quad \text{のもとで} \quad \phi=y\cdot S(x) \text{ を最大にする} \tag{8.1}$$

という制約のもとでの最適化である．$y=\rho/x$ として y を消去すると，

$$\phi=\rho\cdot S(x)/x \tag{8.2}$$

という制約なしの最適化に変わる．ここで $S(x)$ のグラフを描いて，その曲線の上の点 $(x,S(x))$ に対して原点 $(0,0)$ から直線を引くとすると，その傾きは，$S(x)/x$ となる．この傾きが一番大きな点というのは，原点からの線が曲線の接点になっているときである．その接点の x 座標が適応度 ϕ を最大にする最適卵サイズといえる．それを x^* と書くと，最適の卵数は $y^*=\rho/x^*$ のように求まる．

さてこのように卵数と卵サイズが母親の適応度を最大にするように決まると仮定してみよう．このとき母親のサイズが違うとどうなるだろうか．たとえば，魚だったら同じ年齢であっても生育時の餌の量とか密度などによって大きさは非常に違ってくる．ときには体重で 100 倍以上も異なることがある．大きな母親は当然多くの資源を卵の生産に使うことができ，ρ の値が大きい．同じ場所で産卵する母親のうち片方が他方よりも体重が大きいとしよう．両方の母親は，ほぼ同じ数の卵を産んで大きな母親は大きな卵を産むのだろうか．それとも両方の母親の卵サイズはほぼ同じだが，大きな母親はより多数の卵を産むのだろうか．それとも大きな母親はより大きな卵をしかも数多く産むのだろうか．

もし上記に計算したように卵数と卵サイズが決まるとすれば，これら 3 つのうちで 1 つだけが正しい．両方の母親から産まれた子供が経験する環境が同じとすると，生存率の関数 $S(x)$ は 2 匹の母親で同じである．最適卵サイズ x^* は，この関数だけで決まるので両者で等しい．その結果，産卵数は母親によって大きく違って，資源量の違いと正比例することになる．

これらの結論に近い振る舞いをする例として，日本の様々な湖沼や河川に棲むスジエビの卵サイズや卵数を調べた研究がある．琵琶湖だとか池田湖といった 1 つの水系をとると，その中では卵のサイズは母親の大きさには依存しない．つま

り大きな母親も小さな母親もほぼ同じサイズの卵を産む．ということは大きな母親の産卵数は，小さな母親よりもずっと多いのだ．

それならばスジエビの卵サイズは，単に進化できない値として決まっているのではないかと思えそうだが，そうではない．卵サイズは，湖沼や河川によって大きく異なる．卵サイズが最も小さかったのは琵琶湖であり，最大であった北海道の阿寒湖では，卵重量で琵琶湖での値の8倍近くも大きかった．このことは，上記のモデルを考えると，子供が経験する環境が琵琶湖と阿寒湖では異なるので，$S(x)$ の関数が違っているからと考えられる．琵琶湖は平均水深が50 m ほどで最も深いところは 90 m にも達する．深い場所では年中温度が一定であり，穏やかな環境だから小さな卵からスタートしても生きながらえるのだ．これに対して阿寒湖は冬には氷が張る厳しい環境である．そのため親から十分な栄養をもらい安全に越冬できるサイズまで達する必要があるのではないか，と想像される．

8.3 一年草の開花季節

一年草（一年生草本）は，春に種子から発芽して小さな葉と根を展開する．そのあと光合成をしながら次第に成長する．秋になると花を咲かせ実をつけて種子を残す．冬に霜が降りるころには親は枯れて，タネだけが残る．光合成による有機物合成，つまり稼ぎの速度は，葉や枝・根などの栄養器官のサイズとともに増大する．栄養器官の成長をいつまでも続ければ，葉は茂り，大きくなるかもしれないが，繁殖活動により次世代を作ることがおろそかになる．花や果実による繁殖の成果だけが次世代に寄与できるのだ（図8.2）．かといって，あまりに早く繁殖を開始すると，体が小さいうちにタネをつけることになるので，わずかしかできない．だから中間に最適の開始日がある．

毎日光合成によって手に入れる有機物のうち，$u(t)$ の割合を繁殖活動に，残りを葉や根や茎などの生産のための器官に投資する．つまり後者が大きいと光合成して得た物質で葉をさらに展開するので，手に入る収入がもっと大きくなるのだ．しかし繁殖に用いると，それは光合成能力の拡大には寄与しない．

葉や根などの生産器官のサイズを $x(t)$ とし，t 日目までの繁殖活動の積算量を $y(t)$ とする．すると次の式が成立する．

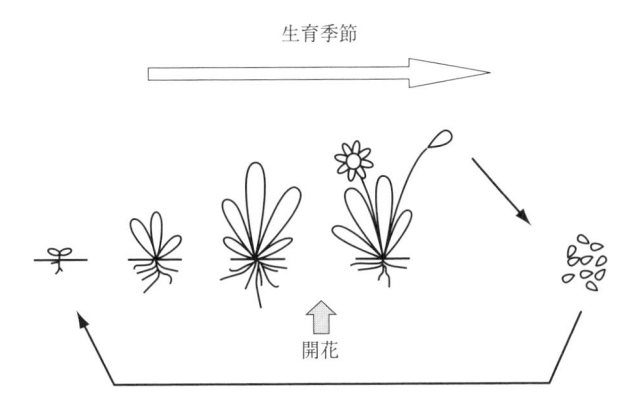

図 8.2　**一年生草本の生活**
1 年の最初に種子に貯蔵した物質により葉や根を展開する．そのあと光合成によって大きくなり，あるところで成長を止めて花を咲かせたり実を付けたりする繁殖活動を始める．年の終わりには葉や根などの生産のための器官は全て枯れるが，この期間になした繁殖活動の成果は次世代に残ることになる．翌年に残せた子供の数を最大にするスケジュールが優れたものと考えられ，長い時間が経てば進化の結果実現すると予想される．巌佐（2008）p. 124, 図 7.1 より転載．

$$\frac{dx}{dt} = (1-u(t))ax \tag{8.3a}$$

$$\frac{dy}{dt} = u(t)ax \tag{8.3b}$$

最初のサイズ $x(0)=x_0$ は，種子に蓄えられた栄養から決まる．y の最初の値はゼロ $y(0)=0$ で，生育期間の終わりの値 $y(T)$ が適応の尺度であり，スケジュールの望ましさに対応するものである．

ここで，$y(T)$ を最大にする繁殖・成長のスケジュールは次のようなパターンであることが計算によりわかる（図 8.3）．

$$u_{opt}(t) = 0 \quad\quad t < t_s \tag{8.4a}$$
$$u_{opt}(t) = 1 \quad\quad t > t_s \tag{8.4b}$$

つまり途中に切り替えが生じる．その日を t_s とすると，それより前では，繁殖活動にはまったく投資せず，光合成で得た収入はすべて葉や根などの生産器官の成長に投資する．その結果，植物の体はどんどん大きくなっていく．スイッチングが起きるとそれ以降はすべての光合成産物が繁殖活動に回されて，葉や根等の生産器官は成長が止まる．

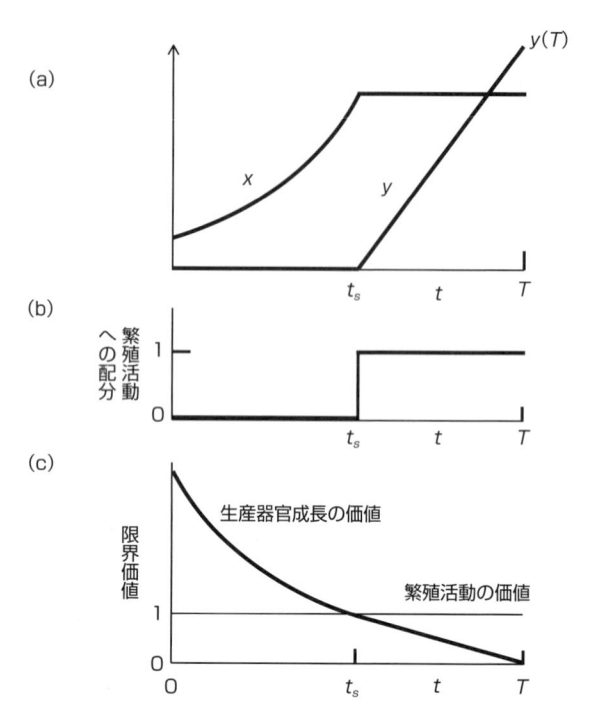

図 8.3 最適な成長・繁殖の戦略
(a) 栄養器官のサイズ $x(t)$ と繁殖活動の積算量 $y(t)$. (b) 繁殖への配分比率. (c) 生産器官成長と繁殖活動との限界価値. 生育期間の途中 t_s でスイッチングを行ない,それ以前では光合成などで得た物質を葉や根をさらに展開して光合成能力を高めるように用いる(栄養成長). t_s 以降は,葉や根への投資はやめ,繁殖活動につぎ込む(繁殖成長). スイッチングが生じるタイミングは,環境によって変わり,生産的な環境ほど遅くなる.

実際の植物もこのようなはっきりしたスイッチを行う. 開花の始まるまでは栄養成長,開花の始まる後は繁殖成長と呼ばれ,物質の流れが大きく切り替わるが,それは植物ホルモンによって制御されている.

このようにはっきりとスイッチするのが良い理由は,生産器官の限界価値と繁殖活動の限界価値を考えることによって,直感的に良く理解できる.

いまある日に1単位を葉の成長に投資することの利益を考えてみよう. そのことで葉のサイズが増え,その結果,以降に毎日わずかに多くの光合成産物が得られる. それら余分に得られた産物はさらに生産器官の成長や繁殖活動に投資され,最終的には果実や子孫の数を増やすようになる. これが最初に投資した1単位量の適応度への効果である.

大事な点は，この効果がインパクトの与えられた日によって違ってくることだ（図8.3c）. 季節の最初に，まだ植物が小さいときに1 mgの葉が増えたというのと，季節が終わりになってからの同じ1 mgとではその効果が異なる．季節の最初ならば，それは大きなインパクトをもつが，最後だと光合成を増やしても光合成をするための時間がそれほど残されていないので，効果が小さい．そのため葉の1 mgを増やすことの価値は，季節の最初は大きく，時間が経つにつれて小さくなり，最後にはゼロになる．これに対して，適応度は繁殖活動の総量と定義しているため，1 mgの繁殖活動は1年のどの時点で生じても同じだけ適応度を増やすので同じだけの価値があることになる．とすると，葉や根などの生産器官の限界価値が繁殖活動よりも高い前半はすべての稼ぎを生産器官の成長にまわし，後半は繁殖活動だけに振り向けるのが，最適な配分スケジュールである．

さて，この切り替えのタイミングは，環境によって異なる．切り替えが生じるという理由は，その日以降だと葉などを増やすために投資しても，そのあとの季節の終わりまでの時間において光合成によっては投資分を取り戻せなくなるからである．だから光が十分にあり水も不足しないような光合成に好適な環境においては，この日は後にずれこみ，生育期間の遅くまで葉が成長し続けて最後になってから花や実をつけるのが望ましい．これに対し暗い森の中など光合成速度が低いときには，生育期間の中でより早くから葉の展開を止めないといけない．

これを調べるために，次のような簡単な場合を考えてみよう．生育期間の前半に栄養成長しているときには，微分方程式を解けばよい．(8.3a) 式で $u(t)=0$ とおいて初期値を用いると $x(t)=x_0 e^{at}$ となる．他方で繁殖活動はなされないので繁殖活動の積算量は $y(t)=0$ である．繁殖が始まる切り替え齢 t_S では，植物のサイズは $x(t_S)=x_0 e^{at_S}$ となる．

後半の繁殖成長の期間においては，生産器官のサイズはそのままなので，$x(t)=x(t_S)=x_0 e^{at_S}$ というように，切り替え齢でのサイズを維持する．

これに対して繁殖活動の積算量は t_S 以前はゼロだが，以降は (8.3b) 式で与えられる一定のスピードで増える．だから最後には

$$y(T)=ax(t_S)\cdot(T-t_S)=ax_0 e^{at_S}(T-t_S)$$

となる．毎日 $ax(t_S)$ だけの産物が得られ，それを全て繁殖活動に使う．その期間の長さは $(T-t_S)$ である．

t_S を変化させて調べると，$y(T)$ は最初は t_S とともに増加するが，ある値を超えると減少に転じて，最後にはゼロになる．この適応度ピークを達成する最適切り替え日 t_S は，微分を計算してゼロとおくことで求められ，

$$t_S^* = T - 1/a \tag{8.5}$$

である．つまり繁殖成長する期間の長さが $1/a$ なのである．

さて，いま光合成速度は同じだが，好適な生育季節の長さが異なる場所を比べてみよう．たとえば冬がきて葉を落とさねばならない環境だとして，場所によって長く生育できる所とそうでない所があるとしよう．光合成速度 a が同じだとすると，それぞれで最適なスケジュールで花を咲かせる1年生草本はどのようになるだろうか．図8.4aにあるように，全体の季節の長さ T が異なっても，繁殖成長すべき時期の長さ $1/a$ は変らない．すると高山のような短い期間しか成長できない場所（T が短い）では早い段階で花を咲かせることになり，逆に熱帯の

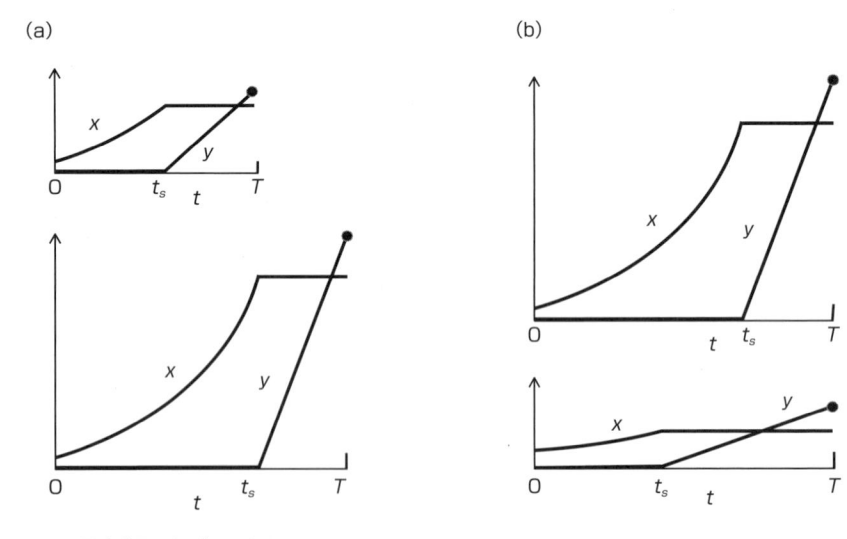

図8.4 最適成長スケジュール
(a) 生育期間の長さが異なるとき．短い場合も長い場合も繁殖に使うべき時間は同じである．そのため，生育期間が短いと植物が小さいうちに相対的に早い時期から葉の展開をやめて花をつけないといけない．(b) 光合成速度が異なるとき．生育期間が同じでも光合成速度が速い環境では，開花日が遅くなり植物は非常に大きくなってから繁殖に入るのが適応的である．これに対して暗い林床のように光合成速度が遅いと，早くから葉の展開をやめて開花を始めるのが最適である．

多雨地域のように長い期間が生育に使える場所（T が長い）では，植物はずっと大きくなって，相対的に短い期間しか花をつけないことになる．

図 8.4b においては，季節の長さ T は同じだが，光合成速度が異なる場合を示している．好適な環境では季節の終わり近くまで葉を展開し，開花や結実の時間は短い．これに対して暗い林床や栄養塩類の不足する環境では，光合成の速度が低く，早くから開花を始めることが最適である．これらの予測は野外で観察されるパターンによく合っている（Cohen, 1971；巌佐, 1998；Iwasa, 2000）．また実験的にも与える環境を変えることで，このような環境の違いに応じた適応的な振る舞いをすることが示されている．

8.4 一年生と多年生

アユのように，1 年目で成熟し，その年のうちに産卵をすませると親は死んでしまうもの，マスのように数年をかけて成熟して，成熟すると死ぬまで何年か毎年繁殖を続けるもの，そしてサケのように数年をして成熟すると多数の卵を生んで産卵をすませると死んでしまうという 1 回繁殖のもの，という風に様々な生活史をもつものがある．植物でも同様に，1 年目で花を咲かせて親が枯れてしまうコスモスのような一年草，何年かしてから成熟して長年にわたって花をつけ続ける多年草，タケのように 60 年というように長い間かけて成長してから繁殖をするとそのまま全体が枯れてしまうという 1 回繁殖のもの，というふうに多様な生活史スケジュールのものがある．

前章で議論したのは一年生草本（もしくは一年草）がどの時期に開花をするかであった．もし植物がある年に光合成で得た物質をすべて繁殖で使い切らずに貯蔵器官に蓄えて翌年に残しておくということができるならば，これで冬のような不適な季節を乗り切れて，多年生の生活になる（図 8.5）．そのモデルをつかえば，数年間繁殖しないで大きくなってから繁殖に入るという多年生と，最初のときにすべて繁殖に使い切る一年生とを比べて，いずれが有利かを議論することができる．

図 8.6 には多年草（多年生草木）のイメージ図がある．最初の数年は小さいために繁殖はせず，一年の終わりにある貯蔵物質はすべて翌年に回す．数年目には

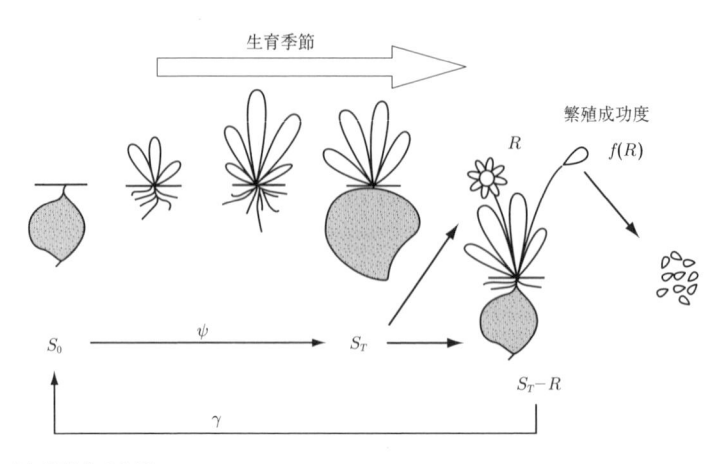

図8.5　多年生草本の生活
一年生草本（図8.2）と比べると，繁殖に投資する分を，貯蔵器官に投資し，そのうち一部だけをその年の繁殖に用い，残りを翌年に回すということに違いがある．年の最初には前年に貯蔵した分をもとに葉を展開し，1年間光合成と成長をして再び貯蔵器官に蓄積する．1年の中の成長のスケジュールは一年生草本の場合と同じであるが，年度の終わりにどれだけをその年の繁殖にどれだけを翌年に回すかという決定が加わる．生涯を通じて生産した子供の数を最大にするものが，進化の結果実現する最適成長解と考えらえる．多数年経ってから繁殖をはじめ（成熟），それ以降毎年繁殖するものや，繁殖を始めたらすべての資源を1回の繁殖に使い切って枯れるもの等もある．巌佐（2008）p. 127，図7.3より転載．

繁殖をはじめ，一部を繁殖に用いて，残りを翌年に回す．

多年生草本の成長繁殖スケジュールについても，「よさ」の基準は，あくまでも生涯を通じての繁殖成功の総量である．R_i が i 年目になした繁殖活動とし，年当たりの生存率を p とすると，

$$\phi = \sum_{i=1}^{\infty} p^i R_i \tag{8.6}$$

となる．R_i は，その年の繁殖ではあるが，それはそれより以前になされた活動によって制約されている．つまり若い頃に繁殖に回さずにいるとよく成長できて体が大きくなるので R_i を大きく選ぶことも可能になる．しかし R_i を最大にするのがよいとは限らない．というのもそうすると翌年以降のサイズが小さくなり，翌年以降での繁殖成功が小さくなるからだ．

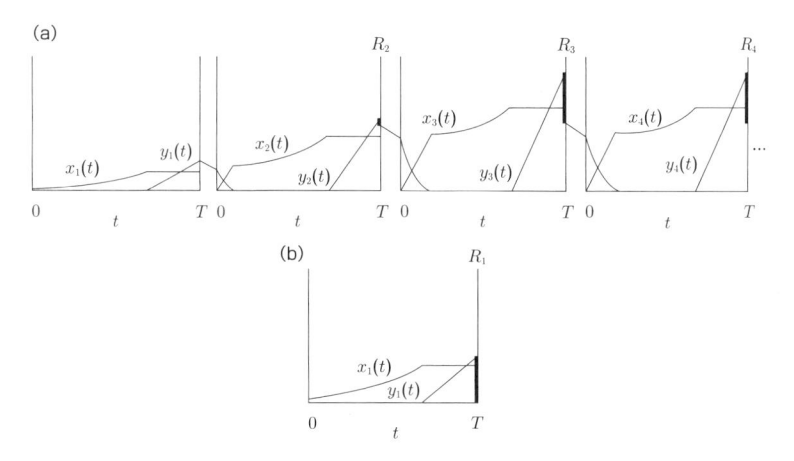

図 8.6　多年生草本のスケジュール
ここに最初は，種子に蓄えられた物質をつかってスタートする．（a）数年間は貯蔵器官の最終サイズが未だ小さく，繁殖には使用せずすべてを翌年に残す．次第に大きくなると，翌年に残す分の他に一部を繁殖に使用するようになり，以降は同じスケジュールを繰り返す．（b）1年目の終わりに全ての資源を繁殖に使い切って，枯れてしまう．この何れが適応度が高いかによって，その環境で一年生と多年生の何れが進化するかを考えることができる（Iwasa & Cohen, 1989 より変形）．巌佐（2008）p.128, 図 7.4 より転載．

8.5　当年に繁殖するか翌年に残すか

（8.6）式を最大にする成長と繁殖のスケジュールは何かという問題は，2つの最適化問題の組み合わせで解くことができる．第1の問題は，一年の中での成長スケジュールである．これは，一年草の最適スケジュールと同じように解くことができる．つまり年度の始めは前年からの分で葉を展開し，光合成で得た分でさらに葉を追加し大きくなる．ある日から光合成で得た分をすべて貯蔵器官に蓄え始め，もはや葉や根の成長には回さない．

もう1つの問題が，季節の最後にある貯蔵物質のうちで，いくらをその年の繁殖に，いくらを翌年に回すかを選ぶことである．これはダイナミックプログラミングという手法で解くことができる．

ある年の終わりに貯蔵器官に蓄えた物質の量を S としよう．そのうち R をその年の繁殖に，残りの $S-R$ を翌年のために貯蔵するとしよう．貯蔵した物質は，その後翌年の始めに葉を展開するのに使われ，翌年の生育季節の間に光合成

をしてサイズが大きくなり，翌年の終わりには，大きな量の貯蔵器官をもたらすことになろう．そこで翌年の終わりの貯蔵量を次のように書くことにする．

$$S^{next} = \Gamma(S-R) \tag{8.7}$$

右辺は翌年のために貯蔵した物質量 $S-R$ の増加関数である．$S-R$ だけの貯蔵分のうち一部は損失があるものの，残りを使った翌年の最初に葉を展開し，光合成を翌年一年してふたたび貯蔵を始め，翌年のおわりには貯蔵量を得られるが，それは前年に残した $S-R$ とともに増える．この関数 Γ の形は，1年の間の最適成長を計算することによって求めることができる．具体的には前節で「一年草の開花時期」を計算するときに使ったと同じやり方で解くことができる．

(8.6) 式を最大にする問題を解くために，n 年目になった個体について，それ以降になされる繁殖の総量を次のように書く．

$$V_n = \max[R_n + p \cdot R_{n+1} + p^2 \cdot R_{n+2} + p^3 \cdot R_{n+3} + \cdots] \tag{8.8}$$

ここで max の記号は，ベストを尽くして括弧内がもっとも高い値になるように繁殖・成長のスケジュールを選ぶことを表す．これの中身を，その年（n 年目）の繁殖 R_n とその翌年以降での繁殖とに分けて考える．すると次のように表せる．

$$\begin{aligned}V_n &= \max_{R_n}\{R_n + p \cdot \max[R_{n+1} + p \cdot R_{n+2} + p^2 \cdot R_{n+3} + \cdots]\} \\ &= \max_{R_n}\{R_n + p \cdot V_{n+1}\}\end{aligned}$$

第1行目の等号の後の式では，n 年目の繁殖とそれ以降の繁殖とに分けた．そこに2つある max 記号のうち，最初のものは n 年目において繁殖努力を選んで最も大きくすることを意味し，2番目の max は $n+1$ 年目以降死ぬまでの間における最適な選択を意味する．以上の式をみると括弧の中にある2つめの max 記号より後の部分は全体と同じ形をしていることわかる．つまり V_{n+1} である．そう書き換えたものが上記の2番目の等号である．

n 年目の終わりに貯蔵器官サイズが S であったとすると，その個体の将来の繁殖成功 V_n は S の増加関数であろう．つまり $V_n[S]$ と書ける．すると，同じように，翌年 $n+1$ 年目の終わりに，そのあとの生涯繁殖成功は $V_{n+1}[S^{next}]$ と，翌年の貯蔵器官サイズの関数になる．加えて，(8.7) 式を考えると，次の式が成立することがわかる．

$$V_n[S] = \max_{0 \leq R \leq S} \{R + p \cdot V_n[\Gamma(S-R)]\} \tag{8.9}$$

もう一度説明すると，左辺はある年の終わりに S の貯蔵物質を持っている植物個体が，その年及び将来にわたってなすことができる繁殖の総量である．それを右辺では，まず，その年になす繁殖活動 R と，残りの $S-R$ を翌年以降のための貯蔵しておいた場合の翌年以降になされる繁殖活動との和を表す．後者は，まず $S-R$ だけが貯蔵されるが，そのうちの一部は損失があるものの，残りを使った翌年の最初に葉を展開し，光合成を翌年 1 年してふたたび貯蔵を始め，翌年のおわりには，$S_{n+1}=\Gamma(S_n-R_n)$ という大きさになっているのである．するとその状況は今年の終わりにどうするかを考えているのは同じだが，サイズが，S から，$\Gamma(S-R)$ に変わっているだけだということになる．あとは，(8.9) 式を満たす解を求めればよい．すると最適を実現する繁殖活動 R の値は，植物の貯蔵器官サイズ S の関数として求まるが，それを決めるためには，翌年の終わりに植物がどれだけの繁殖成功をそれ以降に成し遂げるかを予め知っておくことが必要ということを示している．

この問題は植物がそれ以上は生きられない最終的な年限を想定すると，数値的に解くことができる．たとえば今考えている植物は 200 年以上は生きられないとしよう．とすると 200 年目には，$V_{200}[S]=0$ がすべての $S \geq 0$ に対して成立する．すると，199 年目には，$n=199$ として (8.9) 式から $V_{199}[S]=S$ がでる．次にそれを使えば，198 年目には (8.9) 式から $V_{198}[S]$ を数値的に求めることができる．このように順番に n を 1 つずつ小さくすることによって n が大きな値のときの関数を使って計算することができる．これを繰り返すと，今の時点でどのように投資すべきかが求まる．

寿命の上限としてセットした 200 年というのが十分先のこととすると，最適解は次のような形をしていることがわかる (Iwasa & Cohen, 1989；図 8.7)．

$R_{opt}=0$　　　　$0<S<S^*$ に対して　　　　(8.10a)
$R_{opt}=S-S^*$　　$S \geq S^*$ に対して　　　　(8.10b)

つまり，翌年に残すべき量には S^* という最適な値がある．植物のサイズが小さくて年の終わりの貯蔵器官のサイズが S^* に達しないときには，繁殖はせず，すべて翌年に回すのが良い．しかしある程度大きくなって貯蔵器官サイズが S^* を

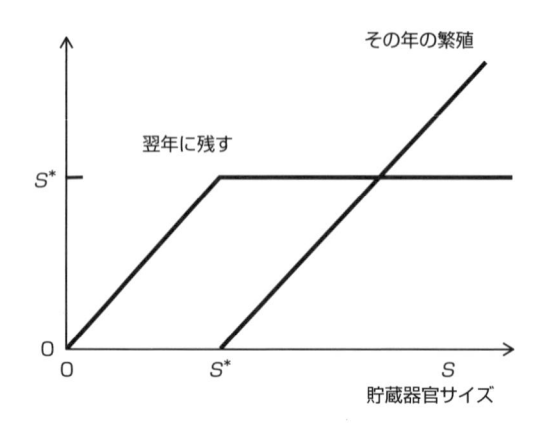

図 8.7　生育期の終わりでの最適決定
横軸は貯蔵器官のサイズ S. S^* よりも小さいと繁殖はせずにすべてを翌年に回す．S が S^* を超えていると超えた分だけをその年の繁殖に使い，翌年には S^* を回す．S^* は最適貯蔵器官サイズと呼ぶことができる．これが 0 だと，一年目の終わりに繁殖にすべてを使い切る一年生草本が最適である．

超えた年には，超えた分はすべて繁殖に用いて，翌年には S^* だけを残すべきだというものである．このように植物が生長すると，いったん繁殖が始まると同じことの繰り返しになるので，図 8.6a に示すように，多年生草本の生活が最適であることになる．ではこの最適の繰り越し量 S^* はどう決まるのか．それは，計算によると，$1 = p \cdot d\Gamma(S^*)/dS$ という式を満たすように決まることがわかっている．しかし光合成能力が十分にない場所や，年間の生存率が低い状況では S^* は 0 になる．このときには，図 8.6b にあるように，1 年目の終わりで稼いだ貯蔵物質をすべてそのときの繁殖活動に使ってしまう，つまり一年生草本がベストだということになる．

第9章 性と配偶のゲーム

巌佐 庸

9.1 利害の対立

　前章まで，捕食行動や成長・繁殖の戦略を例にとって，生物の個体が自らにとって最適な挙動をとるという考え方に基づいた最適化モデルを説明した．しかし，社会的相互作用に関わる形質の進化を考えると，ある個体にとって有利な挙動は他の個体が別の挙動をとるともはや有利でなくなることがしばしば生じる．適応度が本人の挙動だけでは決まらず，集団中の他の個体の挙動によって変わるからである．しかし，それぞれの個体は自らの利益を最大にしようとするので，本人にとっての最も望ましい状態が実現するとは限らない．

　利害が必ずしも一致しない複数個体が，それぞれが自らにとって望ましい状態を実現しようと努めたときに，どのような結果になるかを考える数学は，ゲーム理論と呼ばれる．もとは社会科学において発展してきたが，生物学でも重要な基礎理論となっている．

　性に関連するさまざまな現象を理解する上には，プレイヤーの間の利害の違いが重要になることが多い．本章では，性に関するさまざまなテーマを例にとって，ゲームの考え方にもとづいてどのように理解できるかを紹介する．

9.2 子の世話はどちらの親が行うのか

　動物での，親が，産まれたばかりの子の世話をするかどうかに関するゲームモデルを説明しよう．たとえば鳥類では，多数の種で両親ともが子の世話をする．1つの理由は，子供は飛べるまで一人では餌を探せないので，比較的大きな卵から孵ったヒナに，両親が集中的に餌を与えて，巣立ちまで育てる必要があるからだ．両親の餌探しの能力が低いとヒナが全滅することがしばしば生じる．同じ鳥

でも水鳥の多くでは，母親だけが子供を世話する．

　淡水産魚類には，雄だけが子供を世話するものが多い．典型的な例では，雄が砂を掘り返して産卵場所を作り，そこに雌を呼び寄せる．雌は産卵し終わるとすぐに出ていってしまう．雄は卵が孵るまで側にいて，他の魚から食べられないように保護し，水送りや掃除をする．淡水魚でも種によっては，雌だけがする場合もある．これに対して，哺乳類では，ヒトやキツネなどを例外として，雌だけが子供の世話をするものがほとんどである．さらに多くの動物では子供は産みっぱなしである．

　これらの異なる世話のパターンを，雄と雌を2人のプレイヤーとし，それぞれが世話をするかしないかのいずれかを選ぶとするゲームとして表すことができる．図9.1に示した表は，そのときのそれぞれのプレイヤーの利得を表している．雄と雌のそれぞれに世話をする／しないの区別があり，4つのマスができている．それぞれのマスには斜めに線が引かれているが，その上にあるのが雌にとっての利得，下にあるのが雄にとっての利得である．雄も雌も自らにとっての利得をみて，その値がより大きなものへと行動を変えることができる．

　利得は自らにとっての繁殖成功度である．子の生存率は両性から世話される場合，S_2，一方の親だけが世話する場合，S_1，まったく世話されない場合，S_0とする

		雌が子の世話を	
		する	しない
雄が子の世話を	する	vS_2 / $vS_2(1+p)$	VS_1 / $VS_1(1+p)$
	しない	vS_1 / $vS_1(1+P)$	VS_0 / $VS_0(1+P)$

図9.1　親による子の世話のゲーム
　父親と母親の2個体がプレイヤーであり，それぞれに産まれた子供（もしくは卵塊）を世話するかしないかを選ぶ．組み合わせにより2×2で4通りのマスがある．それぞれのマスには父親と母親にとっての利得が書かれている．子供の生存率は，両親ともが世話をする方が，片親が世話をするより高く，後者は世話がされないより高い（$S_2 > S_1 > S_0$）．他方で母親は，子の世話をすることで餌を食べる時間が減り，産卵数が低下する（$v < V$）．父親は，子の世話をすると，次の雌を見つけて繁殖を行う機会が低下する（$p < P$）．その結果，それぞれのマスにある状態が進化的に安定になる条件が求まる．Maynard Smith（1977）から改変．

と，$S_2 > S_1 > S_0$ である．一方で，子の世話にはコストが伴う．子を世話する雌は，産卵後しばらくは次の繁殖に入れないのだから，生産する卵の数を v とすると，それは産みっぱなしにする雌の産卵数 V よりも小さい（$v < V$）．雄は，子供を世話していると，別の雌を獲得して交尾する機会を逃してしまい，次の繁殖に参加できる確率が P から p に低下する（$p < P$）．

多くの鳥のように，両性が子の世話する集団は，4つのうち左上のマスに対応する．雌の利得は産卵数と子の生存率との積として，vS_2 で与えられ，雄の利益は別の雌を獲得して交尾する可能性 p を考えて，$vS_2(1+p)$ となる．さて，このような集団において，雄に子の世話を放棄させる突然変異が生じたとしよう．その雄の利得は $vS_1(1+P)$ である．これが子の世話をする雄の $vS_2(1+p)$ より大きいと，突然変異体は集団中で頻度が増加してしまい，しばらくすると，集団中の雄は世話をしないように進化してしまうだろう．だから，雄の世話行動が進化の上で維持されるためには，$vS_2(1+p) > vS_1(1+P)$ が必要である．同様にして，雌による世話が維持される条件は，世話をしない雌が繁殖の上で有利にならないことであり，$vS_2 > VS_1$ と表される．これらの両方の不等式が成立しているときには，両性が世話をする状態が「進化的に安定な戦略」（ESS）である．その状態では，相手がその戦略をとり続ける限り，自らの戦略を変えると損をする．ヒナが飛べるようになるまで親が餌をやり続ける鳥類では，片親では子の世話が十分に行き届かず，両親による世話が必要であるために，S_2 が S_1 に比べてずっと大きく，この条件が満たされやすい．そのため両親ともが世話する種が鳥には多いのだ．

図 9.1 には，このほかに，「雄だけが子の世話をする」，「雌だけが子の世話をする」，「子の世話はしない」の3つの状態があり，それぞれが進化的に安定になるための条件を求めることができる．面白いのはパラメータが決まっても，進化すべき状態が1つに定まるとは限らないことだ．たとえば，子の世話はいずれか一方の親だけで十分だが，世話がないと生存率がひどく下がるという場合を考えてみると，$S_2 \approx S_1 \gg S_0$ である．すると，「雄だけが世話をする」と「雌だけが世話をする」の両方が進化的に安定になる．いずれの状態も，いったん進化するとその後はそこに留まるのだから，どちらに進化するかは歴史的経緯によって決まることになる．

9.3 魚とエビの性転換

　私たちは動物といえば，雄と雌がいる，つまり一生卵を作ることに特化した雌個体と，精子を作ることに特化した雄個体とに分かれると考えるだろう．たしかにヒトを含む哺乳類や鳥類などは個体ごとに雄か雌になっている．しかし魚やエビには，成長するにつれ，卵を作る雌と精子を作り他の個体が産んだ卵を授精する雄との間で切り替わる「性転換」をするものがある．

　小さいときに雄，大きくなると雌という方向の性転換の例としては，イソギンチャクにつくクマノミという熱帯魚がある．イソギンチャクの触手には毒を持つ針があるが，クマノミには害が効かないようになっている．1つのイソギンチャクにいる数匹のクマノミには順位がある．一番大きな個体は雌であり，2番目は雄である．3番目，4番目などは，繁殖に参加することができない．順位が上の個体が死んだり除去されたりして自分が繁殖できる順位に上がれるのを待っている．

　小さいと雄に，大きくなると雌に，という方向への性転換の別の例には，ホッコクアカエビというエビがある．このエビは，寿司屋で「アマエビ」と呼ばれるものである．雌の繁殖成功度は自ら作る卵の数に比例する．水産学では，大きな母親は多くの卵を産むことがわかっているので，繁殖個体の大きさとともに産卵数は増大する．これに対して雄の繁殖成功度は自らの産む卵の数ではなく，雌という他個体の産む卵を授精させる能力である．精巣を発達させるだけでよい．このため，体が小さな雄でも大きな雄とそれほど見劣りしないような繁殖成功があげられる．このホッコクアカエビは配偶システムが「乱婚」タイプと言われている．海の生物には放卵放精といって，大潮の満潮時といった時期に合わせて，繁殖場所に多数の雄と雌が集まって，多数の雄や雌が卵と精子を水中に放出し，そこで精子が卵を授精させるというタイプのものがいる．このときには，精子さえ作れば良いのだから雄は体が大きくなくてもよいと言われている．

　図9.2aに示されるように，雄になった場合の繁殖成功率と雌になった場合の繁殖成功率をサイズの関数として描くと，いずれも増大するが，雌の場合の曲線の方が傾きが急である．そのため，あるサイズを境にして，それより小さいと雄，大きいと雌になるのが有利になる．

　雌の繁殖成功度は自ら生産する卵の数なので直接測ることができる．それに対

して，雄の成功度は自らが授精して父親になることのできる卵数ということで，これは集団中にどれだけの雌と雄がいるかによって大きく異なる．同じ生理的条件をもつ同じ大きさの雄であっても，多数の雌がいて雄が少数しかいないときには，雌が少なくて雄が多数の場合に比べて繁殖成功度がずっと高くなる．だから，図 9.2a に示されている雄の繁殖成功度の曲線は一定ではなく，他の個体がどの性を選ぶかによって変わる．このように，ある特定のプレイヤーにとっての戦略の良さが，他のプレイヤーの行動によって変わるような状況で，それぞれが最適の戦略をとったときに何が実現されるのかを考えるのがゲーム理論である．

漁業によって獲られたために大きな個体がいなくなったとしよう．もし，以前と同じサイズで性転換をするならば，雌が少数しかいなくて雄ばかりになるた

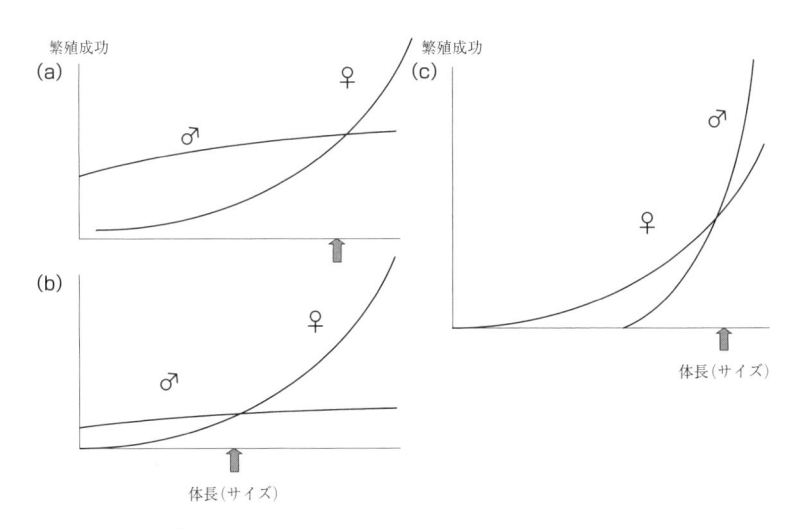

図 9.2 魚とエビの性転換

(a) 配偶システムが乱婚型のとき．雌として繁殖した場合と，雄として繁殖した場合の繁殖成功をグラフで示した．横軸は体サイズ．産卵数は体サイズとともに増えるため，雌としての繁殖成功度はサイズとともに顕著に増える．雄としての繁殖は小さなサイズでも可能であるため，それほど増えない．途中で大小が入れ替わる．その結果小さい時は雄になり，大きくなると雌になるような性転換が有利になる．ホッコクアカエビでみられる．(b) 大きな個体が漁獲により無くなったときで，配偶システムは乱婚型．大きな個体がいないと雄としての繁殖成功は低下し小さな個体から性転換して雌になることが有利になる．性転換する体サイズが小さくなる．(c) 配偶システムは縄張り型，もしくはハレム型．雄の間で闘争が生じ，戦いに勝った雄だけが多くの雌を独占できる．その結果，雌としての繁殖成功は体サイズとともに増大するが，雄としての繁殖成功はそれ以上に急激に増える．小さいときに雌として繁殖し，大きくなると雄になるという，性転換が進化する．サンゴ礁の魚でよく見られる．これはサイズ有利性モデルと呼ばれるものである．巌佐 (2008) p.147, 図 8.1 より転載．

め，雄1匹あたりの繁殖成功度は下がってしまう．よって，この場合には，以前よりも小さなサイズから雌に転換することが有利になる．雄から雌に性転換するホッコクアカエビについて，様々な漁場で性転換すべきサイズの違いを比較したところ，簡単なモデルによって，かなり正確に説明できた（Charnov, 1982）．

　サンゴ礁の魚には，逆に，小さいときには雌で，大きくなると雄に変わるものが多い．これらの種では，どうして雄が後なのだろうか．小さいと雄で大きいと雌になるエビの配偶様式は乱婚型なので，精子を作りさえすれば小さな雄でも排除されないで繁殖に寄与できる．これに対して，サンゴ礁の魚の配偶様式は，雄が産卵場所になわばりを確保し，産卵に来る雌を独占するもの，もしくは，未成熟段階から雄が雌を囲い込んでハレムを作り，雌が成熟したら授精するものである．そのような状況では，雄の間で闘争があり，体の大きな個体が戦いに勝って多数の雌を独占する．中程度のサイズでは雄になっても繁殖に成功できないが，十分に大きなサイズの個体が雄になると非常に有利である（図9.2b）．そのため先に雌になって繁殖し，本当に大きなサイズになってはじめて雄になるのだ．

　この場合にも社会的状況に応じて性比が変わる．サンゴ礁の魚がグループでなわばりを防衛しているときに，一番大きな個体が雄で，数匹の雌がいて，それらの間に順位がある．さらに，その他に，もっと小さな未成熟の個体がいる．雄を実験的に除去すると，雌の一番順位の高いものが雄の行動をとりはじめ，パトロールをして他の雄がなわばりに入ってくると追い出すようになる．その個体は，短い時間の内に産卵を止めて，精子を生産するようになり，体表の縞模様が出てきたりして雄に性転換する．さらに雄になったばかりのこの個体を除去すると，その次の順位にいた雌個体が性転換をする．これらの魚は，生理的にはいつでも雄になれる能力をもつが，視覚情報などによって自分より大きな他個体がいることを知るとその影響により雌のままに留まっていたのである．

9.4 雄と雌の比率

　雄もしくは雌に生涯を通じて決まっている動物では，母親が産卵するときの雄と雌の比率，つまり性比は，ほぼ1:1になっている．なぜそうなるのかは，進化の結果としてゲーム理論により説明できる．

雌の繁殖成功度は本人が産む子の数で決まる．それは，つがった配偶相手の数には関係がない．ところが，雄の繁殖成功度は，獲得し受精させた雌の数によって決まる．だから，集団に雄が少ないと，雄個体一匹当たりの子の残し方は多くなり，逆に雄が多いと，雄個体当たりに残せる子の数は少なくなる．集団内では，少ない方の性の子を作ることが有利になる結果，雄と雌の子供を残す比率は極端な値にはならず，ほぼ1:1の値に進化することになる．このような考えを広めたR. A. Fisherの名前をつけてフィッシャー性比と呼ばれる（Fisher, 1930）．

この議論をよりわかりやすくするために，ここで母親はN匹の子供を産むが，そのうちxの割合が雄で，$1-x$が雌とする．母親がこの息子の比率xを選ぶことによって，自らの遺伝子を将来の世代に広げる力，つまり繁殖成功度を考えてみよう．母親の繁殖成功度は

$$\phi = \frac{1}{2}NxR_m + \frac{1}{2}N(1-x)R_f \tag{9.1}$$

である．ここでR_mは雄の繁殖成功度で，ランダムにとった雄の遺伝子が遠い将来に残っているコピーの数の期待値である．同様にR_fは雌の繁殖成功度である．(9.1)式では，第1項が息子を産むことによる母親の遺伝子の残り具合を示す．第2項は，娘を産むことによる母親の繁殖成功度である．第1項を見ると，息子の持つ遺伝子が将来に残る期待値がR_mだが，それに息子の数Nxをかけ，さらに血縁度1/2がかかっている．この血縁度は，母親の遺伝子のうち半分だけが息子に渡されること（残り半分は父親から来るから）を意味している．同様に第2項は娘への血縁度，娘の数，娘の繁殖成功度の3つをかけたものである．

母親は息子と娘の比率を自由に選んで(9.1)式を最大にすると考えてみる．(9.1)式はxの一次関数でありxの係数は$N(R_m-R_f)/2$である．$0<x<1$の範囲で自由に選んで最大にしたときの値をx^*と書くと，

$R_m > R_f$ ならば	$x^* = 1$	(9.2a)
$R_m < R_f$ ならば	$x^* = 0$	(9.2b)
$R_m = R_f$ のときに限り，	$0 < x^* < 1$	(9.2c)

という条件を満たしているはずである．

さてR_mとR_fとは自由な値をとることはできない．それらの相対値は集団中

の性比に関連している．というのも次の世代の子供をみると必ず父親と母親を一人ずつもち，両親から遺伝子を同じように受けている（常染色体上の遺伝子については）．そのため雄の繁殖成功度と雌の繁殖成功度は，集団全体としては同じでないといけない．そこで集団中の母親が M 匹いるとするとし，それら全員が x^* という性比で産んでいるとすると，次の式が成立する

$$MNx^*R_m = MN(1-x^*)R_f \tag{9.3}$$

これから (9.2a) 式はおかしいことがわかる．というのも (9.2a) は雄ばかり産むのがベストだといっているが，全ての母親が雄ばかり産むと ($x^*=1$)，(9.3) 式の右辺はゼロになり，$R_m=0$ となる．これは (9.2a) 式の不等式と矛盾する．おなじように雌ばかり産むという (9.2b) もおかしい．だから両方産むという (9.2c) が成立するはずである．すると $R_m=R_f$ なので，(9.3) 式から $x^*=1/2$ と結論される．これから雄：雌の比率は 1：1 である．つまり雌雄は同じだけ産むのが進化するはずだ，という結論がえられる．

9.5 樹木が幹をもつわけ

ここで性とは関係しないゲームの例を挙げておこう．森に生えている樹木がどうして幹をもつのか，を考えてみる．

植物にとっての収入である光合成は，葉で行われ，それらの葉が重ならないように小枝が張られる．幹は葉をつけて樹冠を高く持ち上げる目的でつくられている．幹をつけるには相当なコストがかかる．加えて栄養や水分を地下からくみ上げて数 10 m まで持ち上げるというのも大変なことである．樹木はどうして幹をつけているのだろうか？ 草のように地面からすぐに葉を茂らせたらこのコストは不要で，その分，より多くの種子を作れるように思える．

それは樹木の個体をプレイヤーとするゲームを考えると理解できる．他の樹木個体が長い幹をつけて樹幹を上に持ち上げているとすると，それらよりも低い個体の樹冠には十分には光が当たらない．というのも光は樹高の高い個体によって遮られ，それらより低い樹木は十分な光合成ができなくなるからである．

もし他の個体がだれも長い幹をもたないとすると，1人だけ長い幹を持つこと

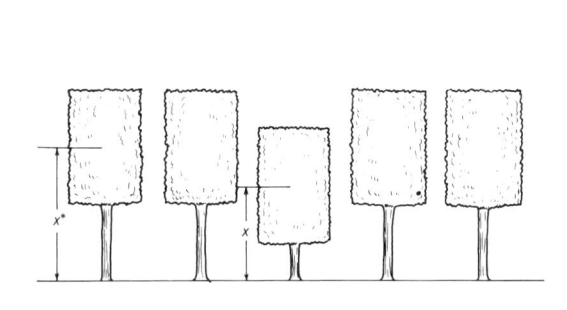

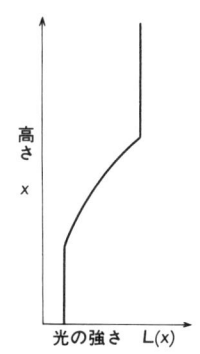

図 9.3　樹木の高さのゲーム
　　それぞれの樹木個体をプレイヤーとし，葉が茂る樹冠を持ち上げる高さ x を戦略として選ぶとする．高いほどコストがかかる．しかし周りの樹木が樹冠を高くもちあげていると，それより低いと光が十分に受けられなくなり光合成速度が低下する．そのため他の樹木個体より長いに幹を持つ物が有利になる．このような競争の結果，全員が長い幹をもち高く樹冠を持ち上げるようになってしまう．Iwasa *et al.* (1985) にもとづく．巌佐（1998）p.217, 図14.3 より転載．

はコストを考えると有利ではない．しかしそこで短くても幹をもつ個体は，コストは小さくても他の個体の陰にならずにすみ十分な光を受けることができる．皆がそうするようになると，さらにそれよりももう少し長い幹を持つことが有利になる．これを繰り返して行くと，次第に長い幹を持つようになり，ついには，これ以上長い幹を持つとそこでのコストが大きすぎて，たとえ光の受容量を改善できても引き合わなくなる．森林の樹高は，このように樹木個体をプレイヤーとし，樹高を戦略とするゲームによって理解することができる．

9.6　雄と雌との違い

　さて性の話題にもどって，一生雄と雌というふうに決まっている動物について考えよう．雌雄というのは，卵を産むか精子を作るかということで定義されている．しかし雌雄の個体は，単に配偶子の大きさにはとどまらない．体の大きさ，色や形，行動などにおいてはっきりとした雌雄の区別のある動物がいる．その一方で，雌雄の見かけがほとんど同じという動物もいる．例えば一夫一妻でつがいで子供に給餌する鳥の中には，雌雄の違いが外見からはほとんどわからないものもある．ヒトは遠くからみても雌雄の違いがわかるので，ある程度はっきりとし

た違いがある動物といえるだろう．

　体の大きさに注目して考えると，多くの昆虫でも雌の方が体が大きいことが通常である．たとえばモンシロチョウを考えてみよう．雌はキャベツ畑で朝にさなぎから羽化して葉の下にぶら下がっている．雄は，羽化したばかりの雌を探して飛び回り，見つけて交尾をする．雌は最初の雄を受け入れるがそのあとは，交尾拒否の姿勢をとって，雄を受けつけなくなる．というのも雌にとっては卵を産むべき食草を探してそこに産卵することが繁殖成功に重要だからである．雌は幼虫の間に草を食べてそれを栄養にして卵を生産するので，体が大きいほど多数の卵を産むことができる．これに対して，雄は羽化したての処女雌を見つけて受け入れてもらわないことには子供を残せない．このとき雄のサイズはそれほど重要ではない．羽化したばかりの雌を見つけるため，雄は雌よりも幼虫の時間を短くし小さなサイズで早く成熟し雌が羽化する前に羽化して待ち受けている．結果として，雌の方が雄よりも体が大きくなる．

　結局のところ，雌にとっては自ら生産する卵を多数つくり子供にとって望ましい場所に産みつけること，雄にとってはそのような雌に受け入れてもらうこと，がそれぞれの繁殖成功度を実現する道なのである．

　この図式は同じでも逆に雄の方が体が大きい動物もいる．それは雄同士が戦いをして闘争に勝利したものが，雌を独占するというタイプの配偶システムをもつ場合である．体が大きな雄ほど戦いの上で有利であるため，雄同士の戦いが激しい種ほど雄は雌よりも体が大きくなる傾向がある．極端な例は，ゾウアザラシである．ゾウアザラシは大きな雄がハレムを形成し，そこにいる全ての雌に子供を産ませる．雄のゾウアザラシには次々と表れる挑戦者を戦いで退ける必要がある．雄が体が非常に大きくなるまで成長しうまくハレムを独占できる立場になっても，それを維持できる期間は長くない．

　ニホンジカの雄が雌よりも体が大きかったり，とくに繁殖期にだけ大きな角を生やすことは，雄同士の戦いにおいて有利だからと考えられる．このような角をつくり維持することにはコストがかかる．しかし雄にとっては，雌を獲得するために，たとえ生存率が低下しても角をつくったり，またゾウアザラシのように非常に大きなサイズになったりして闘争能力を上げることが必要である．

　自然淘汰による進化は，餌を効率よく探し，速く成長し，病気に強く，捕食者からも上手に逃れるといった性質を通じて，できるだけ長く生きて多数の子供を

残せるタイプの生物を作り出すと考えられる．これとは対照的に，交尾成功率を改善するために，雄は実用にならないような角や不必要に大きな体を進化させる．このことに気づいて，Charles Darwin は，自然淘汰とは別の用語をつくった．それを性淘汰（sexual selection）と呼んだのである．

9.7 配偶者選択

　雄同士の戦いとは全く違う要因で，雌雄の大きな違いをもたらすプロセスがある．それは雌による配偶者選択である．特に有名なものは，インドクジャクのような派手な模様と色をした尾をつける鳥類である．鳥類は視覚が発達しており，ヒトの目にもはっきりとわかる装飾を進化させる．

　別の例で，コクホウジャクと呼ばれるスズメのような形の鳥がいる．これは雄にだけ長い尾がある．どうして雄だけがこのような飛ぶにも邪魔な尾を持っているのだろうか．それは雌が長い尾を持つ雄を配偶相手として選択するからである．このことは実験的に示すことができる．あらかじめ雄数匹の間で雌がどの雄を選ぶかを実験的に調べておく．すると雄の個体ごとに，雌に対する魅力が違うことがわかる．次に，雄の尾を切りとって短くしたり，それを他の雄の尾に貼付けて長くしたりといった操作を行う．そうして先ほどと同じように雌に選択をさせると，実験的に長くなった尾を持った雄は，以前より多くの雌を惹き付けるようになり，尾が短くなった雄は，雌を惹き付ける能力が低下したのだ．このことから，雌は雄の尾の長さを指標にして配偶者を選んでいることがわかる．このようにして実験的に操作することによって，鳥の雌が，雄の羽根の立派さや色つや，ダンスのうまさ，鳴き声の見事さなどを基準として配偶者を選ぶことがわかってきた．

　もし雌にそのような選好があるとすると，雄は雌の好みに合わせて，長い尾をつけたり，ダンスをしたり，鳴き声を出したりするのは当然である．たとえそれらがコストがかかり，捕食者に捕まりやすいとか餌を見つけにくいといった損失を被り生存率が低下するとしても，雌に受け入れられないことには子供が残せない．そこでこのような装飾を進化させて，生存率がたとえ低下したとしても雌の好みに応えるのは当然である．このことを最初に明確に述べたのもまた Charles

Darwinであった．交尾成功率を巡る競争の結果としてコストのかかる装飾などを進化させるというのも性淘汰の例である．ただ，配偶者の好みによる性淘汰は，「異性間淘汰」と呼ばれ，前節で説明した雄間の闘争で用いられる形質が進化する「同性内淘汰」と区別されている．

　問題は，雌がどうしてそのような装飾をもつ雄を好むのかということである．これについてはさまざまな議論がある．一番有力な考えの1つは，それらの装飾をつくることが，雄の「質」の指標になるということである．雄の間には，感染症に強かったり，多くの餌を手に入れたりすることで，他のものより元気のよい個体がいる．ヒトを含めて多くの生物では，すべての個体がさまざまな有害遺伝子をゲノムにもっているが，そのひどさには個体間で違いがある．雌としては，そのような遺伝的質の違いを見極めて，元気な雄と配偶することを望む．そして美しい尾をつくるとか真っ白な羽根をもつ，ダンスを上手に舞う，美しい声で複雑な歌を歌うといったことは，雄がよい質を持っていることを示すのだというものである．

第10章 Advanced 利他行動と社会性

粕谷英一

　社会行動は同種の個体間で行なわれる行動である[1]．社会行動は同種に属する個体間の相互作用であり，自分の適応度と同種の他の個体の適応度の両方に影響を与えることがよく見られる．その行動の結果として受ける適応度上の変化が，行動を行なう個体（自分）はマイナスで行動の相手となる個体（他個体，行動の受け手）にはプラスの場合を，利他的と呼ぶ．プラスとマイナスの組み合わせが利他的以外では

・自分にプラスで他個体にもプラスであれば協同的
・自分にプラスで他個体にマイナスであれば利己的
・自分にマイナスで他個体にもマイナスであればスパイト

と呼ばれる．

　利他的な社会行動をはじめとする利他的な性質がどのように進化したのかは，Darwin が認識したように，不思議である．直感的には自らにマイナスつまり不利で他の個体にプラスつまり有利な性質が進化することはあり得ないからである．しかし，古くから知られている真社会性昆虫のワーカー（働きバチや働きアリ等）など，利他的な性質が実際に見られる．ここでは，以下，社会行動を中心に述べるが，利他性の進化のしくみについての大部分は，行動でなくても利他的な性質の進化一般にあてはまる内容である．

　なお，利他性（altruism）は，日本語で利他主義とも呼ばれることがある．だが，利他的な性質や社会行動を示す生物が，意識的にあるいは結果を想定して行動していたり，"主義"としてそうふるまっていることは意味しておらず，意識的なものでなくてもかまわない．

---

1) 交尾行動は同種の異性個体間の行動であるが社会行動には含めないことが多い．

10.1 利他性が進化する条件

10.1.1 ランダムな相手への利他性は進化できない

『自分にマイナスで他の個体にプラスになる性質が進化することはあり得ない』という直感的な内容を少し詳しく見ておく．

利他性の進化のはじめの時点を考えてみよう．利他的な行動をしない個体（以下，非利他的な個体）から成る個体群に利他的な行動をする個体（以下，利他的な個体）が出現し，個体群の大部分は非利他的な個体であるという状況である．利他的な行動の受け手が個体群からランダムに選ばれるなら，この状況では受け手の大部分は非利他的な個体で，利他的な行動による適応度のプラスの大部分は非利他的な個体のものである．利他的な行動が進化するためには，利他的な個体の適応度が利他的でない個体よりも高くなければならない．利他的な個体の適応度については自分の利他的行動によるマイナスは存在するが，他の利他的な個体が行なう行動の受け手になることはわずかである．一方，非利他的な個体は利他的行動を行なわないからマイナスはなく低頻度とはいえ利他的な個体がいるので利他的行動の受け手になってプラスを受ける．そのため，利他的な個体の適応度は自分のマイナスの分だけ非利他的な個体よりも低い．利他的な個体の適応度の方が低いことは，利他的個体の頻度が高くても，同じである．

このように，利他的な行動の受け手が個体群全体からランダムに選ばれた相手である，言い換えると個体群の中のどの個体も同じ確率で利他的行動の受け手であるなら，利他的行動をすることはそれをしないことにくらべて適応度が低い，すなわち不利である．

10.1.2 ランダムではなく，偏った相手

個体群の大部分は非利他的な個体であり低頻度で利他的な個体がいるという上で考えたのと同じ状況だが，利他的行動の受け手が利他的個体だけという場合を考えてみよう．1回の利他的行動で，利他的個体が受ける適応度のマイナスの大きさをC，他個体（利他的行動の受け手）が得る適応度のプラスの大きさをBとする．Bは利益（Bはbenefitの頭文字），Cはコスト（Cはcostの頭文字）と呼ばれることが多い．利他的な個体が平均して1回ずつの利他的行動をすると，自

分の行なう1回の利他的行動によるマイナスと他個体からの1回の利他的行動によるプラスで，平均的には，適応度の変化は $B-C$ である．一方，利他的行動の受け手が利他的個体だけであれば，非利他的個体には適応度の変化がない．そこで，

$B>C$

であれば，利他的個体の適応度の方が非利他的個体よりも高くなる．ランダムな相手への利他的行動の場合とは大きく異なる．この例は単純化したものであるが，利他性の進化においては，行動の受け手がどういう個体かが決定的な役割を果たすことを示している．

10.2 互恵的利他主義

　自分がある個体に対して利他的行動をするとその個体が後で利他的行動を自分に対してしてくれるなら，利他的行動の受け手はやはり利他的行動をする個体に限られる．これはすぐ上で考えた利他的な行動が有利で進化する場合に該当する．個体の適応度の変化は，自分が利他的行動をする時に $-C$ で，相手からしてもらうときには $+B$ であるから，$B-C$ となる．利他性が進化する条件は，やはり $B>C$ である．

　このように，ある個体が他の個体に利他的行動をしたら，いわばお返しに他の個体がもとの個体に対して利他的行動を行うことを，互恵的利他主義あるいは相互利他性（reciprocal altruism：Trivers, 1971）という．その進化の条件は $B>C$ である．

　利他性が進化するためには，受け手が，ランダムな個体ではなく利他性の個体（あるいは利他性をもたらす遺伝子を持つ個体）に偏っていることが必要である．どのような指標を使って利他的な行動の受け手をランダムではなく偏らせるかを考えてみると，互恵的利他主義では，指標として利他的行動自体を使っていると解釈できる．使われる指標によっては，その指標を持つが非利他的である（あるいは利他性をもたらす遺伝子を持たない）個体が出現しうる．そのような，いわば偽って利他的行動の受け手になる個体（チーター：cheaterとも呼ばれる）が増

えると，利他性は進化できなくなる．互恵的利他主義では，利他的行動自体を受け手を選ぶ指標とすることでチーターが出現できなくなっていると考えられる[2]．同種の他個体を互いに区別できないとすると，利他的行動をする個体を選択的に自分の利他的行動の受け手とすることは困難であろう．互恵的利他主義には，個体を識別して認識することが必要になることが多い．

互恵的利他主義はヒトの行動において重要と考えられている．その他にも，たとえば，チスイコウモリの一種で報告されている，他個体に対して餌である血を吐き戻して与える行動（Wilkinson, 1984；Wilkinson, 1988）などは互恵的利他主義の例である可能性が高い．だが，全体的に見ると，ヒト以外の動物では互恵的利他主義を強く支持する結果は少なくとも今のところまれである（Clutton-Brock, 2009）．これは後で述べる血縁淘汰の場合と大きく異なっている．

互恵的利他主義は，同種の個体間の行動ではなく異なる種間でも，起こりうる．XとYという2つの異なる種があって，Xの個体がYの個体に対して利他的行動をするとともに，Yの個体がXの個体に対して利他的行動をするという場合である．Xの個体がYに対して行う利他的行動とYの個体がXに対して行う利他的行動の内容は，別種が行なう行動でもあり，異なっていても構わない．2つの種のどちらでも $B>C$ が成り立つことが，異種間での互恵的利他主義が進化する条件である．

ある個体が利他的行動をしたその相手から後で利他的行動をお返しにしてもらうというのではなく，ある個体が他の個体に対して利他的行動をしたらそのことを知った第3の個体がもとの個体に対して利他的行動をするという，いわば間接的なお返しがある場合にも，互恵的利他主義と同様に利他的行動が進化できる．この場合にも，個体を識別していることが必要になるのが普通である．

さて，互恵的利他主義では，個体の生涯で見ると，社会行動にとる適応度の変化は，プラスである．たとえば，個体が利他的行動を行うことと受け手となることが1回ずつ起きる場合なら，それは $(B-C)$ となる．すなわち，個体の生涯のうち利他的行動をするという1つの局面に注目すれば確かに利他的であるが，個体の生涯で見るなら，その個体の適応度に全体としてはマイナスの影響を与えてはいないのである．そこで，たとえば，社会性昆虫におけるワーカーのような，

---

2) 反復囚人のジレンマなどの協同的行動のモデルとよく似ている．

ある行動が行なわれるときのような生涯の中の一部の時間ではなく，個体の生涯全体で見ても，適応度への影響がマイナスである場合には，互恵的利他主義だけでは進化が説明できない．

10.3 血縁淘汰

血縁関係の近い個体は平均的には同じ遺伝子を持つ確率が高い．そのため，利他的行動の受け手が血縁個体であれば，自分の適応度の低下分（C）を同じ遺伝子を持つ他の個体の適応度の上昇分（B）で補い，利他性をもたらす遺伝子には有利な淘汰が働く可能性がある．

利他的行動による自分と他個体の適応度の変化の条件が Hamilton のルールあるいは Hamilton 則（Hamilton's rule）と呼ばれる以下の不等式である（Hamilton, 1964a, 1964b, 1970；Michod, 1982；Grafen, 1985 も参照）．

$r \cdot B > C$

ここで r は血縁度（relatedness）である．互恵的利他主義のときの使い方と同じく，B は利他性による他個体の受ける利益であり，利他的行動により他個体（受け手）の適応度がどれだけ増加するかである．C は自分の受けるコストであり，利他的行動による自分の適応度の低下の大きさである．

Hamilton のルールは利他性が進化する条件を示したものであるが，利他的以外の場合でも，B を他個体の適応度の変化の大きさ，C を自分の適応度の変化の大きさとして，符号を状況に応じて決めればよい．たとえば利己的な場合には，自分の適応度にプラスの効果があるので C は負の値で，他個体の適応度への効果はマイナスなので B は負の値である．協同的な場合には C は負の値で，B は正の値である．スパイトの場合には C は正の値で，B は負の値となる．

血縁度は同じ遺伝子を持つ確率そのものではなくて，血縁関係のために確率がどれだけ高くなっているかを表す量である．有性生殖する二倍体では常染色体上のどの遺伝子座についても子は母親と父親の遺伝子のコピーを1つずつ合計2つ持つ．どちらかの親から見ても子は自分の遺伝子のコピーを確率 0.5 で持っていることになる．ある遺伝子とそのコピーである遺伝子は同じであるから，血縁関

係にある個体は，親子関係あるいは親子関係を複数つないだ連鎖でつながっているので，同じ遺伝子のコピーをその血縁関係に応じて決まる確率で持ち，そのために，同じ遺伝子を持つ確率が，血縁関係にない個体間よりも高い．

このような，血縁個体の間で見られる，同じ遺伝子のコピーであるために同じであることを，祖先を共有するために同じ（同祖的：identical by decent）と呼ぶ．血縁度とは，同じ遺伝子を持つ確率そのものではなくて，祖先を共有するために同じ遺伝子を持つ確率を表す量である．別の表現をすると，血縁度は，個体群からランダムに選ばれた個体に比べて同じ遺伝子を持つ確率がどれだけ高いかを表す量である．

有性生殖する二倍体の場合には，親と子の間では，0.5 の確率で同じ遺伝子を持つ．そこで，親子間の血縁度は 0.5 であり，祖母と孫のように，2 つの親子関係の連鎖でつながっている血縁個体間では，$0.5 \times 0.5 = 0.25$ となる．2 個体を結ぶ親子関係のルートが 1 つの場合には，日本の法律でいう親等数がわかれば，0.5 の親等数乗で血縁度を求めることができる．両親とも同じである兄弟姉妹では，母親経由と父親経由のルートでつながっており，それぞれのルートは 2 つの親子関係の連鎖（それぞれが 2 つの親子関係が連なったもの）である．このようにルートが複数ある場合には，0.5 の親子関係の数乗をすべてのルートについて合計したものが血縁度である（そのため，複数のルートがあるときには血縁度は 0.5 の親等数乗にならない）．両親とも同じである兄弟姉妹では血縁度は $0.5^2 + 0.5^2 = 0.5$ となる．自分自身やクローンの個体は，確率 1 で祖先を共有するために同じ遺伝子を持つと見ることができるので，血縁度は 1 である（表 10.1）．

表 10.1 二倍体における血縁度 (r) の値
近親交配がない場合の値である．

関係	r
親-子	0.5
祖父母-孫	0.25
片方の親のみが同じ兄弟姉妹	0.25
両方の親が同じ兄弟姉妹	0.5
両方の親が同じ兄弟姉妹の子（甥または姪）	0.25
片方の親のみが同じ兄弟姉妹の子（甥または姪）	0.125

Hamilton のルールは，

$r \cdot B - 1 \cdot C > 0$

と変形すると，血縁度で重み付けした適応度の変化が全体としてプラスになる条件を表していると見ることができる．

血縁度の値は，子への遺伝子の伝達の様式により異なる．たとえば，ハチやアリをはじめいろいろな節足動物などで見られる半倍数性（半数二倍性：haplodiploidy．メスは二倍体で受精卵から発生しオスは半数体で未受精卵から発生する）では，父親は半数体であるため娘は父親の遺伝子のコピーを必ず持つ．そのため，両親とも同じである姉妹の間では，血縁度は 0.75 となる．また，単為生殖で子が親のクローンであるような場合には血縁度は 1 である．同じ個体群でも，子への遺伝子の伝達の様式が異なると血縁度の値が違うことがある．たとえば，有性生殖する二倍体では，上記のように両性遺伝する核の遺伝子では親子間の血縁度は 0.5 であるが，母系遺伝する細胞質の遺伝子については同じ遺伝子のコピーであるから親子間の血縁度は 1 となる．性質をコントロールするのが細胞質の遺伝子なのかそれとも核の遺伝子なのかによって個体間の相互作用の進化条件は異なる可能性がある（ゲノム間コンフリクト：genomic conflict もその例と考えることができる）．

Hamilton のルールは，利他的性質に限らず，血縁個体の適応度に影響するような性質では，血縁度および血縁個体の適応度への影響を合わせて有利・不利を評価する必要があることを示している．自分の適応度に加え，血縁度の値で重みを付けた血縁個体の適応度への影響を含めた量を包括適応度（inclusive fitness）と呼ぶ（計算の仕方については Grafen, 1985 を参照）．また，血縁個体の適応度に影響するような性質における淘汰は血縁淘汰（kin selection）と呼ばれている．血縁淘汰に関してはいろいろな誤解が生じてきたが（Dawkins, 1979），その多くは，血縁度の定義を見誤って，同じ遺伝子を持つ確率そのものと考えたことによっている．

血縁淘汰は，Darwin が適応進化におけるパラドックスと認識したハチ・アリ・シロアリなどに見られる真社会性昆虫における不妊の労働カストであるワーカー（働きアリや働きバチ）の存在を念頭において提案された．それが提案されたことはその後，新しいタイプの真社会性昆虫（たとえば青木，1984）や真社会性の哺乳類（ハダカデバネズミ，Sherman *et al.*, 1991），血縁個体への捕食者接近の信号（Caro, 2005），他個体の繁殖を助けるヘルパー（Emlen, 1997；Emlen & Wrege；1988）などの新たな発見と研究の原動力となってきた．

10.3.1 利他的性質の進化条件としての Hamilton のルール

Hamilton のルールが利他的性質が進化する条件になっていることを，簡単なモデルを使って説明する．ここでは，例として半数体（一倍体）の場合を使って説明するが，二倍体などでも同様の結果が得られることがわかっている（Grafen, 1985 を参照）．

1つの遺伝子座により，個体が利他的行動を行なうかどうかが決まるとする．この遺伝子座の2種類の対立遺伝子 A と A′ のうち，A を持つ個体は血縁個体に対して利他的な行動を行ない，A′ を持つ個体は行なわない（半数体のため遺伝子型は A と A′ の2タイプだけである）．A を持つ個体の頻度が p，A′ を持つ個体の頻度が $1-p$ とする．利他的行動のうち割合 ϕ は受け手が対立遺伝子 A を持つ個体であり，対立遺伝子 A′ を持つ個体である割合は $(1-\phi)$ とする．適応度のうち利他的行動の影響を受けない部分を $W_{baseline}$ とすると，

A を持つ個体の適応度は，$W_A = W_{baseline} + (\phi)B - C$,

A′ を持つ個体の適応度は，$W_{A'} = W_{baseline} + \left(\dfrac{p(1-\phi)}{1-p}\right)B$

である．全体を1としたときそのうちの割合 p の個体が利他的行動を行ない，さらにそのうち $(1-\phi)$ では受け手が A′ を持つ個体であるから，A′ を持つ個体は1個体あたり $\{p(1-\phi)/(1-p)\}B$ だけ利他的行動による利益を受ける．

対立遺伝子の頻度の世代間の変化は

$$\Delta p = \frac{pW_A}{pW_A + (1-p)W_{A'}} - p = \frac{pW_A - p^2 W_A - (1-p)pW_{A'}}{pW_A + (1-p)W_{A'}}$$
$$= \frac{p(1-p)(W_A - W_{A'})}{pW_A + (1-p)W_{A'}}$$

と計算でき，これがプラスであれば対立遺伝子 A の頻度が増えて，利他的個体の頻度も増える．Δp の式の符号は，上式の右辺の分母および $p(1-p)$ は正なので，$(W_A - W_{A'})$ の符号と同じである．$\Delta W = (W_A - W_{A'})$ を整頓すると，

$$\Delta W = (W_A - W_{A'}) = \phi B - \left(\frac{p(1-\phi)}{1-p}\right)B - C = \left(\frac{\phi(1-p) - p(1-\phi)}{1-p}\right)B - C$$
$$= \left(\frac{\phi - p}{1-p}\right)B - C$$

である．そこで，不等式

$$\left(\frac{\phi-p}{1-p}\right)B-C>0$$

が成り立つとき，利他的な性質が有利であり，進化できることがわかる．

血縁度は，利他的行動の受け手の血縁度が r であれば A を持つ確率は，祖先を共有するために同じ遺伝子を持つなら 1 であり，それ以外の場合は個体群の遺伝子頻度である p である．そこで，血縁度が r のとき，ϕ は $r+(1-r)p$ となる．$\left(\frac{\phi-p}{1-p}\right)B-C>0$ の ϕ に，$r+(1-r)p$ を代入して整頓すると，

$$r \cdot B > C$$

となり，Hamilton のルールの式が得られる．

10.3.2 Grafen の秤

血縁個体の適応度に影響する社会行動などの性質が有利なのか不利なのかは，Grafen (1985) による図 (Grafen の秤) を使うと理解しやすい．以下，簡単な例を使い説明する (詳細は Grafen, 1985 参照)．

Grafen の秤は，長さ 1 の棒 (図 10.1 の横棒) が支点の上に載っている状態を表しており，棒の上での位置は問題の遺伝子の個体での頻度を示している．遺伝子の個体での頻度とは，個体がその遺伝子座に持つ遺伝子のうち問題の遺伝子の割合である．半数体では遺伝子座の遺伝子数は 1 だから，1 個体については，この頻度は 0 か 1 である．2 倍体では遺伝子数は 2 なので，1 個体については頻度は 0 か 0.5 か 1 である．複数の個体を平均すると 0 と 1 のあいだのさまざまな値をとりうる．

支点の位置は，個体群全体での，問題の遺伝子の遺伝子頻度である．ある確率

```
0                    ▲支点              1
           個体群の遺伝子頻度
           個体での，その遺伝子の頻度
```

図 10.1 Grafen の秤
横棒 (横軸) はある遺伝子の個体での頻度であり，支点の位置は個体群でのその遺伝子の遺伝子頻度を示す．

で問題の遺伝子を持つ個体の適応度の変化は，その確率に対応する棒の位置に下向き（適応度の低下）あるいは上向き（適応度の上昇）の力がかかることで表す．そして，個体がその遺伝子を持つ確率が1である横棒の右端が上に上がる（支点のまわりに反時計回り方向に動く）のなら，その遺伝子は有利である．逆に，確率が0である横棒の左端が上に上がる（支点のまわりに時計回り方向に動く）のなら，その遺伝子は不利である．

横棒が支点のまわりでどちらの回転方向に動くかは，ちょうど天秤や棒秤などと同じように，モーメント（支点からの距離×そこにかかる力）によって評価すればよい．

図10.2の（a）と（b）はいずれも，血縁個体に対する利他的性質についてのGrafenの秤の例である．(a) では上向きのモーメントの大きさは $(0.7-0.6) \times 1 = 0.1$，下向きのモーメントの大きさは $(1.0-0.6) \times 1.5 = 0.6$ である．横棒は時計方向に動く．(b) では上向きは $(0.8-0.6) \times 1.25 = 0.25$，下向きは $(1.0-0.6) \times 0.5 = 0.2$ である．横棒は反時計方向に動く．

Grafenの秤で先の半数体の場合を図示してみたのが図10.3である．

Grafenの秤の横棒を時計回りに回すモーメントの大きさは $(1-p)C$ で，反時計まわりの方向のモーメントの大きさは $(\phi-p)B$ であり，後者が前者より大き

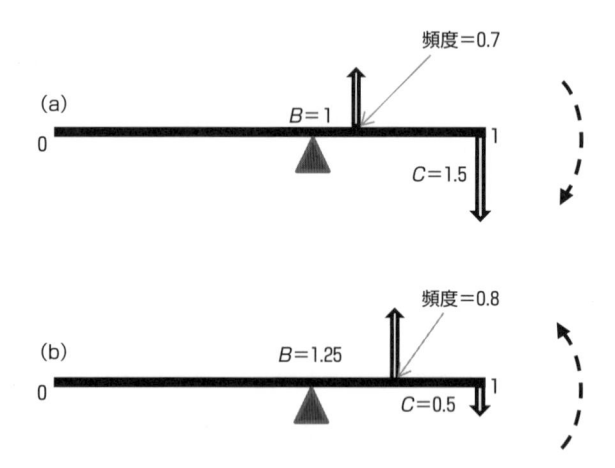

図10.2　Grafenの秤：有利・不利と回転する方向
　　破線の矢印は横棒が支点のまわりで動く回転方向を示す．支点での頻度はどちらも0.6である．(a) では右端が下がる方向に動き，問題の遺伝子は不利である．(b) では右端が上がる方向に動き，問題の遺伝子は有利である．

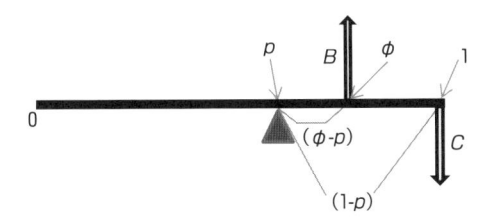

図10.3　半数体での利他性の進化条件とGrafenの秤

いときに利他性は有利である．つまり $(\phi-p)B > (1-p)C$ のときに利他性が有利であり進化することがわかる．この条件は，先に求めた利他性の進化条件と同じである．また，ここから，Grafenの秤で血縁度は，（行動の受け手の個体の遺伝子の頻度と支点との差）と（行動をする個体の遺伝子の頻度と支点との差）の比で表されることがわかる．上の図では，（行動の受け手の個体の遺伝子の頻度と支点との差）＝ $(\phi-p)$ で，（行動をする個体の遺伝子の頻度と支点との差）＝ $(1-p)$ である．

先にランダムな相手に対する利他的行動は不利であり進化できないことを説明した．Grafenの秤で，ランダムな相手に対する利他的行動を表すと，ランダムなので行動の相手がその遺伝子を持つ確率は個体群のその遺伝子頻度と等しい．そこで，図10.4のように，支点のところに上向きの大きさ B の力がかかることになる．この場合には，必ず横棒は時計回り方向に動くから，利他的行動は不利であり，進化できないことがわかる．

血縁度は負の値になることもある．図10.5は，個体群の平均よりも低い率でしか同じ遺伝子を持たない個体を受け手とした，(a) 利他的行動および (b) 利己的行動をGrafenの秤で表したものである．受け手の個体の遺伝子の頻度は，平均すなわち個体群全体でのこの遺伝子の遺伝子頻度よりも低いので，支点の左側に来る．受け手と行動を行う個体の頻度が支点の反対の側にあるため，血縁度は

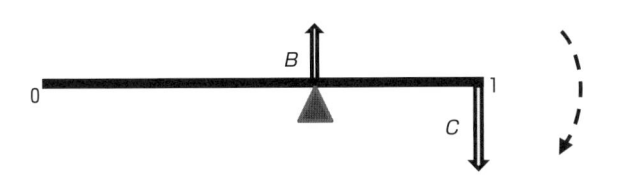

図10.4　ランダムな相手に対する利他性の場合のGrafenの秤

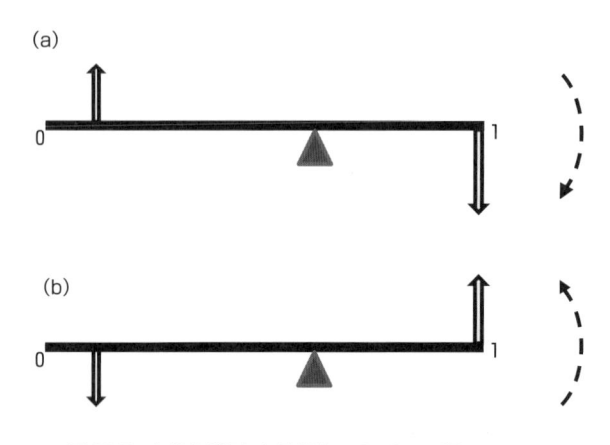

図 10.5　血縁度が負になる場合の Grafen の秤
(a) 利他的行動の場合，(b) 利己的行動の場合．

マイナスということになる．図からは，この場合には，適応度の変化の大きさによらず，利他的行動は進化せず，利己的行動が進化することがわかる．これは Hamilton のルールから得られるのと同じ結果である．たとえば，利他的行動の場合，r が負であると $r \cdot B > C$ が成り立つことはないからである．

　血縁度は，もともとある血縁関係の個体の間での遺伝的な近さを表す量であった．原因が血縁であるかどうかに関わらず，社会行動をする個体とその受け手の間の遺伝的な類似性がある関係を満たせば，その類似性の原因が血縁であってもなくても進化条件は同じである．ここで簡単な1遺伝子座の半数体のモデルや Grafen の秤で説明してきた内容は，原因が血縁であってもなくても同様に成り立つのである．そこで，血縁度を，原因が何であるかにかかわらず，社会行動をする個体とその受け手の間の遺伝的な相関を表す量と見ることができる．そのように血縁度をとらえると，Hamilton のルールは適応度の変化を生じるような個体間の相互作用一般における進化の条件を表す式と見ることができる（Grafen, 2007；辻, 2006）．以下に述べる，緑ひげ効果や形質グループにおける群淘汰についても，Hamilton のルールは進化の条件を表している．

　血縁淘汰をはじめとする，行動を行う個体と受け手の間の高い遺伝的な類似性に基づく理論は，異なる種の間での利他的行動には適用できない．

　緑ひげ効果（green-beard effect）は利他性の進化のしくみの1つとして考えられたアイデアである（Hamilton, 1964a のアイデアに基づき Dawkins, 1976 が付

けた名前)．互恵的利他主義における利他的行動自体や血縁淘汰における血縁のような利他的行動の受け手の指標は，緑ひげ効果ではある1つの性質である．たとえば，利他的行動を発現させる遺伝子を持つ個体は同時に緑色のひげをその個体に発現させるとしよう．もし，緑色のひげを持つ個体を利他的行動の受け手とするなら，$B>C$のときに利他的行動が進化することになる．ただし，もしも利他的行動を発現させる遺伝子を持たないのに緑色のひげを持つ個体（一種のチーターである）が出現すると，利他的行動は進化できなくなる．したがって，緑ひげ効果が有効なのは，そのような指標となる性質を持つが利他的な行動を行わない個体が現れないという条件が成り立つときに，限られる．そのため，このアイデアにより利他性が進化する可能性は小さいと考えられて来た．だが，逆に，その条件が成り立つなら有効になりえる．たとえば，細胞性粘菌の一種であるキイロタマホコリカビにおける柄になる性質（Queller *et al.*, 2003）が緑ひげ効果の例である．

　個体群の中がいくつかのサブグループに分かれていて，それぞれのサブグループ内で個体同士が相互作用する場合，サブグループにより構成が異なって利他的な行動をする個体同士は同じサブグループに属すると，利他的行動をする個体が利他的行動の受け手になりやすくなり，利他的行動が有利になりえる．このような，形質グループ（trait group）における群淘汰（group selection）は，遺伝的な類似性の原因が血縁関係とは限らない点を除けば，血縁淘汰と結果的にはよく似ており，上で述べたように血縁度の意味を拡張するとHamiltonのルールによりとらえることができる．

Ⅲ部　進化のメカニズム

第11章 遺伝学

舘田英典

　第3部「進化のメカニズム」では，主に1つもしくは少数の遺伝子座での集団の遺伝的構成の変化を扱う集団遺伝学と，多数の遺伝子座により支配される形質を扱う量的遺伝学の基礎について簡単に解説する．

　集団遺伝学（population genetics）は集団の遺伝的構成がどのように変化して行くかを，個体以下のレベルの遺伝の法則に基づいて明らかにして行く学問分野である．このため生物集団の遺伝的変化である進化のメカニズムを解明する基礎として，また人為的に生物種を改変する育種の理論的基礎として，これまで重要な役割を果たしてきた．

　集団遺伝学及び量的遺伝学は個体以下のレベルの遺伝学に基づいているので，本章ではまずこれらを学ぶのに必要な遺伝学的知識を整理しておこう．

11.1 メンデルの法則

　親と子が似ているのは何らかの物質が親から子に伝わるためと考えられていたが，G. J. Mendel はエンドウマメを使った実験からこの「伝わるもの」が，それ以上分割できない最小単位からなる「粒子」の性質をもつことを示した．例えば図 11.1 に示すように，エンドウマメの種子が丸の系統としわの系統を親として交配を行うと，雑種第1世代（F_1）では全ての個体の種子が丸となった．次に F_1 個体同士を交配すると，その子供の雑種第2世代（F_2）では丸としわの種子を持つ個体がほぼ 3：1 の割合で生まれた．Mendel はこの現象を次の3つの仮定をおいて説明した．

(1) 各個体は種子が丸かしわになるという形質を支配する遺伝子を2つ持っている．例えば親世代の丸個体は W 遺伝子を2つ，しわ個体は w 遺伝子を2つ持っており，種子は持っている遺伝子が WW なら丸，ww ならしわとなる．
(2) 親から子供には2つの遺伝子のうちのどちらか一方が等確率で伝わる．

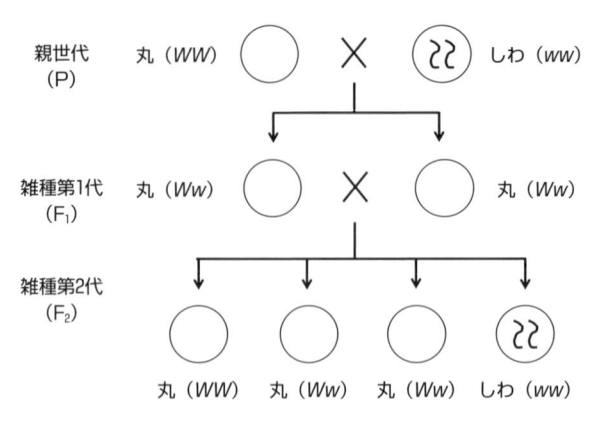

図11.1 Mendel のエンドウマメを使った実験

(3) 個体の持つ遺伝子が Ww のとき，種子は丸となる．つまり，W が w に対して強い表現性を持ち，W が優性で w が劣性である．

(1)(2)の仮定から F_1 個体は Ww の遺伝子を持ち，(3)からこれらの個体の種子は丸となることが説明できる．一方 F_2 個体は，親（F_1）個体が Ww の遺伝子を持っており，(2)によりそれぞれの親から $1/2$ の確率で W または w 遺伝子を受け取るので，$1/4=(1/2)^2$ の確率で WW または ww，$1/2=2\times(1/2)^2$ の確率で Ww の遺伝子を持つ．(1)(3)から，F_2 は丸個体としわ個体の比が $3:1$ となる．これがメンデルの法則の概略である．

ここでこれからの説明に必要となる遺伝学用語を表 11.1 で定義しておく．これらの用語を使うと上述の Mendel の実験は次のように説明できる．エンドウマメの表現型，丸・しわを支配する遺伝子座には 2 対立遺伝子 W, w があり，W は優性，w は劣性である．遺伝子型がそれぞれ WW, ww である丸，しわ系統を交配すると，F_1 個体は全てヘテロ接合体となり遺伝子型は Ww，表現型は丸となる．次に F_1 個体同士を交配して生まれる F_2 個体は，分離によりそれぞれの親から $1/2$ の確率で W または w 遺伝子を受け取るので，その遺伝子型は $1/4=(1/2)^2$ の確率でホモ接合体 WW または ww，$1/2=2\times(1/2)^2$ の確率でヘテロ接合体 Ww となる．W が優性なので F_2 の表現型は $3:1$ の比で丸，しわとなる．

Mendel はエンドウマメでの交配結果を説明するモデルとして遺伝子を提唱したが，その実体については明らかにできなかった．しかしその後の研究で，遺伝子は顕微鏡で観察できる染色体と呼ばれる細胞内の構造に載っていることが知ら

表 11.1　遺伝学でよく使う用語

用語	英語	意味
遺伝子座	locus	遺伝子の存在する場所（実は染色体上の位置）
対立遺伝子	allele	同じ遺伝子座にある異なる遺伝子（例 W, w）
遺伝子型	genotype	個体が持っている2つの遺伝子（例 WW, Ww, ww）
表現型	phenotype	個体で表現されている形質（例 丸, しわ）
ホモ接合体	homozygote	2つの同じ対立遺伝子を持つ個体（例 RR, ww）
ヘテロ接合体	heterozygote	2つの異なる対立遺伝子を持つ個体（例 Ww）
優性（顕性）	dominant	1遺伝子で個体に表現される性質（例 W は優性）
劣性（不顕性）	recessive	1遺伝子では表現されない性質（例 w は劣性）
分離	segregation	1個体中の同じ遺伝子座の2遺伝子が別の配偶子（精子, 卵等）に分かれて分配されること
連鎖	linkage	同じ染色体上の異なる遺伝子座の遺伝子が一緒に伝わる傾向にあること
組換え	recombination	異なる遺伝子座の遺伝子が組換わって伝わること
交叉（乗換え）	crossing-over	相同染色体の間で, 一部分が相互交換される現象

れるようになった．各個体が2つの遺伝子を持つことに対応して，染色体も同じ形のものが2つあり（相同染色体），これが減数分裂において分離して各配偶子に1個ずつ分配されることもわかった．ヒトでは22対の相同染色体とX及びYと呼ばれる1対の性染色体があり，男は性染色体X, Yを，女はX, Xを持っている．合計の染色体数は46である．性染色体以外の染色体を常染色体と呼ぶ．ヒトやショウジョウバエでは性染色体構成はオスでXY，メスでXXだが，カイコや鳥ではオスがWW，メスがZWというように，メスの方が異なる性染色体を持つ．

　ヒト等のように相同な染色体を2本ずつ，つまり遺伝子を2セット持つ生物を二倍体（diploid）と呼ぶ．これ以外に細菌のように遺伝子を1セットのみ持つ半数体（haploid）や，遺伝子を3セット以上持つ倍数体（polyploid，例えば4倍体）も存在する．Mendelの実験で調べられた遺伝子は二倍体生物の常染色体上にあるので，上に述べた法則に従って遺伝するが，二倍体以外の生物や，性染色体上の遺伝子では遺伝の様式が若干異なるところがあるので，注意が必要である．

11.2 複数遺伝子座での遺伝

メンデルの法則により1遺伝子座の遺伝子がどのように伝わるのかが明らかになったが，個体は多くの形質を持ちまた遺伝子座も多数ある．そこで複数の遺伝子座の遺伝子がどのように遺伝するかを考える必要がある．Mendelもこの問題を考察したが，一般的な理解が進んだのは20世紀に入ってからのメンデルの法則の再発見以降で，T. H. Morgan達によるショウジョウバエを使った実験からであった．

簡単のために2遺伝子座の場合を考える．キイロショウジョウバエの2つの遺伝子座，黒体色と痕跡翅にはそれぞれB, bとVg, vgの2対立遺伝子がある（図11.2）．大文字の遺伝子はそれぞれ優性遺伝子で，表現型はBを持つと体色が黄色，Vgを持つと正常翅，劣性ホモ接合体$bb, vgvg$はそれぞれ黒体色，痕跡翅となる．黄色・正常翅のホモ接合体と黒体色・痕跡翅のホモ接合体を交配し，その子供（F_1）に黒体色・痕跡翅のホモ接合体を戻し交配（backcross，子供をB_1と呼

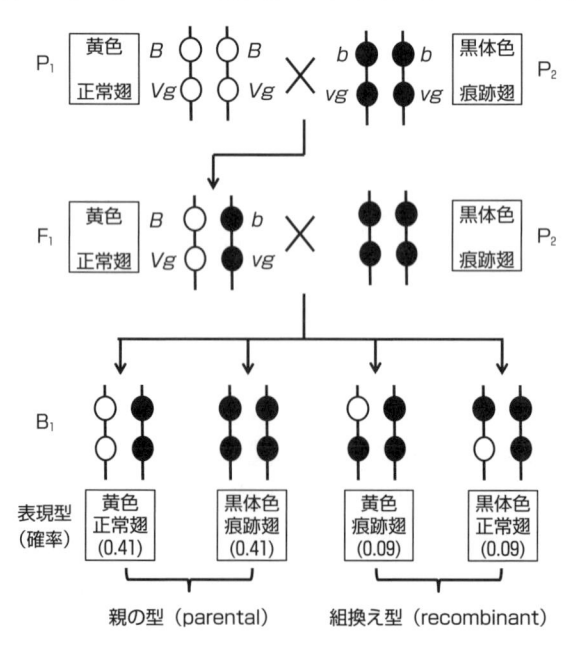

図11.2 ショウジョウバエを使った組換え実験

ぶ）する．もし2遺伝子座からの遺伝子が独立に子供に伝わるなら，B_1 が F_1 親より受け取る配偶子には，それぞれ 1/4 の確率で BVg, bvg, Bvg, bVg が含まれる．黒体色・痕跡翅の親（P_2）からは必ず bvg を含む配偶子が伝えられるので，B_1 個体の表現型はそれぞれ 1/4 の確率で①黄色・正常翅，②黒体色・痕跡翅，③黄色・痕跡翅，④黒体色・正常翅となるはずである．

実際に実験を行うと，B_1 個体の表現型はそれぞれ 0.41 の確率で①か②，それぞれ 0.09 の確率で③か④となる（図 11.2）．つまり F_1 の親（P_1, P_2）が持っていた遺伝子の組み合わせ（親の型，例えば BVg）の方が，そうでない組み合わせ（組換え型，例えば Bvg）に較べてより高い確率で B_1 個体に伝わっている．このような場合この2遺伝子座は連鎖しているという．連鎖は2遺伝子座が同じ染色体上にある時に生じ，この交配で使われたキイロショウジョウバエでは，黒体色と痕跡翅の遺伝子座は第2染色体上にある．

減数分裂では分離により染色体が配偶子に分配されるので，同じ染色体上の遺伝子座の遺伝子が一緒に伝わることは理解しやすい．しかし同じ染色体上の遺伝子座の遺伝子が必ず一緒に伝わるわけではないことは，図 11.2 の交配で B_1 に組換え型が現れることからわかる．これは減数分裂の初期に染色体の交叉（crossing-over：乗換えともいう）が起こって，遺伝子の組換え（recombination）が起きたためである．組換えが起こる頻度は組換え型が現れる頻度で推定することができて，組換え率（the rate of recombination）と呼ばれる．図 11.2 の黒体色と痕跡翅の遺伝子座間の組換え率は 0.09＋0.09＝0.18 となる．

組換え率は染色体上のより離れた遺伝子座間でより高くなると考えられる．このことから組換え率を距離として染色体上の遺伝子座の位置を決めることが可能になる．このようにして作られた遺伝子座の染色体上の位置を表した地図を，染色体地図あるいは遺伝地図（genetic map）と呼び，遺伝子の染色体上の位置を組換え率を使って推定することをマッピングと呼ぶ．

11.3 遺伝子とDNA

遺伝子は染色体上にあり，染色体は DNA（デオキシリボ核酸）とタンパク質からなる複合体である．実際に遺伝子の実体は DNA であることが 1950 年代 J. D.

WatsonとF. H. C. Crickによって示された．DNAは，塩基・デオキシリボース・リン酸からなるヌクレオチドが1列につながった2本の鎖が，塩基間の相補的結合により結合した形で存在している．塩基にはアデニン（A），グアニン（G），シトシン（C），チミン（T）の4種類があり，この並び方が遺伝情報となっているので，以下の説明ではDNAをA, T, G, Cの一列の並び（塩基配列）として表すことにする．各生物の持つ全DNAをゲノムと呼び，そのサイズを全塩基配列中の塩基の総数で表す．ヒトのゲノムのサイズは約32億5千万，ショウジョウバエでは1億5千万，イネでは4億3千万，酵母で1400万（http://www.ncbi.nlm.nih.gov/genome/browse/）となっている．

個々の遺伝子はゲノム中の特定の部分に対応しているが，生体の機能高分子であるタンパク質を作る遺伝子については，これまでにその構造や機能についてかなりよく理解されている．タンパク質の合成にあたっては，当該遺伝子に対応するDNAの部分がDNAと類似したmRNAと呼ばれる核酸（ただしDNAの塩基TはRNAではウラシル：Uとなる）にコピーされる．この過程を転写（transcription）と呼ぶ．このmRNA配列中の3塩基ずつ（コドン）を1個のアミノ酸に対応させて，アミノ酸配列つまりタンパク質を細胞中のリボソームで合成する．この過程を翻訳（translation）と呼ぶ．4種の塩基が3つ並ぶコドンは全部で$4^3=64$種類あり，これらが20種類のアミノ酸に対応している．この対応表である遺伝暗号表を表11.2に示す．この表ではmRNAの3塩基（コドン）に対応するアミノ酸が示されており，コドンのAUGはメチオニン（開始）となっている．mRNA中の最初に現れたAUGから翻訳が始まり，コドンごとにアミノ酸が読み取られていく．一方UAA, UAG, UGAは終止となっており，これらのコドンが現れると翻訳が終わり，タンパク質が完成する．

DNAのなかでタンパク質に対応するDNAの領域を翻訳領域と呼ぶ．真核生物では遺伝子領域中のmRNAに読み取られた部分において翻訳領域と非翻訳領域が入れ子になっており，それぞれエクソン，イントロンと呼ばれる．イントロンはmRNAの段階で除かれるので，翻訳は連続的に行われる．mRNAに転写される領域の周辺には転写を調節する塩基配列が存在している．これらの詳しいことについては分子生物学の教科書を参照してほしい．

表11.2 核にコードされた遺伝子の遺伝暗号表

1番目	2番目 U	C	A	G	3番目
U	フェニルアラニン	セリン	チロシン	システイン	U
	フェニルアラニン	セリン	チロシン	システイン	C
	ロイシン	セリン	終止	終止	A
	ロイシン	セリン	終止	トリプトファン	G
C	ロイシン	プロリン	ヒスチジン	アルギニン	U
	ロイシン	プロリン	ヒスチジン	アルギニン	C
	ロイシン	プロリン	グルタミン	アルギニン	A
	ロイシン	プロリン	グルタミン	アルギニン	G
A	イソロイシン	トレオニン	アスパラギン	セリン	U
	イソロイシン	トレオニン	アスパラギン	セリン	C
	イソロイシン	トレオニン	リジン	アルギニン	A
	メチオニン（開始）	トレオニン	リジン	アルギニン	G
G	バリン	アラニン	アスパラギン酸	グリシン	U
	バリン	アラニン	アスパラギン酸	グリシン	C
	バリン	アラニン	グルタミン酸	グリシン	A
	バリン	アラニン	グルタミン酸	グリシン	G

11.4 突然変異

RNAを遺伝物質として利用している場合もあるが，ここでは説明を簡便にするため，DNAを遺伝物質とする生物を考える．

A. 突然変異のタイプ

DNAの複製を通じ，親がもつ遺伝情報はその子孫へとほぼ正確に伝えられていくが，まれに起こる複製の誤りや物理的損傷などによりDNAや染色体に変化が生じる．これを突然変異（mutation）と呼ぶ．突然変異は単一もしくは隣接した複数の塩基にわたって生じる場合があり，突然変異の起こり方によって次のようなタイプに分けることができる．①置換；DNAの塩基の1つが他の塩基に置き換わる．②組換え；交叉，遺伝子変換などにより比較的長い領域のDNA配列が置き換わる．③挿入・欠失；1塩基以上の配列が加わる・失われる．④逆位（inversion）；部分的に配列の一部が切りだされ，同じ位置に逆向きに挿入される．⑤倍数化；全染色体が重複して染色体数が倍になる．

これらの突然変異が遺伝子上のどの位置に起こるかは重要である．例えば翻訳領域に生じた突然変異のみが，その遺伝子がコードするタンパク質のアミノ酸配列を変え機能を直接的に変化させることができる．しかし非翻訳領域に生じた突然変異はアミノ酸配列を変化させない．

B. 塩基置換

　DNA を構成する 4 種類の塩基が相互に入れ替わる現象のことを塩基置換という．4 つの塩基は，化学的構造の違いにより，プリン塩基であるアデニン（A）とグアニン（G）と，ピリミジン塩基であるシトシン（C），チミン（T）に大別される．化学的構造の似通った分子間での置換をトランジション（転位，transition），プリン型とピリミジン型の間での置換をトランスバージョン（転換：transversion）と呼ぶ．化学的構造上，トランジションのほうがトランスバージョンより起こりやすいと予測されており，実際の塩基配列の変化をみてもトランジション／トランスバージョンの比は 2 を超える場合がほとんどである．

　塩基置換は DNA 上の 1 つの塩基の変化に過ぎないが，翻訳領域に起こった場合，その遺伝子がコードするタンパク質の機能や個体の表現型に様々な変化をもたらしうる．塩基置換によりコドンが変化し，指定するアミノ酸が変化する場合をミスセンス変異（あるいは非同義置換：nonsynonymous substitution）と呼ぶ．多くの場合，コドンの 1 番目や 2 番目の塩基に置換が起こるとアミノ酸置換が生じる（表 11.2 参照）．このようなアミノ酸の変化の一部はタンパク質の構造や機能に障害を生じ，個体の表現型に違いをもたらす．また，あるアミノ酸を指定するコドンを終止コドンに変えてしまう塩基置換をナンセンス変異と呼ぶ．ナンセンス変異が生じると本来の翻訳領域の途中で翻訳が止まってしまい，短いタンパク質が作られることになる．ナンセンス変異はタンパク質の構造や機能に重大な障害をもたらす場合が多い．一方で，遺伝暗号には縮退があることから例えばコドンの 3 番目の塩基で生じた置換の中にはアミノ酸置換を伴わない場合があり，このような塩基置換を同義置換（synonymous substitution）と呼ぶ．同義置換が生じてもタンパク質の配列，機能には何ら影響がないので，変異体の表現型にも変化はないと予想される．

C. 挿入・欠失変異

挿入，欠失は1塩基から数千塩基の範囲にわたるものまである．遺伝子中に見られる短い塩基の挿入や欠失はインデル（もしくはギャップ）ともよばれる．翻訳領域に3の倍数ではない長さのインデルが生じると，その下流の領域ではすべてコドンの読み枠にずれが生じる．このようなインデルはフレームシフト変異と呼ばれる．この場合もタンパク質の機能や構造に重大な障害をもたらす場合が多い．

D. 組換え，遺伝子変換

細胞分裂時に染色体間，染色分体間で起こる比較的長い領域のDNA配列の交換を組換えとよぶ．組換えが相同な配列間で起こる場合を相同組換えと呼ぶが，これには染色体間でDNAの配列を交換する交叉と，1つの染色体のDNA配列がもう一方の相同な配列に置き換わってしまう遺伝子変換（gene conversion）がある．

E. 逆位

逆位が生じても配列が失われるわけではないので，遺伝子内で切断が起こらない限りはその領域の機能に損傷はない．体細胞分裂時に逆位が生じても，細胞の機能に大きな障害は起こらないと考えてよいだろう．しかし，生殖細胞で起こるとそれは次世代に伝わり，正常染色体と逆位染色体のヘテロ接合体が生じる．正常染色体と逆位染色体が対合すると逆位の領域でループが生じ，対応する遺伝子がねじれて接合する．さらに交叉が起こると，不完全な染色体をもった配偶子が生じることになる．結果として逆位内の遺伝子間の組換えが抑制される．

11.5 集団遺伝学とは？

集団遺伝学は遺伝学に基づいて集団の遺伝的構成がどのように変化していくかを解析する．最も簡単な場合として，二倍体生物の常染色体上の1遺伝子座に2対立遺伝子 A, a がある場合を考えよう．

集団中には AA, Aa, aa の3遺伝子型が存在するので，集団の遺伝的構成はそれぞれの集団中での頻度（遺伝子型頻度），P_{AA}, P_{Aa}, P_{aa} で表すことができる．これらは頻度なので $P_{AA}+P_{Aa}+P_{aa}=1$ の関係が成り立つ．

より簡単な遺伝的構成の表現法として，集団中での対立遺伝子の頻度（遺伝子頻度）を使うこともできる．この場合 A, a の頻度をそれぞれ $p_A, p_a (=1-p_A)$ で表す．無限大集団では頻度はその遺伝子または個体を集団からサンプルする確率と考えることができる．A 遺伝子をサンプルする確率は AA 個体をサンプルし，そこから A 遺伝子をサンプルする確率（$P_{AA} \times 1$）と，Aa 個体をサンプルし，そこから A 遺伝子をサンプルする確率（$P_{Aa} \times 1/2$）の和なので，遺伝子頻度と遺伝子型頻度の間には

$$p_A = P_{AA} + \frac{1}{2} P_{Aa} \tag{11.1}$$

の関係が成り立つ．どのような場合でもこのように遺伝子型頻度から遺伝子頻度を求めることはできるが，逆に遺伝子頻度から遺伝子型頻度を求めるためにはどのように個体の中で遺伝子が組合わさるか，つまり交配の様式がわかっている必要がある．そこで交配が任意に行われる場合についてこの問題を考えよう．

遺伝的構成が世代とともにどのように変化するかを考えてみよう．次世代の頻度は「′」を付けて表すことにする．交配は個体の遺伝子型によらずランダムに行われる（任意交配）とする．親世代の A 遺伝子頻度を p_A とすると，次世代の子供となる受精卵が母親と父親から A 遺伝子を受け取る確率はそれぞれ p_A なので，次世代の遺伝子型 AA が生まれる確率つまり頻度は $P'_{AA} = p_A^2$ となる．同様にして遺伝子型 aa の頻度は $P'_{aa} = p_a^2$ となる．ヘテロ接合体 Aa は，母親から A，父親から a を受け取るか，その逆の場合に生まれるので，その頻度は $P'_{Aa} = p_A p_a + p_a p_A = 2 p_A p_a$ となる．まとめると次世代の遺伝子型頻度は

遺伝子型	AA	Aa	aa
遺伝子型頻度	p_a^2	$2 p_A p_a$	p_a^2

となる．式 11.1 から次世代の A 遺伝子頻度は $p'_A = p_A^2 + \frac{1}{2} 2 p_A p_a = p_A$ となり，親世代から変化しないことがわかる．遺伝子型頻度が上記のようになる状態を Hardy-Weinberg 平衡と呼ぶ．どのような遺伝子型頻度の集団から始めても，1 代でこの状態に達することに注意する．この結果は対立遺伝子数が 3 を超える場合についても容易に拡張できる．

さて Hardy-Weinberg 平衡を導いた過程で，明確には述べなかったがいくつかの仮定を行っている．①任意交配を行う，②自然淘汰が働かない（受精卵での頻

度がそのまま次世代の頻度となっている，配偶子への貢献に遺伝子型による差がない等），③突然変異が起こらない，④他集団からの移住がない，⑤集団サイズが無限大である（各遺伝子型の生まれる確率が次世代の遺伝子型頻度に等しい），等である．これらの仮定が成り立たないと Hardy-Weinberg 平衡からずれたり，遺伝子頻度が変化したりする場合がある．後者の場合に集団の遺伝的構成の変化，つまり進化が起こる．

次章以降で①〜⑤のそれぞれが成り立たない場合に遺伝子頻度がどのように変化するかについて考察するが，その前に実際に集団の遺伝子型頻度を調べて Hardy-Weinberg 平衡となっているかどうかを検定する方法について説明する．
帰無仮説：Hardy-Weinberg 平衡が棄却されると，①〜⑤のどれかの仮定が成り立たないことが推測される．

例としてウスグロショウジョウバエの実験室集団で逆位の頻度を調べた研究 (Dobzhansky, 1947) 取り上げる．この研究ではウスグロショウジョウバエ第3染色体の多型逆位 ST と CH を対立遺伝子とみなして，130個体の成虫の遺伝子型を調べた．その結果は表 11.3 の通りであった．

この結果から ST の遺伝子頻度は $p_{ST}=31/130+83/(2\times130)=0.558$ と推定されるので，帰無仮説（Hardy-Weinberg 平衡）のもとでは，例えばホモ接合体 ST ST の期待頻度は $(p_{ST})^2=0.311$，期待数は $0.311\times130=40.4$ となる．同じようにして他の遺伝子型の期待数を計算した結果を上に示している．観測数と期待数を使ってカイ二乗値を計算すると

$$\sum \frac{(\text{obs}-\text{exp})^2}{\text{exp}} = \frac{(31-40.4)^2}{40.4} + \frac{(83-64.1)^2}{64.1} + \frac{(16-25.4)^2}{25.4} = 11.2$$

となる．ここで obs, exp はそれぞれ観測値と期待値を表す．この場合カイ二乗値は近似的に自由度1の χ^2 分布を持つので，帰無仮説は棄却される（$P<0.0001$）．

表11.3 ウスグロショウジョウバエI集団での逆位遺伝子型の観測数と期待数

遺伝子型	ST/ST	ST/CH	CH/CH	合計
観測数	31	83	16	130
期待頻度	0.311	0.493	0.196	1.0
期待数	40.4	64.1	25.4	130

Dobzhansky (1947) より作成．

第12章 集団遺伝学

舘田英典

　第 11 章後半で①任意交配，②自然淘汰が働かない，③突然変異が起こらない，④他集団からの移住が無い，⑤集団サイズが無限大である，を仮定すると，遺伝子頻度は変化せず，遺伝子型の比が 1 代で Hardy-Weinberg 平衡比になることを説明した．この章では，これらの仮定が成り立たない場合に集団の遺伝的構成はどのように変化するかを考える．11.2 節と同じように 1 遺伝子座に 2 対立遺伝子 A, a があるとし，親世代の遺伝子頻度を p_A, p_a で，AA, Aa, aa の遺伝子型頻度を P_{AA}, P_{Aa}, P_{aa} で表す．最後に，遺伝子頻度ではなく集団中の遺伝子の系図関係を定量化した遺伝子系図学についても概説する．

12.1 近親交配

　任意交配では交配相手は遺伝子型によらず集団の中からランダムに選ばれた．しかし生物の交配では，似た者同士が交配する同類交配（assortative mating）のように相手の表現型によって交配の確率が変わる場合や，近親交配（inbreeding）のように近縁個体同士が交配する場合がある．また近くに住んでいるものほど高い確率で交配することもあるだろう．これらの場合には遺伝子型の比は Hardy-Weinberg 平衡値とはならない．この節ではまず近親交配の効果について説明する．

12.1.1 近交係数

　図 12.1 に典型的な近親交配である，自殖（selfing），半兄妹婚（half-sib mating），完全兄妹婚（full-sib mating）を示してある．この図を使って自殖を例にとり近親婚について考えてみよう．子供 I の 2 遺伝子 c, d は親の遺伝子に由来するが，この場合親は 1 個体（A）なので，例えば偶然に親の同じ遺伝子（例えば a）に由来する場合がある．家系図の中で突然変異が起こらないとすると，この場合

12.1 近親交配

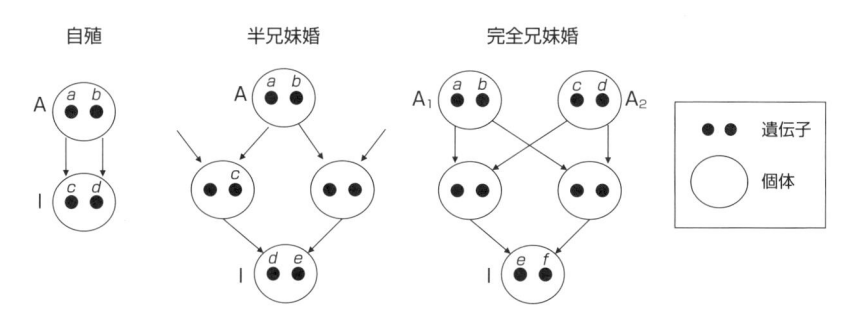

図12.1 典型的な近親交配

c, d は同じ対立遺伝子となり,個体 I はホモ接合体となる.これは半兄妹婚や完全兄妹婚の場合も同様で,個体 I の持つ 2 遺伝子が祖先(A, A_1, A_2)のどれか 1 個の遺伝子に由来する場合が起こる.つまり近親交配で生まれた子供は,祖先の同じ遺伝子由来の遺伝子を持つことにより,ホモ接合体となる場合が生じる.このように 2 個の遺伝子が祖先の同一遺伝子由来であることを同祖(identical by descent, 第 10 章参照)であるという.そこで近親交配を定量的に扱うために,個体 I の近交係数(coefficient of inbreeding)F_I を,I の 2 遺伝子が同祖である確率,と定義する.自殖の場合 c, d がどちらも親の a 由来である確率は $(1/2) \times (1/2) = 1/4$ で,同様にして b 由来である確率は $1/4$ なので,

$$F_I = \frac{1}{4} + \frac{1}{4} = \frac{1}{2}$$

となる.半兄妹婚では d 遺伝子が c 遺伝子に由来する確率が $1/2$ で c が a に由来する確率は $1/2$ なので,d が a に由来する確率は $1/4$ となる.同様にして e が a に由来する確率は $1/4$ なので,結局 d, e どちらも a に由来する確率は $1/16$ となる.d, e どちらも b に由来する場合も考慮すると,半兄妹婚では

$$F_I = \frac{1}{16} + \frac{1}{16} = \frac{1}{8}$$

となる.完全兄妹婚では半兄妹婚と同様に e, f が a に由来する確率は $1/16$ だが,この場合 e, f が b, c, d に由来する場合も考慮すると

$$F_I = 4 \times \frac{1}{16} = \frac{1}{4}$$

となる.

近交係数と関連が深い量として，近縁係数 (coefficient of kinship) がある．近縁係数 F_{XY} は 2 個体 X, Y からそれぞれ 1 個ずつ遺伝子を取った時に，それらが同祖である確率と定義される．個体 I の両親を X, Y とすると，I は両親から 1 個ずつ遺伝子を受け取るので，

$$F_I = F_{XY}$$

の関係が成り立つ．さて，第 10 章ででてきた 2 個体 (X, Y) 間の血縁度 (r) は Y の 1 個の遺伝子が X のどちらかの遺伝子と同祖である確率なので，(X の近交係数が 0 ならば) r と F_{XY} の間に次の関係が成り立つ.

$$r = 2F_{XY}$$

12.1.2 近親交配により生まれた子集団の遺伝子型頻度

近親交配が行われている集団で子世代の近交係数の平均が F の場合の遺伝子型頻度を求めてみよう．まず子世代の個体が AA となる場合を 2 つに分けて考える．もしこの個体の 2 遺伝子が同祖なら (確率 F)，一方の遺伝子が A であれば (確率 p_A)，もう一方の遺伝子も確率 1 で A となり，遺伝子型は AA となる．一方もしこの個体の 2 遺伝子が同祖でないなら (確率 $1-F$)，この 2 遺伝子は集団からの独立のサンプルとなるので，遺伝子型が AA となる確率は $(p_A)^2$ となる．まとめると次世代の AA 遺伝子型頻度は

$$P'_{AA} = Fp_A + (1-F)p_A^2 = p_A^2 + Fp_A p_a$$

となる．同様にして aa 遺伝子型頻度は

$$P'_{aa} = Fp_a + (1-F)p_a^2 = p_a^2 + Fp_A p_a$$

となる．一方個体の持つ 2 遺伝子が同祖であればヘテロ接合体とはならないので，Aa 遺伝子頻度は

$$P'_{Aa} = 2(1-F)p_A p_a$$

となる．これらの式から近親交配があると ($F>0$)，Hardy-Weinberg 平衡に較べてホモ接合体の頻度が増加し，ヘテロ接合体の頻度が減少することがわかる．次世代の遺伝子頻度は

$$p'_A = p_A^2 + Fp_A p_a + (1-F)p_A p_a = p_A$$

となり，変化しない．このように近親交配は遺伝子頻度の変化は起こさないが，個体中の遺伝子の組み合わせの比率を変化させ，ホモ接合体を増加させる．

12.2 自然淘汰

1個体が次世代に貢献する子孫の期待値を適応度（fitness）と定義すると，遺伝子型によって適応度が異なる場合に自然淘汰が働く．個体の子孫数には，受精卵から成体になる確率（生存率：viability），メス親の産む卵の数（産卵力：fertility），交配相手を見つける能力，成長の速さ等が影響を与えるが，ここでは最も単純な遺伝子型によって繁殖齢までの生存率が異なる場合を考察することにし，生存率を適応度と呼ぶことにする．

まず例として a が劣性致死遺伝子である場合を考え，遺伝子型 AA, Aa, aa を持つ個体の生存率が 1, 1, 0 とする（表12.1）．親世代の A 遺伝子頻度が $p_A=1/2$ で任意交配を仮定すると，受精卵での遺伝子型頻度は表にあるように 1/4, 1/2, 1/4 となる．しかし aa 個体の適応度（生存率）は0なので，成体での比は 1/4, 1/2, 0 となり，頻度は成体での比の総和 3/4 で各比の値を割った値となるので，結局次世代成体での遺伝子型頻度は 1/3, 2/3, 0 となる．これから次世代の遺伝子頻度 p'_A は，第11章の (11.1) 式を使って $p'_A = \frac{1}{3} + \frac{1}{2} \times \frac{2}{3} = 2/3$ となり，増加することがわかる．

次に，より一般的な場合の遺伝子頻度の変化を求めてみよう．遺伝子型 AA, Aa, aa を持つ個体の適応度を w_{AA}, w_{Aa}, w_{aa} で表し（表12.1），親世代の A 遺伝子頻度が p_A だったとする．致死遺伝子の場合と同様に表を使って次世代成体での遺伝子型 AA, Aa, aa の遺伝子型頻度を計算すると，$w_{AA}p_A^2/\overline{w}$,

表12.1 自然淘汰が働く時の1代での遺伝子型頻度変化

	劣性致死の場合				一般の場合			
	AA	Aa	aa	合計	AA	Aa	aa	合計
受精卵での頻度	1/4	1/2	1/4	1.0	p_A^2	$2p_Ap_a$	p_a^2	1
生存確率	1	1	0		w_{AA}	w_{Aa}	w_{aa}	
成体数での比	1/4	1/2	0	3/4	$w_{AA}p_A^2$	$2w_{Aa}p_Ap_a$	$w_{aa}p_a^2$	$\overline{w}$*
成体での頻度	1/3	2/3	0	1	$w_{AA}p_A^2/\overline{w}$	$2w_{Aa}p_Ap_a/\overline{w}$	$w_{aa}p_a^2/\overline{w}$	1

* $\overline{w} = w_{AA}p_A^2 + 2w_{Aa}p_Ap_a + w_{aa}p_a^2$

$2w_{Aa}p_Ap_a/\overline{w}, w_{aa}p_a^2/\overline{w}$ となる．ここで $\overline{w}$ は集団の平均適応度を表しており，$\overline{w}=w_{AA}p_A^2+2w_{Aa}p_Ap_a+w_{aa}p_a^2$ である．これらの遺伝子型頻度を使うと次世代の A 遺伝子頻度は

$$p'_A = \frac{w_{AA}p_A^2+w_{Aa}p_Ap_a}{\overline{w}} = \frac{p_A(w_{AA}p_A+w_{Aa}p_a)}{\overline{w}} \tag{12.1}$$

と表される．また1世代での遺伝子頻度の変化は

$$\Delta p_A = p'_A - p_A = \frac{p_A(w_{AA}p_A+w_{Aa}p_a-\overline{w})}{\overline{w}} = \frac{p_Ap_a\{(w_{AA}-w_{Aa})p_A+(w_{Aa}-w_{aa})p_a\}}{\overline{w}} \tag{12.2}$$

となる．初期頻度と各遺伝子型の適応度が与えられると，任意の世代の遺伝子頻度をこれらの式を使って求めることができる．

さて (12.1), (12.2) 式右辺の分母と分子はそれぞれ各遺伝子型の適応度について1次の項だけを含んでいる．このことから，適応度の相対値さえ与えられれば（相対適応度）遺伝子頻度の変化を予測できることがわかる．次に2つの場合についてわかりやすいように相対値で適応度を与え，遺伝子頻度の変化を解析してみる．

12.2.1 定方向性淘汰

一方の対立遺伝子が有利な場合を定方向性淘汰（directional selection）と呼び，この場合 $w_{AA}=1, w_{Aa}=1-hs, w_{aa}=1-s$ と相対適応度を定義すると，遺伝子頻度の動態を解析しやすい．ここで h, s をそれぞれ優性の度合い，淘汰係数と呼ぶ．h はヘテロ接合体の適応度がどの程度 AA ホモ接合体の適応度に近いかを表している．相対適応度を使って (12.2) 式を表すと

$$\Delta p_A = \frac{sp_A(1-p_A)\{hp_A+(1-h)(1-p_A)\}}{\overline{w}} \tag{12.3}$$

となる．$s>0, 0\leq h\leq 1$ なら右辺は絶えず正で $\Delta p_A>0$ となり，p_A は1に近づく．また遺伝子頻度の変化速度は s に比例する．

図 12.2 に $s=0.02$, 初期頻度 0.01 で有利な遺伝子 A が優性 ($h=0$), 半優性 ($h=0.5$), 劣性 ($h=1.0$) の場合の A 遺伝子頻度 (p_A) の変化を，世代 t の関数として示している．A の遺伝子頻度が低い時には主に Aa と aa の間で競合が起こ

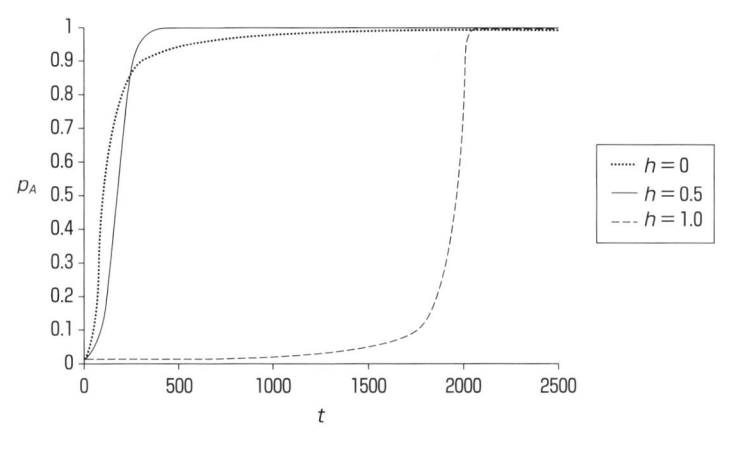

図 12.2 定方向性淘汰が働く時の遺伝子頻度変化

るので，優性の場合に適応度の差が大きくなり遺伝子頻度が急激に増加するが，劣性の場合は適応度の差がないので頻度増加は微小である．しかし遺伝子頻度が高くなると競合は主に AA と Aa の間で起こるため，優性の場合に適応度差は小さく頻度はほとんど変化しないが，劣性の場合には差が大きくなるので頻度は急激に変化する．このように優性の度合いは遺伝子頻度の変化の仕方に大きな影響を与える．

12.2.2 平衡淘汰

次にヘテロ接合体 Aa の適応度が両ホモ接合体の適応度より高い場合（超優性）を考察する．この場合 $w_{AA}=1-s, w_{Aa}=1, w_{aa}=1-t$ と相対適応度を定義して (12.2) 式に代入すると，

$$\Delta p_A = \frac{p_A(1-p_A)\{t-(s+t)p_A\}}{\overline{w}} \tag{12.4}$$

となる．$s, t>0$ の時，右辺は $0<p_A<\hat{p}_A=\dfrac{t}{s+t}$ なら正となるので p_A は増加する．一方，$\hat{p}_A<p_A<1$ なら負となるので p_A は減少し，$p_A=\hat{p}_A$ なら変化なしとなる．結局 p_A の初期頻度が 0 と 1 の間であれば，p_A は中間の頻度 $\hat{p}_A$ に収束し，集団は多型状態に留まる．このように遺伝子頻度を 0 と 1 の間の値に留めるような淘汰を平衡淘汰（balancing selection）と呼ぶ．平衡淘汰の他の例として環境によ

って有利な遺伝子が異なる多様化選択（diversifying selection）や，遺伝子頻度が低い時に有利になる頻度依存選択（frequency dependent selection）等がある．

ちなみに (12.4) 式で $s, t < 0$ の場合を考えると，p_A の値による右辺の値の正負が逆になるので p_A は $\bar{p}_A$ から遠ざかるように変化する．

12.3 突然変異

生物進化が起こるためには集団内に遺伝的変異が存在する必要があり，遺伝的変異は突然変異によって生み出されるので，しばしば突然変異は進化の原材料（raw material for evolution）と言われる．

12.3.1 中立突然変異

遺伝子型による適応度の違いはないとし（中立），A から a，a から A への 1 世代あたりの突然変異率を u, v で表す．次世代からサンプルされた遺伝子が A であるためには，親遺伝子が A で（確率 p_A）かつ突然変異が起こらないか（確率 $1-u$），親遺伝子が a で（確率 $1-p_A$）かつ突然変異が起こる（確率 v）必要があるので，次世代の A 遺伝子頻度は

$$p'_A = (1-u)p_A + v(1-p_A) \tag{12.5}$$

と表される．この式から t 世代後の A の遺伝子頻度 $p_A(t)$ を求めると，

$$p_A(t) = (1-u-v)^t p_A(0) + v/(u+v) \tag{12.6}$$

を得る．一般に突然変異率は非常に小さいので遺伝子頻度の変化は遅いが，最終的には $v/(u+v)$ に近づいていく．

12.3.2 有害突然変異と自然淘汰の平衡

現在の生物集団は長い進化の産物なので，ほとんどの個体が多くの遺伝子座で有利な対立遺伝子を持っていると考えられる．このため一般に突然変異によって生じる対立遺伝子はほとんどの場合に有害効果を持つ．このような有害突然変異遺伝子は自然淘汰によって集団から除かれるが，有害突然変異は毎世代起こるの

で，集団中にある一定の頻度で突然変異遺伝子が保たれる．この状態を突然変異と淘汰の平衡（mutation-selection balance）と呼ぶ．12.2.1項の定方向性淘汰での2対立遺伝子のモデルを使って，平衡頻度を近似的に求めてみよう．ほとんどの突然変異が有害なので$v=0$とし，有害突然変異遺伝子aの頻度は1に較べて非常に小さいとする（$p_a \ll p_A \approx 1$）．この場合$\overline{w} \approx 1$となるので，淘汰によるa遺伝子の頻度変化は(12.3)式より$\Delta p_a = -\Delta p_A \approx -hsp_a$となる．一方，突然変異による$a$遺伝子の頻度変化は(12.5)式より$\Delta p_a = -\Delta p_A \approx u$となり，$\Delta p_a = -hsp_a + u = 0$の時，つまり

$$\hat{p}_a \approx \frac{u}{hs} \tag{12.7}$$

がa遺伝子の平衡頻度となる．近似の仕方からわかるように平衡頻度はヘテロ接合体での適応度低下（hs）のみに依存し，ホモ接合体での適応度低下には依存しない．

次に遺伝子頻度変化の話題からは外れるが，(12.7)式を使って有害突然変異によって集団の平均適応度が平衡状態でどの程度低下するか（遺伝的荷重）を求めてみよう．

$$\overline{w} = 1 - 2p_A p_a hs - p_a^2 s \approx 1 - 2p_a hs$$

なので，この式に(12.7)式を代入すると$\overline{w} \approx 1 - 2u$となり遺伝的荷重は$2u$となる．これはHaldane-Mullerの原理と呼ばれる．遺伝的荷重は突然変異遺伝子の有害度に依存しないことに注意する．突然変異率は一般に低いので個々の遺伝子座での遺伝的荷重は小さいが，上にも述べたように突然変異の大部分は有害と考えられるので，全遺伝子座での遺伝的荷重を考えると必ずしも小さい値ではない．集団の平均適応度低下を避けるためには，突然変異源となる化学物質や放射線等の要因をできるだけ減らした方がよいことがわかる．

12.4 集団の地理的構造と移住

生物の集団は地域によって分かれた複数の分集団からなる場合が多い．分集団間の遺伝子頻度が等しければ移住による遺伝子頻度変化はないが，そうでない場

合，つまり分集団間に遺伝的分化があるとき，遺伝子頻度の変化が起こる．簡単な2分集団モデルを使って遺伝子頻度の変化を調べた後，集団の遺伝的分化の程度を表す固定指数（fixation index）について説明する．

12.4.1 2分集団モデル

これまでと同じように2対立遺伝子 A, a があるとして，2分集団1, 2での A 遺伝子頻度をそれぞれ p_1, p_2 で表す．それぞれの分集団内では任意交配が行われており，自然淘汰は働いておらず突然変異も無視できるとする．それぞれの分集団での次世代の遺伝子のうち，もう一方の分集団由来の遺伝子の割合を移住率と呼び m で表す．次世代の分集団1でサンプルされた遺伝子が A であるのは，親遺伝子が分集団1に属しており（確率 $1-m$）かつ A 遺伝子である（確率 p_1）場合と，親遺伝子が分集団2に属しており（確率 m）かつ A 遺伝子である（確率 p_2）場合である．このため次世代の分集団1での A 遺伝子頻度は

$$p_1' = (1-m)p_1 + mp_2$$

となるので，遺伝子頻度の変化は

$$\Delta p_1 = -m(p_1 - p_2) \tag{12.8}$$

となる．この式より移住によって2分集団の遺伝子頻度は等しくなる方向に変化し，両分集団の頻度が等しくなったところで変化は止まることがわかる．つまり移住は分集団の遺伝子頻度を均一化する方向に働く．

12.4.2 分集団の遺伝的分化と固定指数

ここで分集団間の遺伝的分化を表す固定指数を定義する．1個の分集団からランダムに2個遺伝子をサンプルした時に，それらが異なる対立遺伝子である確率を期待集団内ヘテロ接合頻度と呼び h_w で表す．また異なる分集団からそれぞれ1個ずつ遺伝子をサンプルした時に，それらが異なる対立遺伝子である確率を期待集団間ヘテロ接合頻度と呼び h_b で表す．これらは遺伝的多様性を表す指標であるが，これらを使って固定指数 F_{ST} を次のように定義する．

$$F_{ST} = \frac{h_b - h_w}{h_b} \tag{12.9}$$

右辺の分子は異なる集団から取った2遺伝子が異なっている確率と同じ集団から取った2遺伝子が異なる確率との差を表しており，F_{ST} は分集団間の遺伝的分化の程度を表している．

12.4.1項の2集団モデルでの遺伝子頻度を使って F_{ST} を表してみよう．この場合 $h_w = p_1(1-p_1) + p_2(1-p_2)$, $h_b = p_1(1-p_2) + (1-p_1)p_2$ なので，

$$F_{ST} = \frac{(p_1 - p_2)^2}{p_1 + p_2 - 2p_1 p_2}$$

となる．固定指数は分集団間に遺伝的分化がないとき（$p_1 = p_2$）に0となり，最も分化したとき（$p_1 = 0, p_2 = 1$ またはその逆）に1となる．

12.5 遺伝的浮動

11.2.2項で Hardy-Weinberg 平衡を導いた時，次世代の受精卵の AA の割合が，遺伝子型 AA が生まれる確率に等しいとした．しかし生物の集団は有限なので，必ずしも割合が確率と等しくはならない．これはサイコロを振ったとき1が出る確率は 1/6 だが，実際に10回振ったときに1の出る割合は 1/6 とはならず，確率的に様々な値が出ることと同じことである．このため遺伝子頻度は確率的に変動する．これを遺伝的浮動 (genetic drift) と呼ぶ．この節では単純なモデルを使って，遺伝的浮動を定量的に考察する．

12.5.1 Wright-Fisher モデル

二倍体生物集団の個体数を N で表す．この場合1遺伝子座の遺伝子は集団中に全部で $2N$ 個ある．Wright-Fisher モデルでは次世代の集団を親集団から重複を許してランダムにサンプルすることにより構成する．親世代の A 遺伝子の頻度をこれまでのように p_A で表すと，次世代の A 遺伝子の数 X_A が i となる確率は

$$P[X_A = i | p_A] = \frac{2N!}{i!(2N-i)!} p_A^{\,i} (1-p_A)^{2N-i}$$

となり X_A は二項分布する．これに従い次世代の A 遺伝子頻度 $p'_A = X_A/2N$ も

確率的に変化する．二項分布の平均と分散から，次世代の遺伝子頻度の平均は $\mathrm{E}[p'_A]=p_A$ で分散は $\mathrm{Var}[p'_A]=p_A(1-p_A)/2N$ となる．

12.5.2 遺伝的浮動の効果

前項で述べたように次世代の遺伝子頻度は確率的な値をとる．これを続けるとどのようになるかを，計算機シミュレーションにより調べた．100世代の間で遺伝子頻度がどのように変化するかを，同じ初期頻度 $p_A=0.5$ から始めて10回反復した結果を図12.3上に示している．集団サイズは $N=10, 100$ の2つの場合について示してある．A 遺伝子の遺伝子頻度は確率的に変動（遺伝的浮動）しており，同じ初期頻度から始まっているのに反復集団によって世代がたつと大きく異なってくる（遺伝的分化）ことがわかる．小さな集団（$N=10$）では変動が早く起こり，どの集団でも最終的に遺伝子頻度は0（消失）または1（固定）となっている．固定や消失は大きな集団でもいずれは必ず起こる．図の下には遺伝子頻度と期待ヘテロ接合頻度の反復集団での平均を示している．平均頻度は変化しないが，平均ヘテロ接合頻度は減少していることがわかる．次項以降で遺伝的浮動の効果を2対立遺伝子の Wright-Fisher モデルを使って定量的に調べる．対立遺伝

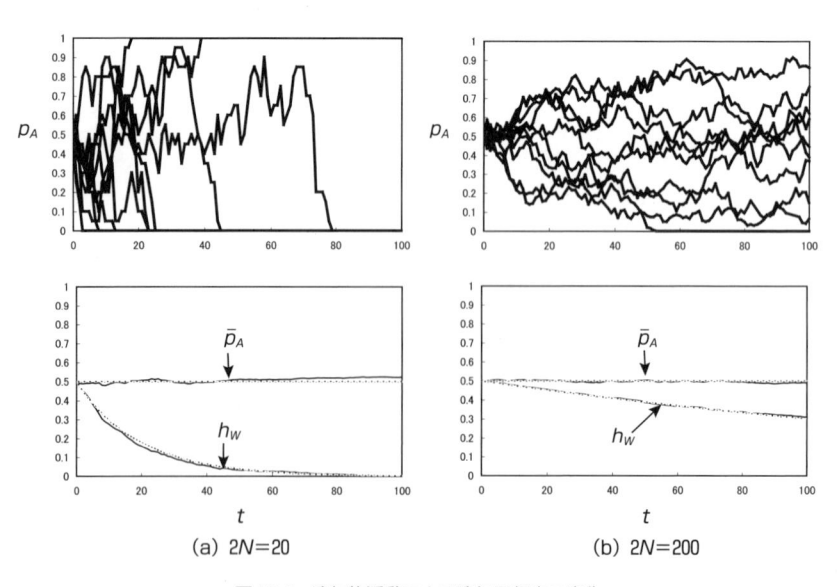

(a) $2N=20$ (b) $2N=200$

図12.3 遺伝的浮動による遺伝子頻度の変化

子のよる適応度の差はない（中立）とする．

12.5.3 ヘテロ接合頻度の減少

簡単のため突然変異は起こらないと仮定し，t 世代の平均ヘテロ接合頻度を H_t で表すことにする．$t+1$ 世代に集団からサンプルした2個の遺伝子は，$1/(2N)$ または $1-1/(2N)$ の確率でそれぞれ前世代の同じまたは異なる遺伝子由来となる．この2遺伝子が異なる対立遺伝子であるのは後者でかつ前世代の2つの親遺伝子が異なる対立遺伝子である場合（確率 H_t）のみなので，

$$H_{t+1} = \left(1 - \frac{1}{2N}\right) H_t \tag{12.10}$$

が得られる．この式を繰り返し使うと

$$H_t = \left(1 - \frac{1}{2N}\right)^t H_0$$

となり，毎代 $1/(2N)$ の率で平均ヘテロ接合頻度が減少していくことがわかる．小さな集団ほど遺伝的浮動による平均ヘテロ接合頻度の減少は早く起こる．

12.5.4 中立遺伝子の固定確率と進化速度

有限集団では遺伝的浮動により究極的に対立遺伝子の固定または消失が必ず起こる．A 遺伝子の初期頻度が p だったとして，A 遺伝子の究極の固定確率 $U(p)$ を求めよう．中立性を仮定すると初期集団の $2N$ 個の遺伝子中特定の1遺伝子が固定する確率は，どの遺伝子が固定する確率も等しく，しかもどれかの遺伝子の子孫が必ず集団中に固定するので，$1/(2N)$ となる．初期集団に A 遺伝子が i 個あったとすると $p = i/(2N)$ となるが，i 個のそれぞれが固定する確率は $1/(2N)$ なので，結局固定確率は次のようになる．

$$U(p) = i \times \frac{1}{2N} = p \tag{12.11}$$

この式を使って世代あたりの遺伝子置換率，つまり進化速度 k を求めてみよう．突然変異は中立であるとし，突然変異率を u とする．一代あたりに生じる中立突然変異の期待数は $2Nu$ で，そのうち $p = 1/(2N)$ の割合が集団中に固定するので

$$k = 2Nu \times \frac{1}{2N} = u \tag{12.12}$$

となる.つまり進化速度は中立突然変異率に等しくなる.

12.6 遺伝子系図学

　ここまでは,集団遺伝学において遺伝子頻度が時間とともにどのように変化するかを説明してきた.1980年代に入って,現在の集団から複数の遺伝子をサンプルした時に,時間を逆向きにさかのぼって,それらが過去のどの時点でどのように共通祖先遺伝子を持つかを調べる遺伝子系図学が発展した.この理論はDNAレベルのデータを統計的に解析する際に有用である.ここでサイズが一定(N)の任意交配集団からランダムにn個の遺伝子をサンプルした場合について,簡単に説明する.なお,Nはnに較べてずっと大きいと仮定する.

12.6.1 遺伝子系図

　最初に2個の遺伝子をサンプルした場合($n=2$)を考える.2遺伝子が前世代に共通祖先を持つ確率は$1/(2N)$,持たない確率は$1-1/(2N)$となる.2遺伝子が共通祖先を持つまでの時間をT_2で表すと,$T_2=t$となるのは$t-1$世代前まで共通祖先を持たずt世代前に共通祖先を持つ場合なので,その確率は,

$$\mathrm{P}[T_2=t] = \left(1-\frac{1}{2N}\right)^{t-1}\left(\frac{1}{2N}\right) \approx \left(\frac{1}{2N}\right)\exp\left[-\frac{t}{2N}\right] \tag{12.13}$$

となり,T_2は平均が$2N$の指数分布を持つことがわかる.

　次にi個の遺伝子をサンプルした場合に,そのうちのどれかが最初に共通祖先を持つまでの時間T_iを考える(図12.4参照).i個の遺伝子が前世代に共通祖先を持たない確率は

$$\left(\frac{2N-1}{2N}\right)\left(\frac{2N-2}{2N}\right)\cdots\left(\frac{2N-(i-1)}{2N}\right) \approx 1 - \frac{1+\cdots+(i-1)}{2N} = 1 - \frac{i(i-1)}{4N}$$

となるので,(12.13)式と同じようにして

$$\mathrm{P}[T_i=t] \approx \left(\frac{i(i-1)}{4N}\right)\exp\left[-\frac{i(i-1)t}{4N}\right] \tag{12.14}$$

を得る.つまり T_i は平均が $i(i-1)/(4N)$ の指数分布を持つ.N が大きいと同時に3個以上の遺伝子が共通祖先を持つ確率は非常に小さいので,ランダムに選ばれた2個の遺伝子が共通祖先を持つことになる.

結局,集団からサンプルされた n 個の遺伝子の系統をたどると,(12.14)式で表される分布を持つ過去の世代ごとに,ランダムに選ばれた2遺伝子が1祖先遺伝子由来となって祖先遺伝子数を減らしてゆき,最終的には1つの共通祖先遺伝子(most recent common ancestor:MRCA)由来となる(図12.4).

12.6.2 突然変異と遺伝的変異

n 個の遺伝子をサンプルした時に,その間で見られる変異は n 遺伝子の系図中で起こった突然変異による.このため系図の分布と突然変異のモデルが与えられると,サンプルした遺伝子間の変異量を予測することができる.一例としてDNAデータを念頭に,n 個の遺伝子配列間で見られる多型(変異)サイトの数(S_n)の平均を求めてみよう.無限個サイトを持つ遺伝子(無限サイトモデル)を仮定し遺伝子の突然変異率を u とする.この場合多型サイトの数は系図中の全

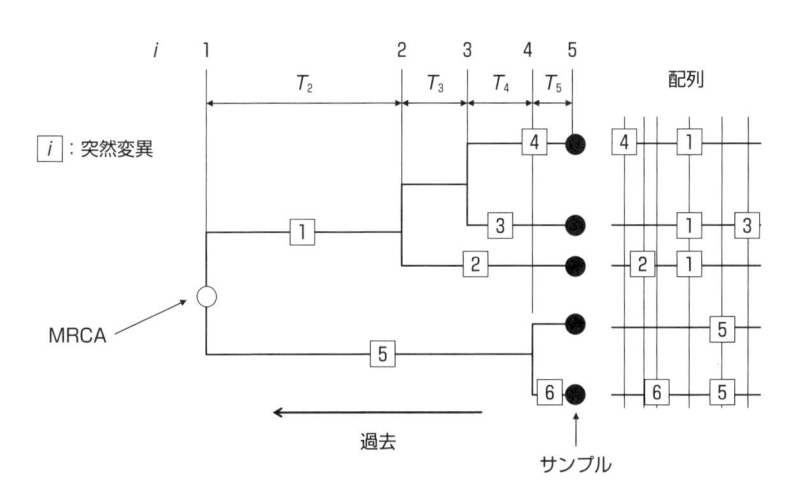

図 12.4 5遺伝子をサンプルした時の遺伝子系図と遺伝的変異の関係
左の系図上に起こった突然変異(□)が右に示される配列の変異として観測される.

突然変異数と等しくなる（図12.4参照）．1遺伝子の系統（図中の横の枝）で起こる突然変異数の平均は突然変異率×世代数となること，T_i の間には系統が i 個あることに注意し，(12.14) 式を使うと，

$$\mathrm{E}[S_n] = u\mathrm{E}[nT_n + (n-1)T_{n-1} + \cdots + 2T_2] = 4Nu \sum_{i=1}^{n-1} \frac{1}{i} \tag{12.15}$$

を得る．特に $n=2$ の場合を考えると $\mathrm{E}[S_2]=4Nu$ となり，集団からランダムにサンプルされた2個の遺伝子は平均 $4Nu$ 個のサイトで異なっていることがわかる．

第13章 量的遺伝学

舘田英典

第12章では1遺伝子座の集団遺伝学を概説したが，実際の生物のゲノムには多くの遺伝子座がある．そのため複数遺伝子座のモデルを解析する必要があるが，多くの遺伝子座を1遺伝子座の時と同様に扱うことは難しい．そこでこの章では1遺伝子座の集団遺伝学の拡張として簡単な2遺伝子座モデルを説明し，次に多遺伝子座に支配される形質を扱う量的遺伝学について解説する．

13.1 2遺伝子座の集団遺伝学

同じ染色体上の2遺伝子座にそれぞれ2対立遺伝子 A, a と B, b があり，2遺伝子座間の組換え率は r とする．この場合，相同染色体上の異なる遺伝子座の対立遺伝子の組み合わせであるハプロタイプ (haplotype) は4種類あるので，それらの集団中での頻度を $g_{AB}, g_{Ab}, g_{aB}, g_{ab}$ で表す（図13.1）．

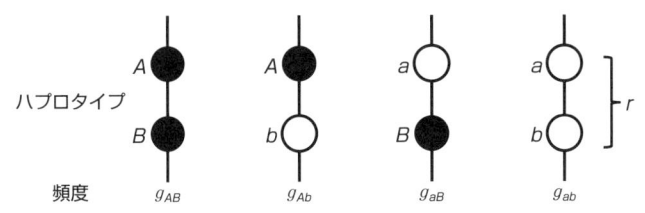

図13.1 2遺伝子座ハプロタイプとその頻度

13.1.1 連鎖不平衡

A, a, B, b の遺伝子頻度を p_A, p_a, p_B, p_b とすると次の関係が成り立つ．

$$p_A = g_{AB} + g_{Ab}, \qquad p_B = g_{AB} + g_{aB} \tag{13.1}$$

もし異なる遺伝子座の対立遺伝子が集団中でランダムに組合わさっていると $g_{AB} = p_A p_B$ の関係が成り立つが，この状態を連鎖平衡と呼ぶ．一方ランダムに組合

わさっていない状態を連鎖不平衡（linkage disequilibrium）とよび，連鎖不平衡係数 D を次のように定義する．

$$D = g_{AB} - p_A p_B \tag{13.2}$$

13.1 式と $g_{AB} + g_{Ab} + g_{aB} + g_{ab} = 1$ の関係を使ってこの式を書き直すと

$$D = g_{AB}(g_{AB} + g_{Ab} + g_{aB} + g_{ab}) - p_A p_B = g_{AB}g_{ab} - g_{Ab}g_{aB} \tag{13.3}$$

となり，このように連鎖不平衡係数を定義することもある．(13.2) 式から AB ハプロタイプ頻度は $g_{AB} = p_A p_B + D$ と表されるが，(13.3) 式で A と a もしくは B と b を入れ替えると $g_{ab} = p_a p_b + D, g_{Ab} = p_A p_b - D, g_{aB} = p_a p_B - D$ の関係も成り立っていることがわかる．つまり D はハプロタイプの連鎖不平衡の程度を一般的に表す指標となっている．

13.1.2 連鎖不平衡の時間的変化

任意交配集団で自然淘汰が働かないとして，連鎖不平衡係数がどのように変化するかを考えてみる．次世代集団から染色体をランダムサンプルした時にハプロタイプが AB であるためには，組換え型ではなく（確率 $1-r$）かつ由来した染色体のハプロタイプが AB である（確率 g_{AB}）か，組換え型で（確率 r）かつ親の相同染色体の一方が A を，もう一方が B を持つ（確率 $p_A p_B$）必要がある．これより次世代の頻度を「′」を付けて表すことにすると

$$g'_{AB} = (1-r)g_{AB} + rp_A p_B$$

となり，p_A, p_B は変化しないので，

$$D' = g'_{AB} - p_A p_B = (1-r)(g_{AB} - p_A p_B) = (1-r)D$$

を得る．この式を繰り返し使うと t 世代での連鎖不平衡係数 D_t は

$$D_t = (1-r)^t D_0 \tag{13.4}$$

と表される．つまり連鎖不平衡係数 D は毎代 r の率で減少し，0 に収束する．

13.1.3 連鎖不平衡が生まれる原因

前項で見たように組換えにより連鎖不平衡は毎世代減少する．しかし様々な原因で新たに連鎖不平衡が創出されるので，実際の集団を調べると特に連鎖が強い遺伝子座（塩基サイト）間で連鎖不平衡が見られる．いくつかのこれらの原因について考えてみる．

1つ目の原因は遺伝的浮動である．有限集団では必ず遺伝的浮動が起こるので，ハプロタイプ頻度が変動して連鎖平衡からのずれが起こる．連鎖が弱い場合，遺伝子間では13.4式で示したように急速にDは減少するが，強く連鎖している場合は減少率が低いのでDはあまり減少しない．例えばヒトゲノムでは2-300kbを超えないと連鎖不平衡値は低くならない．

2つ目の原因は，突然変異が最初1個の遺伝子として生じることである．例えば1番目の遺伝子座の遺伝子が全てAであったところに，1個の遺伝子でaへの突然変異が起こったとしよう．突然変異が起こった染色体の2番目の遺伝子座には例えばB遺伝子があったとすると，最初はaBハプロタイプしか存在しない．2遺伝子座の連鎖が強ければ長い間この状態が持続し，強い連鎖不平衡が見られる．このことを利用して遺伝病等を含む表現型変異の原因遺伝子座マッピングが行われている．例えば最近起こった突然変異遺伝子を個体が持っていると特定の表現型が発現されるとしよう．その場合，ゲノム上の様々な場所にマーカー遺伝子座を設定して，それぞれの表現型に対して高い連鎖不平衡値を持つマーカー遺伝子座が見つかれば，この遺伝子座は表現型原因遺伝子座に強く連鎖していると推定することができる．

3つ目の原因として分化した集団の融合が挙げられる．極端な場合として，ある集団はハプロタイプABのみ，別の集団はハプロタイプabのみからなり，この2集団が融合して1集団になった場合を考える．融合した集団には2ハプロタイプしかないので，この集団は強い連鎖不平衡状態となる．

最後に自然淘汰が働いている場合がある．例えばabハプロタイプの染色体を1つでも持つ個体の生存確率は0であるとする．そうすると成体ではabハプロタイプが全く見られなくなるので連鎖不平衡状態となる．この例のようにaの効果がもう一方の遺伝子座の対立遺伝子によって異なるような場合，つまり2遺伝子座間で相互作用がある場合に，連鎖不平衡が創出される．

それぞれの原因によって見られる連鎖不平衡のパターンに違いがあるので，連

鎖不平衡を推定することにより，逆に原因に関する推測を行うことができる．

13.2 量的遺伝学

　生物の形質にはメンデルのエンドウマメの実験で見られたしわ・丸や，DNAの1塩基部位で見られる異なる塩基のように，はっきりと異なる変異が見られるものもあるが，身長，体重，遺伝子発現量等のように変異が量として表される形質もある．このように量として表される形質を量的形質（quantitative trait）と呼ぶ．量的形質には図13.2に示された身長のように集団中でベル型の分布を示すものが多い．

　メンデルの法則再発見後の20世紀初頭に量的形質の遺伝がメンデルの法則に従うのかどうかについて論争が戦わされたが，結局個々にメンデルの法則に従う多くの遺伝子座が量的形質の変異に関与しているとすればその遺伝を説明できることが明らかになった．簡単な量的形質のモデルでこれを確かめてみる．

　量的形質値 Q は l 個の遺伝子座によって決り，i 番目の遺伝子座には2対立遺伝子 A_i, B_i があって，それぞれ集団の平均値から a_i, b_i だけ Q の値を増加させるとする．効果を平均値からのずれとして表しているので，A_i, B_i の頻度を p_i, q_i とすると，$a_i p_i + b_i q_i = 0$ の関係が成立する．注目する個体が i 番目の遺伝子座に持

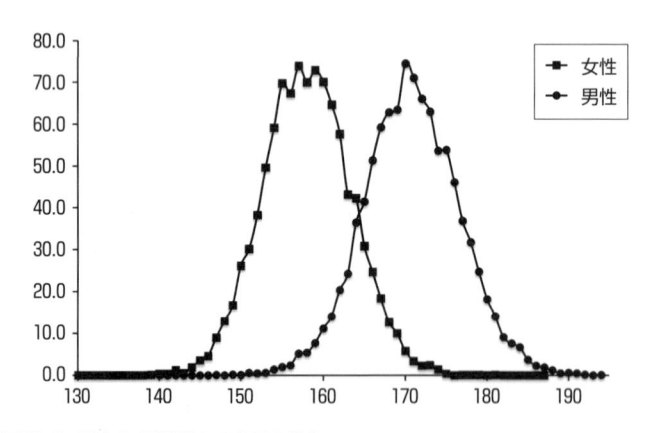

図 13.2　日本人17歳男女の身長の分布
　　　　政府統計・学校保険統計調査（平成19年度）17歳身長データより作成．

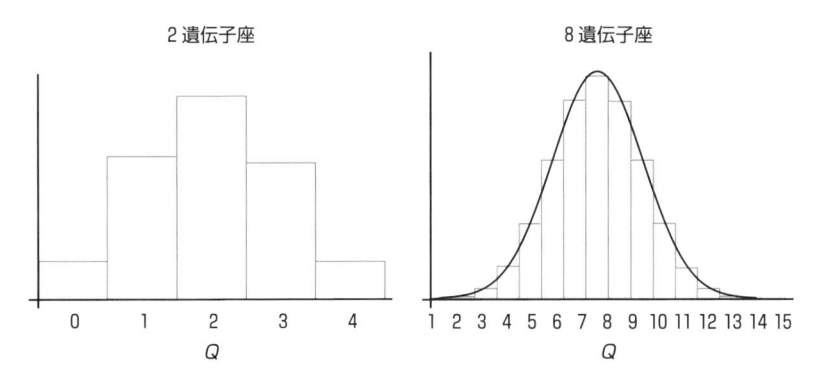

図13.3 2および8遺伝子座モデルでの量的形質の集団内の分布

つ2遺伝子は，それぞれ x_i, y_i だけ Q の値を増加させるとする．x_i, y_i は a_i か b_i かのどちらかの値をとる．この時この個体の量的形質値 Q は

$$Q = E[Q] + \sum_{i=1}^{l}(x_i + y_i) \tag{13.5}$$

と表される．ここで $E[Q]$ は集団中の Q の平均を表し（以下では $E[\ ]$ で平均を表す），x_i, y_i が変異に寄与する部分である．

例えば1遺伝子座のみが量的形質に関与しており（$l=1$），$a_1=-0.5, b_1=0.5$，$E[Q]=1$ でそれぞれの遺伝子頻度が0.5の場合を考えると，量的形質の任意交配集団内での頻度は

量的形質値	0	1	2
遺伝子型	$A_1 A_1$	$A_1 B_1$	$B_1 B_1$
頻度	0.25	0.5	0.25

となる．同じように仮定して2および8遺伝子座の場合について，連鎖平衡を仮定して形質値の頻度を求めた結果を図13.3に示す．この図からわかるように，このモデルでは寄与する遺伝子座の数が多いと Q の分布はベル型の連続分布（正規分布，右図中の実線）に近づく．

13.2.1 環境の効果と広義の遺伝率

環境も量的形質に影響を与える．遺伝子型により決定される部分を G で表し，さらに環境により決定される部分を加えると量的形質は次のように表される．

$$Q = E[Q] + G + E + GE \tag{13.6}$$

ここで G, E, GE はそれぞれ遺伝子型主効果,環境主効果,遺伝子型環境相互作用 (genotype-environment interaction) と呼ばれ,それぞれの平均値は 0 である.遺伝子型(環境)主効果は,各遺伝子型(各環境)の全環境(全遺伝子型)での平均値と集団平均値との差を表す.環境効果には環境主効果のようにどの遺伝子型についても同じように寄与する効果以外に,遺伝子型によって異なる寄与をする効果がある.後者が遺伝子型環境相互作用で GE ある.例えばマメ科植物に見られるアブラムシの一種にはクローバーに棲むタイプ (C-type) と,アルファルファに棲むタイプ (A-type) がおり遺伝的に異なっている.それぞれの環境で両タイプを育て産卵力を調べたところ (Via *et al.*, 2000),アルファルファ環境は A-type には産卵力を上げる方向に,C-type には産卵力を下げる方向に働く(図 13.4).クローバー環境ではその逆のことが起こっている.この場合産卵力についてははっきりとした遺伝子型環境相互作用が見られる.

このような遺伝子型環境相互作用は様々な生物で見られ,実際に重要であることも多いが,ここでは簡単のため無視することにして,次の量的形質のモデルを考えることにする.

$$Q = E[Q] + G + E \tag{13.7}$$

この時,量的形質の分散(表現型分散:phenotypic variance)$V_Q = E[(Q-E[Q])^2]$

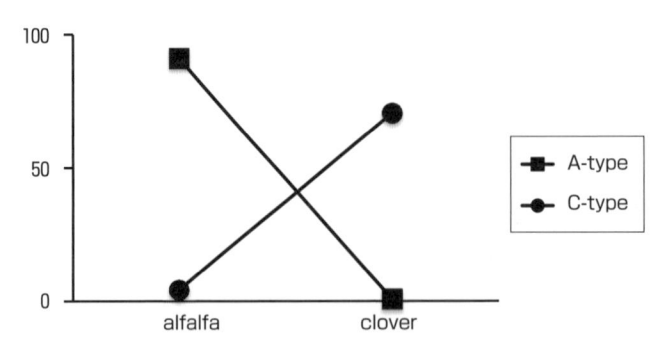

図 13.4 アブラムシに見られる遺伝子型環境相互作用
アルファルファとクローバーで育てたアブラムシの産卵力を示す.
Via *et al.* (2000) Table 1 より作成.

は次のように表される.

$$V_Q = V_G + V_E + 2\text{Cov}(G, E)$$

ここで $V_G = \text{E}[G^2]$, $V_E = \text{E}[E^2]$ はそれぞれ遺伝子型分散（genotypic variance），環境分散（environmental variance），$\text{Cov}(G, E) = \text{E}[G \times E]$ は遺伝子型環境共分散（genotype-environment covariance）と呼ばれる．遺伝子型環境共分散は，例えば音楽的才能に遺伝的要因が関与している場合に，音楽家の家に育った子が家庭環境によってより音楽的才能を伸ばすような状況で正となる．これも様々な生物で見られる可能性があるが，簡単のために無視すると，表現型分散は遺伝子型分散と環境分散の和として表すことができる．

$$V_Q = V_G + V_E \tag{13.8}$$

そこで広義の遺伝率（broad-sense heritability）H^2 を次のように定義する．

$$H^2 = \frac{V_G}{V_Q} = \frac{V_G}{V_G + V_E} \tag{13.9}$$

クローン（一卵性双生児等同一遺伝子型の個体）間での分散は環境分散に等しいので，V_Q からクローン間分散 V_E を引くことによって V_G を推定すれば，H^2 を推定できる．H^2 は「氏か育ちか」を定量的に測る1つの指標ということができる．

13.2.2 親子回帰と狭義の遺伝率

簡単な量的遺伝のモデルを使って親子間の形質値がどの程度似てくるかを定量的に考察しよう．(13.7) 式で表される場合で，さらに各遺伝子座の効果は相加的であると仮定する．両親の形質値の平均と子供の形質値をそれぞれ Q_P, Q_O で表すと，子供の形質値の両親の形質値への回帰は次のように表される．

$$Q_O - \text{E}[Q_O] = h^2 (Q_P - \text{E}[Q_P]) + e \tag{13.10}$$

ここで e は回帰式の誤差項で平均すると0となる．また h^2 は狭義の遺伝率（narrow-sense heritability）と呼ばれ，Q_P と Q_O の共分散を $\text{Cov}(Q_P, Q_O) = \text{E}[(Q_P - \text{E}[Q_P])(Q_O - \text{E}[Q_O])]$ で表すと，

表 13.1　自然集団での狭義の遺伝率の推定値

生物	形質	狭義の遺伝率
セイヨウミツバチ	酸素消費量	0.13
Eurytemora herdmani（プランクトン）	長さ	0.54
Gryllus firmus（コオロギ）	翅の長さ	0.74
コクヌストモドキ	産卵力	0.36
Plethodon cinereus（サンショウウオ）	椎骨の数	0.61
ガラパゴスフィンチ	体重	0.91
	嘴長	0.65
	羽の長さ	0.84

Mousseau & Roff（1987）より作成.

$$h^2 = \frac{\mathrm{Cov}(Q_P, Q_O)}{V_Q}$$

となる．各遺伝子座の効果が相加的ならば $\mathrm{Cov}(Q_P, Q_O) = V_A$ を示すことができるので，

$$h^2 = \frac{V_A}{V_Q} \tag{13.11}$$

を得る．ここで V_A は一個体が持つ個々の遺伝子効果の分散の和で相加遺伝分散（additive genetic variance）と呼ばれ，$V_A \leq V_G$ の関係が成り立つ．

　(13.11) 式では遺伝分散ではなく相加遺伝分散が狭義の遺伝率を決めている．これは親の持つ 2 個の遺伝子のうちのどちらか 1 個だけが子に伝わり，2 個の遺伝子の組み合わせが持つ効果（優性効果）が子に伝わらないためであるが，詳しい説明はここでは省く．優性効果の分散を $V_D = V_G - V_A$ と定義し優性分散（dominance variance）と呼ぶ．いくつかの動物の自然集団での狭義の遺伝率を表 13.1 に示す．ただし h^2 は集団依存の値であり，同じ種・同じ形質でも推定に使った集団が異なると異なってくることに注意する．

13.2.3　淘汰による形質値の変化

　動植物の育種では人為淘汰を行うことによってどのように量的形質の平均値が向上するかが問題となる．(13.10) 式を利用してこの問題を考えてみる．人為淘汰では集団中から形質値の高い（低い）個体を両親として選び子供を産ませるが，

生まれるどの個体に対しても (13.10) 式が成り立つ. このため選ばれた親および
それらの子の集団の平均をそれぞれ $E_S[\ ]$ で表すことにすると,

$E_S[Q_O] - E[Q_O] = h^2(E_S[Q_P] - E[Q_P])$

となる. ここで $R = E_S[Q_O] - E[Q_O], S = E_S[Q_P] - E[Q_P]$ とおくと

$$R = h^2 S \tag{13.12}$$

が得られる. ここで S は淘汰差（selection differential）と呼ばれ, 選抜された親集団と全体集団の平均値の差を表す. R は淘汰反応（response）と呼ばれ, 選抜された親から生まれた子集団と全体集団の平均の差を表す. つまり (13.12) 式は, 親に選抜をかけた程度に狭義の遺伝率 h^2 をかけた分だけ, 子供の集団の向上が期待できることを表している（図 13.5）. このため狭義の遺伝率が低ければ形質値の向上は少なくなる. これは自然界で淘汰が働いた場合も同様で, 例えば極端な場合として狭義の遺伝率が 0 ならば, 形質値にどのように淘汰が働いても進化は起こらない.

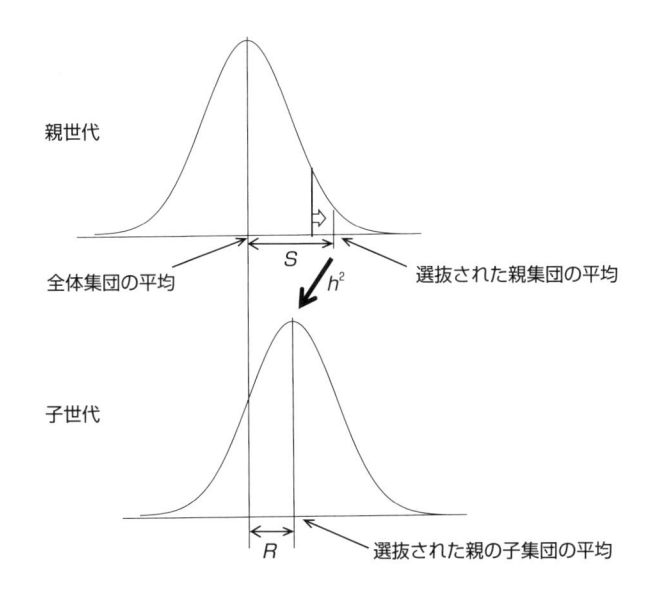

図 13.5 人為淘汰による量的形質平均値の向上
　　　白抜き矢印が示すように, 親世代である値より大きな個体だけが繁殖
　　　できるように淘汰をかけると, 子の形質はより大きな平均値を持つ.

13.2.4 近交弱勢

最後に量的形質の平均値への近親交配の影響について考察する．簡単のために1遺伝子座・2対立遺伝子のモデルを仮定し，遺伝子型によって量的形質 Q が次のように決まるとする．

| 遺伝子型 | A_1A_1 | A_1B_1 | B_1B_1 |
| 量的形質 | C | $C(1-hs)$ | $C(1-s)$ |

ここでは B_1 遺伝子が量的形質値を下げる働きがあるとし，そのヘテロ接合体への影響を優性の度合い h を使って表した（12.2.1項参照）．A_1, B_1 の頻度をそれぞれ p, q，集団の近交係数を F とし，この時の集団での Q の平均値を $\bar{Q}_F$ で表すことにすると，12.1.2項での結果を使って，

$$\bar{Q}_F = C\{[(1-F)p^2+Fp]+[(1-F)2pq](1-hs)+[(1-F)q^2+Fq](1-s)\}$$
$$= (1-F)\bar{Q}_0 + F\bar{Q}_1 \tag{13.13}$$

となる．ここで

$$\bar{Q}_0 = p^2 + 2pq(1-hs) + q^2(1-s), \quad \bar{Q}_1 = p + q(1-s)$$

で，$\bar{Q}_0$ および $\bar{Q}_1$ はそれぞれ任意交配の時と全てがホモ接合体のみとなった $F=1$ の状態での集団の平均値を表している．任意交配集団と近交係数が F の集団の平均値の差 δ_F を求めると，

$$\delta_F = \bar{Q}_0 - \bar{Q}_F = F(\bar{Q}_0 - \bar{Q}_1) \tag{13.14}$$

となり，$s>0$ なら $h<1/2$，つまり平均値を下げる方の対立遺伝子が劣性又は部分劣性の時に，近親交配により集団の平均値が低下することを示すことができる．このように近親交配によって集団の平均値が低下することを近交弱勢（inbreeding depression）と呼ぶ．生存率や産卵数など適応度の重要な成分について考察する時にも，しばしば用いられる．

13.2.5 QTLマッピング

これまで説明した古典的な量的遺伝学では形質値の平均と分散・共分散のみに注目し，量的形質に寄与する個々の遺伝子座（量的形質遺伝子座：QTL）については考慮してこなかった．しかし分子生物学的手法の発達によって比較的容易に

ゲノム上にマーカーを開発することが可能になり，寄与する遺伝子座のマッピング（染色体上の位置決定）やその効果の推定を行うことが可能となった（QTL マッピング）．QTL マッピングでは量的遺伝のモデルを仮定して交配家系より得られたデータの尤度を計算し，量的形質遺伝子座の遺伝地図上の位置や効果等のパラメータを統計的に推定する．様々な方法が考案されており詳しくは他の教科書に譲るが，ここではそのアイディアを簡単に説明する．

図 13.6 は量的形質値が高い系統（High）と低い系統（Low）を使った戻し交配での QTL マッピングを示している．まずゲノム上に多くのマーカー遺伝子座を準備する．図のような交配を行い，戻し交配で生まれた個体の量的形質値を測定し，またマーカー遺伝子座の遺伝子型を決定する．QTL に強く連鎖しているマーカーでは遺伝子型によって形質値の分布が大きく異なってくるが，連鎖がなければ F_1 での組換えにより形質値の分布は遺伝子型によらなくなる．ゲノム上のマーカー遺伝子座から，遺伝子型によって量的形質値の分布が変化するようなものを探索すれば，そのマーカーに連鎖している QTL の位置を推定し，また効果の推定を行うことができる．

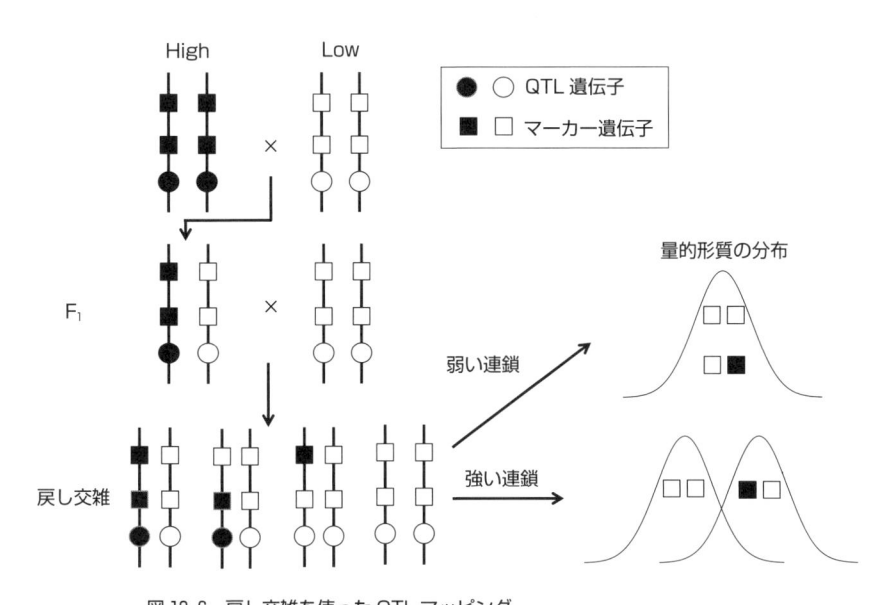

図 13.6 戻し交雑を使った QTL マッピング
量的形質値が高い系統（High）と低い系統（Low）を交配した．

表 13.2 トマトの栽培種と南米の野生種を使った QTL マッピング

形質	QTL 数	効果	説明する分散
果肉量	6	3.5〜6.0g	54%
可溶性固形物濃度	4	0.83〜0.91 °Brix	44%
pH	5	−0.12〜+0.17	48%

°Brix：糖分の濃度を測る尺度. Patterson *et al.* (1989) より作成.

表 13.2 にトマトの栽培種と南米の野生種の交配による QTL マッピングの結果を示している．マーカー遺伝子座は約 20cM ごとに全部で 70 個設定されており，果肉量，可溶性固形物濃度，pH に関与する QTL がそれぞれ数個ずつ同定された．これらの QTL での変異により表現型分散の約 50% 程度が説明できることもわかった．

この例のように，QTL マッピングは古典的な量的遺伝学に較べて量的形質の理解を大きく進める手法といえる．ただし QTL マッピングでは交配させた系統間の違いに関与する遺伝子座しか同定できないこと，遺伝子型決定と量的形質測定を行う個体数が少なくてマーカー遺伝子座が少ないと大まかなマッピングしかできないこと等の限界があることに注意する必要がある．

IV部　系統と進化

第14章 適応進化と共進化

楠見淳子

14.1 適応進化

　個体の繁殖力を高めるには，生息環境により適合した形質をもち，生存力を高めることが効果的であると考えられる．生物が環境によく合った遺伝的形質をもつようになった状態を適応と呼ぶが，自然界において，多くの生物で形態，生理，行動などの様々な形質がそれぞれの生息環境に適応している例が観察されるのは，自然淘汰の効果によりもたらされた適応進化の結果である．

　この適応的形質の進化は，その形質に関わる遺伝子の進化に裏付けされている．繁殖に有利な表現形質をもたらす突然変異をもつ遺伝子が現れると，その遺伝子を持つ個体は，そうでない個体よりも多くの子孫を残せるので，世代を重ねるごとに有利な変異を持った遺伝子は集団中に広がり，最終的には固定する．この現象がダーウィンの提唱した自然淘汰による適応進化であり，「正の淘汰（positive selection）」と呼ばれる．もっとも，ゲノム中に偶然に生じる突然変異のほとんどは有害な変異であり，このような変異は短い世代の間に集団中から消失するため，長期的な進化には関与しない（負の淘汰：negative selection，純化淘汰：purifying selection）．また，中立説に従えば，集団中に蓄積する変異の多くは生物の適応度にほとんど影響しない中立な変異であると考えられている．しかしながら，これらのことは有利な（適応的な）変異の存在を否定するものではない．有利な突然変異は，有害もしくは中立な突然変異に比べると非常にまれだと考えられるが，固定確率は中立の場合よりも大きい．

　適応進化が起こるかどうか（有利な形質が固定するかどうか）は，自然淘汰の働きに加え，突然変異率，遺伝的浮動，組換え，集団間の移住など他の進化要因が複合的に影響することによって決まる．長い時間をかけた変異の蓄積と自然淘汰が生物の適応進化に貢献してきたことには疑う余地がない．

14.1.1 自然淘汰の種類
A. 方向性淘汰
　ある対立遺伝子がもたらす形質が他の対立遺伝子がもたらす形質よりも有利である場合，またはある量的形質が増大（もしくは減少）することが有利である場合にみられる淘汰のことを方向性淘汰という（図14.1a）．

B. 安定化淘汰
　平均的な形質が有利な場合の自然淘汰のことを安定化淘汰いう（図14.1b）．長い期間一定の環境のもとにある集団は，その環境に適応した平均的な形質を維持する作用がある．この場合，平均的な形質から外れてしまうような変異は集団から除かれるので，変異は減少する．

C. 分断化淘汰
　中間的な形質を持つ個体が両極端な形質をもつ個体よりも不利な場合に生じる自然淘汰のことを分断化淘汰という（図14.1c）．中間的な形質を持つ個体の適応度が著しく低い場合には，両極端な形質を持った個体間で交配しても，次世代が維持される可能性は低くなり，生殖隔離につながる場合がある．

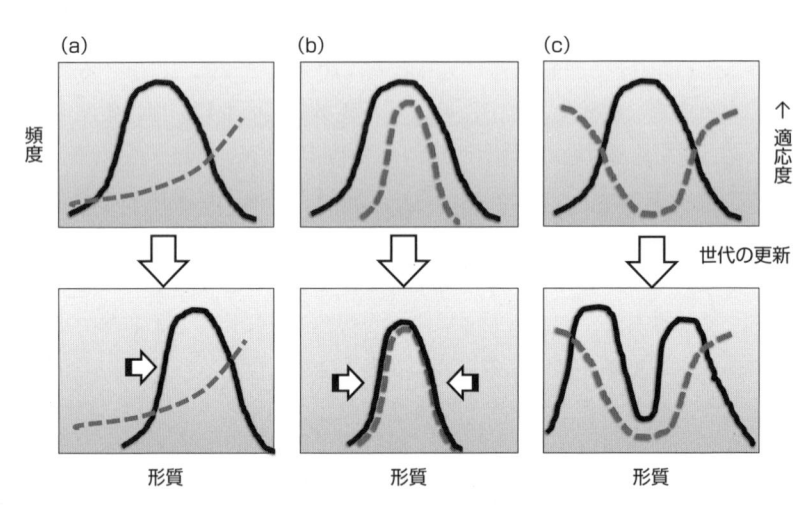

図14.1　自然淘汰の種類
　(a) 方向性淘汰，(b) 安定化淘汰，(c) 分断化淘汰．
　黒実線は集団中の頻度分布，グレー破線は適応度を示す．

D. 頻度依存淘汰

集団内の遺伝子型の頻度によってその遺伝子型の適応度が変化する場合に生じる自然淘汰を，頻度依存淘汰という．このタイプの淘汰には，頻度が低い場合に有利になる場合と頻度が高い場合に有利になる2つのケースがある．頻度が低い遺伝子型をもつほうが有利な場合には，適応度と頻度が負の相関をもつため，負の頻度依存淘汰と呼ばれる．頻度が低い遺伝子型の適応度が高いため，世代を経るとその頻度が増加するが，ひとたび高い頻度になると適応度が減少し，それに伴い頻度も減少する．このような変動が複数の遺伝子型で起こり，それぞれの遺伝子型が固定することなく集団中に長期間維持されることになる．このタイプの自然淘汰でよく知られている例は，集団中の性比の維持である．また，自家不和合性の遺伝子の多型の維持（後述），植物の寄生菌に対する抵抗性と罹病性の共存（Grant, 1995；Stahl *et al.*, 1999；Tian *et al.*, 2002），タンガニーカ湖に生息するカワスズメ科の鱗食魚（Hori, 1993）等様々な例が報告されている．

一方で，頻度が高いほうが有利になるような場合を正の頻度依存淘汰とよぶ．この場合，新規の形質をもたらす突然変異は，頻度が低いため不利になるので集団から除かれることになる．このような自然淘汰の例としては，巻貝の右巻と左巻にかかる自然淘汰が知られている．巻貝が右巻，左巻きに発生するかは単純なメンデル遺伝によって決まっている．右巻と左巻を決定している遺伝子に変異が起こると親とは異なる方向に巻いた貝をもつ個体が生まれる．この右巻と左巻を決定する遺伝子は，貝の巻き方だけでなく，体の全構造の左右を逆転させてしまうため，交尾器の位置にもずれが生じてしまい，同じ巻き方同士の個体でしか交尾が成立しない．従って，右巻の集団に左巻の個体が生じても子孫を残すことができず，その集団は右巻が維持される．それとは逆に左巻の集団では右巻の個体は子孫を残せず，左巻が優占する．自然界には右巻の貝と左巻の貝が両方存在するので，貝の巻き方は繁殖以外の適応度には直接関わらないと考えられ，集団中の頻度が右巻，左巻の適応度を決めている．

E. 平衡淘汰

ヘテロ接合体が有利な場合（超優性）や，負の頻度依存淘汰など集団中に変異が維持されるような自然淘汰のことを平衡淘汰という．超優性淘汰の例としては，ヒトの鎌形赤血球貧血症とマラリア抵抗性の例がある．鎌形赤血球貧血症

は，ヘモグロビンのβ鎖をコードする遺伝子座に変異が起こることによって生じる．この変異をホモにもつ個体は，重度の貧血症状を起こし死にいたる．一方で，正常な対立遺伝子とのヘテロ接合体は軽度の貧血症状で済み，さらにマラリア原虫の感染に抵抗性をもつ．マラリアの発症頻度が高い地域では，正常な対立遺伝子のホモ接合体よりもヘテロ接合体の適応度が高くなるため，有害な効果があるにも関わらず，変異は高い頻度で維持されることになる．

　自然界で集団中に多型が維持されている例は多く観察されるが，これがすべて自然淘汰の働きによるものではないことには注意する必要がある．多型が保たれているのが自然淘汰によるものかどうかを判断するには，ヘテロ接合体の適応度がホモ接合体よりも高いかどうか（超優性），もしくは対立遺伝子の頻度が低い時にどのようにしてその対立遺伝子の適応度が増すのか（負の頻度依存淘汰）を明らかにする必要がある．

　負の頻度依存淘汰を実験的に再現した例として，植物に寄生する細菌 *Psudomonas fluoresces* の研究例がある（Rainey & Travisano, 1998）．この菌には3つのタイプのコロニーがあり，これらは培養液中で異なるニッチを占めている．実際に，競合実験を行うと，3つのタイプが安定した頻度で共存する．また，いずれかのタイプを低い頻度で別のタイプの培養液中にいれると，ほとんどの組合せで頻度の低いコロニーのタイプが増殖し，侵入に成功した（6つの組合せのうち1つは侵入できなかった）．これは，同じコロニーのタイプは同じ資源をめぐっての競争があるが，頻度の低い異なるタイプのコロニーを形成する菌は競争がなく相対的に有利になるためだと考えられ，頻度依存淘汰によって最終的に3つのタイプのコロニーの共存が維持されている．

F. 性淘汰

　有性生殖を行う生物では，交配相手の獲得をめぐって個体間に適応度の違いが生じる．このように，交配成功率にかかわる自然淘汰を性淘汰という．繁殖に関わる形質に関して性的二型をもつ生物の多くはこの性淘汰が関与していると考えられる．性淘汰には，雄間の競争によるものと雌の選好性によるものの2種類がある．雌の選好性の淘汰圧が強い場合には，雄が目立つような派手な色彩や形態をもつなど，捕食者の標的になりやすく，一見不利に見えるような形質であっても進化することができる（第9章を参照のこと）．

14.1.2 適応進化の例

　明らかな形質の変異が観察される場合には，自然淘汰が働いている可能性が高いと考えられる．形質と適応度に強い関連性が認められれば，強い方向性淘汰が働いて形質が変化したことを示唆している．しかし，観察される形質の変異は，それが遺伝する形質であったとしても，環境，遺伝子間の相互作用，遺伝子と環境の相互作用の影響を少なからず受けている．形質変異の淘汰差（自然淘汰が働く前の世代の集団平均適応度と，淘汰された次の世代の集団平均適応度の差），遺伝率とともに，その形質変異の鍵となる遺伝子の変異のパターンを関連づけて明らかにすることにより，そこに働く自然淘汰の有無や強さを知ることができる．

A. ダーウィンフィンチの例

　ダーウィンフィンチ類は，ガラパゴス諸島に生息する小型の鳥類で，その食性に応じて嘴の形が多様化している．その名が示すとおり，ダーウィンがガラパゴス諸島で発見し，生物が世代を経て徐々に形態を変えていくことを示唆した生物の1つである．このような歴史的経緯もあり，ダーウィンフィンチ類は適応進化の例として最もよく知られている．これらの鳥類の中には同種内で嘴の形状に多型があるものもあり，食性に対して強い淘汰圧がかかっていることが予想される．

　Grant らによって行われたダーウィンフィンチ類の嘴の形状の進化に関する研究は，長期にわたる個体群の嘴の形状の観察から嘴の形態形成の分子機構にいたるまで多岐にわたっている．その一例として，1976-1977年にガラパゴス諸島で起こった干ばつが，ダーウィンフィンチの一種であるガラパゴスフィンチ（*Geospiza fortis*）の嘴と体長に短期的に変化をもたらした例を紹介する．この干ばつにより，島の植物の種子生産量は著しく減少し（図14.2c），種子を主食とするガラパゴスフィンチの個体数も減少した（図14.2a）．とくに，柔らかい殻をもつ種子はすぐに食べ尽くされてしまうため，サイズの大きい固い殻をもった種子を食べることができるかどうかが，個体の生存率に大きく影響した（図14.2b）．干ばつが起こった年は，大きく強靭な嘴をもつ体の大きな個体ほど固い種子を砕いて食べることができたため，より多く生き残った．そのため，その年の集団は元の集団に比べると平均的に嘴が厚く，体長が大きくなっていた．このように淘汰によって生じた変化を淘汰差というが，この淘汰差を測ることによってそこに

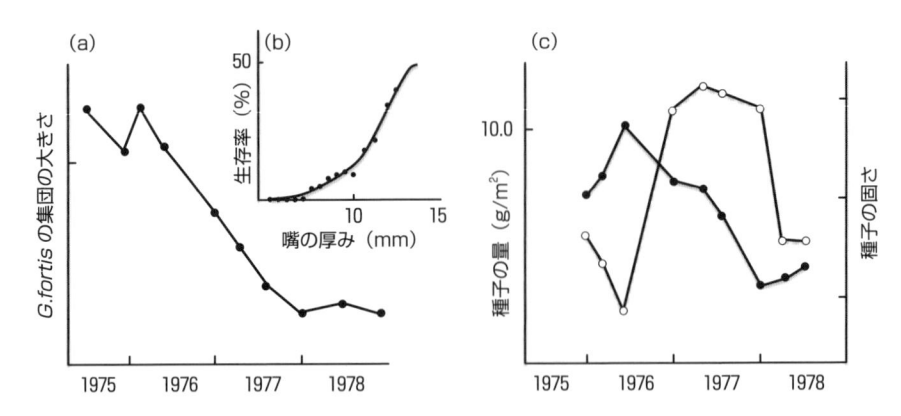

図14.2 (a) *Geospiza fortis* の集団サイズの変動，(b) 干ばつの年（1977年）に働いた自然淘汰，(c) 種子の量（黒丸）と固さ（白丸）
　干ばつの年には，種子の量が減少し，固い種子が多くなった（c）．種子の量の減少とともに *G. fortis* の個体数も減少しているが（a），干ばつの年には固い種子を食べることのできる大きい嘴をもった個体のほうが生存率が高くなっている（b）．

かかる自然淘汰の強さと方向性を観測することができる．この例では，1977年の一年を通じて0.53標準偏差分の淘汰差が生じた．また，自然淘汰に必要なのは，淘汰される形質が遺伝するかどうかだが，嘴の厚さの遺伝率は0.8と推定されているので，この場合，淘汰圧が強く継続的であれば形態の進化は起こりうると考えられる．

　ダーウィンフィンチの嘴の形態形成に関わる遺伝子についての報告もある．Abzanov *et al.*（2004；2006）は嘴の長さが異なる *Geospiza* 属の数種を用いて，頭部骨格の初期発生時期における遺伝子の発現量，発現時期の解析を試みた．その結果，鳥類において嘴の成長因子として働くBmp4遺伝子（bone morphogenetic protein 4）とカルモジュリン遺伝子（CaM）の発現量と発現時期の違いによって嘴の長さと厚みが決定されることが示された．*Geospiza* 属にみられる嘴の形状の違いとBmp4とCaMの発現量，発現時期の違いには相関があり，これらが適応進化の鍵となる遺伝子であると考えられる．このように発現制御因子や発現制御領域の変異が形態形質に変化をもたらす例は多い．

B. 被子植物の自家不和合

　被子植物の大部分は葯と雌ずいが同じ花の中にあるので，自家受精が起こりうる．多くの有害遺伝子は劣性なので，近親交配でできる次世代の個体の適応度は低くなる可能性が高い（近交弱勢）．このため，被子植物では自家受精を妨げるシステムとして自家不和合性という性質を持つ種が多く存在する．このシステムのもとでは，特定の遺伝子座の遺伝子型が同一である場合，受粉しても花粉管の伸長や受精後の胚珠の生育が妨げられ，種子を形成できない．自家受精を防ぐことによって，近親弱勢を避け，有性生殖のメリットを最大限に受けることができる．一方で，個体群密度が非常に低い場合や花粉媒介者の訪花の頻度が低い場合など，受粉そのものが成立しにくい環境では，自家不和合性はかえって仇となることも考えられる．また，短期的に見れば，自殖は最も効率的に自分の遺伝子を残すことができるので，有利とも考えられる．同じ分類群の中でも自家不和合性，自家和合性の種が混在していることから，それぞれの種の生育環境によって，有利なシステムが選ばれていると考えられる．

　自家不和性には，受粉した花粉が自身と同一の遺伝子型かどうかを認識するシステムが2種類ある．配偶体型システムは花粉がもつ対立遺伝子を認識し，胞子体型システムでは，花粉の親個体の遺伝子型を認識する．つまり2倍体であれば，2つの対立遺伝子型のどちらかが一致すると種子を残すことができない．いずれにしても，頻度の低い対立遺伝子をもつ個体は受精の成功率が高くなり有利になるので，負の頻度依存淘汰が働くことになる．自家不和合性の自己と非自己の認識に関わる遺伝子としてよく知られているS対立遺伝子を調べた研究によると，この遺伝子座は様々な植物で非常に高い多型性をもつ．アブラナ科のカブ（*Brassica rapa*）とキャベツ（*Brassica oleacea*）のS対立遺伝子では，同種内の異なる対立遺伝子間のアミノ酸配列の同一性が50％以下になっているのに対して，異種間の対立遺伝子では，これらの種が分岐してから数百万年経っているにも関わらず，同種内よりも高い同一性が認められた．これは，S対立遺伝子に長期にわたって平衡淘汰（負の頻度依存淘汰）が働いたことを示している．

C. タバコスズメガの幼虫の体色

　方向性淘汰の結果，短期間で形質の変化が生じた例としては，人為淘汰による栽培品種の作出や，オオモシモフリエダシャクの工業暗化がよく知られている．

自然界において適応進化がどのようなプロセスを経て起こるのかを知るには，実験により進化を再現することが最も直接的な方法だが，世代時間の短い生物を除き，適応進化の過程を直接目にすることは難しく，複雑な形質の変化を誘導する実験進化の研究例は少ない．

タバコスズメガ（*Mondusa sextera*）と近縁種トマトスズメガ（*Mondusa quinquemaculata*）の幼虫の体色の進化に関する擬似実験を行った興味深い研究がある（Suzuki & Nijhout, 2006）．トマトスズメガの幼虫の体色は温度感受性の表現型多型をもつ．20℃で孵化した場合には，幼虫の体色は太陽光の熱を吸収しやすい黒色になるが，暖かい時期（28℃前後）に孵化した幼虫の体色は緑色になる．この幼虫の黒色化は，幼弱ホルモン量の低下によりメラニンが体表面の細胞に蓄積することにより生じるといわれている．一方，タバコスズメガの場合，野生型の幼虫は温度に関わらず常に緑色だが，黒色の突然変異体がいる．

SuzukiとNijhoutは，このタバコスズメガの黒色変異体を用いて人為淘汰を行うことにより，温度感受性の表現型多型を誘導する実験を試みた．タバコスズメガの黒色変異体は熱ショック（42℃で数時間）を与えると体色が緑色にかわる個体がでてくる．緑色化の程度は個体により様々で，熱ショックを与えても黒色のままの個体も存在する．黒色変異体に熱ショックを与え，①緑色になる幼虫，②黒色のままの幼虫，をそれぞれ選抜して継代し，形質が固定するかどうかを調べた．その結果，13世代目には①の系統の個体すべてが熱ショックにより必ず緑色になり，②の系統では全ての個体が熱ショックを与えても黒いままの個体となった．興味深いことに，①の系統は，28.5℃の低温の刺激でも黒色から緑色への体色が誘導されるようになっていた．この温度は近縁種のトマトスズメガが自然界でもつ温度感受性表現型多型の閾値に相当する．この実験で行われた人為淘汰は，トマトスズメガで起きた自然界での淘汰とは異なるが，実験室で類似する形質の進化が起きることを示している．また，この人為淘汰の標的となった分子はトマトスズメガの幼虫の黒色化に関与している幼若ホルモンであることも示唆されている．

14.2 共進化

　生物の適応度は，生息する環境の物理的条件（温度，光，土壌の成分など）だけでなく，その生態系を構成する他の生物種が作り出す環境や生物間の相互作用といった生物的環境の変化によっても大きく影響される．生物的環境要因はそれ自身が進化するという点で物理的環境要因とは異なる．つまり，相互作用をもつ生物間では，一方の生物の進化に対応して他方の進化が促される効果がある．お互いの進化が連動しながら進行する過程を共進化といい，地球上の生物に広く存在し，生物多様性を生み出す普遍的な機構であると考えられている．

A. 軍拡競走による共進化
　敵対的な生物間相互作用をもつ（被食者対捕食者，寄生者対宿主など）生物間には絶え間ない進化の軍拡競走が生じることになる．たとえば，病原体と宿主の関係を考えてみると，病原体は宿主の防御機構を突破して感染する新しい形質が進化するように自然淘汰が働き，その形質が進化すると，宿主はこれに対抗する新しい防御機構をもつような形質が進化する．このような進化の相互作用は絶え間なく繰りかえされると考えられる．たとえば，精緻な免疫の機構は，このような軍拡競走（arms race）の産物だといえるだろう．他種の進化に対応して自らも進化していく状況は，「鏡の国のアリス」の物語にでてくる赤の女王の台詞「同じ場所にとどまるには，全力で走り続けなければならない（It takes all the running you can do, to keep in the same place.）」になぞらえて，「赤の女王」と呼ばれる．

B. 相利共生がもたらす共進化
　相利共生は相互作用する種がお互いに利益があるような関係にある生物間相互作用である．たとえば，植物の送粉を介した相利共生系（送粉共生系）では，昆虫や鳥類は送粉を担う媒体であり，蜜や花粉等の資源を求めて花に集まる．花の形態，色彩，香りなどの著しい多様性は，資源を求めて花を訪れる送粉動物との相互作用の中で適応進化してきたと考えられる．これに対し，送粉動物も花から効率良く採餌することに特化した口吻や嘴の構造が進化している．

　このような送粉共生系では，1種の植物に対して複数種の送粉者が訪花する場

合が多いが，少数もしくは1種の送粉者のみが訪花する場合もある．絶対送粉共生系は，1種の植物が特定の1種の昆虫にのみ送粉を委ね，送粉者はすべての生活資源をパートナーである1種の植物から得ている特殊な共生系である．このような系で，種特異性が厳密に維持されながら進化する場合には，一方の種が種分化するとパートナーの種も並行して種分化が起きる可能性がある．これを共種分化という．

絶対送粉共生系として知られている，トウダイグサ科カンコノキ属とホソガ (*Epicepharla* 属)，イチジク属とイチジクコバチ類，ユッカとユッカガでは，植物と昆虫の系統分岐がおおまかには一致していることが分子系統樹を用いた解析から明らかにされており，並行して種分化が起こったことが示唆されている．絶対送粉共生系では，送粉者が確実に同種の花に花粉を運んでくれるので，植物にとってとても効率のいいシステムであり，送粉者も餌と繁殖の場を安定して得ることができる．このような系では，送粉者が積極的に花粉を集めて運ぶための器官や行動，送粉者の生活史と植物の開花フェノロジーの同調が観察されるが，これらは共進化が相互にすすんだ証拠といえるだろう．

イチジク属植物（クワ科）の種数は750種を超え，主に熱帯，亜熱帯地域に分布している．私達が店先でみかけるいわゆるイチジクの果実は，成熟した花嚢と呼ばれる球形の花序が成熟したもので，イチジク属植物の最大の特徴でもある．イチジク属植物の花はこの閉鎖した花嚢の内側についており，その花粉を運ぶことができるのは，花嚢の内部に潜り込むことができるイチジクコバチ類に限られている．イチジク属植物は雌雄異花で1つの花嚢の中で雌花と雄花の開花時期が大きくずれている．雌花は花嚢が若い時期に開花を迎えるのに対して，雄花は花嚢の成熟期，ちょうどコバチが羽化する頃に開花する．花粉をつけたイチジクコバチの雌の成虫は若い花嚢に侵入し，花粉を運ぶと同時に雌花の子房に産卵する．幼虫は花嚢の中で成長し，やがて羽化したのち交配する．交配後，雌成虫は花粉をつけて花嚢を脱出し，産卵場所となる別の若い花嚢を求めて飛び立つ．このように，送粉者の生活史と植物の開花フェノロジーが同調することで，複雑な共生関係が成立している．

14.3 分子情報から適応進化を検出する

目に見える生物の形質や生態の違いではなく，DNA，アミノ酸変異から，正の淘汰を検出することもできる．中立進化の変異パターンからの逸脱を示すことによって正の淘汰の検出が可能になる．

14.3.1 種内変異から正の淘汰を検出する

種内変異のパターンが中立モデル（任意交配，集団サイズ一定，集団構造がない，自然淘汰がない）から予測される変異のパターンと統計的に有意に異なるかどうかを検定する方法である．

A. 中立性のテスト

中立モデルの集団における対立遺伝子の頻度分布は予測できる．注目する遺伝子の頻度分布が中立を仮定したときの頻度分布と統計的に有意なずれがある場合，中立（帰無仮説）を棄却できる．対立遺伝子の頻度の中立モデルからのずれは集団構造によっても生じるので，複数の遺伝子を解析し，中立モデルからのずれが着目した遺伝子のみにみられる（特定の遺伝子にかかる正の淘汰）なのか，ゲノム中の遺伝子全体にみられる傾向（集団構造）なのかを見極める必要がある（図14.3）．対立遺伝子の頻度分布を表す統計量として Tajima's D がよく知られている．中立モデルのもとでは，Tajima's D の期待値は0であり，ある遺伝子の Tajima's D の値が正の方向にずれる場合には平衡淘汰，負の場合には強い正の淘汰（selective sweep）が遺伝子に働いたと考えられる．

B. 集団分化の指数を利用する

もし，ある遺伝子座が地域特異的な環境適応に働いているとすると，その遺伝子座は地域間で異なる対立遺伝子頻度をもつことが期待される．注目する遺伝子座とゲノム中の他の遺伝子座（中立と仮定する）の F_{st} の値を比較したとき，注目する遺伝子座の値が他の遺伝子が示す値よりも有意に高い場合には，その遺伝子座は，正の淘汰によってその地域に適応的な対立遺伝子が高い頻度で維持されていることが示唆される．

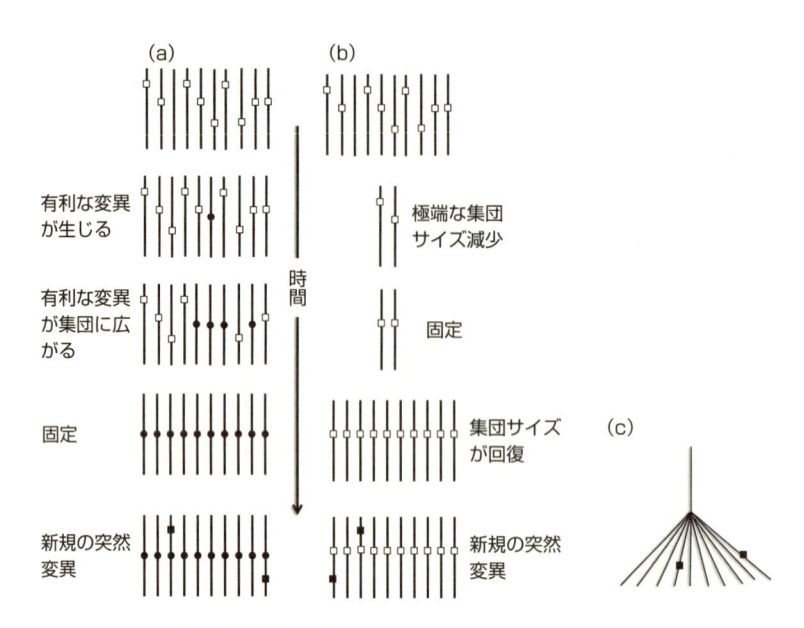

図 14.3　頻度が低い変異の割合が高くなる（Tajima's $D<0$）
(a) 正の淘汰が働いた場合（selective sweep）．
(b) ボトルネックが起こった場合．四角は中立変異，丸は有利な変異を示す．
(a)，(b) のどちらの条件でも，頻度が低い変異の割合が中立の仮定よりも高くなり，遺伝子の系図も同じようなパターンを示す（c）．

14.3.2 非同義置換と同義置換の比を利用する

　同義置換はアミノ酸が変化しない塩基置換のことを指す．このような変異は，表現型に変化をもたらさない，つまり個体の適応度を変えないと考えられるので，中立な変異と仮定することができる．つまり，同義置換はその遺伝子領域の突然変異率を反映すると考えられる．一方，非同義置換はアミノ酸を変化させるので，タンパク質の機能に何らかの影響を与える可能性がある．

　ある遺伝子の非同義置換／同義置換の比が1より低い場合は，同義置換（中立変異）にくらべ非同義置換が起こりにくくなっていることを示しており，有害な変異が取り除かれる淘汰圧（負の淘汰，純化淘汰）が働いていると考えられる．ほとんどの遺伝子は，非同義置換／同義置換は1より低い値を示し，特に機能的制約の強いタンパク質の遺伝子では，非常に低い値となる．また，非同義置換／同義置換の比が1に等しいということは，アミノ酸変異が起こっても個体の適応度に変化がないことを示しており，中立に進化している遺伝子であると考えられ

る．最後に，非同義置換／同義置換の比が1を超える場合もある．これは，非同義変異が有利な場合（正の淘汰）に起こりうる．有利な変異は中立変異よりも短い時間で固定することができるので，中立変異（同義置換）よりも非同義置換が起こりやすくなる．先ほど例で示したS対立遺伝子や免疫に働くMHC遺伝子など，多種類の対立遺伝子をもつことが有利な場合（多様化淘汰：diversifying selection）などには，非同義置換／同義置換の値が1を超えると考えられる．この非同義置換／同義置換の比の検定は，種内，種間変異のどちらにも適用できる．

　DNA配列情報から適応に関連する遺伝子の探索する方法はあくまでも適応進化を検出する間接的な方法であり，つねに擬陽性の可能性をはらんでいる．本当にその遺伝子が適応進化の直接原因となる遺伝子なのかどうかは，タンパク質の機能解析や変異体を用いた淘汰差の測定などにより検証する必要がある．

第15章 分子進化学と分子系統学

楠見淳子

　分子進化学と分子系統学はどちらも，現存する生物の核酸やタンパク質分子の配列情報から生物の進化を解明することを目的とした学問分野である（最近では化石から抽出されたDNA分子の配列解析も進んでいる）．前者は，生物やその構成要素である遺伝子やタンパク質の進化機構を解明することを目的としており，後者は，蓄積された配列の変化を手がかりに，生物の系統進化の道筋を遡って解明することを目的としている．分子情報を生物の進化の情報として扱うことにより，多様な生物の進化を共通の方法論を用いて解析することが可能になるだけでなく，そこから得られる進化に関する情報に客観性をもたせることができる．ゲノム上にある様々な遺伝子の配列を適切な手法を用いて解析することで，種内，種間，属内といった低次の分類群間の進化から，異なる生物界の生物を比較するといった長い時間をかけた生物の進化までを紐解くことができる．今日，塩基配列解析技術の発展により，生物種を問わず膨大な配列情報を短時間で得ることが可能になりつつある．分子進化学と分子系統学は，これまで以上に生物の進化に関わる多くの問題を解明する基盤として重要な学問分野となりうるだろう．

15.1 分子時計の発見と分子進化速度

　DNAやタンパク質の配列から過去の生物の進化の情報を導く作業は，近縁種間で相同遺伝子の配列（共通の祖先配列に由来する配列）を比較することから始まる．たとえば，ヒトとアカゲザル，ウシのシトクロムc遺伝子のアミノ酸配列を比較してみると，ヒトとアカゲザル，ヒトとウシの配列間にはアミノ酸が違っている座位が観察される（図15.1）．それぞれの違いは，比較した2種が共通祖先から分かれてから現在にいたるまでにどちらかの系統で置換が生じたことを意味する．さらに，2つの配列でアミノ酸が異なっている座位の数は2種が共通祖

```
ヒト        M G D V E K G K K I F I M K C S Q C H T V E K G G K H K T G P N L H G
アカゲザル   M G D V E K G K K I F V M K C S Q C H T V E K G G K H K T G P N L H G
ウシ        M G D V E K G K K I F V Q K C A Q C H T V E K G G K H K T G P N L H G

ヒト        L F G R K T G Q A P G Y S Y T A A N K N K G I I W G E D T L M E Y L E
アカゲザル   L F G R K T G Q A P G Y S N T A A N K N K G I T W G E D T L M E Y L E
ウシ        L F G R K T G Q A P G F S Y T D A N K N K G I T W G E E T L M E Y L E

ヒト        N P K K Y I P G T K M I F V G I K K K E E R A D L I A Y L K K A T N E
アカゲザル   N P K K Y I P G T K M I F V G I K K R E E R A D L I A Y L K K A T N E
ウシ        N P K K Y I P G T K M I F A G I K K K G E R E D L I A Y L K K A T N E
```

図 15.1 ヒト,アカゲザル,ウシのシトクロム c 遺伝子のアミノ酸配列のアラインメント
ヒトと比べて異なっているアミノ酸を灰色で示す.105個のアミノ酸のうち,ヒトとアカゲザルで異なっているアミノ酸は4箇所,ヒトとウシでは10箇所ある.

先から分かれてからの時間,突然変異率,その遺伝子にかかる自然淘汰圧の強さによって決まるため,様々な生物種の組合せで塩基やアミノ酸配列を比較することによって,生物や遺伝子に起きた過去の進化を類推することができる.先ほどの例のヒト,アカゲザル,ウシのシトクロム c のアミノ酸配列を比較してみると,ヒトとアカゲザルよりもヒトとウシの組合せのほうがアミノ酸の異なっている座位が多い.突然変異率や自然淘汰圧が3種でほとんど変わらないと仮定すると,この違いは共通祖先から分かれてからの時間を反映していると考えられる.

　このように,系統的に遠い関係にある生物間ではより近縁な生物間に比べてアミノ酸が異なっている座位の割合が高いことは,Zuckerkandl と Pauling によるヘモグロビンやシトクロム c のアミノ酸配列の比較解析から発見された(Zuckerkandl & Pauling, 1965).さらに彼らは,化石の記録から明らかにされている分岐年代とアミノ酸が異なっている座位の割合が概ね比例することを発見し,塩基配列やアミノ酸配列は時間に比例して置換が蓄積することを示した(分子進化速度の一定性,分子時計,図 15.2).この性質を利用することでDNAやアミノ酸の配列情報から生物種の系統分岐の順序や分岐年代を推定することができることになる.ただし,実際には突然変異率や自然淘汰圧は系統間で違いがあるため,現在の見解としては,分子進化速度は普遍的に一定ではなく,一定性は近縁種の間でしか成立しないと考えられている.

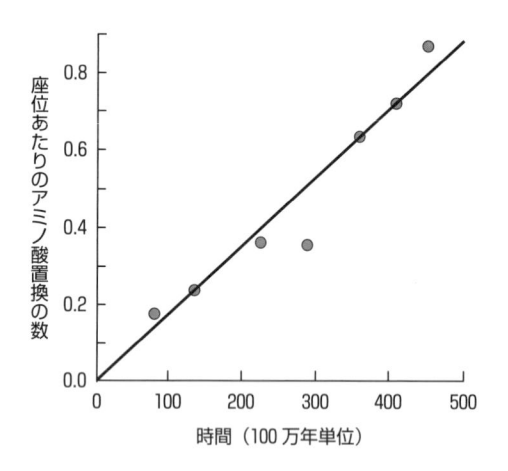

図 15.2 分岐時間に対するアミノ酸置換の数
　　　　置換数の推定には，サメ，コイ，イモリ，ニワトリ，ハリモグラ，カンガルー，イヌ，ヒトの α-グロビンのアミノ酸配列を用いている．木村資生ほか（1986）より．

15.2 分子進化の中立説

　分子レベルの進化は，形質（表現型）の進化とは異なる特徴をもつ．1968 年に発表された分子進化の中立説は，分子レベルの進化を説明する主要な学説であり現在では広く認められている．「有害な効果をもつ変異は自然淘汰により集団中から即座に除去される．残りの変異は，有利もしくは中立な変異に分けられるが，集団中に固定する変異の大部分は中立な変異で，有利な変異の頻度は非常に小さい．」というのが中立説の主張だが，これは自然淘汰による進化を完全に否定しているわけではなく，あくまでも，分子レベルの進化に寄与する変異のうち，中立な変異の方が有利な変異に比べてその割合が非常に高いということを主張している．

　分子進化速度を単位時間当たり集団中に固定する変異（塩基置換，アミノ酸置換など）の数（λ）として定義する．単位時間当たり 1 つの遺伝子に μ_{neu} 回中立な突然変異が起こるとする．集団サイズを N_e とすると，単位時間当たりに集団中に起こる中立な突然変異の数は，$2N_e\mu_{neu}$ となる．中立な変異が集団中に固定する確立は，$1/(2N_e)$ なので，集団としては，単位時間あたり $2N_e\mu_{neu} \times 1/(2N_e)$

$=\mu_{\text{neu}}$ 回中立な変異の固定が起こる．つまり，$\lambda=\mu_{\text{neu}}$ が得られる．これにより，中立な変異の場合，進化速度は集団サイズには依存せず，中立な突然変異率のみによって決まることが示された．中立説では，有利な変異の頻度は無視できるほどに低いと考えるので，全突然変異（μ）のうち中立なものの頻度を f，有害な変異の頻度を $1-f$ とすると，中立突然変異 μ_{neu} は $f\mu$ で表される．有害な変異は集団中に固定することがないとすれば，遺伝子の進化速度は，

$$\lambda = f\mu \tag{15.1}$$

となる．すなわち，分子進化速度は突然変異率に比例する．

個々の遺伝子の機能的制約の強さによって有害な変異の割合 $1-f$ は変動する．有害な変異の割合が高い，つまり，機能的制約が強い遺伝子では進化速度が小さくなる．突然変異率と機能的制約の強さが系統ごとに変らなければ，分子進化速度は系統間で等しくなることが期待され，分子進化速度の一定性（分子時計）が導かれる．

15.3 進化距離の推定

15.3.1 アラインメント

共通祖先をもつ配列の相同な座位を並列に配置したものをアラインメントという（図15.1，図15.3）．配列を比較して置換が起こった座位の数を数えるには，このアラインメントの作業をまず行う必要がある．近縁な種の遺伝子の配列の場合，アラインメントは比較的容易だが，遠縁の種の場合には，挿入欠失変異（ギャップ）があるので目視でこの作業を行うのは難しい．また，配列の数が2つ以上になると，すべての配列において相同な座位を並べる必要があるので（多重配列アラインメント）作業はさらに複雑になり，コンピュータプログラムの助けを借りる必要がある．

15.3.2 塩基置換数の推定

2つの配列を比較することにより最も簡単に得られる情報は，配列が異なっている座位の数である．分子進化学では，2つの配列間の進化距離は座位あたりの

```
ヒト              ATG------------GGTGATGTTGAGAAAGGCAAGAAGATTTTTATT
アカゲザル          ATG------------GGTGATGTTGAGAAAGGCAAGAAGATTTTTGTT
ウシ              ATG------------GGTGATGTTGAGAAGGGCAAGAAGATTTTTGTT
ニワトリ            ATG------------GGAGATATTGAGAAGGGCAAGAAGATTTTTGTC
アフリカツメガエル    ATG------------GGAGACGCTGAAAAAGGCAAGAAAACTTTTGTT
ショウジョウバエ     ATGGGCGTTCCTGCTGGTGATGTTGAAGGGAAAGAAGCTGTTCGTG

ヒト              ATGAAGTGTTCCCAGTGCCACACCGTTGAAAAGGGAGGCAAGCACAAG
アカゲザル          ATGAAGTGTTCCCAGTGCCACACCGTTGAAAAGGGAGGCAAGCACAAG
ウシ              CAGAAGTGTGCCCAGTGCCATACTGTGGAAAAGGGAGGCAAGCACAAG
ニワトリ            CAGAAATGTTCCCAGTGCCATACGGTTGAAAAGGGAGGCAAGCACAAG
アフリカツメガエル    CAGAAGTGTTCCCAGTGCCACACTGTAGAGAAGGGAGGCAAGCACAAA
ショウジョウバエ     CAGCGCTGCGCGCCCAGTGCCACACCGTTGAGGCTGGTGGCAAGCACAAG

ヒト              ACTGGGCCAAATCTCCATGGTCTCTTTGGGCGGAAGACAGGTCAGGCC
アカゲザル          ACTGGGCCAAATCTCCATGGTCTCTTTGGGCGGAAGACAGGTCAGGCC
ウシ              ACTGGGCCAAACCTCCATGGTCTGTTTGGACGAAAGACAGGTCAGGCT
ニワトリ            ACTGGACCCAACCTTCATGGCCTGTTTGGACGAAAGACTGGACAAGCA
アフリカツメガエル    ACTGGGCCTAACCTTCACGGCCTGTTTGGACGCAAGACTGGACAAGCA
ショウジョウバエ     GTTGGACCCAATCTGCATGGTCTGATCGGTCGCAAGACCGGACAGGCG

ヒト              CCTGGATACTCTTACACAGCCGCCAATAAGAACAAAGGCATCATCTGG
アカゲザル          CCTGGATACTCTAACACAGCCGCCAATAAGAACAAAGGCATCACCTGG
ウシ              CCTGGATTCTCTTACACAGCCGCCAATAAGAACAAAGGTATCACCTGG
ニワトリ            GAGGGCTTCTCTTACACAGATGCCAATAAGAACAAAGGTATCACTTGG
アフリカツメガエル    GAAGGCTTTTCCTATACTGATGCTAACAAAAATAAGGGAATTGTTTGG
ショウジョウバエ     GCCGGATTCGCGTACACGGACGCCAACAAGGCCAAGGGCATCACCTGG

ヒト              GGAGAGGATACACTGATGGAGTATTTGGAGAATCCCAAGAAGTACATC
アカゲザル          GGAGAGGATACACTGATGGAGTATTTGGAGAATCCCAAGAAGTACATC
ウシ              GGAGAGGAGACGCTGATGGAGTACTTGGAGAATCCCAAGAAGTACATC
ニワトリ            GGTGAGGATACTCTGATGGAGTATTTGGAAAATCCAAAGAAGTACATC
アフリカツメガエル    GATGAGGGTACCCTTCTGGAATATCTAGAAAATCCTAAGAAGTACATT
ショウジョウバエ     AACGAGGACACCCTGTTCGAGTACCTGGAGAACCCCAAGAAGTACATC

ヒト              CCTGGAACAAAAATGATCTTTGTCGGCATTAAGAAGAAGGAAGAAGG
アカゲザル          CCTGGAACAAAAATGATCTTTGTTGGCATTAAGAAGAGGGAAGAAAGG
ウシ              CCTGGAACAAAGATGATCTTTGCTGGCATTAAGAAGAAGGGAGAGAGG
ニワトリ            CCAGGAACAAAGATGATTTTTGCGGGTATCAAGAAGAAGTCTGAGAGA
アフリカツメガエル    CCTGGAACAAAGATGATCTTTGCTGGCATTAAGAAGAAGGGCGAGAGA
ショウジョウバエ     CCCGGCCACCAAGATGATCTTCGCCGGTCTGAAGAAGCCCAACGAGCGC

ヒト              GCAGACTTAATAGCTTATCTCAAAAAAGCTACTAATGAGTAA
アカゲザル          GCAGACTTGATAGCTTATCTCAAAAAGCTACTAATGAGTAA
ウシ              GAAGCTTGATAGTCTTATCTCAAAAAGCTACCAATGAGTAA
ニワトリ            GTAGACTTAATAGCATATCTCAAAGATGCCACTTCAAAGTAA
アフリカツメガエル    CAAGACTTAATAGCATATCTAAAACAGTCAACCAGCAGTTAA
ショウジョウバエ     GGCGATCTGATCGCCTACCTGAAGTCGGCGACCA---AGTAA
```

図 15.3 シトクロム c 遺伝子の塩基配列のアライメント
ハイフン (-) は挿入欠失変異 (ギャップ) を示す. ヒトと比べて異なっている塩基を灰色で示す.

置換数の期待値として定義される. 最も単純な進化距離は座位あたりの観察された置換の数であり, これは *p*-distance と呼ばれる. 例えば, 塩基配列であれば, *p*-distance は以下の式で与えられる.

$$p = \frac{\text{塩基の違いの数}\,(P)}{\text{比較する配列の塩基の数}\,(L)}$$

318 塩基からなるシトクロム c 遺伝子のヒトとウシの塩基配列を比較したと

15.3 進化距離の推定

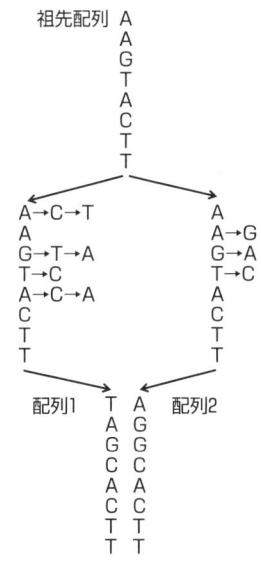

図 15.4　多重置換
配列1と配列2は2箇所の塩基置換しか観察されないが，実際には，10回の塩基置換が生じている．Yang（2000）より改変．

き，2配列間で違っている座位は29箇所あるので，$p=0.0912$ が得られる．しかし，塩基置換率が一定であることを仮定してもこの値は時間に比例して増加することはなく，分岐してから長い時間を経過した2つの配列間では実際に起こった塩基置換の数を過小評価してしまう．これは，時間が経過するとともに同じ座位に複数回の塩基置換（多重置換）が生じることによる（図15.4）．また，復帰置換や平行置換が起こると，2つの配列に塩基の違いが観察されない．そのため，観察値である p をもとに，座位あたりの実際に起こった塩基置換数の期待値を推定する必要がある．

　実際に起こった塩基置換数を推定するためには，塩基置換のパターンを表現する数学モデル（塩基置換モデルとよぶ）が必要になる．塩基置換モデルでは，配列中の各座位は独立に進化すること，他の塩基に置換する確率は現在の座位の状態のみに依存することを仮定している．

　Jukes-Cantor モデル（JC69；Jukes & Cantor, 1969）は1変数のモデルであり（図15.5a），どの塩基も全て同じ確率で他の塩基に置換することを仮定している．

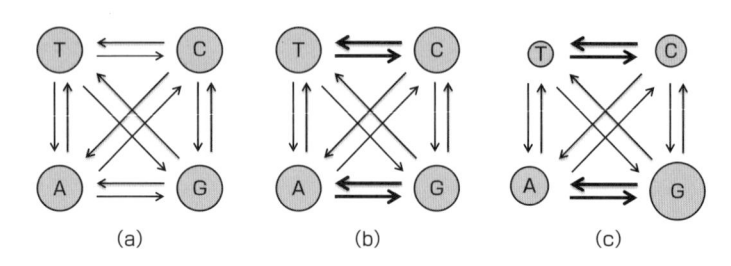

図 15.5 塩基置換モデル
矢印の線の太さは塩基置換率の大きさ，円の大きさは各塩基の平衡頻度を表す．
(a) JC69 モデル，(b) K80 モデル，(c) HKY85 モデル．Yang (2000) より改変．

この塩基置換モデルのもとで，進化距離 d は次の式で与えられる．

$$d = -\frac{3}{4}\ln\left(1-\frac{4p}{3}\right) \tag{15.2}$$

仮に先ほどの $p=0.0912$ を (15.2) 式に代入すると，$d=0.0972$ という推定値が得られる．ただし，Jukes-Cantor モデルは仮定が単純すぎるため，現実の塩基置換のパターンとは違っている場合が多い．たとえばトランジションはトランスバージョンにくらべ高い頻度で起こることはデータから観察されている．Kimura 2 変数 (K80；Kimura, 1980) モデル (図 15.5b) はこのトランジションとトランスバージョンの置換率の違いを組み込んだモデルであり，観察された座位あたりのトランジションによる塩基の違い（P）とトランスバージョンによる塩基の違い（Q）から進化距離 d を推定する．式を次に示す．

$$d = -\frac{1}{2}\ln(1-2P-Q)-\frac{1}{4}\ln(1-2Q) \tag{15.3}$$

ヒトとウシのシトクロム c 遺伝子では，318 座位の中でトランジションが 20 箇所，トランスバージョンが 9 箇所生じている．(15.3) 式を用いて進化距離を計算すると，$d=0.982$ が得られる．

他にも各塩基の塩基置換率の違いに加え，塩基の平衡頻度や座位間での置換率の違い等を考慮して補正するモデルが考案されているが（図 15.5c, HKY85 モデルなど），これらについての詳細は参考文献を参照されたい．概して言うと，塩基置換モデルが複雑になるほど補正効果が高くなり，推定される進化距離は大きくなる傾向にある．また，観察される座位あたりの塩基置換数が多いほど，使用するモデルによって，推定された進化距離の推定値に大きな差がでてくる．比較す

る配列の長さが短いほど，推定値の分散が大きくなることにも注意を払う必要がある．極端に短い配列を使った推定では信頼性が低くなるおそれがある．

15.3.3 アミノ酸置換数の推定

アミノ酸配列の場合，各サイトに20種類のアミノ酸が存在し得るため，復帰置換や平行置換の影響は塩基配列に比べて非常に小さく，無視することができる．従って，多重置換の可能性のみを考慮した方法も有効であると考えられる．アミノ酸の置換がポアソン過程に従って起こると過程すると，進化距離 d は，

$$d = -\ln(1-p) \tag{15.4}$$

という簡単な式で与えられる．ただし，この式は，各アミノ酸に置換が起こる確率はすべて等しいこと，全てのアミノ酸座位で同じ確率で置換が起こることが仮定されている．しかし，塩基配列の場合と同じく，データの観察からアミノ酸間の置換率は一定ではないことが示されている．例えば，物理化学的性質が似ているアミノ酸間では置換が起こりやすい傾向がある．これを考慮に入れた進化距離の推定方法としては，データベースから集められたアミノ酸配列データを解析し，観察されたアミノ酸間の置換行列を用いて進化距離を推定する方法が提案されている．アミノ酸置換のパターンは対象となる遺伝子が核ゲノム由来かオルガネラゲノム由来かによっても違うので，それぞれのゲノムから推定された置換行列を使用する必要がある．

15.3.4 同義置換と非同義置換

アミノ酸を指定するコドンには冗長性があるので，翻訳領域に塩基置換が生じコドンが変わってもコードしているアミノ酸が変わらない場合がある．このような座位を同義座位という．一方で塩基置換が起こるとコードするアミノ酸が変わってしまう座位を非同義座位とよぶ．前述のヒトとウシのシトクロム c 遺伝子について，同義座位，非同義座位の座位あたりの塩基置換数を推定すると，同義置換は 0.326，非同義置換は 0.046 となり（Nei & Gojobori, 1986 の推定法による），同義置換は非同義置換に比べて約7倍起こりやすくなっていることがわかる．様々な遺伝子で非同義置換速度と同義置換速度を比較しても，概ね同じような傾向がみられる．このような同義座位と非同義座位の進化速度の違いは中立説で説

明することができる．自然淘汰は機能分子であるタンパク質レベルで作用するので，同義座位は自然淘汰の影響をほとんど受けない（中立）と考えられる．この場合，(15.1)式のfの値はほぼ1に等しくなり，進化速度と突然変異率がほぼ一致する．一方で，非同義座位は自然淘汰の影響を受けやすい．アミノ酸の変化のほとんどは有害であると考えられるので，多くの遺伝子でfの値は1より小さくなる．従って，非同義置換速度は同義置換速度より小さい値となると考えられる．また，遺伝子の非同義置換速度と同義置換速度の比は，遺伝子にかかる自然淘汰の指標となりうるので，遺伝子間，系統間で比較することにより，分子レベルでの進化の動態を知ることができる．

15.4 遺伝子重複による進化

ゲノム内では1つの遺伝子の全体もしくはその一部がコピーされる現象が起こる．これを遺伝子重複という（図15.6）．遺伝子全体が重複した場合，どちらか一方の遺伝子でタンパク質の機能を維持しされていればよいので，他方の遺伝子

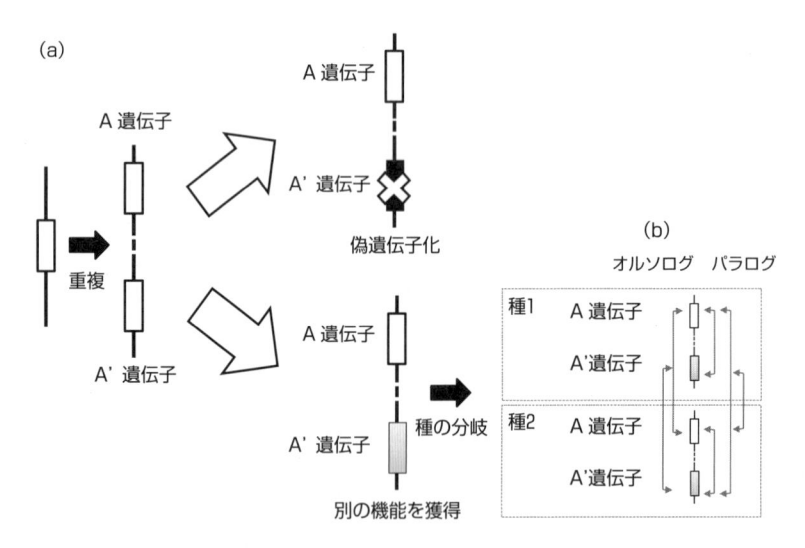

図 15.6 遺伝子重複による進化
(a) 遺伝子の一部または全体のコピーができる．(b) 重複遺伝子のオルソログ，パラログの関係．

は一時的に機能的制約が緩み，変異を蓄積できる．変異が蓄積した遺伝子は新しい機能を持つ遺伝子に進化する可能性もあるが，多くは機能を失って偽遺伝子となる．このような偽遺伝子はゲノム中に多数存在し，遺伝子重複が進化の歴史の中で繰り返し生じていることを示唆している．重複後に偽遺伝子化した遺伝子は，機能的制約を受けないので，全く中立に進化すると予想される．ヒトの偽遺伝子と機能遺伝子の進化速度を比較した解析では，偽遺伝子において同義置換速度，非同義置換速度のいずれも，機能している遺伝子の同義置換速度より大きいという結果が得られている．これは，偽遺伝子が最大の速度で進化していることを示しており，中立説を支持するものである．

一方で，遺伝子重複は新しい遺伝子の創出，多様化機構として，生物の進化において重要な役割をもつと考えられている．生物のゲノム中には多重遺伝子族と呼ばれる相同性の高い遺伝子のクラスターが存在する．先に述べたシトクロム遺伝子，免疫に関わるMHC遺伝子，形態形成に関わるHox遺伝子，嗅覚受容体遺伝子などは多数の相同な遺伝子で構成される多重遺伝子族を形成しており，族内の遺伝子には機能的分化がみられる．また，翻訳に関わるリボゾームRNA遺伝子も多数のコピーがゲノム中に存在するが，この場合は，協調進化によりコピー間の相同性が維持されており，大量のRNA分子の発現を可能にしている．

15.5 分子系統学

分子時計の発見は，現存生物の塩基配列やアミノ酸配列の比較から生物の系統分岐の順序を（系統樹）推定することができることを示した．以来，様々な分類群で分子情報を用いた系統樹の構築が試みられ，系統学，分類学，生物系統地理学などの分野において分子系統解析は広く利用されている．また，分子系統解析は，生物学の幅広い分野において，進化的考察を加えるために有用な解析である．

15.5.1 全生物の系統樹

現存生物は，①DNAを遺伝物質として利用している，②DNA複製，転写，翻訳において共通のメカニズムをもつ，③原形質膜に囲まれた構造（細胞）をもつなど，いくつかの形質的特徴を共有している（普遍的相同性）．これは，すべての

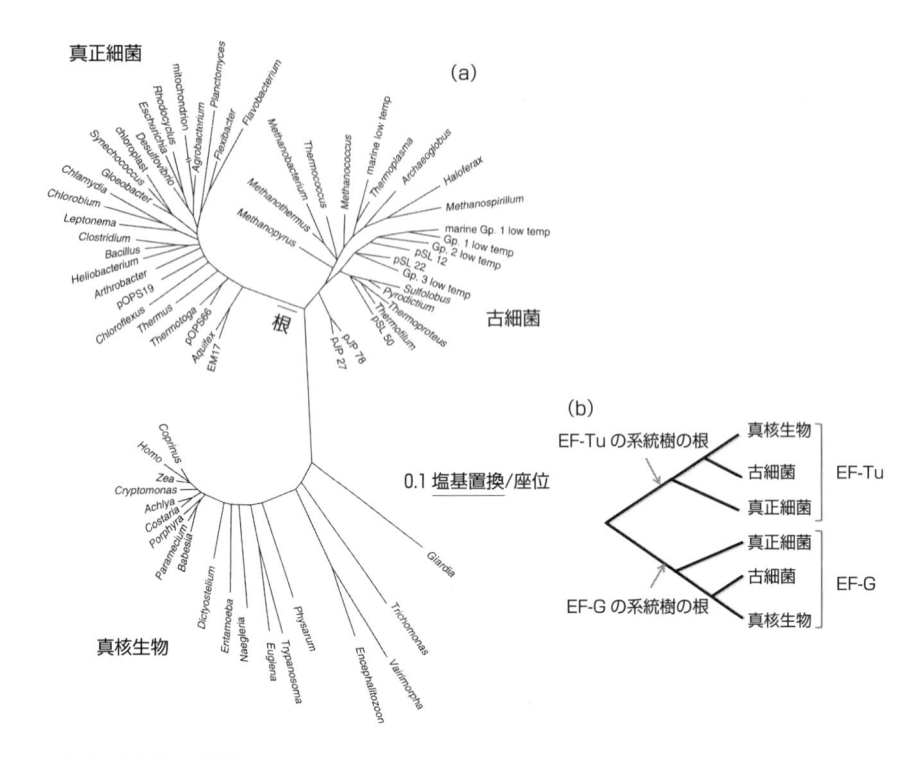

図 15.7 全生物の系統樹
(a) 生物の 3 つのドメインの代表的な種を用いた分子系統樹（Pace, 1997 より改変）．リボゾーム RNA の配列に基づく．生物は 3 つのドメインに分けられることを支持する結果となった．
(b) 全生物の系統樹の根の位置は，重複遺伝子である，伸長因子 Tu（EF-Tu）と伸長因子 G（EF-G）を用いた分子系統解析などにより確かめられている．

生物の共通祖先が存在する証拠といえる．また，これを裏付けるように，DNA 複製や転写，翻訳に関わる遺伝子の中には，現存生物が共有する相同遺伝子が存在する．共通祖先が存在するならば，現存生物の進化の歴史を 1 つの系統樹（tree of life）として表すことが可能なはずである．

形態形質の情報だけで遠縁の生物間の系統関係を導くのは容易ではないが，現存生物が共有する相同遺伝子の配列を使って，全生物の分子系統樹を構築することは可能である．図 15.7a にリボゾーム RNA 分子の配列を用いた，生物の 3 つのドメイン（真正細菌，古細菌，真核生物）の代表的な種を含む分子系統樹の例を示す．この系統樹では，それぞれのドメインが大きな枝のまとまり（クレード）

を形成しており，分子情報から生物が3つのドメインに分けられることを示した．

系統樹は節と節を連結する枝から構成され，枝の分岐によりOTU（種や分類群など）間の系統関係が示される（図15.8a）．全てのOTUの共通祖先は根として表される．根のある系統樹，有根系統樹（rooted tree）では，根から外部節に向かって時間が経過したことを表すが，根が定められていない無根系統樹（un-rooted tree，図15.8b）では時間の方向性を定めることができない．図15.7aに示した全生物の系統樹は無根系統樹なので，この系統樹だけでは3つのドメイン間の系統関係は明示されない．

分子時計が完全に成立すると仮定すれば，無根系統樹から有根系統樹を作成することは可能だが，一般的には，外群（outgroup）を系統樹に導入することによって根の位置を定める（図15.8c）．外群には系統関係を知りたいすべてのOTU（内群：ingroup）の共通祖先より前に枝分かれした系統を選ぶ．例えば，ヒトを含めた霊長類の進化について研究したいのであれば，外群としてげっ歯類などの種を選択すればよいし，被子植物の進化を研究したいのであれば裸子植物を外群とすればよい．外群からのびた枝と内群の無根系統樹の枝を連結する節は内群のOTUの共通祖先であり，根として定められる．

真正細菌，古細菌，真核生物の系統関係の場合，外群となりうる現存生物は存在しないので，共通祖先で生じた重複遺伝子を利用して根を推定している（図15.7b）．その結果，古細菌と真核生物が近縁であることが示され，表現型としては類似性が見られる真正細菌と古細菌（どちらも核をもたず，原核生物としてまとめられている）は，進化的に近縁ではないことが明らかになった．

15.5.2 分岐年代の推定

信頼性の高い分子系統樹を得ることができれば，分岐年代を推定することもできる．

ヒトを含めた類人猿の系統関係については，古くから形態の特徴や比較解剖学の情報をもとに研究されていた．しかし，これらの情報だけでは一致した見解が得られることはなく，実質的にこの系統関係が確定するには，分子系統学の発展を待たなければならなかった．図15.9に分子情報から推定した大型類人猿の系統関係を示す．ミトコンドリアゲノムや核ゲノムの塩基配列を用いた分子進化学

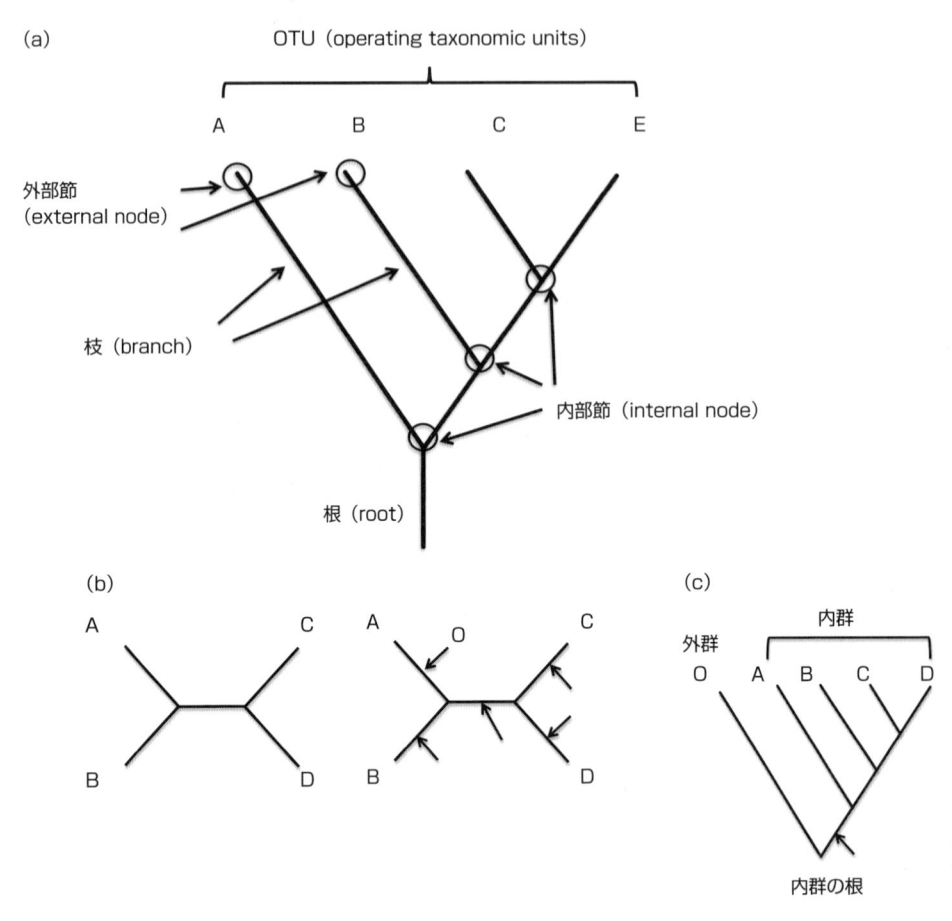

図15.8 系統樹(a),無根系統樹(b),(b)の無根系統樹のOの位置を外群とした場合の有根系統樹(c)
(a) 仮に種の系統樹を仮定すると,外部節は現存種,内部節は仮想的な祖先種を表すことになる.全ての配列の共通祖先は根として表される.(b) この例の場合,根の位置は5カ所あり得る(→).

的解析から,ヒトとチンパンジーの分岐年代は500〜800万年に遡ると推定されている.現在では,ヒトの全ゲノム配列は既に決定しているが,近縁な類人猿の全ゲノム解析が進められており,分岐年代の推定については,引き続きより多くのデータを使って検証されることになるだろう.

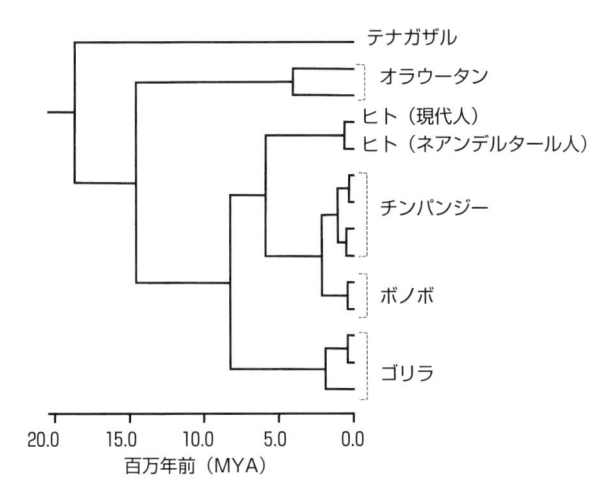

図 15.9 ミトコンドリアゲノムの 12 遺伝子を用いた類人猿の分子系統樹
Das (2014) より改変.

15.5.3 系統樹推定法

多くの分類群で分子系統樹の構築が試みられ，形態形質の比較だけでは得られなかった生物間の系統関係を明らかにしてきている．分子系統樹は万能のように思えるかもしれないが，その推定には十分なデータと方法論の理解が必要である．有根系統樹の場合には3つ以上，無根系統樹の場合には4つ以上のOTUがあると，系統樹は複数の樹型（topology）をとりうることになる．例えば，OTUが10個の場合には，無根系統樹のとりうる樹形の数は 2,027,025，有根系統樹の場合は 34,459,425 となる．これらの中の1つが真の系統樹であることを考えると，OTUの数が多い場合には系統樹の作成が非常に難しいことは容易に想像できるだろう．簡単にいうと，分子系統解析とはありうる樹型を全て評価して最もデータにあてはまる樹型を選ぶという作業であり，最適な樹型を選ぶ基準と方法が様々に開発されている．どの方法にも長所と短所があり，唯一無二の万能な方法がある訳ではないので，現状では複数の方法を用いて系統樹を作成することが求められる．よく使用されている方法としては，近隣結合法，最節約法，最尤法，ベイズ法がある．

A. 距離行列法

2配列間の進化距離をすべてのOTUの組合せについて計算し，それに基づいて系統樹を構築する方法である．2配列間の進化距離をまとめて「距離行列」とすることから，距離行列法と呼ばれている．代表的なものには近隣結合法（NJ法），算術平均距離法（UPGMA法）がある（Box 15.1とBox 15.2を参照）．これらの方法は，近似的に各枝の長さの総和が最も小さい系統樹を推定する（最小進化法）．距離行列を用いて，段階的なクラスタリングアルゴリズムにより推定系統樹を構築していく方法なので，計算量が最小限に抑えられることが利点である．算術平均距離法は，分子時計が成立していることを仮定しているため系統間で進化速度に違いがある場合には信頼性が劣るが，近隣結合法の推定精度は他の方法と比較してもそれほど劣らないので，OTUが多い場合には有効な方法である．

B. 最節約法（MP法）

最節約法は，見いだされたOTU間の配列の差異を最も少ない置換数で説明できる系統樹を選択するという「最節約原理」に基づいた方法である．先ほど距離行列法で示した最小進化と類似しているように思われるが，最節約法は進化距離を計算せず，個々の座位は独立に扱われる．候補となる系統樹の中で，すべての座位の置換数の合計が最小となる系統樹を最節約樹として選択する．複数の樹形が最節約樹となる場合には，最節約樹に共通にみられる分岐のパターンだけを抽出した合意樹をつくることによって，信頼性の高い分岐のみを示すことができる．また，OTUが多い場合には，全ての樹形について置換数を計算することは不可能に近いので，置換数を計算する樹形を一部の候補に絞る方法（発見探索法）が開発されている．

この方法の利点は，系統樹にあてはめて置換数を計算するので，各座位で置換がどの枝で起こったのかを推定できることである．つまり，各内部節での祖先配列を推定することができる（Box 15.3を参照）．

C. 最尤法，ベイズ法

近年では，最尤法やベイズ法といった統計的手法を用いた系統解析が広く用いられている．どちらも膨大な計算量を必要とするが，十分なデータを用いれば推

定精度は非常に高い．コンピュータの計算能力の進歩とアルゴリズムの開発により計算時間が短縮されることで，一般的に用いられるようになっている．

D. 推定された系統樹の統計的検定

　分子系統樹はあくまでも推定された系統樹であり，真の系統分岐の歴史を示しているかどうかを確かめる方法はない．しかし，推定された系統樹の確からしさを評価することで，得られた分岐の情報に解釈を与えることができる．系統樹の場合には樹形全体に対して確からしさを評価するのではなく，各枝の分岐について評価が与えられる．最もよく知られている方法は，ブートストラップ法である．これは，アラインメントの座位をランダムに抽出した疑似アラインメントデータを多数生成し，この疑似データを使って系統樹を推定する．オリジナルのデータから推定された系統樹の分岐が疑似データから推定された系統樹のうちどの程度の割合で再現されるかによって各分岐が評価される．再現性が高い分岐は信頼性が高いことを意味する．この方法は，疑似データによって評価基準が与えられるので，ほぼすべての推定法に適用できる．

Box 15.1

算術平均距離法（UPGMA 法）

　最も単純な系統樹構築方法であるが，分子時計が成立していることを仮定しているため，系統間で進化速度に違いがある場合は，信頼性が劣る．UPGMA 法のクラスタリングアルゴリズムは，
① 最も進化距離が短い OTU の組合せをみつける．
② これらを新しい1つの OTU（混成 OTU）にまとめる．
③ ②でまとめた OTU と他の OTU の組合せで進化距離を再計算する．
　この①-③を繰返すことにより，系統樹を構築する．
　混成 OTU 間の進化距離は，それぞれの混成 OTU に含まれる OTU の全ての組合せの進化距離の算術平均とする．例えば，OTU，C と混成 OTU，X（A, B）間の距離は，
$d_{XC} = (d_{AC} + d_{BC})/2$（図 b）
さらに，OTU，D と混成 OTU，W（A, B, C）間の距離は，
$d_{WD} = (d_{AD} + d_{BD} + d_{CD})/3$（図 c）
また，2つの OTU からなる混成 OTU，X（A, B）と Y（C, D）間の距離は，

$$d_{XY} = (d_{AC} + d_{AD} + d_{BC} + d_{BD})/4$$

となる．各枝の長さは上記の方法で得られた 2 つの OTU 間，混成 OTU 間の距離の半分の値をわりふる．

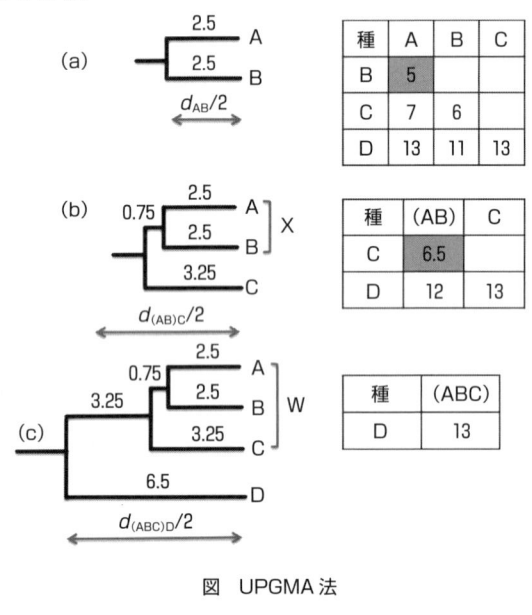

(a)
```
         2.5
      ┌──── A
      │ 2.5
      └──── B
     ←d_AB/2→
```

種	A	B	C
B	5		
C	7	6	
D	13	11	13

(b)
```
        0.75  2.5
      ┌──────── A ┐
      │       2.5 │ X
      │──────── B ┘
      │   3.25
      └──────── C
     ←d_(AB)C/2→
```

種	(AB)	C
C	6.5	
D	12	13

(c)
```
              0.75  2.5
           ┌──────── A ┐
           │       2.5 │
      3.25 │──────── B │ W
      ┌────│   3.25    │
      │    └──────── C ┘
      │      6.5
      └──────────── D
     ←d_(ABC)D/2→
```

種	(ABC)
D	13

図　UPGMA 法

Box 15.2

近隣結合法（NJ 法）

　近隣結合法は，「枝の総和が最小になる」という判定基準にしたがって，樹形を選抜していく方法である．

　近隣結合法のアルゴリズムは，n 個の OTU からなる星状系統樹から出発する（図 a）．

① n 個の OTU のうち 2 つの OTU を選んで組合せる．このとき内部節 Y が新しく作られる（図 b）．得られた樹形の枝の総和を距離行列から計算する（枝の総和の計算式については　Saitou & Nei, 1987 もしくは参考文献を参照）．これをすべての OTU の組合せで行う．n 個の OTU の場合には，$n(n-1)/2$ 個 OTU の組合せがあるので，それぞれの樹形について計算する．

② 最も枝の総和が小さくなる樹形を選び，組み合わせた OTU を 1 つの OTU とみなし距離行列を再計算する．

　①②を樹形が 1 つに限定される（3 本の枝からなる樹形になる）まで繰返すこと

により，系統樹を再構築する．一連の計算と樹形の選択を行うごとに，枝の総和の計算を行う樹形の数と進化距離を計算する OTU の組合せの数は減っていくので，全樹形を網羅的に計算するよりも圧倒的に計算量は少ない．

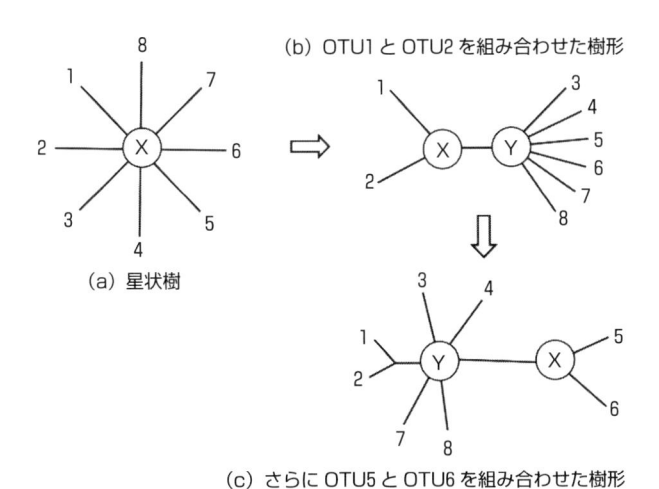

(a) 星状樹

(b) OTU1 と OTU2 を組み合わせた樹形

(c) さらに OTU5 と OTU6 を組み合わせた樹形

図　NJ 法

Box 15.3

最節約法（MP 法）

　最節約法では，観察された配列の違いのうち，系統関係の情報を含むサイト (informative site) のみ使用する（表 1）．

　4 つの OTU（1, 2, 3, 4）からなる系統樹を考え，これらの塩基配列のアラインメントが表 1 であったとする．4 つの OTU の場合には，3 種類の無根系統樹の樹形がありうるので，それぞれのサイトをこの系統樹にあてはめて考えてみる（図）．サイト 1 の塩基配列は，すべての OTU で全く同じ塩基をもっているので，どの樹形をえらんでもステップ数は 0 となり，全く情報を持たない．サイト 2 は 1 つの OTU で他とは異なる塩基をもつ．最節約法の場合，多重置換の可能性は考えないので，最も簡単な説明は，OTU 1 で G→A への置換が起こったということだが，これを 3 つの樹形にあてはめてみると，どれも同じステップ数 1 となり，やはり全く情報を持たない．サイト 3, 4 についても同様に系統樹にあてはめてみると，すべての樹形でステップ数が同じ値になるので，これも informative site ではない．残るサイト 5 の場合，樹形 1 はステップ数が 1，樹形 2 と樹形 3 はステップ数が 2 と

なり，樹形1が最節約樹となる．このような informative site のステップ数を配列全体で計算し，最も多くの informative site で最節約樹と支持された樹形を選抜する．

表1 形質情報としての塩基配列　各サイトは独立に扱われる．
「＊」が informative site. 配列中の「．」は配列1と同じ塩基である事を示す．

配列	塩基サイト								
	1	2	3	4	5	6	7	8	9
1	A	A	G	A	C	T	C	A	T
2	.	G	C	C	.	.	.	G	.
3	.	G	A	T	T	.	A	.	.
4	.	G	A	G	T	.	A	G	.
			＊				＊	＊	

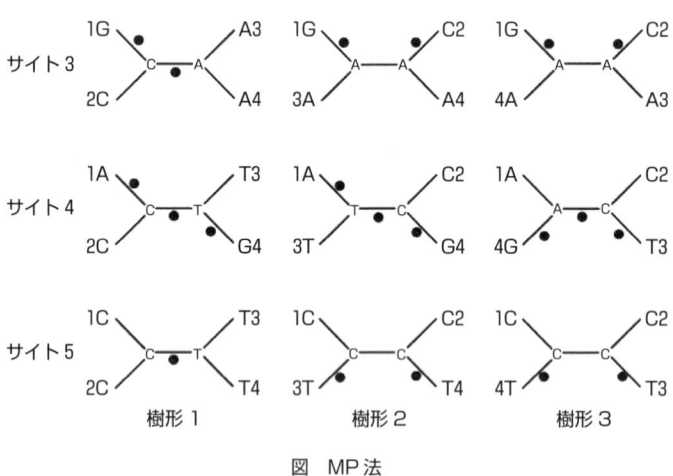

図　MP法

第16章 種分化
Advanced

楠見淳子

　人は進化の概念が生まれる前から自然界に存在する生物を「種」というカテゴリーに分けて認識しており，種が自然界に存在することは一般に広く受け入れられている．一方で，世の中には多くの種の定義が存在する．種というカテゴリーの認識はあっても，何を種とするのかという問題については現状では決着がついていない．異なる種の個体であっても時間を遡るとある共通祖先にたどりつく．遺伝的にも形態的にも連続的に変化しながら多様化してきた生物を，不連続な「種」というカテゴリーに分けることは，実は非常に難しいことなのである．とはいえ，種分化のメカニズムを考えるには種を何らかの方法で定義しなければならない．ここでは，現在最も広く受け入れられている生物学的種概念（biological species concept：BSC）に基づき，種分化の要因，種分化の様式について解説する．

16.1 種概念

16.1.1 生物学的種

　生物学的種概念（biological species concept：BSC）について Mayr（1942）は著書の中で以下のように説明している．

　「種とは，互いに交配する生物の自然集団のグループのことをさし，それは他の同様なグループから生殖的に隔離されている．」

　もう少し具体的にいえば，ある自然集団を構成する個体どうしは交配（有性生殖）が可能で，個体間に遺伝子の流動（gene flow）があり，同じ遺伝子プールを共有する．同じ遺伝子プールを共有しているので，形態や生理，生態などその集団に共通する形質をもつことになる．一方で他の集団の個体との交配が妨げられる（遺伝子の流動を妨げる）状態，生殖隔離が存在する．この条件をみたす生物集団が「種」として定義される．そして，2つの分化した集団の間に生殖隔離が生

じ，交配不可能な集団になる過程のことを種分化とよぶ．

生物学的種は，自然条件下で異なる種の間の遺伝的な違いにより正常な繁殖が妨げられている必要がある．たとえ人為的に交雑可能であったとしても，自然条件下で同所的に生息しているにもかかわらず交配が観察されない場合には，これらは別種とされる．また，2つの集団が何らかの物理的障壁（川，海，山脈）で分けられていたとしても繁殖を妨げるような生物的形質の違いがないのであれば，それを種として区別しない．なぜなら，生物そのものがもつ生殖隔離は不可逆的であると考えられるが，物理的隔離は一次的である可能性もある．

この生物学的種は現在広く用いられているが，全く問題がないわけではない．交配可能かどうかが判別基準となっているので，有性生殖集団のみにしか適用できず，無性生殖を行う生物は別の方法で種を定義する必要がある．また，同様の理由で化石種にも適用できない．これらは，分子レベル（DNAやRNAの配列）の違いか形態的特徴の違いによって種を判別するほかない．

さらに，広い分布域を持つ種が異所的に生息しており，形態に明らかな違いがある場合や，互いに自然状態で交配しているにもかかわらず，形態が明瞭に区別できる場合なども別種とするべきか判別するのが困難になる．たとえば，固着生活を行う植物では，生育環境が異なる2つの集団において，それぞれの生育環境に適応した性質によって明らかな違いがあるにもかかわらず，DNA配列の解析からは頻繁に集団間の交配があることが示される例は多い．

16.1.2 形態種

私たちが普段使う図鑑に記載されている「種」の多くは形態種（morphological species）である．また，前述した化石種はすべて形態種ということになる．分類学では，形態種の概念に基づきすべての種を定義し，近縁種はさらに高次のカテゴリー（属，科，目，綱，門，界，ドメイン）に階層的にまとめられている．このような分類体系は，リンネ（Carl von Linné）によってその基礎が築かれ，今日でも広く用いられている．形態種は，他の種とは区別できる共通の物理的形質を共有するグループを種として認識する．形質の多様性は分類群によって大きく異なるため一般的な基準を定めるのが難しく，形態の変異が非常に富んだ分類群，逆に非常に少ない分類群では，どこまでのまとまりを種とするか問題が生じやすい．遺伝的解析から1つの種の中に形態形質では認識できなかった隠微種

(cryptic species) の存在が報告されることも多く，形態種では種多様性を過小評価する可能性があることを認識する必要がある．

16.2 生殖隔離

　生物学的種概念に基づくと，種分化の過程を研究するということは2つの種の間にどのようにして生殖隔離が生じてきたかを明らかにすることである．生殖隔離を生じさせているメカニズムを隔離障壁とよぶが，これは種によって異なり，障壁が機能する時期によって「接合前隔離」「接合後隔離」に大別される．接合後隔離は，隔離の原因が内的要因によるもの（胚の致死性，雑種不妊・不捻）と外的要因（環境，配偶行動の不適合による雑種の適応度の低下）に分けられる．

16.2.1 隔離障壁の種類（Coyne & Orr, 2004 のリストから抜粋）
A. 接合前隔離（prezygotic isolation）
　雄性配偶子と雌性配偶子の接合前に生じる隔離障壁
(1) 行動による隔離（behavioral isolation）
　配偶行動，選好性が異なることにより，潜在的には交配可能でも他の種との交配を行わない．
(2) 生態の違いによる隔離（ecological isolation）
　同所的に生息していても，生態的形質の違いによって交配する機会が失われる．
・生育環境による隔離（habitat isolation）
　異なる生育環境に適応している種では，交配の機会が減少する．たとえば，食草の特異性が高い昆虫では，近縁種であっても異なる食草を利用し，交配も食卓の上で行うことがある．このような場合，同所的に生息しても交配の機会は失われる．
・時間による隔離（temporal isolation）
　繁殖時期や開花時期が異なるために，同所的に生息していても隔離が生じる．また，昼行性，夜行性（昼咲き，夜咲き）など1日のうちの活動時間が異なる場合にも隔離は生じうる．

・送粉者による隔離（pollinator isolation）
　被子植物では送粉者の種が異なる場合や，同じ種であっても花粉が付着する場所が異なることによって受粉が妨げられることがある．
(3) 生殖器の構造による隔離（mechanical isolation）
　生殖器や花の構造が合わないため，受精が妨げられる．異種間の交雑だけでなく，F_1個体の戻し交雑のときにも起こりうる．
(4) 受精前隔離（postmating, prezygotic isolation）
　交尾（もしくは受粉）はするが，雄性配偶子（精子，花粉）の受け渡しがない，または受精が起こらない．この隔離も，F_1個体の戻し交雑のときにも起こりうる．

B. 接合後隔離（postzygotic isolation）
　雄性配偶子と雌性配偶子の接合後に生じる隔離障壁
(1) 内的要因による接合後隔離（intrinsic postzygotic isolation）
・雑種致死（hybrid inviability）
　胚発生時期の障害で接合子が死亡する，もしくは致死率が高い．
・雑種不妊・不捻（hybrid sterility）
　胚発生は完了しても，F_1雑種もしくはF_2雑種が不妊になる．
(2) 外的要因による接合後隔離（extrinsic postzygotic isolation）
・生態的ニッチがあわないなどの理由で，雑種の生存率が低い．
・雑種の交配，繁殖率が親種よりも低い．雑種は親種の中間的な形質をもつため，配偶行動や婚姻色が親種の好みにはあわなくなる場合がある．

　注意しなければならないのは，このような隔離障壁は，自然淘汰が直接もたらすものではなく，ほとんどが種分化の過程で起こった進化の二次産物である場合が多いことである．さらに，それが直接的あるいは間接的に生殖隔離を成立させる原因になりうる．たとえば，集団の一部が新しい生息地に適応することで，元の生息地にとどまった集団との遺伝子流動の機会が少なくなり，突然変異と遺伝的浮動により集団間の遺伝的分化が進み，雑種不和合が生じるような変異（種内では中立）が蓄積することで生殖隔離が生じる場合が考えられる．また，新しいニッチに適応した形質が進化することで，雑種の適応度の低下や性淘汰が働き，

生殖隔離につながる場合も考えられる．種分化の過程を明らかにするには，何が隔離障壁となっているのかをまず考えなければならない．また，種分化後に隔離障壁の強化（reinforcement）が起こりうるので，複数の隔離障壁をもつ種も少なくない．その場合には，種分化初期の段階で生じた，つまり種分化の直接の原因となった隔離障壁が何かを明らかにする必要がある．

16.2.2 種分化のモデル

　種分化の過程は，2つの集団の分化が起こったときに，その間にどの程度遺伝子流動があったかによって大きく3つのモデル（異所的種分化，同所的種分化，側所的種分化，図16.1）に分けることができる．種分化初期にどの程度遺伝子流動があったかによって，生殖隔離が成立するまでにかかる時間，プロセスは異なってくると考えられる．

A. 異所的種分化

　2つの集団が物理的な障壁により完全に遺伝子流動を妨げられることから始まる種分化の事を異所的種分化という（図16.1a）．長期にわたって2つに集団の間に接触はなく，それぞれが独自に進化する．その後，物理的障壁が除かれて二次的接触（secondary contact）が起こっても2つの集団の個体間には生殖隔離が成

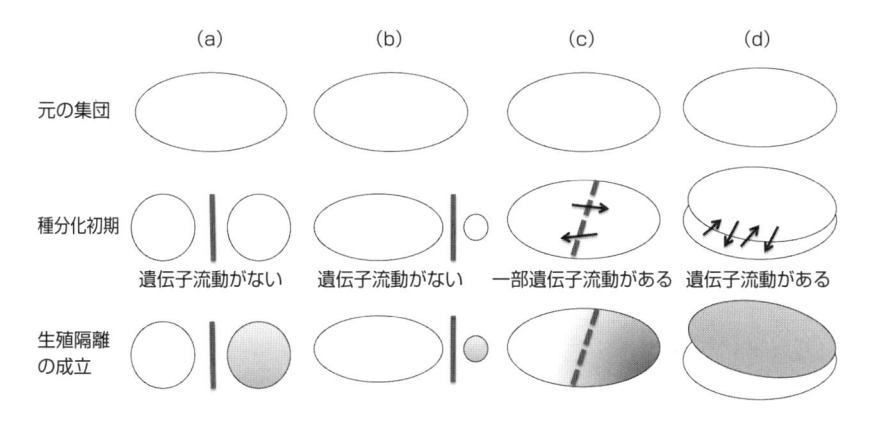

図16.1　種分化のモデル
　(a) 異所的種分化，(b) 周辺的種分化，(c) 側所的種分化，(d) 同所的種分化．

立している．たとえば，大陸の分裂や新たに形成された河川による分断，山脈の隆起などにより広い分布域をもっている種が複数の集団に分かれ，長期間遺伝子流動が完全に妨げられる場合がこれにあたる．

その他にも，少数の個体が島に移住し地理的に隔離された集団を形成するなど，分断された集団の1つがごく少数の個体からなる場合もある．これを周辺的種分化という（図16.1b）．海洋島に大陸から個体が移入する場合などは，移入そのものが極めてまれであり，その後相互に遺伝子流動がほとんどないと考えられる．このとき，海洋島で形成される集団の遺伝子頻度は，最初に移入したごく少数の個体の遺伝子の持ち合わせに大きく影響される（創始者効果, founder effect）．また，集団サイズが小さい場合には，遺伝的浮動の影響も強く受けることになるだろう．ガラパゴス諸島や小笠原諸島などで知られるように，海洋島では島固有の形質をもつ種が多くみられる．これは，初期の移入の際の偶然の効果とそれぞれの島での自然淘汰の働きによると考えられる．

B. 側所的種分化

遺伝子流動が完全ではないがある程度制限されている状態から始まる種分化のことを側所的種分化という（図16.1c）．広域に分布している集団では，分布域内に生息環境の違いがあり，局所的な環境に適応した分集団に分かれている場合がある（クラインという）．隣接した分集団間には遺伝子流動があるため，それぞれの局所的な適応は完全ではないが，ある分集団の隔離障壁が強化されることにより分化が促進されることで種分化が起こる．多くの生物種では近縁種が隣接して生息するような場合や，連続的または断続的なクラインを形成している種がみられる．これは側所的種分化が起こりうることを示しているとも考えられるが，一方では完全に遺伝子流動がない状態で異所的に分化したのち二次的接触が起きた可能性を否定できない．

C. 同所的種分化

空間的な分断がなく遺伝子流動が全く制限されていない状態から始まる種分化を同所的種分化という（図16.1d）．遺伝的な違いにより不均等な交配が起こり，2つの集団の間に徐々に生殖隔離が成立する．同じ生息域の異なるニッチへの適応に伴う分断化淘汰，性淘汰，繁殖時期の違い，倍数化等により，不均等な交配

が生じることで種分化が始まると考えられる．後で詳しく述べるが，倍数化は生殖隔離の成立過程が明確であるのに対し，その他の場合は異所的，側所的である可能性を完全には否定できないことが多く，同所的種分化が示された例は少ない．

現在知られている中で，西アフリカ（カメルーン）の2つの火口湖に生息するシクリッドの種分化の例は同所的種分化であることが最も確からしいと考えられている（Schliewen et al., 1994）．この火口湖に生息する種数は10種程度でそれほど多くはないが，ミトコンドリアDNAの解析から単系統であることが明らかになっている．種間には，それぞれの食性に関連する行動，形態の違いがみられ，雑種は観察されないことから，湖の中で生殖隔離が成立していると考えられる．この火口湖は，外から流入する河川がなく，面積は小さく，個体の移動が制限されるような物理障壁はない．また，湖の環境も均一で，生育環境による隔離も起こりにくい．つまり，異所的種分化，側所的種分化は起こりにくい条件にある．

この他にも同所的種分化が示唆されている例もあるが，実際には，過去に異所的に生息していた可能性や，局所的な環境に適応した可能性を否定できないので，同所的種分化であるかどうかは不確かな場合が多い．

16.2.3 種分化の初期に生じる隔離障壁は何か？

Coyne & Orr が行った Drosophilla 属にみられる隔離障壁と遺伝的分化の程度の関係についての興味深い報告がある．彼らは Drosophilla 属の何らかの隔離障壁がある171の種の組合せでどの種類の隔離障壁が生じているのか，またそれがどの程度生殖隔離に効果があるのかについて詳細に調べている．その結果，遺伝的分化の程度が低いときには（Nei's distance $D<0.5$），行動による隔離などの接合前隔離のほうが，雑種致死や不妊といった接合後隔離よりも隔離の効果が高いことが示された．これは，Drosophilla 属では接合前隔離のほうが早く進化しやすいことを示唆している．また，同所的に生息している種では，異所的に生息している種にくらべて接合前隔離が早い段階で進化する傾向があることも示された．

この他にも鳥類，両生類，鱗翅目，植物で同様の解析が行われており，どの分類群でも接合後隔離は時間をかけて徐々にその効果が強くなる傾向にあること，分類群によって接合後隔離が成立する速度は異なることが明らかになってきてい

る．たとえば，植物は遺伝的分化が進んでも接合後隔離（雑種不捻や致死）の効果は比較的弱いままである．

16.2.4 1世代で起こる隔離障壁-倍数化

　まれではあるが，複数回の受精や減数分裂時のミスから複相の生殖細胞が作られることにより，染色体のセットを3つ以上もつ個体，すなわち倍数体が生じる場合がある．自然界，とくに植物ではこのような倍数体が集団を形成し，種分化が起こる例がよくみられる．もともと2倍体であった集団に4倍体の個体が現れても，4倍体個体と2倍体個体の戻し交雑で生まれた個体は子孫を残すことができない（図16.2）．これは4倍体が作る2倍体の生殖細胞と2倍体の個体が作る1倍体（半数体）が受精すると3倍体の個体が生まれることになるが，このような奇数の染色体のセットをもつ個体は減数分裂時に染色体不分離をおこすため，不妊あるは不捻となってしまうためである．つまり，4倍体と2倍体の個体の間には雑種不妊・不捻という隔離障壁によって生殖隔離が即座に成立することになり，これは同所的に生息していても起こりうる．

　植物の場合，無性生殖（栄養生殖）によりクローン個体を残すことが可能な種が多いため，4倍体の個体は2倍体との有性生殖では子孫が残せないものの，クローン集団を形成することができる．また，自家受精が可能であれば，倍数体集

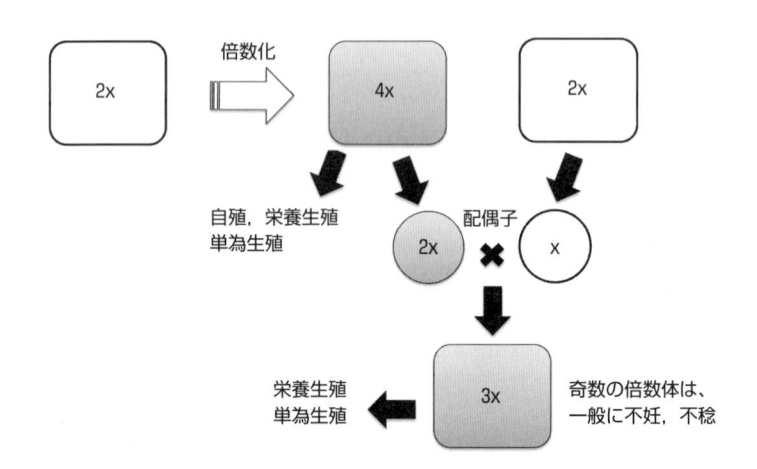

図16.2　倍数化による生殖隔離
　　4倍体と2倍体が交配しても，その子孫は次の世代を残すことができなくなる．

団内で有性生殖を介した世代交代も可能になりうる．実際，このような倍数化による種分化は，自家受精や多年生の生活史をもつ植物に多くみられる．シダ類では最近起こった種分化のうち7%が倍数性を伴ったものであり，同様に被子植物ではその頻度が2〜4%あると推定されている（Otto & Whitton, 2000）また，倍数体には，同じ染色体セットが倍化した同質倍数体と交雑により形成された異なる染色体セットをもつ異質倍数体があり，自然界では異質倍数体を介した種分化がより多くみられる．倍数化を介した種分化は，隔離障壁の成立過程がシンプルであり，実験室内での人為的な交雑により自然界で起こった倍数化，種分化を再現できるという利点もあることから，シロイヌナズナなどを使った実証的研究がすすんでいる．

16.2.5 遺伝子の不和合によって雑種不妊・不稔，生存率の低下が生じる

倍数化は染色体数の違いによって雑種不妊・不稔となったが，遺伝子の違いによって雑種不妊・不稔が生じる遺伝学的モデルとして，Dobzhansky-Mullarモデルがよく知られている（図16.3）．実際には，妊性や生存率には多数の遺伝子座が関わっていると考えられるが，ここでは最も単純な2遺伝子座-2対立遺伝子のモデルを紹介する．対立遺伝子 A, a と対立遺伝子 B, b をもつ2つの遺伝子座を仮定する．異所的な集団があり，2つの集団は長期間遺伝子流動がなく，遺伝的

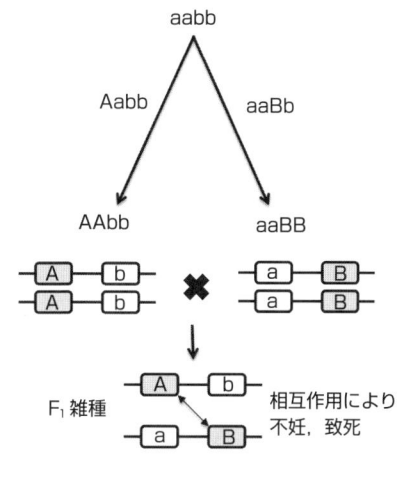

図 16.3　Dobzhansky-Mullar モデル

分化が進行している．先に述べた遺伝子座の祖先集団での遺伝子型は aabb で固定していたが，それぞれの集団で独立に変異を蓄積した結果，ある集団ではAAbb に固定し，別の集団では aaBB が固定したとする（図 16.3）．もし，この2つの遺伝子座間に相互作用があり，祖先型 aabb と1つの対立遺伝子が変異した個体（AAbb, Aabb, aaBB, aaBb）は妊性，生存率に変化はないが，2つの変異を同時にもつ場合に限り不妊や致死になるとすると，2集団間の雑種（AaBb）は子孫を残せないので生殖隔離が成立することになる．両方の集団に変異が起こる必要はなく，1つの集団で2つの変異が固定するような場合も考えられる．

異所的種分化では，それぞれの生息地への適応進化が起こり，遺伝的分化が進行するとともに2つの集団間に遺伝子間の不和合が生じると考えられる．それぞれの集団で起こった変異は集団内では有害ではないので，このような変異の蓄積は中立な状態で進行できる．

16.3 種の違いをもたらす遺伝子を検出する

様々な生物で分子マーカーが容易に作成できるようになり，種間の形質の違いに関連する量的形質遺伝子座（quantitative trait locus：QTL）をマッピングすることが可能になった（ただし，マッピングを行うには，2つの種の F_1 雑種が形成される必要がある）．QTL 解析により，生殖隔離にかかわる遺伝子の検出を行った例として，北アメリカに生息するミゾホウズキ属の *Mimulus lewisii* と *M. cardinalis* の研究例を紹介する．

この2種は，完全ではないが分布域の標高が異なっており，生息環境による隔離がある．また，*M. lewisii* は花冠が広くピンク色の蜜が少ない花をもち，主にマルハナバチ類が優占的に送粉を行うのに対して，*M. cardinalis* は花冠筒が狭く花弁が反り返った赤い色の蜜が多い花をつけ，ハチドリが優占的に送粉を行う．そのため，同所的に生息している地域でも送粉者による隔離があり，2種は接合前隔離によって自然界ではほぼ完全に生殖隔離が成立している．この2種は人為的に受粉すると F_1 雑種が得られることから，雑種系統を用いた QTL マッピングが可能である．

Bradshaw（1995；1998）らの解析では，送粉者の選好性に関わる12の花の形

質に関わる遺伝子のマッピングが行われ，2種間で違いが認められる花の形質は，それぞれ1〜6個の遺伝子座によって決定されていることが明らかになった．注目すべき遺伝子は，カロテノイド色素の合成に関わる YUP（YELLOW UPPER）遺伝子で，変異により花の色がピンクからオレンジ系の赤に変わる．この花の色の違いはマルハナバチとハチドリの訪花の相対頻度に大きな違いをもたらし，2種の生殖隔離に強く効いていることが明らかになった（Schemske & Bradshaw, 1999）．また，中間的な花の色の変異株は野生株に比べて適応度が下がることが明らかになっており，花の色の違いは地域的な適応進化で異所的に進行したのではないかと考えられている．このような種差に関わる遺伝子のQTLマッピングは，栽培植物やショウジョウバエ，最近ではトゲウオでも報告されている．

16.4 種分化のゲノミクス

　遺伝学的なアプローチから種分化の過程を明らかにする研究は古くから行われており，理論的な種分化モデルの研究とともに，前述したような生殖隔離の原因となる遺伝子の探索，QTLを用いた2種の形質分化に関わる遺伝子の探索，2種の遺伝的分化の程度や遺伝的集団構造の解析，種の分岐年代や2種間の移入，移出率の推定，など様々な研究が行われている．近年では，次世代シークエンサーの普及とともに，種分化の過程で起こる分子レベルの進化をゲノム全体でとらえようとする動きが進んでいる．

　種分化過程で起こる進化は多面的であり，隔離障壁の要因を限定することが難しい場合もある．とくに，種分化の再現が困難な有性生殖する生物では，一部の例外を除き（倍数化など）実験的に種分化を再現し，段階的にその過程を明らかにする実証的研究は非常に難しい．その代わり，自然界には同じ分類群の中で分化の程度が異なる（つまり種分化過程の異なる段階にある）近縁種が存在しており，異なる分化レベルの種（もしくは亜種，集団）の組み合せそれぞれについて，ゲノム全体の遺伝的分化の程度の比較や遺伝子の発現パターンの比較（トランスクリプトーム解析）を行い，各分化の段階でどのような要因が生殖隔離に影響したのかを明らかにすることができる．とくに，種分化の初期にある生物を使った

研究は注目を浴びているが，このような研究は，膨大な量の配列データを必要とするだけでなく，ゲノム情報が全くない生物では非現実的であった．しかし，一度に 1 兆塩基の配列データ解析（ヒトゲノムであれば 10 人分の全ゲノムが 1 度に解析できる）が可能な次世代シークエンサーが開発されており，今後は進化生物学の分野でもあらゆる生物を対象とした比較ゲノム研究が進むと期待される．

　種分化は，生物の種多様性を考えるうえで重要であり，ダーウィンの「種の起源」にはじまり古くから議論が重ねられてきた進化生物学の主要な問題の 1 つである．新しい技術がもたらす比較ゲノム研究と蓄積された理論的研究が結びつくことで種分化の機構の全容が明らかになってくるだろう．

V部 生態系と群集

第17章　生態系

渡慶次睦範

　生態学において最も重要な概念の1つが,「生態系」である．これは生物学の他の分野にはない生態学独自の概念であり（これに対し,例えば「種」の概念は遺伝学と生態学で共に使われている）,「生態系」こそ生態学の生態学たる所以とも言える.「生態系」とは,最も単純に言えば,複数の生物とそれらを取り巻く環境の全体を指し,その総体が系としての構造と機能を持つと認識する概念である．

　ここで,「系」という言葉を使う意義は,「まとまりがある」という意味合いを含むという点である．個々の種と様々な環境要素をただ集めただけでは機能的な「系」はそう簡単には生じないはずだが,現実にある一定の場所を占有している動植物群とその環境の総体は,持続性があると認められた時点で機能的なまとまりのある「系」とみなすことができる.「持続性」に含まれる時間の定義は曖昧であるが,およそ人間の認識する自分たちの一世代に比してより長い時間,と言えよう．そして,人間の目で見て区別しやすい単位ごと,要するに場所ごとに,別々の「系」を考える．すなわち,陸上生態系と海洋生態系,もっと細かく見たら,熱帯多雨林生態系,サバンナ生態系,河川生態系,干潟生態系,外洋生態系,深海生態系といった具合である．

　人間の「目」の鋭いところは,生物として（人間ももちろん生物である！）環境の違いを直感的に認識できるところで,人間が「違う」と感じているところは他の生物も「違う」と感じている（認識している）可能性が極めて高い．したがって,森林に接する草原は「森林生態系」とは別の「草原生態系」と見なすことができ,この両者でもちろん生物の行き来や物質の交換はあるものの,別の系として取り扱った方がいろいろな面で都合が良い．また別の表現を用いれば,究極的には,「地球生態系」が1つあるだけなのだが,便宜上なるべく合理的に,部分に分けたほうが理解しやすく,生態学者にとっても研究する上で都合が良いので,空間的に区分された場所ごとの生態系概念が使われることとなった．

17.1 生態系の特徴

19世紀末から20世紀初頭の生態学の黎明期に，ヨーロッパにおいて生態「系」としての認識が最も早く進んだのが，湖沼の環境である（図17.1）．なぜなら，湖は隣接する陸地との境界全体が人間の目で容易に識別でき，その中の生物（淡水生物）は明らかに周辺の陸上生物とは一線を画しており，1つの完結した世界を形作っているとの印象を与えたからである．また，実験研究の題材としても，湖沼の場合は「系」としての再現およびコントロールが比較的行いやすく，生態系の挙動研究に大きく貢献してきた．それではこの湖沼生態系を例にとりながら，生態系の2つの大きな特徴を挙げよう．

(1) 生態系では，物質が循環している．

生物体に必須の物質すなわち窒素，リン，炭素や鉄，亜鉛などの微量元素は生物とその取り巻く環境つまり生態系の中を循環している．湖沼の生態系においては，窒素化合物は流入河川から湖に入るほか，湖水中や浅瀬に生息する窒素固定細菌により大気中の窒素が固定されて，湖沼生態系の「食物網」に入る．食物網の中ではエネルギーと同じくN・P化合物などの物質は高次の栄養段階へと移動するが，移動しなかった分および各栄養段階の生物の死後はすべて微生物による分解へと回り，分解によって放出された物資は再び生物体に取り込まれる．すなわち，物質はエネルギーと違い地球外部から供給されることなく，究極的には地

図17.1 オーストリア・チロル地方のハルデン湖

球生態系の中で循環している．

(2) 生態系には，一定方向のエネルギーの流れがある．

　どの生態系も，エネルギーの伝達なしには機能しない．地球上の生態系におけるエネルギーとは，基本的に太陽からの光エネルギーが基になっている．太陽が燃え尽きたら，すなわち光エネルギーが電池切れになったら，地球上の生態系は機能しない．この光エネルギーを受容・確保するのが，生態学で「生産者」と呼ばれる植物（陸上）や藻類（陸水・海洋）である．湖沼の場合は，水中や水底に存在する珪藻や緑藻・藍藻などの藻類が光合成を行い，彼ら生産者によって有機物中に固定されたエネルギーが「消費者」すなわち動物によって使われる．消費者の中には，藻類などを直接食する水生昆虫などの「1次消費者」と1次消費者を食する魚などの肉食動物すなわち「2次消費者」が存在する．さらに，魚食性の魚や鳥などは3次消費者であり，生態系によってはそれ以上の栄養段階もありうる．いずれにせよ，生態系の中でエネルギーは生産者からより高次の「栄養段階」の生物へと一方向にわたり，その過程で各栄養段階の生物の成長や繁殖を含む生命活動に使われるほか，熱として発散・喪失する．

　以下では，生態系における物質循環とエネルギーの流れについて，別々に見てみよう．なるべく陸域生態系と水域生態系を対比してその違いに注目してみると，特徴が理解しやすくなる．

17.2 生態系における物質の循環

17.2.1 窒素・リン

　生物によって利用される様々な物質の中でも，窒素とリンは特別な存在であり，前者は生物体のアミノ酸・タンパク質を成し，後者は核酸，ATP・ADPをはじめとするエネルギー代謝系，リン酸タンパク質など生命活動に関わる基本物質として，あらゆる生物にとって必要不可欠である．これら2つの物質は地球上に豊富に存在するにもかかわらず，生態系における循環の態様がかなり異なっており，その理由の1つがそれぞれの物質貯蔵庫（物質がどこに多く存在するか）の違いにある（図17.2）．すなわち，窒素は無機窒素ガスとして大気中に大量に存在する一方，リンは主としてリン酸塩の形態で地殻中のリン鉱石・堆積物として

存在する．陸上の生態系では栄養塩としての窒素およびリンの不足が，植物の生産制限要因となっていることがよく知られている．リン酸塩は陸上では土壌中に十分な量が含まれる場合もあるが，通常土壌中では移動がないため局地的に不足しがちである．これに対し，窒素化合物は大気中の窒素を固定することによって得られ，その窒素固定に関わる微生物の存在は陸上では限られている．マメ科植物がその根に窒素固定を行う根粒細菌を共生していることはよく知られているが，陸上植物は通常大気中の窒素を直接利用することができない．その代わり，土壌を介して動植物の枯死体から得られる有機態の窒素分を再利用することになる．すなわち，陸上生態系においては，系内でのリンおよび窒素の循環による再利用がきわめて重要である．例えば，アマゾンなどの熱帯多雨林では窒素など栄養塩類はほとんどが再利用に使われるため，土壌中の栄養塩量は低い．このことを裏返して言えば，系の外に植物の生産を取り出す場合，すなわち田畑などで繰り返し植物を生産・収穫して人間の利用に供する場合には，常に新たな栄養塩類を土地に供給する（'施肥' する）必要があることを意味する．

　窒素の固定は，陸域生態系よりは水域生態系でより普遍的に行われている．こ

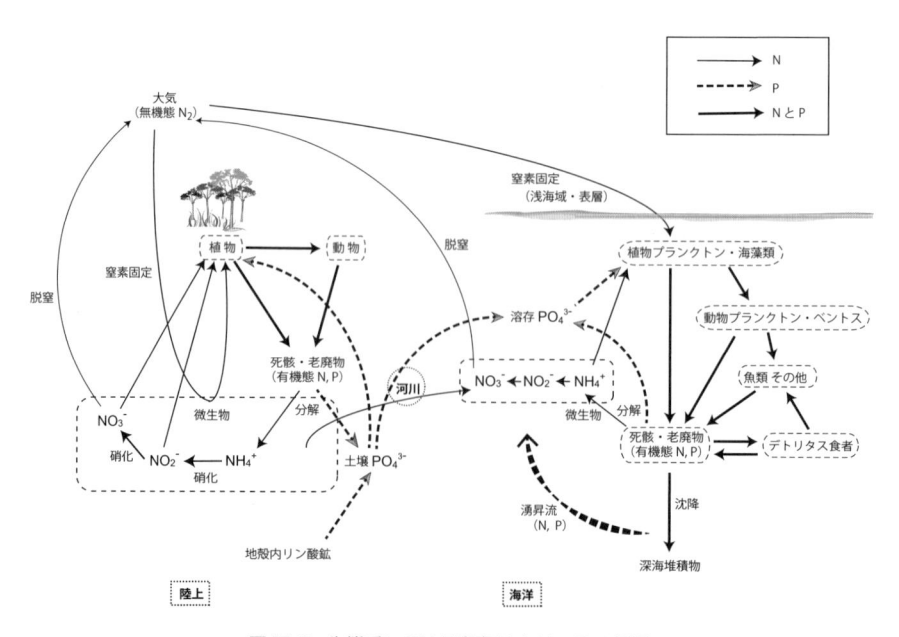

図 17.2　生態系における窒素 N とリン P の循環

れは，陸水・海洋の両者に広く分布する酸素発生型光合成細菌シアノバクテリア（原始的な藻類としてラン藻とも呼ばれる）に負うところが大きい．微小プランクトン生物としてのシアノバクテリアは風による表層流や潮流によって水域生態系内で簡単に運ばれ，「水面」あるいは「表層水」という水域微環境を効率よく占有でき急速な繁殖が可能なために，水域生態系における窒素化合物の確保に重要な役割を担っている．すなわち，水域生態系においてはシアノバクテリアという普遍的な窒素固定機能が存在するため，（水深の浅い水域では特に）窒素不足になる確率が低くなっていると言える．

　窒素の循環で1つ特徴的なのは，生産者である植物や藻類に利用される際の形態が多様で，その形態変化にも（微）生物が深く関わっているということである．生物体に取り込まれる窒素の形態には，アンモニウムイオン（NH_4^+），亜硝酸イオン（NO_2^-），硝酸イオン（NO_3^-）があるが，陸域生態系では後2者が主であるのに対し，水中ではアンモニウムイオンとしての取り込みが重要である．加えて，水溶性のアンモニアは希釈されていない状態では生物体に対する毒性が強く，また，陸上では好気的な条件下でアンモニア酸化細菌および亜硝酸酸化細菌による硝化（$NH_4^+ \to NO_2^- \to NO_3^-$）が起こりやすいという点がある．この逆の脱窒（$NO_3^- \to NO_2^- \to N_2O \to N_2$）現象にも硝酸還元菌，脱窒菌などの細菌が関わっているが，これは嫌気的な環境下でより顕著であり，酸欠状態の起こりがちな湿生土壌・湖沼内湾ら閉水域などに多く見られる．このように，硝化・脱窒・窒素固定は生態系における窒素循環のベースとして，主として微生物がその動態を左右している．

　これに対し，生態系内のリン循環はかなり状況が異なる．大気ではなく地殻内に豊富なリンは陸上生態系においては土壌からの供給にそれほど支障はないが，水域生態系では雨水や河川による陸域からの供給に頼らざるを得ず，植物プランクトン生産の大きな制限要因となっている．都市化に伴う生活排水の流入増加で，欧米や日本の河川や内湾域では「富栄養化」が問題になったが，これは主として都市近郊の水域に流入した洗剤等に含まれていたリン成分により，プランクトンが急激に繁殖・死滅した結果である．つまり，通常の水域生態系ではリンは不足がちであるが，何らかの原因で少しでも余計に供給されれば植物プランクトンは敏感に反応する．

　海洋生態系においては，リンの供給は陸上からの供給に依存しており，その結

果として沿岸域では十分な量が存在しても，外洋にいくほど徐々に不足気味になる．そのため，陸域生態系における窒素の状況と同じく，水域生態系では系内での食物網を介したリンの循環がたいへん重要である．しかしながら，外洋の生態系においては動植物の枯死体の一部は沈降し，海底に堆積していくため，必然的にリンは海洋生態系内の循環ルートから外れる，すなわち失われることとなり，不足に拍車をかけることになる．そのため，陸から遠く離れた海洋生態系においては，窒素よりもリンの不足が生物生産にとってより強い制限要因となる．深海底の地殻に蓄積されたリンがプレート変動で陸側に移動し，火山活動や隆起により地表面に出て生態系に再び利用されるようになるには，膨大な時間がかかると想像されよう．

このようにリンは，陸から海，そして海底へとの一方向的な流れが強い反面，その逆の動きもあることに注意したい．特定の海洋では湧昇流の存在により，深海底のリン（および窒素）が表層に運ばれ，海洋生態系に再び取り込まれる状況があるからである．地球上には，大きな大陸の西側域に特に顕著な湧昇域が存在し，それらの海域ではプランクトンの生産性が高く，昔から良い漁場となっている．これは海洋生態系の中でも特にリンの循環がうまくいっているケースと考えられよう．例えば，南米ペルー沿岸には大規模な湧昇流域が発達し，歴史的に世界最大のカタクチイワシ（アンチョビー）漁業を支えてきた．ちなみに，ペルー沿岸生態系におけるリンの循環は海洋生態系だけに留まらず，カタクチイワシを

図 17.3 南アメリカ太平洋岸における，カツオドリなどの海鳥によるグアノの蓄積
photo: M. Tokeshi.

捕食する莫大な個体数の海鳥類（図17.3）によって，リンを含む有機体が海から陸へと運ばれ，いわゆる「グアノ」（鳥の糞尿の乾いた堆積物）として陸域に戻されている点が興味深い．

17.2.2 炭素

近年，大気中の二酸化炭素濃度が上昇し，地球温暖化を引き起こす一大要因となっていることはよく知られている．その原因は人類による「燃焼」行為であり，燃焼行為の対象となっているのは過去および現生の生物，すなわち化石燃料や世界各地の森林である．すなわち，生態系は大量の炭素を生物体に取り込んで循環利用するとともに，その一部が化石化されて地殻内に除去蓄積されてきた（図17.4）わけだが，人類はその蓄積システムを事実上ひっくり返してしまったということになる．

炭素は細胞骨格，酵素，アミノ酸・タンパク質らを含めた生物体のほぼあらゆる組織構造で使われている．陸上の生態系では，光合成により炭素は二酸化炭素の形で植物に取り込まれ，糖類として保存・利用され，食物網を介して様々な動物に利用される．また，酸素呼吸を行なうすべての生物の呼吸により，二酸化炭

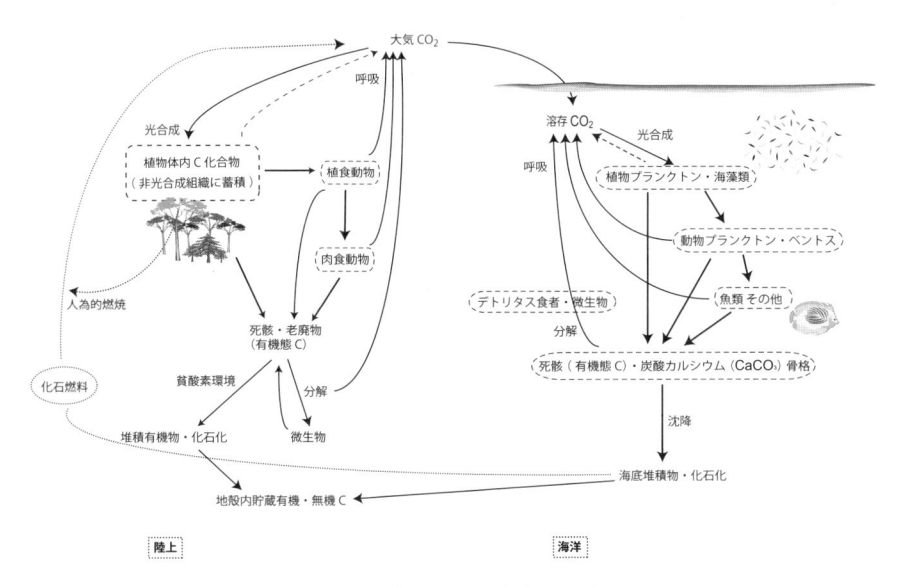

図 17.4 生態系における炭素 C の循環

素として再び大気中に放出される．陸上の生物体はすべて炭素の貯蔵庫であると考えることもできるが，生物体構造の密度と生物体量（バイオマス）の観点から言うと，陸域生態系における炭素の最大の貯蔵庫は，非光合成支持組織としての幹の割合の高い森林樹木であり，森林が失われるということは炭素貯蔵庫が失われることでもある．

　水域の生態系では二酸化炭素は水に溶解し，藻類に取り込まれて光合成産物を形成し，水域生態系の様々な動物に利用される．生物からの老廃物・枯死体中の炭素を含んだ有機物も，デトリタス食者（後述）である水生動物類や微生物によって利用される．溶存二酸化炭素に由来する炭酸イオンは，カルシウムの豊富な海洋生態系においては，貝殻を形成する軟体動物（二枚貝類と巻貝類），サンゴ類，原生動物の有孔虫，石灰藻類などによって炭酸カルシウムとしても利用されている．これらの生物はその死後海底に堆積物（化石）を成し，海洋生態系での炭素貯蔵庫ともなっている．

　このように炭素は陸域および水域の生態系内で広く循環するとともに，生物体の支持構造（樹木のリグニンやセルロース，サンゴ類の骨格）や細胞由来有機物として徐々に蓄積されてきた歴史があり，生物圏の進化を通して大気中の二酸化炭素濃度の低下に繋がった．産業革命以後，人類の活動によりこの傾向が反転してしまったのは，冒頭に述べた通りである．大気中の二酸化炭素濃度が上昇すると，海洋水中への溶解が進み，結果として水素イオン濃度が高まりpHが低くなる．これが「海洋酸性化」で，もしこれが進行すれば海洋生態系が大打撃を受けるであろうことは，想像に難くない．

17.2.3 鉄と生態系

　生物体に必要となる元素はN, P, C以外にも様々あるが，ここではその中でも特に重要な鉄について見てみよう．鉄が生命活動に欠かせないことは，たとえば血液中のヘモグロビンや筋肉中のミオグロビンを思い起こせば明らかであり，光合成に関わる酵素系，その他あらゆる生物種の呼吸・エネルギー代謝に深く関わっている．鉄は地球重量の3分の1を占める元素であり，地殻内部だけでなく表層にも大量に存在する．生物に利用されていない地球深部の鉄も，実は生態系にとって重要な役割を果たしている．それは，地球内部で一部が溶解した鉄により電流が発生し，磁場が形成されることによって，地球表面の生態系を宇宙からの

放射線から守っている点にある．この磁場による保護がなければ，生命活動に有害な放射線が地球表面に容赦なく降り注ぎ，生態系の存続は不可能となる．

　鉄が生物によって広く利用されてきた理由は，環境中に普遍的に存在するという側面とともに，鉄という元素が原子核構造・エネルギー的にきわめて安定しているという点が大きいと考えられる．生命現象は変化の連続だが，安定した基盤がどこかになければ持続性は失われるわけで，その一翼を鉄が担っているとも言えよう．

　現代の生態系における鉄の循環を考察するにあたり，まず，生物が鉄を利用するには，鉄イオンの形態でなければならないということを覚えておこう．陸域生態系においては，第一次生産者である植物は土壌中に溶解した鉄を取り込み，それが消費者へと回っていく．生物の死後は再び土壌を介して植物に再利用される．これに対し，現代の水域生態系では，鉄の供給は川を介して陸上からの供給に頼った形となっている．過去の地球上の水域生態系では水中に鉄イオンが大量に溶解していたが，水中の一次生産が増え酸素圧が増すにつれ，鉄イオンは水酸化鉄として沈殿し海水中から取り除かれてしまった．陸域の鉄が外洋域まで到達するには，はじめから溶存無機鉄イオンとしてではなく，酸素に対してより安定な有機錯体鉄（フルボ酸と結合した鉄）として運ばれる必要があるが，これは，陸域生態系の腐植土層で微生物により嫌気的に形成される．すなわち，現代の海洋生態系は，陸上生態系の機能により鉄の供給を受けていることになる．こうして海に運ばれ，植物プランクトンに取り込まれた鉄は，さらに動物プランクトンやその捕食者へとわたるが，生物体の死後，最終的には水酸化鉄として海底に沈殿・堆積し，生物にとって利用不可能になる．

　これを背景として近年，地球上の特定海洋域の植物プランクトン生産が低く抑えられているのは，鉄分の不足によるとの見方が提出され，鉄分として硫酸鉄を大量に北太平洋などの特定海域に散布する実験が行われた．これには，植物プランクトンが増えることにより二酸化炭素由来の炭素分を生物体内に取り込み，大気中の二酸化炭素濃度を抑えて地球温暖化に歯止めをかけられるとの期待もあった．しかし，一時的に植物プランクトン量が増えることはあっても，このやり方で中長期的な二酸化炭素の減少・貯蔵を期待することは，ほとんど無理であろうとの結論に至っている．鉄の散布は，実質的に田畑に窒素・リンなどの肥料を投入するのと同じく，海の生態系の富栄養化に加担することであり，進化的にでき

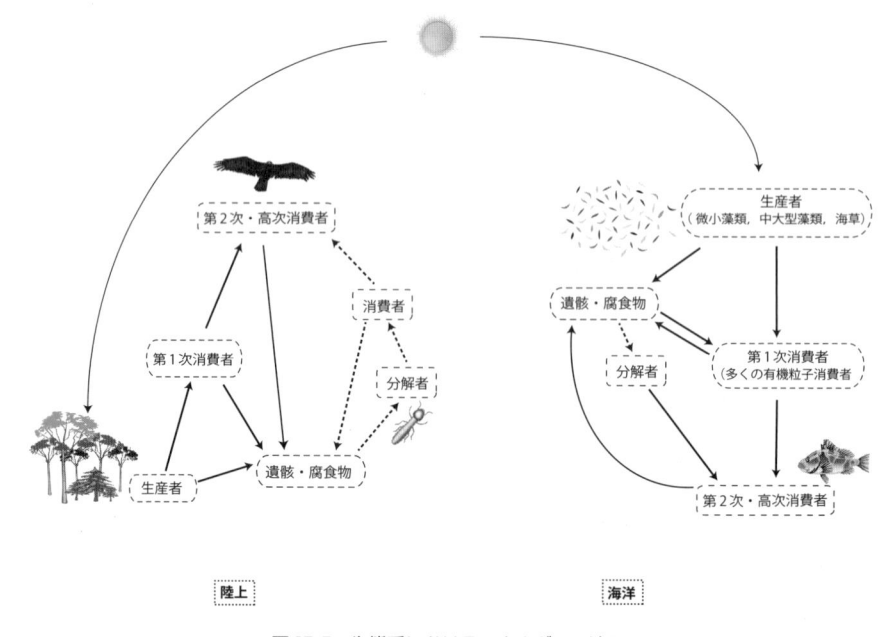

17.3 生態系におけるエネルギーの流れ

　地球上のどの生態系においても，太陽光を受けて，植物・藻類→植食動物→肉食動物，あるいは生産者→第1次消費者→さらに高次の消費者という形でのエネルギーの流れがある．このことは生物学一般の教科書でもよく強調されているが，さらにこれに加えて，排泄物／死骸等の有機物→分解者・腐食者→高次消費者というルートのエネルギーの流れがある点がきわめて重要である（図17.5）．なぜなら，多くの生態系においてエネルギー的には前者の「生食ルート」よりも，「腐食ルート」の方が大きいからだ．陸域生態系における腐食ルートの最たるものが，死後の植物・動物体を分解・摂取する菌類，細菌類，土壌動物やシロアリを介するもので，河川・湖沼・海洋などの水域生態系では腐食あるいはデトリタス食者と呼ばれる無脊椎動物および微生物を介したエネルギーの流れがある．こ

図17.5　生態系におけるエネルギーの流れ

れらの「生物体処理者」を介したエネルギー伝達が有効に機能しない限り，生態系は存続し得ない．

　陸域の生態系と水域の生態系を較べてみた場合，エネルギーの流れの上で最も大きな違いは，陸域では生食ルートと腐食ルートが比較的明確に分かれているのに対し，水域生態系ではこの2つの融合性が高いという点である（図17.5）．これは，水域生態系においては多くの第一次消費者が，生食ルート側の生産者すなわち藻類と，腐食物（デトリタス）とを同時に摂取するケースが見られるからである．例えば，湖底・川底や海底表面には，光合成による有機物生産を行う珪藻類などの微小藻類が生育するほか，腐食物すなわち生物体由来の有機物粒子が沈下・堆積し，多くの動物がそれらを無差別で摂取する（あるいは，厳密な'食い分け'が不可能である）．また，水域生態系に特有の摂食形式である「濾過食」をおこなう無脊椎動物に加え，多くの魚類は潮流によって運ばれる有機物を生死の区別なく摂食する．これに対し，陸域における生産者は主に高等植物であり，水域の藻類と較べて支持組織（根・茎・幹）の割合が高く光合成組織（葉）を含め相対的に体サイズが大型で，消費者（動物）は食物としての植物を物理的に専食できる，あるいはそうせざるを得ない状態であることが背景にある．さらに，水域生態系の場合，第一次消費者がある程度は藻類とデトリタスとを別々に摂取する状況下でも，次の第2次消費者は第1次消費者をあまり分け隔てなく捕食する場合が多い．したがって，水域生態系では，生食ルートと腐食ルートの一体性が

図17.6　熱水噴出口とゴエモンコシオリエビ（沖縄トラフ）
photo: M. Tokeshi‐しんかい2000.

強い.

　水域にはまた，太陽からの光エネルギーに頼らず，他のエネルギー源を利用して有機物生産を行っているユニークな生態系がある．深海の熱水噴出口生態系である（図17.6）．熱水噴出口は，海底の火山活動など地殻の動きにともなって起こり，日本近海では琉球列島北側の沖縄トラフが有名である．これは，熱水中の硫化水素やメタンを媒介して化学合成細菌が有機物生産を行い，光エネルギー依存の陸上および他の海洋生態系とは異質の生態系を形作っている．化学合成細菌はハオリムシ，シンカイヒバリガイ，ゴエモンコシオリエビなどの消化管・鰓・体表等に共生し，熱水噴出口生態系の底辺を支えている．

17.3.1 エネルギー量と生物生産性

　地球上の生態系が太陽から受けるエネルギー量は緯度によって異なり，低緯度域ほどエネルギー総量が多くなる．これに伴い生態系における生物生産性には，緯度に沿った違いが必然的に生じると考えられる．緯度が低くなるほど生産性が高くなることは，陸上の森林生態系に端的に表れており，一般的に冷温帯林よりも熱帯林のほうが生産性（純一次生産＝総生産量から呼吸による損失を除いた量）が高い．しかしながら，海洋生態系では，緯度にともなう生産性の変化は陸域生態系に比べると不明瞭であり，緯度の違いによる光エネルギーの変化よりも他の要因，特に栄養塩類の供給量に左右される状況が顕著である．すなわち，海洋生態系で生物生産性，特に第一次生産が高いのは，沿岸に近い海域と湧昇流の存在する海域であり，前項で説明した窒素とリンの供給が鍵となっている．

17.3.2 栄養段階と生態系ピラミッド

　それでは，太陽からの光エネルギーは1つの生態系内で，生産者から消費者にわたる複数の栄養段階間を，どの程度の効率で受け渡しされているのだろうか．これは大変興味深い事項であるにもかかわらず，正確に測定することが困難である．しかしながら，平均的に見て栄養段階の1ステップ毎に，エネルギー転換効率は20%を下回ると推定されている．通常の状態でも生物の個体数およびバイオマスは最低1桁程度の変動を示し，それに依存する生物はその餌とする生物の変動範囲の最低レベル以上のバイオマスを維持することは不可能である．言い換えれば，ある栄養段階の生物は，より下位の生物の存続自体を大きく害するよう

なレベルで存続することはできない．このことは，生態系内では栄養段階が上がるごとに利用可能な総エネルギー量は幾何級数的に急激に減少することを意味する．生態系の栄養段階構造をピラミッドに例えて表現することがあるが，多くの場合，各栄養段階に属する生物量は対数で表現したほうが合理的である．

ちなみに，栄養段階の下位にある消費者よりも上位の消費者の方が，エネルギー転換効率が良いことはよく知られている．高次の肉食動物に比し，牛やパンダ等の植食動物は遥かに大量の食物を，時間をかけて摂取している．しかしどちらにせよ，自然界における摂食行為はそれ自体大変エネルギーのかかる作業であり，栄養段階が上がるほど利用可能なエネルギー量が減ることは間違いない．このことは，生態系内の栄養段階数には限りがあることを意味し，通常は 3-4 段階程度で 5 を超えることはまれである．

異なる生態系の構造を比較する方法として，栄養段階数に着目するやり方がある．例えば，海洋の生態系を外洋域，大陸棚域，湧昇流域に分けた場合，この順に第一次生産が大きくなるが，平均栄養段階数は逆に 5, 3, 1.2 と少なくなっている（表 17.1）．ここで，生産性の最も高い湧昇流域においても，エネルギーの転換効率は 20% 程度に留まることにも気をつけたい．栄養段階数は，生態系の生産性よりも時空間的な安定性に依存すると考えられ，例えば湧昇流域や大陸棚域では定期的・不定期的に水温の大きな変動が起こるため，高い栄養段階数を維持することが進化的に難しかったと想像される．陸域においても，熱帯多雨林生態系のように，生物にとっての環境安定性の高い系で栄養段階数が多いと考えられる．

「生態系の頂点に君臨する」とは 2014 年のゴジラ映画（ハリウッド製なので正確にはカタカナで「ゴッズィッラ」？）で使われた表現であるが，この表現を生態学の観点から普通に解釈すれば，栄養段階の一番上にある，ということになる．しかし，ゴジラが陸上だったらライオンやヒグマ，水中ではシャチなどを食べる

表 17.1 海洋生態系における第一次生産と栄養段階数の比較

	外洋域	大陸棚域	湧昇流域
一次生産（gCm^2y^{-1}）	50	100	300
平均栄養段階数	5	3	1.2
エネルギー転換効率（%）	10	15	20

Ryther（1969）より改変．

という話は聞いたことがないので,その意味するところは不明である(作り話だからこそ,より現実味を増そうとしたところ,却って変な結果になったということか?).ただ,体内に核エネルギー源を持つとした時点で,地球上の生態系とはエネルギー活用の点から見て隔絶した存在になっていることは確かであり,その点からしても生態系の一員とはにわかに考えにくい存在となっている.

17.4 食物網

　生産者,第一次消費者,第二次消費者,さらに高次の消費者と区分される栄養段階の概念は,生態系内のエネルギーの流れを最も単純化して示したものである.このエネルギーの流れをもっと細かく示したのが,食物網である.食物網はまた「食物連鎖」と混同されることも多いが,後者は一本の鎖としての繋がりでむしろ栄養段階の概念と重なるが,食物「網」ではエネルギーの流れの「網目」構造を強調しており,観点が異なる.食物網の研究では,特定の生態系内の生物種のそれぞれについて食性を調べ,生態系内で何が何を食べているかをすべて明らかにすることを第一目標とする.したがって,調査の行き届いた系では複数種を結ぶ線(捕食・被食関係)が稠密に埋め尽くされた状態となり,食物網図を理解すること自体が容易ではない.

　食物網の例として,比較的簡単なものを見てみよう.図17.7は,北アメリカ太平洋岸の岩礁潮間帯における古典的な食物網を示している.ここでは,生産者としての藻類(岩面に付着する微小藻類と水中の植物プランクトン種が主)は簡略化してまとめてあり,これらの藻類を利用するカサガイ・ヒザラガイ類などの「藻食者」(grazers)とフジツボ,イガイ類などの「ろ過食者」(filter/suspension feeders),さらにこれら藻食性動物を食べる肉食動物が存在し,ヒトデの一種(*Pisaster ochraceus*)がこの食物網の頂点にある.ここで注意したいのは,(1) 通常,栄養段階の下位すなわち食物網の底辺にあたる生産者は,水域生態系の場合種類数が多くて判別が困難である場合がほとんどであり,まとめて示されるケースが多い.また,(2) ヒトデに見られる如く,複数の栄養段階にわたって摂食をおこなうケースがある,という点である.複数栄養段階食者は,時に「雑食者」と呼ばれることもあるが,日本語でいう「雑食」とは'違う種類の食物を食べる'

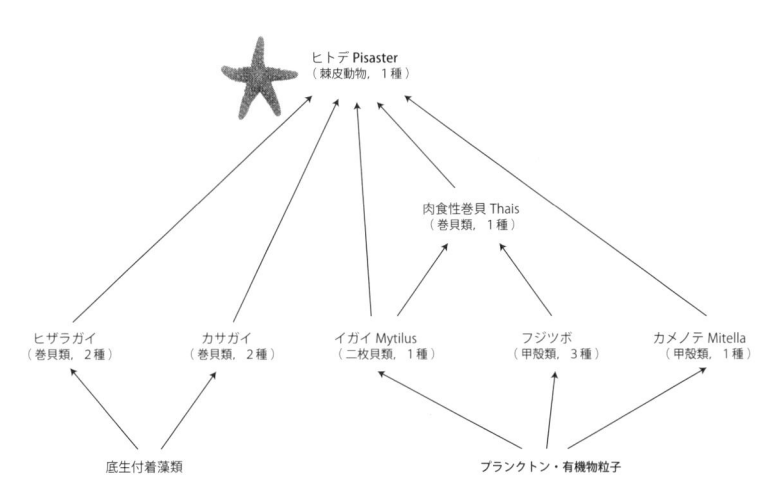

図 17.7　北アメリカ太平洋岸潮間帯岩礁に見られる食物網
Paine（1966）から改変.

というだけで，必ずしも異なる栄養段階に属する食物という意味合いはないので，不適切である．複数栄養段階食は水域生態系では普通に見られるが（例，多くの魚類），陸域の生態系ではそれほど目立たない（植食昆虫とその捕食昆虫の両方を食べる昆虫食の鳥，哺乳類など）．

　水域生態系の食物網でもう1つ特徴的なのは，成長に伴って食物網内での位置を変える動物種が多いという点である．これは陸水域・海洋域の両方で現在地球上に存在する生態系で高次の栄養段階を席巻しているのが，硬骨魚類だからである．魚類はたとえ成体でかなりの大きさになる種でも，はじめはみな直径1ミリからせいぜい数ミリ程度の卵から発生・成長し，食べられる食物の種類は開いたときの口の大きさ（gape size）に左右されるので，魚体が小さいときの餌食物は大きくなったときの食物とは違う．すなわち，成長していくにつれより大きな餌種へとシフトしていくことになる．したがって，成長とともに食物網内での位置に変化が生じる．同様のことは魚類以外の他の水生捕食動物，例えばイカ・タコ類やカニ類にも共通である．したがって，水域の食物網は，そこに含まれる生物の種類と成長段階に依存し，ダイナミックに変化するものと捉えることができる．

17.4.1 直接・間接効果とキーストン種

　食物網は生態系内の食う・食われる関係を抽出して表したものだが，これにより生態系内の生物種間の動態をある程度理解することができる．最も単純な例として，4つの構成要素からなる関係を見てみよう（図 17.8 左，ケース 1）．この食物網では種 a が最高位の捕食者であるが，この系で種 b が何らかの理由で減った場合，どうなるであろうか．種 b の直接の捕食者である種 a は餌がなくなるので減少し，種 b の餌である種 c は増加すると考えられる．これら種 a と c の個体数変動は，種 b の変動の直接的な結果と考えられるので，「直接効果」と呼ばれる．ここでさらに，種 c が増加することによりその結果として餌種である種 d が減少すると考えられるが，この場合種 d の変動は種 b の変動による「間接効果」と見なすことができる．例えば，20 世紀初頭，北米西岸ではヒトが最高位の捕食者（種 a）としてラッコ（種 b）への捕獲圧を増し，その数が激減した．その結果ラッコの餌であるウニ類（種 c）が増加し，さらにウニの餌である海藻類（種 d）が食い尽くされて，ケルプフォーレスト（大型海藻林）のない不毛の海底が広がった（間接効果）．20 世紀末には逆にラッコ保護の機運が高まりその捕獲圧が取り除かれた結果，ウニが減少し海藻林が回復したという経緯がある．

　もう少し複雑な食物網を見てみよう（図 17.8 右，ケース 2）．この食物網で種 b が何らかの理由で減った場合，どのようなことが起こりうるか．まず，種 b の餌である種 c は「直接効果」で増加すると考えられる．問題は，種 b の捕食者の種 a であるが，a の b への依存度が高い場合には直接効果で減少するであろう

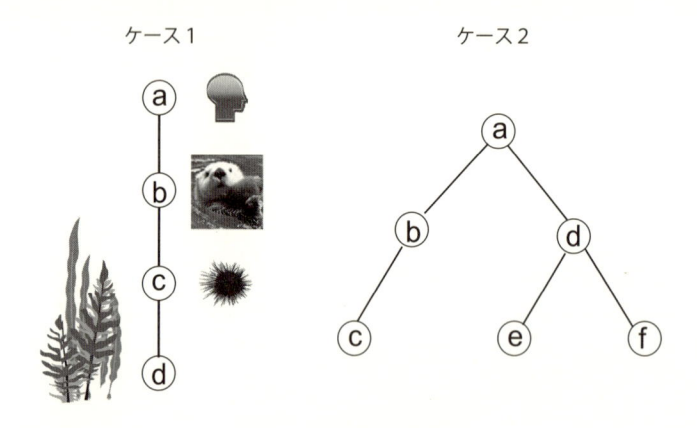

図 17.8　模式的な食物網の例

が，依存度が低い場合あるいは餌種 b が減った際に餌種 d への切り替えがうまく行なえるなら，種 a の数はあまり変化せず，その代わりに「間接効果」として種 d が減少することになろう．さらに，種 b と種 d の間で，例えば生息場所を巡る（直接的な）競争がある場合，種 b の減少は直接効果として種 d にプラスに働くこともあり得る．このような場合には，種 b の種 d に対する影響は直接効果と間接効果の両者が同時に反対方向に作用することになり，結果はより複雑になる．種 d の影響を受ける種 e, f の動態はさらに予想が難しいであろう．

食物網内で他の生物に対する影響の比較的大きい種は，"キーストン（keystone）種"と呼ばれるが，これは主に水域生態系の高次の捕食者を指して用いられることが多い．前出の岩礁潮間帯食物網の例ではヒトデがキーストン種として知られており，ヒトデがいなくなると（例えば人為的に取り除いた場合），ヒトデの餌種のうち空間競争に強いイガイ類が岩礁表面を占有して他の岩礁生物が激減し，生態系の種構成を変え多様性が低くなってしまう．

ただし，キーストン種であるかないかは程度の問題で，様々な環境条件にも左右され，ある種が常にキーストン種として系に影響を及ぼしているという報告はない．特に陸上の生態系では高次の消費者が恒常的に系を左右している例は知られておらず，むしろ低次の生産者の挙動が系の構造・動態を支配している（いわゆる"ボトムアップ"作用）場合が多い．

17.5 生態系における生息場所の重要性と生態系エンジニア

生態系の「系」としての成り立ちを捉える際に，エネルギー・食物関係と共に物理空間としての生息場所（ハビタット，生息地ともいう）の重要性を認識する必要がある．"すみか"のないところに生物は存在しないからである．

生息場所の概念は個々の生物に独自のものであると同時に，生物間で共有される資源でもあって，生態系全体の存在の場とも捉えられる．また，生物の活動によって生息場所は物理化学的に変化し，生物自身が他の生物の生息場所となったり，新たな生息場所を創出する場合がある．生態系の中で生息場所を改変する作用の大きい生物は「生態系エンジニア」と呼ばれ，よく引き合いに出される例としては，河川に樹木等でダムを構築して流水環境から半止水環境を創出するビー

バー，あるいは干潟などで底基質に穿孔して基質の物理化学環境を変えてしまうスナモグリ類や多毛類，熱帯林からサバンナ・乾燥地帯まで環境改変作用の大きいシロアリ類などが挙げられる．また，生態系エンジニアと呼ばれることはないものの，生物自身が他の生物の生息場所となっているケースは，森林生態系における樹木類，浅海藻場生態系の海草・海藻，サンゴ礁生態系を形作るイシサンゴ類など，様々な例がある．

　陸域生態系・水域生態系の両方において，生態系内で比較的大きい物理構造を形成する生物群は生息場所の創出者として特に重要である．サンゴ礁の生態系を例にとると，イシサンゴ類が炭酸カルシウム骨格の形成により3次元的に複雑な構造を創出し（図17.9），その3次元生息場所を甲殻類，軟体動物その他様々な無セキツイ動物や魚類，微小藻類が利用している．すなわち，サンゴ類によって生息場所が形成されて様々な種が存在できる場が提供され，系全体の生物多様性が高くなっていると言える．比較的オープンな環境に棲む海洋生物にとって"隠れ場所"の存在は大変重要であり，例えば人工・自然を問わず魚礁に魚が群れるのも，隠れ家としての価値が高く生物が多く集まるからである．

　1つの生態系には通常，体サイズの異なる様々な生物が含まれており，生物種によって最適な微空間環境は異なるため，性格の異なる微空間が多く存在する生息場所ほど，種多様性が高くなる．また自然環境の物理構造には，「フラクタル性」，すなわちサイズの異なる入れ子構造が認められる場合が多いが，これは生態

図17.9　3次元構造を成すサンゴ類（インドネシア・スラウェジ）
photo: M. Tokeshi.

系内の生物のサイズ分布とも呼応するものである．陸上の場合は，森林の樹高が大きくなるほど高さによる"層構造"が発達し，昆虫・鳥類その他の生息場所が多く形成され，植物にとっても異なる光環境の生息場所が存在することになる．河川生態系において造網性トビケラ類は河底環境を改変することで知られているが，日本の河川には，世界の河川環境に普遍的に存在するシマトビケラ類に加え，体サイズがはるかに大型で河底改変作用のより大きいヒゲナガカワトビケラ類が生息し，独特の河底環境の複雑性および河川ベントスの多様性（日本はヨーロッパよりはるかに高い）に繋がっていると考えることができよう．

17.6 生態系サービス

　本章の締めくくりとして，生態系と人類の関わりについて触れておこう．地球上の人口が増え続け，環境に対する圧力が増々厳しい状況になっていくに伴い，「生態系サービス」の概念が注目を集めるようになった（22.1.3項参照）．これはまた，生態系は人類にとって不可欠の存在であるという認識が広まったことにも因る．人類は生態系から有形・無形の様々な恩恵を得ており，それらは本章でこれまで述べた生態系の物質・エネルギー循環や食物網が正常に機能してはじめて可能となっている．そこで生態系から受けることのできる恩恵をより具体的に把握するための手段として，生態系サービス機能を次の5種類[1]に分類することが提案されてきた．

1. 基盤サービス：生態系の機能の中核を成すもので，他の生態系サービスの基盤ともなるサービス．栄養塩類の循環，光合成による第一次生産，土壌形成などの機能を含む．
2. 供給サービス：物質やエネルギーなど，人類の生活・生産活動に直接使えるものの供給機能のこと．食糧，生物由来原料物質，医薬資源，エネルギー資源，水など．
3. 調整サービス：生態系プロセスから派生するところの調整機能．二酸化炭素

---
[1] 5番目の保全サービスは3の調整サービスに含め，4種類の分類とすることもある．

の吸収貯蔵，洪水緩和，気候調整作用，老廃物の分解・無毒化，大気・水の浄化作用など．
4. 文化的サービス：人間が生態系から得られる無形のサービス．人間生活の精神面を豊かにすることに通じる機能．レクリエーション，エコツーリズム，スポーツ，教育その他の文化的な活動の供する機能．歴史的な側面も含まれる．
5. 保全サービス：生物多様性を保つとともに，様々な事態からのストレスを緩和して，人間を含めた生物の生活環境を保全する機能．

生態系を守るということが政治・社会問題となるに従い，近年，生態系サービスの経済価値を測る試みがなされるようになった．これらのサービス機能分類に基づいて全世界で年平均 33 兆 US ドルというような見積もりも出されたが，そのような数値自体の信憑性は定かでない．特に文化的・保全サービス等は，経済的査定がたいへん曖昧である．つまるところ何よりも重要なのは，生態系が正常に機能しない限り人類の生存はあり得ない，との厳しい認識のもとに，我々人間が社会的なルール作りをし，行動することであろう．

第18章 種の多様性

渡慶次睦範

18.1 群集・生物多様性・種数

　群集生態学では，単一の種ではなく複数の種の問題を扱う．地球上に見られる生態系は森林生態系，草原生態系，湖沼生態系，河川生態系，沿岸生態系，海洋生態系など様々な生態系があるが，そのどれをとってもさらに細かく区分することができ，その中には例えば熱帯多雨林群集，岩礁潮間帯群集，湿原土壌微生物群集など，複数の種からなる群集を見いだすことができる．これら群集の呼称は，研究者が研究の目的に応じて主観的に採用する場合が多く，初めから決まっている訳ではない．現実的には，地球上のある特定の空間を想定した上で，その空間中のすべて，あるいはその一部の動植物群をもって，○○群集という場合がほとんどである．したがって，研究目的によって，どの範囲の動物・植物・微生物までを含めて1つの群集として取り扱うかが決まる．このように，群集の「境界線」は自然界に厳密に存在するものではないので，ある程度の曖昧さを伴うということを理解しておこう．

　それではまず手始めに，群集における種数の多さという問題から考えてみよう．昨今，生物多様性という語がマスコミでもよく使われるようになったが，群集生態学の概念としての生物多様性は，まず，種数のことを指すと覚えておこう．ここで少し注意したいのは，生態学で一般的に"多様性指数"を取り扱う際には「多様性」を種数と相対量の複合的な変化量として認識するという点だ．非常に紛らわしいのだが，生物なしの「多様性」と生物のついた「生物多様性」では，生態学における使い方が微妙に異なるのである．生態学者自身が両方の使い方を場合に応じて変えることもあり，混乱の度合いが増しているという問題もある．ここでは，本来の使われ方を尊重し，断りのない限り「多様性」は多様性指数の意味するところ，「生物多様性」は種数とする．もちろん，（生物）多様性という言葉には，研究対象・研究分野の違いで様々な意味合いが付与されてきた．遺伝

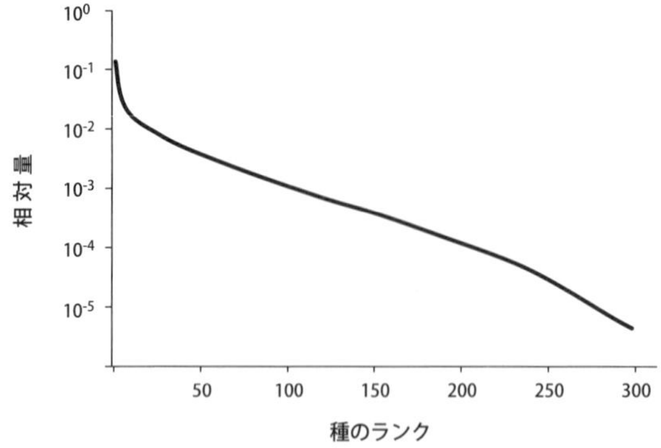

図 18.1 熱帯多雨林の樹木の相対量順位グラフ
元となるデータを簡素化して図示.

的多様性，機能的多様性，生理／形態的多様性，等々である．しかしながら，群集生態学における「生物多様性」は，やはり異なる種の数，「種数」といえる．

それでは，群集において「生物多様性が高い」あるいは「種が多い」とは，いったいどんな状況を指すのだろうか．図 18.1 は種数の多いことで知られる中米コスタリカの熱帯多雨林の樹木データで，それぞれの樹種の本数が森林全体の本数に占める割合を，高い数値からランク順に並べたものである（相対量の順位グラフ）．これを見ると，「種が多い」とは種の相対量の曲線が比較的緩い傾斜で，x 軸方向に長く尾を延ばした状態にあり，さらに相対量の低い種，つまり稀な種が多く存在する状態のことだと理解できる．y 軸の相対量は対数で示されており，大半の種が個体数ベースで 1000 分の 1 以下の割合しか占めていないことに注目したい．要するに群集の中のほとんどの種が比較的稀な種で，稀な種が多いから群集全体の種数が大きくなっている．

18.2 種数を知りたい

では，種数を求めるにはどうすればよいか．答えは「数えられる限り数える」である．こんな禅問答のような論に意味があるのかと訝るむきには，「数える」という行為が生態学ではどんなに困難を伴うものなのか，想像してもらう必要がある．「推定する」という，いかにも科学的に聞こえるやり方もあるが，これとて推

定の元になる数をきちんと把握する必要がある.

　まず，すべての種を数えられるような群集は，そう多くはない．たとえば，人間の目で認識しやすい，樹木類や鳥類，草原の植物や鱗翅類（チョウや蛾），サバンナの哺乳類，岩礁潮間帯などの群集なら，特定の場所に限って，比較的正確に種の数を数えることが可能である．しかしそれにしても，幼樹・幼植物，小蛾類，ネズミなど小型哺乳類，微小底生動物などサイズの小さいもの一般を含めようとすれば，相当労力を強いられることになる．他の動植物群集ではさらに困難の度合いが桁違いに増す．森林昆虫群集，土壌生物群集，河川ベントス群集，海洋プランクトン群集など，なにしろ，物理的に「見えない」部分が多く分類も不完全である．要するに，数えきれない．この状況下では，(1) 種の取りこぼし・見落とし，(2) 分類が困難，の2点が大きな足かせになっていることがよくある．もともと存在するのかしないのかわからない対象に対し，この2点の影響を避けることは，論理的に考えてかなり無理な試みとも言える．陸上，水中を問わず自然界のほとんどすべての生物群集は，人間には不十分・不完全にしか見えない状態・環境で存在することを，まず認識しておきたい．

　群集中の種のカウントにおいて取りこぼしや見落としが多い背景には，先に述べたところの，種数の上で大きな割合を占める稀な種の存在が大きいとも考えられる．仮に群集全体を俯瞰できる立場にあったとしても，他の種の1000分の1, 10000分の1, もしくはそれ以下の頻度でしか存在しない種をくまなくひろい上げることは，並大抵のことではない．単純に確率的に見ても，1000個体の動物を観察・採集できたとして，その中に1個体も含まれない種が本当はいくつもあるということだ．見えないものは数えられない．普通の観察・データ収集作業では，どうしても取り落としてしまうのである．

　このことは，生物多様性の意義が声高に語られる今日においても，種の多い群集に関する信頼度の高いデータはまだまだ少ないという現状に如実に現れている．

18.3 異なる生態系間の種数の違い

　生態系あるいは群集内の種数の正確な値を得るのは難しいとしても，地球上の様々な生態系において種の数が違うということは，疑う余地がない．種数の違い

は，地域ごとの進化史的な相違に加えて様々な環境条件や種間の関係が複雑に絡み合って決まっており，一様ではない．例えば，サンゴ礁生態系のサンゴおよび魚類の種数は同じ熱帯でもカリブ海よりもインドネシア東部のほうがはるかに高く，河川中上流域のカワゲラ群集の種数はヨーロッパアルプス周辺地域よりも日本のほうが高い．

　種数に関しての広域的な比較からよく知られているのが，緯度に伴う変化である．陸域の生物群集では，森林樹木，鳥類，昆虫類などで，緯度が低い地域ほど種数が高くなる傾向がある．水域でもこれと同様に，緯度に伴う種数の変化はイシサンゴ類や魚類・その他の無脊椎動物に見られる（ただし，特定の生物種群について見れば，低緯度イコール高種数ではないケースも多い点に注意；大型褐藻類など）．

　低緯度の生態系あるいは群集において種数が高くなるのは，環境条件，特に温度と光が多くの生態系・群集にとって重要であることを示唆している．この両方の条件は一年を通して低緯度域で最も安定しており，緯度が高くなるほどその変動が大きくなる．特に，冬期における温度および日照の低下は，多くの生物にとって活動の低下あるいはストレスの増大を意味し，高緯度生態系における総体的な種数の低さに結びついている．陸上の森林生態系と海洋のサンゴ礁生態系は種多様性の双璧を成しているが，そのどちらも，生態系の基盤となる生物群（陸では樹木類，海ではサンゴ類）は光合成に依存しているので，環境条件としての温度および光が最適である熱帯域で種数が最も高くなる．これらの生物群に依存する他の生物の種数も，熱帯では必然的に高くなる．

　特定の群集において種数がどのようにして決まるのかという問題に関し，1つの基本的な答えを与えるのが，島嶼地理生態学における平衡理論（マッカーサー・ウィルソン理論）と呼ばれるものである．この理論は，海によって隔離された島をすみかとする陸域生物群集を想定しているが，本来の島ではなくても擬似的に「島」と見なせるような環境およびそこに生息する群集に広く当てはまると考えられる．まず，大前提として，ある特定の島の生物の種数は2つの要因，すなわち島外からの侵入率とその島での種の絶滅率に左右されるとする．そしてこの2つの要因は，さらにその島に既に生息する種の数（既存種数）に依存するとする．これは，既に島にいる種の数が多ければ，新たに'侵入種'として加わる（数えることのできる）種の割合は低くなる反面，絶滅する種の割合は高くなると

仮定する（図 18.2a 左）．既存種が多い場合に絶滅率が高くなるのは，種が多くて種間の競争が激しくなるにつれ，それぞれの種の個体数が低く抑えられ，様々な原因による絶滅確率が高くなると考えられるからである．このように，既存種数に対する侵入率と絶滅率の変化を表す曲線2つを重ね合わせると，その交点がその島における種数の動的な平衡値となることがわかる（図 18.2a 右）．既存種数が平衡種数より大きければ，絶滅率が侵入率より高くなるので種数は減る方向に向かい，逆の場合には種数は増える．このように，平衡種数とは，種数に変動がある中，長い期間を考えた場合の平均的な値と捉えることができる．

この理論を敷衍すると，大きな島と小さな島を較べた場合，前者のほうが後者よりも侵入率曲線は高く，絶滅率曲線は低くなるであろうと予想される（図

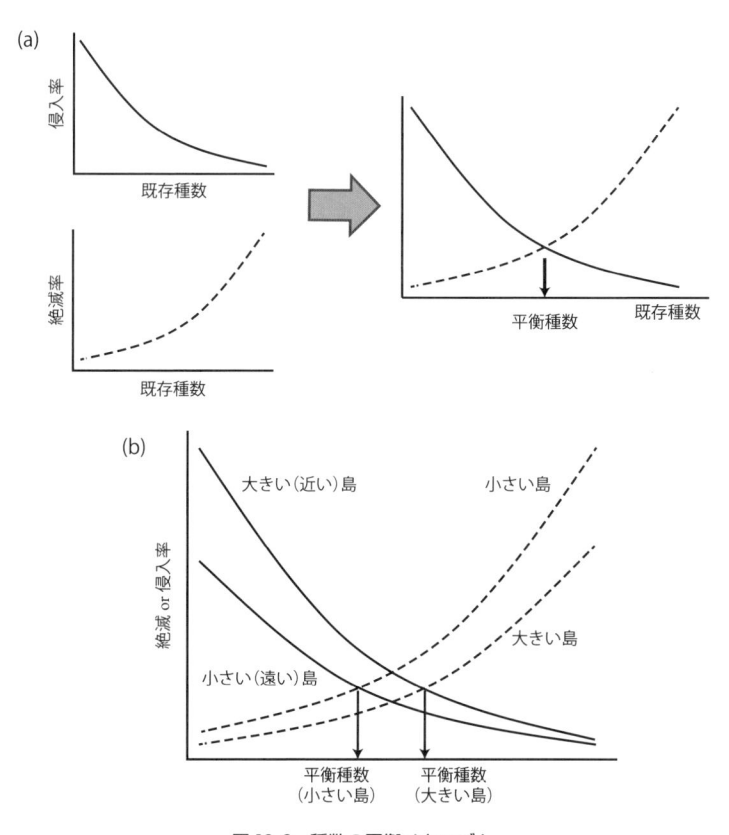

図 18.2 種数の平衡メカニズム

18.2b). 結果として，小さい島では平衡種数が低く，大きい島では高くなることが理解できよう．また，陸から近い島と遠い島を較べると，侵入率については前者のほうが後者よりも高いと考えられ，島の大小による関係と似ていることになる．したがって，最終的には，島が小さく陸から遠い程，侵入率が低く絶滅率が高くなり，平衡種数は低くなると予想される．

18.4 種数-面積関係を読む

種数に関して生態学で注目を集めてきたテーマの1つが，種数-面積関係である．前述の通り，群集の種数を決定する要因はさまざまあり，面積だけが重要な訳ではない．しかし，多くの場合において面積を全く無視する訳にもいかないことは，事実である．南極大陸とオーストラリアを較べたら面積より温度の影響が大きいだろうが，南極大陸と周辺高緯度の島々を較べたら，面積の影響が大きく関わってくる．また，空間スケールを小さくとっても大きくとっても，面積の影響は普遍的に存在するが，他の要因はその多くが，特定の空間スケールでしか作用しない．

種数 s と面積 A の関係は，生態学では伝統的に両対数軸上での直線関係として示されてきた．すなわち，

$$\log s = \log c + z \log A \tag{18.1}$$

ここで $\log c$ は切片を表す定数であり，z は傾きを表すパラメーターである．ただし場合によっては，片対数すなわち $s = \log c + z \log A$ の形で扱われることもある．以下では簡単のため，両対数形式を考える．

種数-面積関係のデータを得るには，当然，面積を変えてサンプルを取る必要がある．上記の通り，面積は対数で扱うことになるので，幾何級数的に変えることが望ましい．そこでまず，一定の面積を設定して，その中の対象生物をすべて数えるとする．例えば，$1\,\mathrm{m}^2$ の方形枠内の土壌生物を数えるとか，干潟の底生海洋生物を数えるとかである．これを繰り返して，異なる地点で $1\,\mathrm{m}^2$ のサンプルを取る．当然サンプル間で違いがあるだろうから，種数にばらつきが見られる．次に面積を倍にして，$2\,\mathrm{m}^2$ のサンプルを新たに繰り返し取る．さらに，次の段階で

はその倍の $4\,\mathrm{m}^2$ のサンプルを取る．こうして面積を x 回増やしていったときには，最終的に $2^x\,\mathrm{m}^2$ の広さのサンプルを取ることになり，x が高々 10 でも，面積は $1000\,\mathrm{m}^2$ を越えてしまう．その大きさのサンプルをとることは，土壌生物や海洋底生生物を相手には到底無理なので，誰も取ったことはないし，取ろうともしない（ただし，全く不可能ではないかもしれない；サンプルを見るのに数十年かかりそうだが！）．また，やる気があっても，x が大きくなるに従い $2^x\,\mathrm{m}^2$ の場所を確保すること自体，物理的に困難になってゆくので，同じ面積での繰り返しサンプルは得がたくなる．同様のことは，あらゆる群集サンプリングで起こる．

　結果として，面積が大きくなるほど群集のデータは少なくなる，という厳然たる事実につき当たる．つまり，面積が小さいうちには同じ面積に対する種数の情報（数値）が多くあるが，面積が大きくなると，急激に減る．ここで誰でも思いつくのが，既存の，小さい面積のサンプルをいくつか合計して順次大きなサンプルを人為的に作るという作業である．ただし，その場合も，最も大きなサンプルは全部を合わせたものということになり，数値としてはただ1つだけとなる．どちらにせよ，広い面積に呼応した，'独立した'群集データは，少ないということになる．

　この，「面積が大きくなるとともにデータは少なくなる傾向がある」という"物理的な"特徴は，種数-面積関係を見る際の重要なポイントである（図18.3）．これにより，小さい面積における種数のばらつきが強調されることになる．そして，一定地域内でも，たまたま種が多く集まっている地点から徐々に面積を大きくしていった場合と，あまり多く集まっていない場所からサンプリングを始めた場合とでは，得られる種数-面積回帰の傾き z が違ってくる．

　この，両対数でプロットしたときの種数-面積直線の傾き z の値が，生態学で注目されるところなのだが，たとえば2つの群集（あるいは複数の群集を含む群集グループ）を較べて z が違うといっても，様々な状況が存在しうることに注意しておきたい．まず，データの性格上，直線関係が成り立つ面積の範囲 $a \leq \log A \leq b$ において，図18.3a では，群集グループ X の z 値のほうが群集グループ Y のそれよりも大きく，種数も多い．しかし，図18.3b では，群集グループ X の z 値は群集グループ Y のそれよりも大きいにもかかわらず，種数では全体的に劣っていることになる．さらに図18.3c の場合では，群集グループ X と Y で z 値が異なり，面積の変化により種数が逆転する状況を示している．

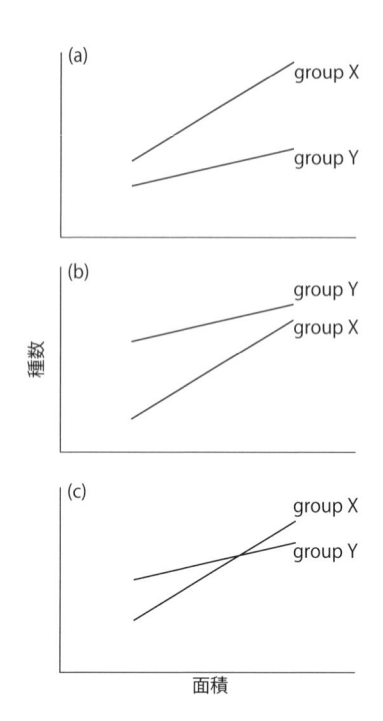

図 18.3　種数-面積関係のパターン
　両軸とも対数でとる．つまりこの図で直線に表れるのは，種数と面積の値ではベキ乗関数である．

　様々な群集データを比較することにより（しかし前述の，データ自体の限界に注意），zの値は0.15から0.4の範囲であることが多く，0.2-0.3あたりが最も頻度の高い値であると経験上考えられている．興味深いのは，面積のスケールを生態学で意味のありそうな最小値から（あまり小さすぎるスケールで動植物を観察しても，生態学的な意味がなくなる——1 m^{2}の枠の中にゾウは入らない！），最大，すなわち，地球レベルまでの範疇で見たら，どうなるだろうかという点だ．以下の説明には，仮説的な部分も含めていることを断っておく．

　大きい空間スケールから見ていこう．旧北区（ユーラシア大陸），新北区（北アメリカ大陸），オーストラリアなど地球を大陸単位の生物地理区で分けて見ると，大雑把には面積が大きい大陸ほど総種数が多いので，その一部分の面積でも種数が多くなる傾向がある．したがって，大陸あるいは生物地理区内の種数面積関係を表す線分が，階段状に存在することになる（図18.4）．それぞれの線分の右端

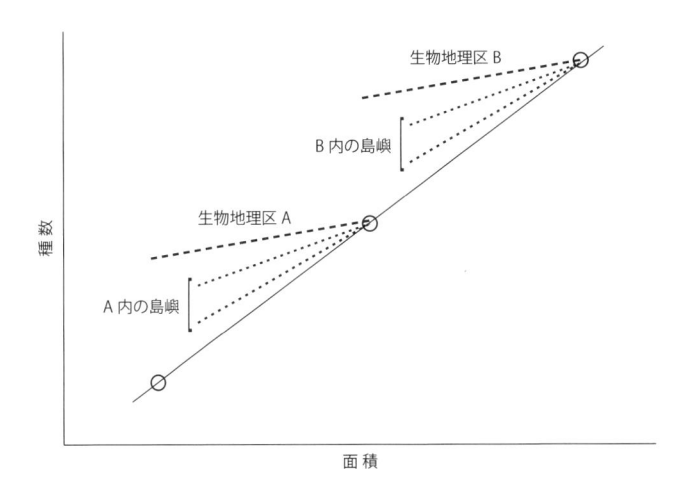

図 18.4　空間スケールを加味した種数-面積関係
両対数で表示している.

図 18.5　九州西岸・天草下島の転石海岸貝類群集

は，それぞれの大陸・地域全体の種数に当たり，その数値同士をグループとしてまとめた大陸間の種数-面積回帰直線は，大陸・地域内の回帰直線よりも z 値が大きい．さらに，各大陸内でも，たとえば異なる島嶼群では，図 18.3b の如く，種数-面積回帰直線の傾き z が異なる場合がある．

　さらに小さい空間スケール内では，データの自由度が高いので，図 18.3 に示したように異なる群集間の違いが様々な形で具現する可能性がある．西九州の亜熱帯性転石潮間帯で石面に生息する貝類群集（図 18.5）では 1 m^2 以下の空間スケ

ールで，そのような複雑な種数-面積関係が見られた．

以上のように，種数-面積関係は様々な空間スケールの現象を，総合的に含んでいる可能性があるので，情報の内容を吟味してみることが肝心である．

18.5 種数-面積関係の応用：気候変動と生態系の保全管理

今日，地球温暖化をはじめとする広域気候変動に伴う環境の変化，それに対応するための生態系の保護管理，生物多様性の保全は大きな関心事となっており，世界各地の森林や浅海域などで保護区の設定などがなされている．そうした環境変化に伴う生態系の改変や保護区の設定のやり方を考える際，種数-面積関係の情報があれば，より問題への理解を深め，効率の良いマネージメントを行なえる可能性がある．例を見てみよう．

ここでまず取り上げるのは，山岳地帯に棲む生物群集である．例えば日本の山でも，ハイマツ，ダケカンバ，ライチョウ，カモシカ，クモマツマキチョウなど，比較的高山に棲むものから，サンコウチョウ，ヤマガラ，シイ・カシ類，ミドリシジミ類など低山帯に多いものまで，様々な動植物が見られる．さて，近年温暖化によって気温が上昇しているが，中長期的に見てその影響を強く受けると考えられるのが，これら山地に棲む生物群集だ．温度は高度に比例しており100 m上がるごとに約0.6℃下がるので，生物にとっての温度環境は，高さによってほぼ決まる．1000 mで6℃なら，かなり大きな違いだ．つまり，山では高さをもとに生物の温度環境を捉えることができる．では，温暖化によって生物は山の上のほうに逃げざるを得ない状況になるだろうが，このとき群集に何が起こるだろうか．

簡単なモデルで考えよう．まず，山を円錐形と見なし，高度に基づいて，高，中，低の3つのゾーンに均等に分け，高山帯，中山帯，低山帯と呼ぶことにする（図18.6）．このそれぞれのゾーンの温度環境に適応した生物群集が存在するわけだ．では，この3ゾーンの面積の比はどうなっているか．円錐の側面の表面積を計算するには，円錐の高さhと底面の半径rが必要だが，それらを与えられていなくとも，この面積の比は，あきらかに1:3:5である（どうしてそうなるのか，自分で考えよ）．それでは，温暖化で温度が一様に上昇し，下から上に生物群集が1ゾーン分移動せざるを得なくなったとする．そうなると，もともと低山帯

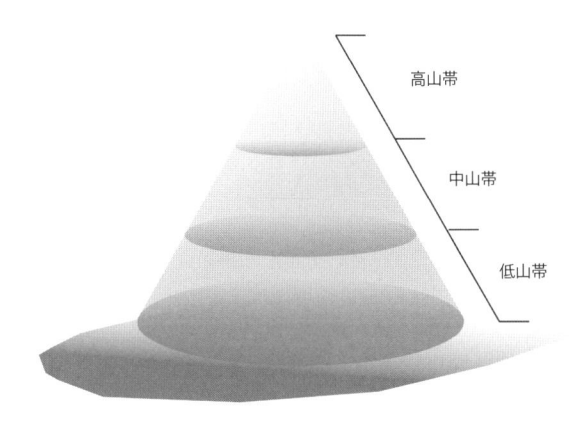

図 18.6　3 つの帯に分けた山の模式図

にいた群集は中山帯に移動し，中山帯の群集は高山帯に移動し，高山帯にいた群集は行くところがないので，絶滅する．この絶滅する群集については人為的に北のほうに持っていく等の非現実的対策しかないので，ここではこれ以上考えない．問題は，新たに中山帯，高山帯に移動してきた群集で，あきらかに温暖化以前と較べて生息地の面積が減るのだが，それに伴って群集の総種数はどう変化すると予想されるか．

　先の面積比により，低山帯群集は移動により占有面積が温暖化以前の60%(3/5)になり，中山帯群集では高山帯に移ることにより33%(1/3)になる．すなわち，高いところの群集ほど，面積減少に強くさらされる．言い換えると，高いところの群集ほど，より生息地の喪失による種の絶滅の危険度が高いということになる．この面積減少による種の減少を計算するのに，種数-面積関係が役に立つ．ここでは，(18.1) 式を対数変換する前の形，

$$s = cA^z \tag{18.2}$$

にしたほうが，使い勝手がよい．低山帯から中山帯に移った群集の場合，(18.2) 式で面積 A が $(3/5) \times A$ になるので，これを代入すれば新たな種数は，

$$s = c(3A/5)^z = cA^z \times 0.6^z$$

となり，もとの 0.6^z 倍になることがわかる．これに経験値として得た z の値を

0.25 として計算すれば，約 0.88 となり，およそ 12 パーセントの種が失われると予想される．これに対して，中山帯群集が高山帯に移ったとき，生息場所の面積は $(1/3) \times A$ になり，種の数は

$$s = c(A/3)^z = cA^z \times 3^{-z}$$

で，3^{-z} 倍になることがわかる．この場合 $z = 0.25$ として計算すれば，$3^{-z} \sim 0.76$ となり，およそ 24 パーセント，すなわち低山帯→中山帯の場合の倍の割合の種が失われることになる．

群集の中の 10% 以上の種が失われるような状況は，かなり深刻な事態と言え，そのインパクトは計り知れない．ちなみに，この山全体での種のロス[1] は，

$$\frac{1}{9} + \frac{3}{9} \times 0.12 + \frac{5}{9} \times 0.24 \approx 0.28$$

となり，ほぼ 28% が失われてしまうことになる．ここでの種のロスは，純粋に面積だけを考えた場合のことであって，例えば温度上昇による生息地上昇の速度に追いついていけるかどうかは，別問題である．また，種間のネットワーク・依存性により，他の種が失われる可能性等も考慮に入れていない．したがって，この計算値より損失が大きくなる可能性が高い．

この山の生物群集の変化に想定される状況は，生息地の面積変化が種数に及ぼす影響として，そのまま平地あるいは海洋の生物群集にも当てはまる．すなわち，(18.2) 式が得られていれば，面積の変化に伴う種数の変化を推定することができる．また，たとえば，海洋保護区などを設定する際に，その広さを決める手がかりともなる．

それでは，仮に浅海域に海洋保護区を設ける計画が持ち上がったとして，保護区を一カ所だけ面積 A の広さで設ける場合（オプション 1）と，3 カ所にそれぞれ面積 $A/3$ の広さで設ける場合（オプション 2）とがあるとしよう（図 18.7）．簡単のため，保護区は円形とする．ここで，オプション 1 における種数を s_1，オプション 2 における種数をそれぞれの保護区で s_{2a}, s_{2b}, s_{2c}，全体で $s_{\{2a, 2b, 2c\}}$ で表すとする．前出の山の生物群集で見た通り，オプション 2 の保護区それぞれの面積はオプション 1 の 1/3 なので，種数 s_{2a}, s_{2b}, s_{2c} は各々 s_1 より 24% ほど小さいこ

---

[1] 山全体で種が一様に分布しているという，少し乱暴な仮定をした場合．

18.5 種数-面積関係の応用：気候変動と生態系の保全管理　249

面積A

面積A/3

海洋保護区オプション1

海洋保護区オプション2

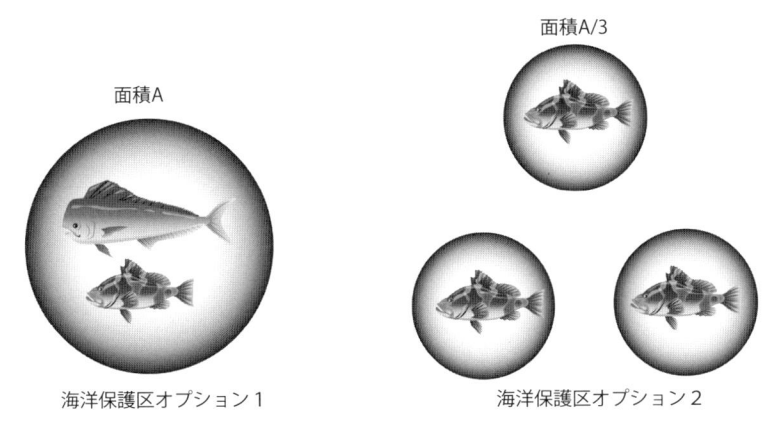

図 18.7　異なるタイプの海洋保護区

とになる．重要なのは，ここでは，

$$s_1 > s_{\{2a, 2b, 2c\}} > [s_{2a}, s_{2b}, s_{2c}] \tag{18.3}$$

の関係が成り立つ可能性が高いということである．つまり，オプション1と2とで，総面積は同じだが，オプション2のように小さく分けた場合は，別の要因が働かない限りは，オプション1より総種数が低くなってしまう可能性が高い．その理由を考える際に，s_{2a}, s_{2b}, s_{2c} のそれぞれが s_1 より少なくなっている分の種は，いったいどうしたのか，という点を検討しなければならない．この減少分の種が生じる理由は，主に2つあり，1つ目は，サンプルからの蓋然的（ランダム）な脱落，2つ目は通常，それらの種の存続を許すだけの資源が，狭い面積内には存在しないからということである．この資源は，食物であったり，特定の生息場所であったり，あるいは配偶者を得る場や確率だったりする．つまり，これらの種にとっての「最小必要面積」を割ってしまった生息区域では，存続が不可能になる．よって，オプション1と2の間に最小必要面積を持つ種は，オプション2では脱落してしまうことになる．

このような状況下では，生態学的には別の要因も絡んでくることになる．それは，総面積は同じものの，外側の言うなれば「非保護区」との境界線が，オプション2のように分割された場合は長くなるという点である（オプション2の総境界線長は，オプション1の $\sqrt{3}$ 倍であることを確かめよ）．境界線が長いという

ことは，外部の影響をそれだけ受けやすくなるということで，この場合種を失う可能性がそれだけ高くなるということだ．これもまた，(18.3) 式を助長する．このような現象を，境界線効果（edge effect）と呼ぶ．

もちろん，実際の保護区選定・設定作業では，他の要因が重きをなす場合がいくらでもあるだろう．例えば，種が特に多い区域3カ所を選ぶほうが，大きな区域1カ所よりもよいというようなケースだ．しかしこの場合にしても，種を保全するためにそれぞれの保護区の大きさをどのくらいにすべきかという問題は重要なので，結局のところ，種数-面積関係を無視するわけにはいかない．

18.6 種数-面積関係と生息環境複雑性

種数-面積関係はあくまで「経験則」であって，理論的に導かれた法則ではない．そのため，関係の"記載"のほうに重点がおかれ，その背景あるいはメカニズムにはそれほど注意が払われなかった．地球上に人間が居るのと同様，「あるものはある」のであって，それ以上詮索することに意味があるか？

しかしながら，「関係」である以上，その成り立ちについて考察することは重要だろう．ここでは，種数-面積関係の成り立ちを，環境の変異性あるいは複雑性と結びつける説を紹介する．特定の空間内の生物の種数は，最も直接的には，生息環境（生態学用語で habitat）がどれだけ複雑で変異性に富んでいるかに依ると考えられる．なぜなら，各々の生物種はそれぞれ自分の「空間」を確保しない限り存続は不可能であるからだ．生息環境の変異性あるいは複雑性が高いとは，生物にとっての様々な微生息環境が存在することを意味する．多くの種類の生息環境が存在することにより，多くの種が存続できるという論である．

ある物の変異性が高いということを表すのに，統計量としての分散あるいは標準偏差を使うことがよくある．これらは，ばらつきの程度を示す値であり，ばらつきが大きければより変異があり複雑だということになる．ここでいう「ばらつき」は，概念的に多様性とほぼ同義であることに注意したい．

さてここで，「環境の変異性は，赤方偏移を示す」という仮説が提出されている．赤方偏移とは，遠ざかる光源がある場合，観測者にとって光の波長が長くなり赤色がかって見えるという，物理・天文学上の現象（光のドップラー効果）で

ある．この現象が，環境の変異性にもあるとして，環境変異性の標準偏差を H_σ で表したとき，比較対象の最大距離 L との間に，次の関係式が見いだされた．

$$\log H_\sigma = a + b \log L \tag{18.4}$$

ここで，a, b は定数である．長さ L は面積 A と $L^2 = qA$ の関係にあるから，対数を取って（18.4）式に $\log L$ を代入すると，

$$\log H_\sigma = X + Y \log A$$
$$\text{where } X = a + \frac{b \log q}{2}, \quad Y = \frac{b}{2} \tag{18.5}$$

(18.5) 式は，(18.1) 式と同形であり，種数は環境変異性に依存し，環境変異性-面積関係が種数-面積関係の基になっているという議論を支持するように見える．ただし，ここで (18.4) 式はやはり経験式として与えられているのであり，もっともらしい論理ではあるのだが，厳密な説明とは言い切れないであろう．しかしながら，種数が環境の変異性（多様性ともいえる）に依存すること自体はほぼ疑いのないところなので，問題はその様態・ダイナミックスがどうなっているのかということと，環境変異性-面積関係のより詳しい解析である．

18.7 種数-資源量関係と生態系の富栄養化

面積が増せば種の数が増えるのなら，生物にとっての生態系内の資源量が大きくなれば種数も増すだろう，とは自然に推測されるところである．ここで，資源量といった場合，2つの側面があることに注意しよう．1つは，資源の種類，すなわち異なる資源のことであり，資源の種類が多ければ多いほど資源の変異性あるいは多様性が高いことになる．この場合は，前項の生物種数と環境変異性との関係に準ずることになり，資源の種類が多いほど，異なるニッチ（第19章参照）も増え，生態系内の生物の種数も増すと予想される．例えば，森林生態系で，樹木の種類が多いほど，それぞれの樹種を主な食餌植物とする昆虫類が存在し，全体として昆虫の種数が高くなるといった具合である．

これに対し，資源量のもう1つの側面は，資源の種類は変わらず，もともとあ

る資源の量が変化する場合である．この場合の種数の反応は，資源の種類の変化のときとは様相が異なることが多い．資源の種類が変わらずに，量だけ変化したときの状況は，一般的には，生態系における生物生産量あるいは生産性（productivity）の違いとして捉えられることが多い．すなわち，生産性が高くなると，種数はどうなるのか，という問題である．これに関しては，次のような結果が多く見られている（図18.8）．まず，生産性が低い，すなわち資源量が少ないときには存在する種数は必然的に少ない．ところが，この状態から少し生産性が上がると種数は急に上がりピークに達する．その後，生産性がさらに上がると種数は徐々に落ちてゆく．つまり，この場合種数は資源量に対して後者の比較的小さい値において極大値を持つ単峰型の形状変化を示す．これはなぜであろうか．

　まず，資源量が極めて少ない場合に，その生態系内で存続できる種の数が低いのは，当然と考えられる．その状態から資源量が増えていけば，種数もそれに伴って増えるであろう．しかし，さらに資源量が多いとき，どうして種数が減るのか．答えから先に言ってしまうと，特定の種類の資源量が多くなった場合，その資源に適応した特定の種が個体数を増やして個体群サイズを増大し，競争的に有利になる結果，他の種を駆逐してしまうことが多いからである．すなわち，資源量が多い状況下では，特定の種が競争的優位性をより発揮しやすくなる．

　このことを理解するのに役立つ簡単なモデル（Tilmanのグラフモデル）を見てみよう．このモデルでは，2種類の資源がある状態を考える．例えば，植物プランクトンにとっての2つの重要資源窒素（N）とリン（P）の化合物につき，グラ

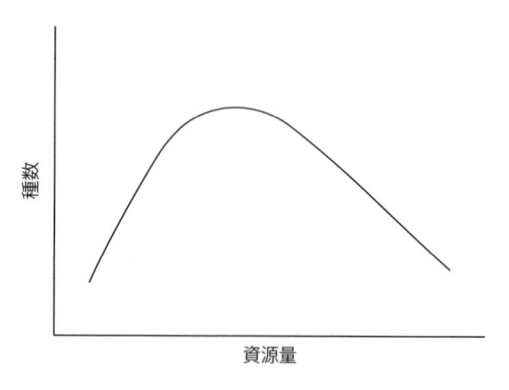

図18.8　種数-生産性関係

フの x 軸と y 軸にそれぞれの資源の量（ここでは，N と P の供給率）をとる（図 18.9a）．このそれぞれの資源に対して，プランクトン種 a の成長が 0 になる N 値と P 値が定義できる．すなわち，資源がこれ以下のレベルでは成長できなくなるという，成長限界点である．グラフ上では直角に交わる臨界線となり，この線より高いレベルの資源量（の組み合わせ）で成長が可能となって個体数が増え，低いレベルでは個体群は存続不可能となる．したがって，この臨界線に対して，資源供給点がより右上の位置に存在すれば，臨界線からより離れて成長がより進み，個体数も増えやすい状態を表すことになる．

さてそれでは，2 種同時に考えてみよう．図 18.9b ではプランクトン種 a と b で N と P に関する臨界線が少しずれている状況を示している．種が違う以上，成長限界点が違うのが普通と見てよい．すると，お互いの臨界線の位置関係からして，中央よりはずれた区域では，種 a あるいは種 b のどちらかが優位となり，1 種だけが最終的に生き延びることになる．これに対し，臨界線内中央部の区域では，優劣関係が不明瞭となり，結果として 2 種の共存に至ることになる．

さらに今度は，より多くの複数種で見たらどうなるか．図 18.10 に示す通り，単一の種のみと 2 種が共存する区域とが交互に出現することになる．この図で成長臨界線の角が丸められているのは，2 資源間で低値域では相互作用が働くと仮定したからである．さてここで注目したいのは，資源量の供給範囲をこのグラフ上で小さな円として表した場合，この一定の資源環境域がグラフ上 L の位置，すなわち資源量が全体的に低めの状態にあるときは，その資源環境域内に全種の生

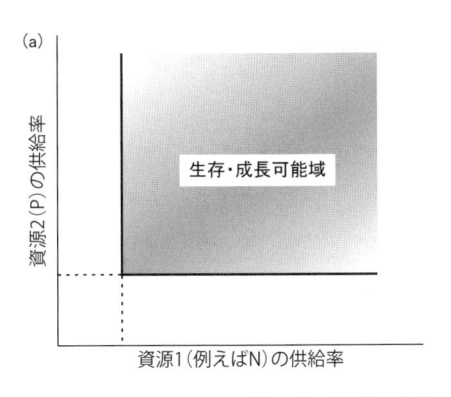

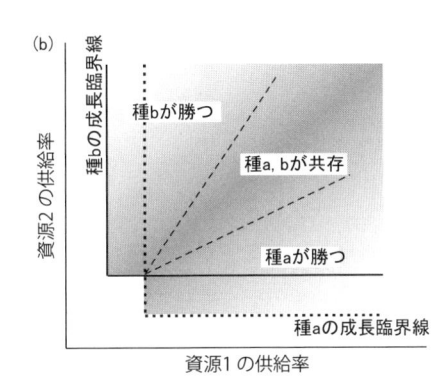

図 18.9　2 種類の資源を利用する生物の共存関係
(a) 1 種だけの場合．(b) 2 種同時に見た場合．

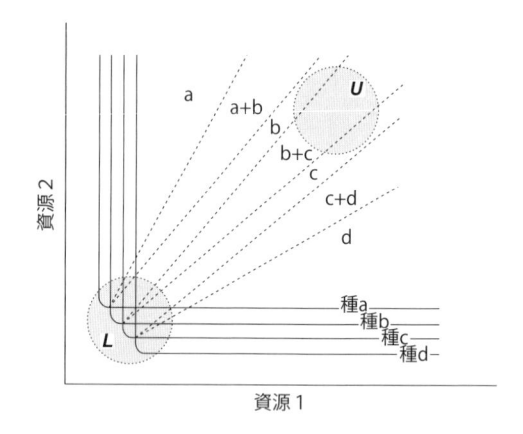

図 18.10　2 種類の資源を利用する場合の，複数種間の共存関係

存・共存範囲を含むが，グラフ上 U の位置すなわち資源量が全体的に高めの状態にあるときは，その資源環境域内には 1 種または 2 種のみ含まれる確率が高くなるということである．これはまさに，資源量が多いと，特定種が優占的になりやすい状況を表している．

　リンと窒素の化合物は田畑や牧草地に施された肥料から雨水を通して，あるいは生活排水・下水として水域の生態系に入り，湖沼，河川下流域，内湾から浅海域にわたり，時として「栄養過多」すなわち「資源過剰」の状況を作り出す．これが「富栄養化」である．このとき，特定の植物プランクトン種が大増殖し，生態系を席巻する．最終的には大量のプランクトン死骸が溶存酸素を消費し，生態系内の他の生物も激減して，生態系が崩壊するというパターンである．

　すなわち，特定の種類の資源量が多い状況は，多くの種にとっては決して好ましい状況ではないということである．現在地球上に見られる多くの生態系は，もともと資源があまりないところに長い年月をかけて生物の相互作用のもとに多くの種が関わるシステムが構築されたのであり，そこから資源環境が急に大幅にずれれば種の数は減り，生態系は壊れる．土中の栄養塩類に乏しい熱帯の地に熱帯多雨林生態系が存在し，水中の栄養塩類が乏しくプランクトンも少ない熱帯・亜熱帯の海にサンゴ礁生態系が見られる点に注目したい．

第19章 *Advanced* 種の相対量とニッチ分割

渡慶次睦範

19.1 群集の要

　本章では，群集生態学の基本的なテーマの1つとして，群集における種の相対的な数量（アバンダンス・パターン）の問題を取り扱う[1]．個体群生態学においては，個体群の大きさが重要な指標となっているが，それを複数種の個体群で考えて相対的に捉える作業と想像すれば良い．群集生態学において，種の相対量パターンは，群集構造の1つの要と見なすことができ，その解明には様々な努力が注がれてきた．種の相対量がなぜ重要かという理由の1つに，そこに含まれる情報量の多さが挙げられる．仮に個体数という生態学的「貨幣」として相対量が表されている場合，種 j の相対量 $p_j = n_j / \sum n_x$ を知ることによって，その種の群集内での数的位置づけがわかる．これに対し，「種数」を扱う場合には，$p_j > 0$ であることだけを問題にし，その大きさは無視する．つまり，種数とは，単純化された群集情報のことだと理解でき，そのような単純化された数値を見る際も，単純化する前の情報があればより正確な理解が得られるだろうことは，想像に難くない．

　通常，どのような群集を見ても，個体数が多くどこにでもいる種とそうでない種とが混じって存在することに気づく．すなわち，群集を構成する種の間では，個体数が著しく異なる場合が多い．例えば，東北地方の森林群集ではブナやミズナラが優占種として存在し，他の樹種の割合は低い．西日本の都市におけるセミ群集では，クマゼミが多くニイニイゼミは少ない．多いものにも，少ないものにも，それなりの生物学的背景があることは確かであろう．このような現象に接した場合，最も普通にとられる行動は，それぞれ種に対して別個に，多い少ないの原因を探ることである．なぜ大阪の都市部にクマゼミが多いのか？というアプロ

---

[1] 本章は，説明の流れを保つため，ほぼ文献参照なしに執筆した．したがって，本文中に参照文献を入れていない．その代わりに，巻末に参考文献を掲げた．なお，本文中の数式はほとんどが本章での書き下ろしであり，これより詳しい説明は参考文献にもない．

ーチだ．そのような個別事象としての扱いはそれなりに意味があるのだが，群集生態学では，もう少し包括的な視点から群集内での種の多い少ないに関する現象を捉えようとする．そうすることによって，種と種の見えない繋がりあるいは生物群集としての全体像をより深く理解することができないか，と考えるのである．

19.2 種の多少と資源・ニッチ分割

それでは，群集を構成する異なる生物の多さ，少なさはいったい何を表しているのだろうか．群集生態学ではまずこの問題を現象論として捉え，複数種に共通の「資源」を想定し，その資源総量の分割の結果，種間の数量の違いが生じたとみなす．1つの群集における「資源」とは極めて曖昧な概念であるが，植物にとっては光・水・二酸化炭素・栄養塩類・生息空間等，動物にとっては食物と生息空間等，それらの「総体」を資源と見なす．この資源の考え方は，Hutchinson が生態学に導入した「ニッチ」の概念に通ずるものである．生態学の用語には日常生活でも使われる言葉が多くあるが，日本語では聞き慣れない「ニッチ」も，西欧語圏で教会を知っている者にとっては，普通の言葉だ．生態学におけるニッチ概念は，歴史的に何人かの生態学者によって異なる解釈を与えられてきたが，これはそもそもキリスト教会の建物内部の壁に作られた「凹み」のことであり，そこにキリストの像や花瓶などの飾り物を収めたスペースを指す．転じて，生物種が生態系で占める場所あるいは役割を指す意で使われるようになり，その種にとっての必要環境あるいは生存条件の総体を意味するようになった．本質的に異なる要因の総体ということで，Hutchinson は n 次元空間を想定し，これをニッチと呼んだ．この n 次元ニッチのうち，温度などの条件を除いて，複数種間で同時に共有できない物質全体を考えれば，ここでいう資源総体とほぼ同じ意味になる．すなわち，種のアバンダンス問題における「資源」は，狭義のニッチと同義的に解釈することが可能である．

この「資源」としてのニッチ概念で重要なのは，その資源を確保することによりそれがそのまま生物の生体量，すなわち個体数や重量として反映されるということであり，資源を多く確保するほど生物量が多くなるという，単純で合理的な

仮定である．この前提として，資源から生物量への反映のされ方は，群集内のすべての種において大きな差はないものとみなす．現実の生態系ではこれが当てはまらない場合の方が目立つかもしれないが，総体的にはあながち間違いともいえないであろう．地球という限られた資源総体を考えた場合，それを生物が分割していることは確かであり，同じ群集内の種なら，同じように資源を利用している場合が多いと考えられるからである．

　生物の多さ少なさを表す指標として最も簡単なのは個体数と考えられるが，同じ種でも成長段階により大きさが著しく違うことが普通であり，大きさの異なる個体を含む群集を扱う際には，生物体量（バイオマス）を使う方が資源の利用主体を捉えるという観点からは妥当と言える．あるいは，場合によっては，被覆面積が指標として十分使える場合もある．このように，群集生物学では生物種の多寡を表すのに，個体数，生物体量，生物容積，被覆面積，遭遇頻度など，どの「貨幣」を使うかは研究の目的，生物の特徴およびサンプリングの実情に合わせて選ばれる（ちなみに，「貨幣」currency という言葉も，第一線の研究者によって実際に研究論文で使われている用語である）．本章でいう種の相対量は，どの貨幣に基づいてもよいことにする．

　以上をまとめてみると，群集における生物種の多寡の問題は，ニッチあるいは資源の分配問題に他ならないということである．すなわち，その群集にとっての資源総体がどう分割され，個々の種にあてがわれるかという，資源分割の問題として捉えることができる．

19.3 同時的で優劣なしの資源の取り合い？

　問題を単純化するために，資源総体を1本の棒で表すことにしたのが，理論生態学・野外生態学の両面で顕著な功績を残した Robert MacArthur だった．資源あるいはニッチを一本の棒とみなせば，n 次元うんぬんの煩わしさを回避することができ，1次元問題に帰着することができる．MacArthur は野外で鳥の観察をしながらも頭の中では数理モデルを考えられる，類いまれな才能を持つ生態学者だった．彼は，1本の棒で表された資源あるいはニッチが，一瞬のうちに折れて破片になり，その1つ1つが異なる生物種の個体数量となる過程を想定し，こ

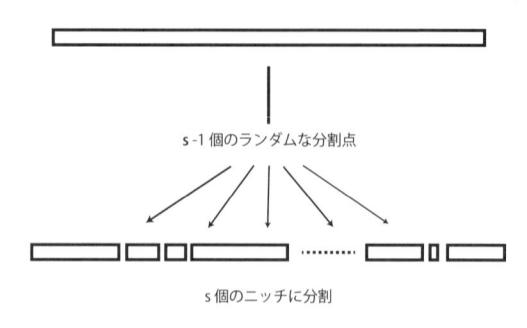

図 19.1　資源分割の「折れ棒」モデル

れを「折れ棒モデル」(broken stick model) として紹介した．折れる前の棒全体を1とすれば，折れた後の各片の大きさは $0<x<1$ の数値をとることになり，それがそのまま群集内のそれぞれの種の相対量，すなわち割合になるという次第である．

　このモデルの詳細を見てみよう．最終的にこの群集に s 種が存在するとすれば，s 種間での資源分割を考えることになり，棒の上では $s-1$ 個の分割点を設けることになる．MacArthurはこの $s-1$ 個の分割点が，同時的かつランダムに生成されると想定した（図19.1）．これは言うなれば，均質の棒が爆発によって瞬間的に壊れる様な状況である．それでは，これを生物種間の資源の取り合いという図式に焼き直したら，どのような状況になるのだろうか．まず，s 種が同時に資源分割の場に加わることが必要である．そして，s 種間で資源確保に関わる能力に優劣はないと仮定する．その上で，資源分割のプロセスは一瞬のうちに完了し，時間をかけて相互調整が行われる余地はないとする．

　生物学的な現実性はともあれ，このモデルは単純明解であり，s が比較的大きくても扱いが容易である．折られた後の棒片を大から小のランクで並べた場合，j 番目に大きい棒片のサイズ，すなわち種 j の相対量 p_j は，次の式で与えられる．

$$p_j = \frac{1}{s}\sum_{x=j}^{s}\frac{1}{x} \tag{19.1}$$

s はもちろん総種数で，最大ランク値でもある．この折れ棒モデルは，コンピュータシミュレーションを実行するのも簡単である．つまり，$s-1$ 個の一様乱数 ($0<r<1$) を生成し，順に並べて1.0を含めて隣接値間の差を取り，その結果を

さらに大から小へ並べればよい．

　では実際，このような単純なモデルで現実の群集が表されるのだろうか．ここで実際のデータと比較するにあたって，大きな問題がある．それは，上式の p_i は期待値，すなわち試行を何度も繰り返した際の平均値として与えられているのであり，現実の1つのデータ値がこれに合わないからといって，モデルから外れているとは一概に判断できないという点である．この点からすると，モデルと実際のデータとの比較はかなり危うい作業であると認識しておく必要がある．であるから少々荒っぽくなるが，ここではこの点を踏まえた上での議論として話を進めよう．折れ棒モデルにある程度合うと見なされた群集データが過去に発表されたことはあったが，現在では，このモデルが当てはまることはあまりないと考えられている．それでは，このモデルはモデルとして意味がないのだろうか．忘れられがちなのは，科学の様々な分野で，データに合うことよりも合わない理由を追究することによって，新しい洞察が得られることが多々あるという点である．もともと「原理」の不明瞭な群集生態学においては，そのような事例が過去にいくつもあった．折れ棒モデルの場合は，モデリングのアプローチとしてのパイオニア的な意義に加え，その後の研究発展の土台として大きな貢献を果たしたことは間違いない．この点については，さらに説明を発展させよう．

19.4 同時な取り合いでなかったら？

　先の折れ棒モデルには，明らかに非現実的と思われる点が多々あるようだが，その1つ，s 種が同時に資源の取り合いを実行・完遂するという点に目を向けてみよう．いくら「同時」とは言っても，それは時間スケールの取り方による錯覚に過ぎず，本質的には s 種は異なる時間に資源分割の場に出現すると考えるのが妥当である．実際，世の中の出来事で，時間をより細かいスケールで見れば，「同時」という現象は限りなく無きに等しいだろう．生まれた日は同じでも時間が違う，10分の1秒なら同時だが，100分の1秒単位なら違いがあるという具合だ．

　となると，同時分割ではなく，s 種が順番に資源分割の場に現れ，分割を実行すると考えた方が，より自然ではないかという考えに至る．ならば，群集における順次の資源分割とは，どのようなものであろうか．「同時」という特別な条件を外

すことによって，現実味が増す反面，モデルの性格が少し複雑になることは，想像に難くない．

さてここで，順次分割を取り扱うにあたっての前提として，群集における資源・ニッチ分割によって種数が増えていく状況を概観しておこう．以下，この分野の原著研究例に基づき，進化的な意味合いを含めて資源分割ではなく「ニッチ分割」の用語を多く使うが，問題はなかろう．おおよそ，3つのパターンが想定できる（図19.2）．1番目は，複数の種が次々，新しいニッチ空間を開拓してゆく場合である．この際，群集全体としての利用資源の幅は時間とともに増す．2番目は，全体量の決まったニッチ空間内で種が順次にこれを埋めてゆく場合．火山活

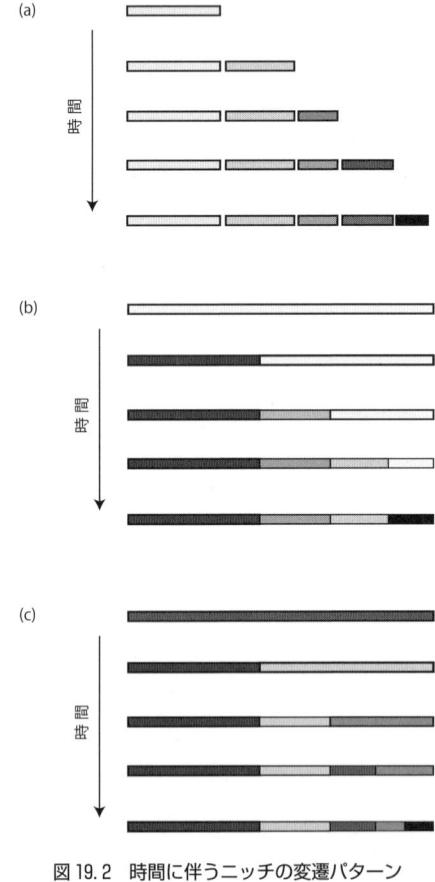

図19.2 時間に伴うニッチの変遷パターン

動などで新しい島が生まれ，そこに動植物が侵入する過程などを想像すればよい．3番目は，埋められているニッチ空間が順次に奪い取られていく場合．これは，時間とともに新たな種が侵入する，あるいは，1つの種から別の種が分化していく過程を想像すればよい．

　これら3つのプロセスは一見すると全く異質のものと映るかもしれないが，時間の軸の取り方による見え方の違いが主で，プロセスとしての本質的な違いはないという点を強調しておきたい．たとえば，一番目のような状況は，多細胞生物の歴史において初期の古生代カンブリア紀，あるいはその後何度か起きた大量絶滅の後に残された生物が急激に多様化した時期に見られたとも考えられるが，さらに長い時間で見れば2番目のような状況に収斂すると考えることができる．なぜなら，生物の歴史上各時点において資源量に限度があったと仮定するほうが，なかったと仮定するよりも，有限の「地球」を認識する限りにおいてはより合理的と推論されるからである．また，2番目と3番目も，分割プロセスという点では本質的な違いはないものとみなすことができる．スペースが既に埋まっている・いないの違いを無視して侵入が起こると考えればよい．実際，時間とともにスペースは埋まらざるを得ず，最終的にはたいていの群集が3番目の状況に収斂すると推測される．こうした単純化理論がどこまで有効であるかはさておき，ニッチの分割モデルは，群集における種の多寡を様々な時間軸で捉えられる可能性を秘めていると言える．

19.5 ニッチ分割の両極端

　それでは，実際のところ，どのような分割パターンが存在するのだろうか．モデルで考えたいが，ここでまず，モデルを作ることの意味について確認しておきたい．生態学におけるモデルは他の自然科学分野と同じく，通常，実際に得られるデータとの比較において検討されるものだが，ここで扱うモデルの役割は，単にデータとの比較をするというよりは，ニッチ順次分割を想定した場合の「可能性」を探ることであり，現実の群集がとるかもしれないパターンをなるべく広範囲でカバーしたい．なぜなら，そのような広範囲の可能性を認識した上で，可能性のスペースの中のどの辺りに現実の群集が位置するのか，検討したいからであ

る．したがって，比較の基となるモデル群は，多少現実離れしている状況をも含むことが望ましい．

では，まずそのような枠組み作りとして，ニッチ順次分割における極端な場合のモデルを見てみよう．図19.3左は「優位保持モデル」(dominance preemption model) と呼ばれるもので，このモデルでは新しく加わる種は既存の群集中の最小ニッチ空間に侵入するものと仮定する．すなわち，まずb種はa種のニッチ空間に侵入して任意の割合を奪うが，c種はa種，b種のうちより小さなニッチ空間を占めるもの（＝生物量の少ない種）に侵入して自分のニッチを確保し，d種はa, b, c, 3種のうち最も小さいニッチ空間に侵入する．侵入後は，侵入したニッチ空間から任意の割合で自分のニッチ空間を確保する．「任意」というのは，一様ランダム分布に従い，ということである．このモデル・プロセスにおいては，より大きなニッチ空間は温存され，各段階で最小のもののみ分割にさらされるので，量的優位のステータスが順次保証されることになる．結果として生じるのは，極端に不均等な資源分割ということになり，種間で生物体量（個体数・バイオマス等）に大きなばらつきが見られ，種の相対量グラフは負の大きな傾きを持つことになる．

これに対して，逆の意味で極端な場合のモデルはどのようになるであろうか．図19.3右は「優位崩壊モデル」(dominance decay model) と呼ばれるもので，優位保持モデルとは真反対に，新しく加わる種は既存の群集中の最大ニッチ空間に侵入するものと仮定する．したがって，b種がa種のニッチ空間に侵入して任意の割合を奪う点は前のモデルと同じだが，次の段階ではc種はa種，b種のうちより大きなニッチ空間を占める種の空間に侵入して自分のニッチを確保し，さらにd種はa, b, c, 3種のうち最も大きいニッチ空間に侵入する．優位保持モデルと同じく，侵入後は，侵入したニッチ空間から任意の割合で自分のニッチ空間を確保する．このモデル・プロセスにおいては，より小さなニッチ空間は温存され，各段階で最大のもののみ分割にさらされるので，量的優位のステータスは順次，崩壊していくことになる．結果として生じるのは，極端に均等な資源分割ということになり，種間での生物体量のばらつきが最小化され，種の相対量グラフは絶対値が小さく負の傾きを持つことになる（図19.4）．

これら2つのモデルは，順次分割プロセスにおける両極端のかたちを定義づけることになり，現実性よりも理論性（あるいは教育的価値：heuristic value）のほ

19.5 ニッチ分割の両極端

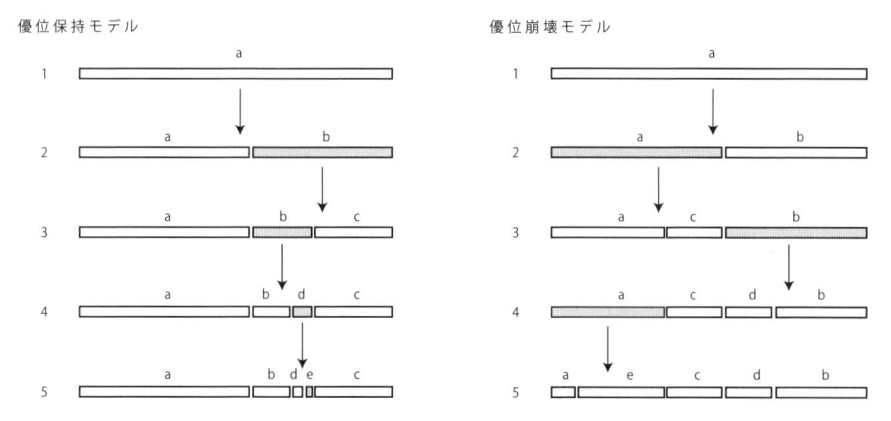

図 19.3 優位保持および優位崩壊モデルの模式図

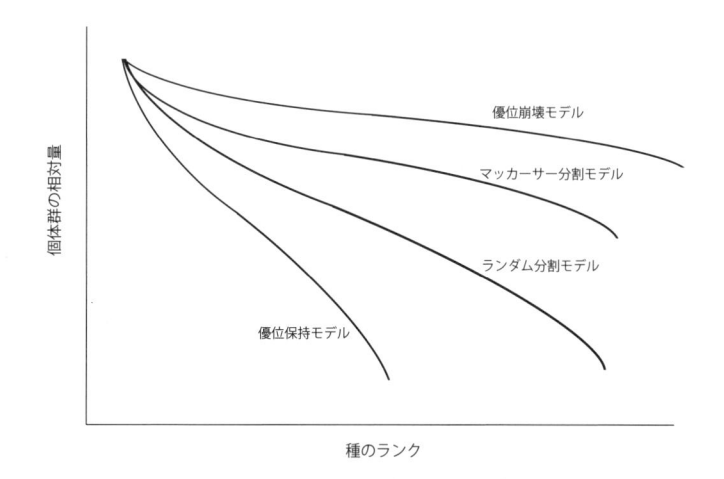

図 19.4 異なるモデルの表す相対量-順位関係

うが意義深いと言えよう．しかしながら現実問題としても，実際に野外で見られる群集が，どちらかというと優位保持側に偏っているのか，あるいは優位崩壊側なのか，という点は大変興味深い．

19.6 よりランダム性の高いニッチ分割

　さて，順次ニッチ分割モデルの両極端が定まったところで，次のステップに進もう．これは自ずから両極端の間に存在する，中間的なプロセスの模索ということになる．中間的なプロセスの特徴は何か．それは，両極端と比べて，分割過程においてよりランダム性が増すということである．

　図19.5（左）を見てみよう．これは，「ランダム分割モデル」（random fraction model）と呼ばれるものである．このモデルでは，群集に新しく加わる種は既存のどの種のニッチ空間にも等しく入り込めると仮定する．すなわち，既存のニッチ空間の大小に関わらず，等確率で侵入対象が選ばれ，その選ばれた空間から任意の割合の部分空間が奪われる．これは言い換えると，2段階のランダムプロセスであり，分割対象の選択でランダム抽出を行い，さらに抽出後ランダム分割を行う．分割対象のニッチ空間がランダムに選ばれるということは，ニッチ空間のサイズあるいは種の多さ少なさ（個体群の大きさ等）はニッチ分割のプロセスに関係がないと仮定していることに通じる．

　このモデルに匹敵するような状況は，常に半攪乱状態にさらされ群集構成の蓋然性の高い群集，たとえば，河川中低流域ベントス群集などに見られることが知られている．河川群集の場合，上流域にかけての集水地形の形状や降水のパターンに左右されて流水量が複雑・不規則に変化し，底質および底生群集に攪乱を引き起こすことがある（図19.6）．そのような状況下では，ランダム性の突出した群集パターンが生じやすい．

　ランダム分割モデルと関連して，ランダム性に少し条件を加えると興味深いモデルが派生する．「マッカーサー分割モデル」（MacArthur fraction model）である（図19.5右）．この条件とは，分割のターゲットとなる種あるいはニッチ空間を選ぶ際，ランダム分割モデルでは既存のニッチ空間すべてに対し等確率だったところ，ニッチ空間のサイズに比例した確率を付与することである．これはすなわち，ニッチ空間が大きければ大きいほど分割の対象として選択される可能性が高くなるということで，a種のニッチ空間がb種の1.3倍の大きさなら，前者は後者より1.3倍大きい確率でニッチ分割にさらされることを意味する．分割対象が選ばれた後のプロセスはランダム分割モデルと同じく，任意の，すなわち一様ラ

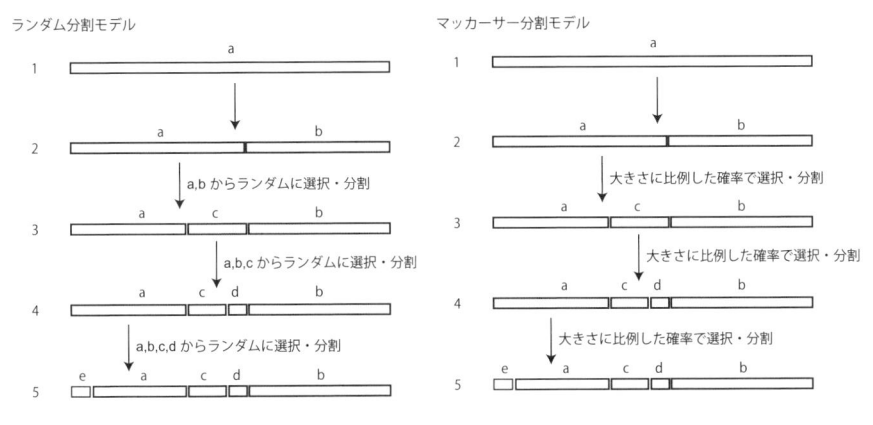

図 19.5　ランダム分割およびマッカーサー分割モデルの模式図

図 19.6　攪乱強度の高い北イタリア河川生態系

ンダムな，分割である．

　このように，分割のための選択確率がニッチ空間のサイズに比例すると仮定して分割プロセスを続けたら，どのような結果に至るだろうか．まず，ランダム分割モデルと較べて明らかなのは，マッカーサー分割モデルでは異種間のニッチ空間の大きさの違いが少なくなり，生物体量のばらつきが小さくなるということである．これは，相対量-ランクのグラフで見た場合，ランダム分割モデルよりも傾きの絶対値が小さく，優位崩壊モデルの方向へ向かうことを意味している（図

19.4).

　ここでさらに重要な点がある．それは，結果的に，このモデルは初めに紹介した'古典的'折れ棒モデルと全く同一だということである．すなわち，このモデルにおいては棒上の分割点の位置を一つ一つ順番に決定するが，それは同時に n 個のランダムな分割点を選ぶのと同じことになる．この証明を見てみよう[2]．

　まず，分割点1個だけが入る微小区間を Δp とし，種 j あるいは j 番目のニッチサイズはこの Δp の n_j 個分の集まりとして，

$$p_j = \Delta p \, n_j \tag{19.2}$$

で表すとする．このときニッチ（あるいは，"棒"）全体は，

$$1.0 = \sum_{j=1}^{s} p_j = \sum_{j=1}^{s} \Delta p \, n_j = \Delta p \sum_{j=1}^{s} n_j \tag{19.3}$$

ここで $\sum n_j = \tau$ とすれば，

$$\Delta p \tau = 1, \quad \frac{1}{\tau} = \Delta p \tag{19.4}$$

であるので，同時分割において，ニッチあるいは棒上の微小区間 $s-1$ 個分を選び，その中に特定の微小区間 Δp が含まれる確率は，(19.4) 式の第2式を $s-1$ 倍して，

$$\frac{s-1}{\tau} = (s-1)\Delta p \tag{19.5}$$

それでは，順次分割（マッカーサー分割）において特定の微小区間が選ばれる確率はどうなるか．これは，その特定の微小区間が属するニッチ（i 番目のニッチとしよう）が選ばれる確率と，そのニッチ内で特定の微小区間が選ばれる確率との積算であるから，(19.2) 式により，

$$p_i \frac{1}{n_i} = \frac{\Delta p \, n_i}{n_i} = \Delta p \tag{19.6}$$

よって，順次分割において $s-1$ 番目までの分割で特定の微小区間が選ばれる確率は，

[2) 証明なしに直感的にわかれば，なお良い．この証明の理解は，比較的ハイレベルである．

$$\sum_{j=1}^{s-1} \Delta p = (s-1)\Delta p \tag{19.7}$$

すなわち，(19.5) および (19.7) 式により，同時分割と順次分割において特定の微小区間が選ばれる確率は常に同等である．微小区間を極限的に点と見なせば，分割点の選択確率が同じということで，証明完了である．

これは言い換えれば，折れ棒モデルで表したところの，生態学的解釈の困難な「同時瞬間分割」プロセスの意味するところを，時間の流れを含む「順次分割」として捉え直したのが，マッカーサー分割モデルであるということだ．順次分割化することによって，モデルの性格が明らかになり，他のモデルとの関係性もより鮮明に見えるようになったと言えよう．このモデルが 'MacArthur fraction' と命名されたのは，こうした折れ棒モデルとの表裏一体の関係を意識してのことだった．

もう少し数学的に見ておこう．分割後のニッチを大きいものから小さいものへ p_1, p_2, p_s で表せば，$p_1 > p_2 > \cdots > p_s$ である．ここで隣同士（j 番目と $j-1$ 番目）の大きさの差 d_j をとれば，

$$d_1 = p_1 - p_2, \quad d_2 = p_2 - p_3, \quad \cdots, \quad d_{s-2} = p_{s-2} - p_{s-1}, \quad d_{s-1} = p_{s-1} - p_s$$

したがって，j 番目のニッチは，

$$\begin{aligned}
p_j &= d_j + p_{j+1} \\
&= d_j + d_{j+1} + p_{j+2} \\
&= d_j + d_{j+1} + d_{j+2} + p_{j+3} \\
&\cdots \\
&= d_j + d_{j+1} + d_{j+2} + d_{j+3} + \cdots + d_{s-1} + p_s
\end{aligned} \tag{19.8}$$

すべての p_j の計は 1 になるので，

$$p_1 + p_2 + p_3 + \cdots + p_{s-1} + p_s = \sum p_j = 1 \tag{19.9}$$

これに，(19.8) 式より p_1 から p_{s-1} までを代入して d_j の項を整理すると，

$$d_1 + 2d_2 + 3d_3 + \cdots + (s-1)d_{s-1} + sp_s = 1 \tag{19.10}$$

ここで，(19.10) 式左側の s 個の項はランダムに変動する値なので独立で，かつ合計が 1 になるという条件を満たさねばならないので，共通の期待値 $1/s$ を持つ．すなわち，

$$E[d_1]=E[2d_2]=E[3d_3]=\cdots=E[(s-1)d_{s-1}]=E[sp_s]=1/s \tag{19.11}$$

よって，

$$E[d_1]=1/s, E[d_2]=1/2s, E[d_j]=1/js, E[d_{s-1}]=1/(s-1)s, E[p_s]=1/s^2 \tag{19.12}$$

したがって，j 番目のニッチの期待値 $E[p_j]$ は，（19.12）式より j から $s-1$ 番目の d_x および p_s の期待値をたすことにより，

$$E[p_j]=\frac{1}{js}+\frac{1}{(j+1)s}+\cdots+\frac{1}{(s-1)s}+\frac{1}{s^2}=\frac{1}{s}\sum_{x=j}^{s}\frac{1}{x} \tag{19.13}$$

これがマッカーサー分割モデル，すなわち前出の折れ棒モデルの期待値である．

19.7 ニッチ分割のさらなる統合：ベキ乗分割モデル

　これまで見てきた4つのモデルは，ニッチの順次分割という1つの共通な概念のもとに構築され，個々バラバラではなく全体として，現実の群集を見る際の尺度となることを目指した．この4つのモデルの関係を捉える1つの方法は，群集内で最も生物量の大きい種，すなわち最も大きなニッチ空間を占有している種がニッチ分割の対象として選ばれる確率 $P_{(L)}$ を較べてみることである．この確率を大きいものから小さいものに向かって並べると，以下のようになる．

優位崩壊モデル（$P_{(L)}=1.0$）
↓
マッカーサー分割モデル（$P_{(L)} \propto p_1$）
↓
ランダム分割モデル（$P_{(L)}=1/\hat{s}$）
↓
優位保持モデル（$P_{(L)}=0$）

これは下に行くほど個体数やバイオマスの違いが大きい群集を表している．
　このモデル体系は，順次ニッチ分割の広範囲の可能性を捉えており，それなり

に応用が利くと考えられる．たとえば，人為的な影響を大きく受けている群集とそうでない群集との比較などに役に立つ．ただ残念ながら，現実の群集を記載するための道具としては，まだ表現力に欠けるところがある．特に，ランダム分割とマッカーサー分割モデルの中間に位置する，自然界におそらく多いと考えられる群集相対量パターンの記述がうまくできないという問題がある．この点を克服する方法はないのだろうか．

　優位崩壊モデル，マッカーサー分割モデル，ランダム分割モデル，優位保持モデルの4モデルが紹介されてから数年後，解決の糸口が見いだされた．「ベキ乗分割モデル」(power fraction model) と呼ばれる順次分割モデルの提示である（図19.7）．このモデルでは，分割の対象となる種あるいはニッチ空間は，それぞれのニッチ空間の大きさのベキ乗倍率に比例する確率で選択されると仮定する．すでにj種が存在する群集において，i番目の種（$1 \leq i \leq j$）の相対量あるいはニッチサイズをp_iとすれば，そのニッチが分割対象として選ばれる確率$P_{(i)}$は，

$$P_{(i)} = \frac{p_i^k}{\sum_{x=1}^{j} p_x^k} \tag{19.14}$$

で表される．ここでベキ指数パラメーターkは，分割選択プロセスの，現存ニッチ空間サイズへの依存度を表すものであり，それぞれの群集に固有の値が存在すると仮定する．したがって，新しく加わる$j+1$番目の種のニッチサイズの期待値は，

$$E[p_{j+1}] = 0.5 \sum_{x=1}^{j} p_{(x)} p_x = \frac{0.5 \sum_{x=1}^{j} p_x^{k+1}}{\sum_{x=1}^{j} p_x^k} \tag{19.15}$$

このとき，既存種（$1 \leq i \leq j$）のニッチサイズの期待値は修正され，

$$E[p_i] = (1 - P_{(i)}) p_i + 0.5 P_{(i)} p_i$$
$$= \frac{p_i \sum_{x=1}^{j} p_x^k - p_i^{k+1} + 0.5 \sum_{x=1}^{j} p_x^{k+1}}{\sum_{x=1}^{j} p_x^k} \tag{19.16}$$

となる[3]．

---

3) 【高度な課題】(19.15) および (19.16) 式の意味を解釈せよ．

ベキ乗分割モデルを規定する k の値は，通常 0 から 1 までの範囲で解釈されるが，理論的には 1 より大きい値，また負の値も取りうる．この点について，もう少し見てみよう．

　$k=0$ の場合，選択確率 $P_{(i)}$ はその時点における群集内のすべての種あるいはニッチ空間に対して等値となり，(19.14) 式では $P_{(i)}=1/j$ となる．これはまさにランダム分割モデルに他ならない．では，$k=1$ だとどうなるか．この場合には $P_{(i)} \propto p_i$ となって，マッカーサー分割モデルそのものである．したがって，ベキ

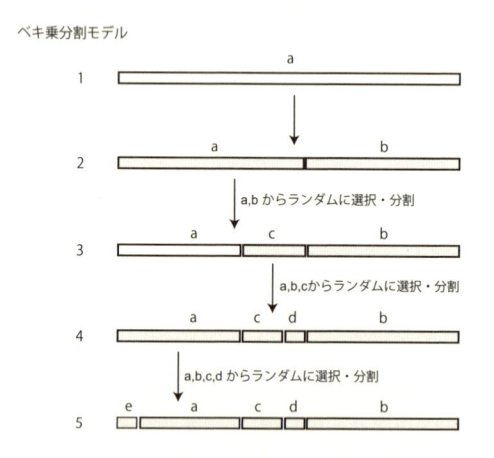

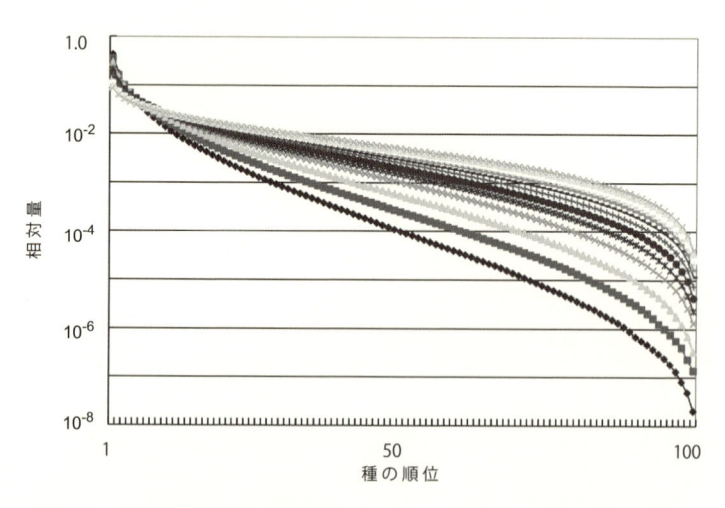

図 19.7　ベキ乗分割モデルの模式図とパラメーター k を変えた場合の相対量曲線

乗分割モデルは，$0 \leq k \leq 1$ でランダム分割モデルからマッカーサー分割モデルまで，連続的に群集の相対量パターンを具現する．言い換えれば，このモデルで群集が記述できれば，ランダム分割とマッカーサー分割は使わなくともよいということだ．

それでは，$k>1$ だとどうなるのだろうか．この場合は，ニッチ空間のサイズの違いがより増幅されて分割選択確率に反映されることになり，ニッチサイズの均等化への力がより強く働いていることになる．したがって，群集内のニッチ空間は急速に平均化され，優位崩壊モデルへと近づいてゆく．さらに面白いのは，k が負の場合だ．$k<0$ ならば，既存ニッチサイズが小さいほど分割選択確率が高くなる．なぜなら，a と b の2種においてニッチサイズが $p_a < p_b$ なら，(19.14)式で $k = -|g| < 0$ とおいて選択確率の差を取ると，

$$P_{(a)} - P_{(b)} = \frac{p_a^{-|g|} - p_b^{-|g|}}{\sum_{x=1}^{j} p_x^{-|g|}} = \frac{1}{\sum_{x=1}^{j} \frac{1}{p_x^{|g|}}} \frac{p_b - p_a}{(p_a p_b)^{|g|}} > 0 \tag{19.17}$$

つまり，ニッチの小さい a 種の選択確率 $P_{(a)}$ のほうが，b 種の選択確率 $P_{(b)}$ よりも大きいということになる．これはすなわち，優位保持モデル方向への流れに他ならない．

それでは現実問題として，$k>1$ や $k<0$ は可能なのだろうか．可能性でいうのなら，どちらもゼロではないであろう．特に，$k<0$ は十分起こりうると考えられる．なぜなら，個体群サイズが小さい種は何らかの原因で種の「減少期」に入っている可能性があり，他種による侵入・ニッチの略奪を受けやすいのかもしれない，と推察できるからだ．実際，様々な群集においてこの k 値の変異性を調べることはまだこれからであり，これまでの限られたデータ解析から得た印象で判断することは大変危ういであろう．潜入観念をできるだけ排除するよう努めた上で，生物群集を見る必要がある．

ベキ乗分割モデルの優れているところは，その体系性と柔軟性であり，優位崩壊から優位保持まで，多様な群集の種相対量パターンを記述できる素地を持っている点にある．モデルを規定するのは総種数 s のほかは，パラメーター k だけであり，このパラメーターを使って異なる群集間の比較，あるいは1つの群集の空間的・時間的変化を追うことが可能になる．

19.8 ニッチ分割の応用：多様性指数を読む

種の相対量 p_j という概念が群集生態学でどれだけ重要であるかは，群集における多様性の定量化に用いられる多様性指数[4] に明確に表れている．群集間の多様性を比較する際に，最も多く使われているのが，シャノン-ウィーナー (Shannon-Wiener) 略してシャノンの多様性指数 H'（エイチ-プライム）と呼ばれるもので，次式で与えられる．

$$H' = -\sum_{j=1}^{s} p_j \log p_j \tag{19.18}$$

これは見れば明らかな通り，p_j と種数 s だけの式である．この指数は，学生実習なども含めて世界中で最も頻繁に使われている生態学の指数，と言っても過言ではなく，生態学を学ぶ者が「見たことはありません」とは言えないシロモノである．

皮肉なのは，それほど広く使われている指数でありながら，その特徴については表面的にしか理解されていないところが多分にあるということだ．要するに，わからないままに何となく使っている場合が，あまりに多い．ここでは，この指数の生態学的変量としての特徴について，少し詳しく考察する．これはニッチ分割の概念に基づいて「多様性」を理解することに通ずる．

H' はもともと情報理論に基づいて提起された指数だが，ここでは歴史的側面に立ち入る必要はない．まず，(19.18) 式において，$0 < p_j < 1.0$ なので，H' は常に正の数であるということは明白であろう．では，「多様性が高い」ということに対して，どういう要件が期待されるか．それは2つあって，

1. 異なる種がすべて同じ割合で群集中に存在すれば，多様性が最も高い．（これは前出の指数分割モデルにおいて，$k \to \infty$ に呼応する．優位崩壊モデルの極端な例とも言える．）
2. 種数が多いほど，多様性が高い．

---

[4] 日本語の文献では，「多様度」指数と訳して，あたかも「多様性」と分けているかのような扱いをしている場合があるが，原語では diversity index なので，そのような概念上の区分は存在しない．したがって，あえて「多様度」の語を使うのは無駄であり，かえって間違った印象を増幅するもととなりがちなので，「多様性指数」の訳語を使うことを提唱したい．

したがって，多様性指数はこの2つを満たしていなければならない．このことを確認してみよう．

H' の最大値 $H'_{\max}$ は，群集内のすべての種が同じ相対量を持つとき，すなわち $p_j = 1/s$ のときに得られるとすると，

$$H'_{\max} = -\sum_{j=1}^{s} \frac{1}{s} \log \frac{1}{s} = -\left\{ s\left(\frac{1}{s}(-\log s)\right) \right\} = \log s \tag{19.19}$$

すなわち，$H'_{\max}$ は群集内の総種数の対数値として与えられる．それでは，H' の最小値 $H'_{\min}$ はどうなっているか．これは計算するまでもなく，すべての s に対して（すなわち $H'_{\max}$ の値に関わりなく），0に近い正の値である．なぜなら，(19.18) 式において p_j が0に近い場合も1に近い場合も各々の $p_j \log p_j$ 項が0に近くなるため，その和は0に近い正値になる．これは，群集の中のただ1種だけが1に近い相対量で，他のすべての種が0に近い相対量である場合を想像すればよい．したがって，H' の理論的な値域は，どんなサンプルあるいは群集およびその部分集合に対しても，

$$0 < H' \leq \log s \tag{19.20}$$

となることがわかる．ただ1種しか群集に存在しないとき（もはや群集と呼べない！）にのみ，$H' = 0$ となる．$\log s$ は種数 s が大きくなればなるほど大きくなるので，(19.20) 式は，H' が種数に依存していることを示している（上の要件の2）．（$\log s$ が最大値を与えることの証明はBOX 19.1を参照）．

シャノン-ウィーナーの多様性指数 H' を紹介している文献などで，この指数が「サンプルサイズに左右される・依存するきらいがある」とあたかも，多様性指数の側に問題があるというような表現がされていることがある．これは明らかに，多様性に対する理解不足からくる誤解で，通常の状況でサンプルサイズの変化に伴って変わらないような多様性指数があったら，かえって困る．H' が大きくなるのは s が大きくなるからで，サンプルサイズのせいではない（たまたま前者が後者に依存していた）．むしろ，H' はサンプルサイズそのものの影響を比較的抑えてくれる指数であると解釈すべきであろう（$H'_{\max}$ が s の対数関数で，s が大きいほど増加率が下がる，つまりサンプルサイズの増加に伴う s の増加の影響が，弱く反映される）．別の言い方をすると，「サンプル自体の評価でなく，サンプルを取る母集団である群集の多様性を計りたいなら，サンプルサイズを多少変えて

も H' が大幅に変化しないような十分なサイズのサンプルを取るよう努力しなさい」ということになる.

Box 19.1

ニッチ分割から見る多様性最大値

ここでは,すべての種が同じ相対量を持つ均衡状態からわずかに外れたときの H' は, H'_{max} より常に小さくなるか,すなわち, H'_{max} が本当に最大値であるか,厳密に調べてみよう.

この均衡状態からの微小なずれを次のように想定してみよう. s 種のうち1種だけが微小量増加し,他の $s-1$ 種はその増加分の微小量を $s-1$ 種で等分した量だけ減少する(図).均等な分配をもって多様性が最も高い状態と定義するなら,そこから微小量変化した状態とは,このような場合と考えてよい.

まず, $s-1$ 種について,均衡状態からの微小な減少後の相対量を次式で表すことにする.

$$p_j = \frac{1}{s+\Delta p} \quad \text{(for } j=1 \text{ to } s-1\text{)} \tag{1}$$

ここで,$0<\Delta p<1$ である.このとき,残りの1種(第 s 種)の相対量は,

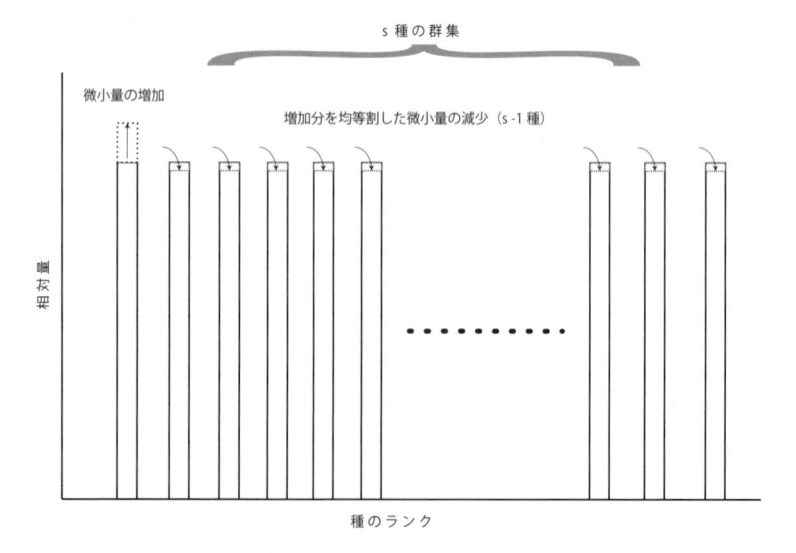

図 相対量の平衡状態(多様性最大)からのずれ

$$p_s = 1 - \frac{s-1}{s+\Delta p} = \frac{1+\Delta p}{s+\Delta p} \tag{2}$$

で表され，$s>1$ に対しては，明らかに，

$$\frac{1+\Delta p}{s+\Delta p} > \frac{1}{s} \tag{3}$$

である．Δp が小さいときには，すべての種が均衡値 $1/s$ に近づくことがわかる．種 s の側から見ると，(2) 式で定めた均衡値からの微小な増加分を，(1) 式によって他の種に減少分として反映させていることになる．これらの値を使い，変動後の多様性指数の値，H'_{disp} を計算する．以下では，見やすくするため，p を省いて Δ だけで記載する．

$$\begin{aligned} H'_{\text{disp}} &= -\sum_{j=1}^{s} p_j \log p_j \\ &= -\left(\sum_{j=1}^{s-1} p_j \log p_j + p_s \log p_s\right) \\ &= -\left(\sum_{j=1}^{s-1} \frac{1}{s+\Delta} \log \frac{1}{s+\Delta} + \frac{1+\Delta}{s+\Delta} \log \frac{1+\Delta}{s+\Delta}\right) \\ &= -\left(\frac{s-1}{s+\Delta} \log \frac{1}{s+\Delta} + \frac{1+\Delta}{s+\Delta} \log \frac{1+\Delta}{s+\Delta}\right) \\ &= -\frac{1}{s+\Delta}\{(1-s)\log(s+\Delta) + (1+\Delta)\log(1+\Delta) - (1+\Delta)\log(s+\Delta)\} \\ &= -\frac{1}{s+\Delta}\{-(s+\Delta)\log(s+\Delta) + (1+\Delta)\log(1+\Delta)\} \\ &= \log(s+\Delta) - \frac{1+\Delta}{s+\Delta}\log(1+\Delta) \end{aligned} \tag{4}$$

この変動後の多様性の値を，変動前の値と較べてみる．

$$\begin{aligned} H'_{\text{max}} - H'_{\text{disp}} &= \log s - \left(\log(s+\Delta) - \frac{1+\Delta}{s+\Delta}\log(1+\Delta)\right) \\ &= \log \frac{s}{s+\Delta} + \frac{1+\Delta}{s+\Delta}\log(1+\Delta) \\ &= \log \frac{s}{s+\Delta}(1+\Delta)^{(1+\Delta)/(s+\Delta)} \\ &> \log \frac{s}{s+\Delta}(1+\Delta)^{1/s} \end{aligned} \tag{5}$$

ここで，

$$\lim_{\Delta \to 0}\left[\log\frac{s}{s+\Delta}(1+\Delta)^{1/s}\right]=0$$

したがって,

$$H'_{\max}-H'_{\mathrm{disp}}>0 \tag{6}$$

すなわち，均衡状態から微小な変動後の群集の多様性指数値 H'_{disp} は，$H'_{\max}$ よりも常に小さくなることが示された．ちなみに，(4) 式の極限値はあきらかに $\log s$ であり，ずれ Δ が小さくなれば，多様性指数は最大値 $H'_{\max}$ に近づいていく．また，均衡状態からの大きな変動は，ここで示した微小な変動が加算されたものとして容易に捉えられる．よって，H' が，多様性の指数としての 2 つの要件を満たしていることが示された．

VI部　生物多様性保全

第20章 生物多様性の体系

荒谷邦雄

「生物多様性」(biodiversity)という単語は，学術用語としてばかりではなく，今や日常語としてマスコミ等にも盛んに登場しているので，一度は耳にしたことがある人は多いだろう．1990年代に入って，地球規模での環境破壊や生物の絶滅への危機感の高まりと共に，今日の生物学において「生物多様性」は様々な生物学分野を統合する最も重要な概念の1つとなっているだけでなく，政治や経済の分野における様々な価値評価の基準としての役割を担うようになった．

この生物多様性は，遺伝子，種，生態系の3つのレベル（階層）で捉えられることが多い（Frankham et al., 2002）が，これらの中でも我々にとって最も実感しやすく身近なものは種レベルの多様性である．分類学は主にこの種レベルの多様性を解明し整理する学問である．

今日の生物多様性の観点から言えば，分類学による多様な種の認識と体系化があってこそ，人間活動の影響による生物種の絶滅をはじめとする生物多様性の減少を把握し対処することが可能となる．地球規模での生物多様性の喪失とその保全，持続的利用が叫ばれる現代において分類学の重要性はますます大きくなったと言える．

20.1 分類学とは何か？

そもそも生物学でいう分類とは生物を様々な特徴に基づいてグルーピングし，それらの関係を整理することで体系的にまとめようとする作業である．そのグルーピングにおける最も基本的な単位が「種」であり，分類学では，まずそれぞれの種に名前をつけ，それらの種がどのグループに所属するかを明らかにする．

分類学は私たちの日常と密接に関わる学問である．私たちは，春に菜の花畑に群れ飛ぶ白い蝶はモンシロチョウ，夏によく見かけるモンシロチョウよりずっと大きくて黄色と黒の虎斑（とらふ）模様をした蝶はアゲハチョウという具合に身

近な生き物を主に色や形，大きさなどの形態上の特徴によって類型的に区別することで「種」を認識している．ハイキングに出かけて道脇の可愛らしい野草の花を見つけては図鑑を紐ほどいて名前を調べ，その野草が何の仲間で，近縁なものには何があるかなど，その野草に対する理解を深める．この一連の作業が「同定」である．こうした図鑑に代表される，今日，私達が当たり前のように親しみ利用している「同定」のための一連の知識体系こそが，まさに何百年に渡る分類学の集大成なのである．

生物学において，研究成果は学名を基準として集積され，さらなる研究のために活用される．対象とする生物の同定が不正確であった場合，研究成果の価値と信頼性は低下してしまう．研究分野だけでなく，生物を利用するさまざまな産業にとっても正確な種同定は重要である．また，一般の生物愛好家にとって，観察や採集した生物の名前がわかることは大きな喜びになる．生物の名前を知ることで生物への興味が深まれば，科学教育の観点からも有効である．

そもそも人間は有史以前から，経験的に身近な生き物の個体のもつ共通性から種（あるいはそれに準ずるまとまり）を認識し，命名してきた．動物を狩猟したり植物を採集したりするには，対象となる生き物が何であるかを区別し，それぞれを示す呼び名が必要だったことは言うまでもない．分類学はそれをさらに押し進め，地球上のすべての生物，現生種はもちろん，遥か昔に滅んだ化石種までをも対象に命名し，体系的にまとめることで，自然の多様性の中にあるただ1つの秩序 = 自然分類を探ろうとしてきた．

20.2 博物学から分類学へ

分類学の根幹にある「自然に関する知識を体系化しようという試み」の歴史は古く，古代ギリシャの有名な哲学者である Aristoteles（アリストテレス）が紀元前4世紀に記した「動物誌」にまで遡る．彼は生物を「動物」と「植物」に二分する考え方を初めて提唱した人物で，分類学の祖とも言える存在である．

時代が進み，人々の交流が盛んになるにつれて，遠い異国の地に生息する様々な生き物の情報が西欧にもたらされるようになった．しかし，今日のような記録媒体や通信手段が存在しない当時では，情報は曖昧な「噂」でしかなく，そのた

め伝播する過程で様々な誇張や誤った情報が付加されたであろうことは想像に難くない．その結果，想像力をかき立てられた人々によって，人魚やユニコーン，怪鳥ロックなど多数の幻獣や怪物が生み出されていった．曖昧な噂は往々にして学者をも惑わした．中世までは，生物全体の体系に関する捉え方も先述の古代ギリシャの時代からほとんど進歩しなかった．

しかし，16世紀以降，いわゆる大航海時代の到来によってこの状況は一変する．大航海時代以降，西洋の列強はこぞってアフリカや南米，アジアを始めとする世界各地へ出かけ植民地を広げて行った．茶やゴム，胡椒などの有用植物の発見はこれに拍車をかけ，植民地で得られた動植物や鉱物は次々に本国に持ち帰られ，研究の対象とされた．ヨーロッパでは見る事の出来ぬ様々な生き物達の，しかも単なる「噂話」ではない実物を目前にして，学者達の心は踊ったに違いない．そうした中で，未知の生物の正体を探るべく，生物の種類や性質などの情報を収集・記録し，体系的にまとめる学問である「博物学」が急速に発達した．今日，自然誌（史）(natural history) とも言われるこの博物学の発達によって，学者たちの間に「自然の仕組みを正しく理解したい」という意識が一段と高まり，それが自然の秩序たる「自然分類」を目指した近代の分類学を生み出したのである．

20.3 Linné と近代分類学

近代分類学の父と呼ばれるのが Carl von Linné（リンネ，ラテン語名：Carolus Linnaeus）である．スウェーデンの植物学者であった Linné の功績は大きく2つある．1つは生物の階層的分類体系の提唱であり，もう1つは二名法（nomenclator binominalis）と呼ばれる学名の表記法の普及である．

20.3.1 階層的分類体系

Linné は 1735 年，それまでに知られていた動植物のすべての種をまとめた目録『自然の体系』(*Systema Naturae*) を作成した．その中で，彼はまず，それぞれの「種」(species) の形態的な特徴を記述し，類似する生物との相違点を記した（今日でいう「記載」にあたる）上で，形態的に類似した種同士を「属」(genus) というグループ（分類単位，カテゴリー）にまとめて整理した．実は，この「属」

という概念は，植物学者の Bauhin（1623）や Tournefort（1694-1695）によって Linné よりも以前にすでに提唱されていたが，Linné はこれを動物にも適用した．さらに Linné は属の上に「目」(order) と「綱」(class) というグループを設け，それらを階層的に位置づけた．（つまりこの体系では「目」は類似した「属」の集合，「綱」は類似した「目」の集合ということになる．）

ちなみに，当時 Linné はすべての動物を哺乳綱 (Mammalia)，鳥綱 (Aves)，両生綱 (Amphibia, 爬虫類を含む)，魚綱 (Pisces)，昆虫綱 (Insecta)，蠕(ぜん)虫綱 (Vermes) の6綱に分類した．動物の多様性の解明が大きく進んだ現在の知見からすると，種の割合で言えば全動物の数％にも満たない脊椎動物（表20.1を参照のこと）が4つの綱に分類され，膨大な種数と多様性を誇るその他のいわゆる無脊椎動物を2つの綱にまとめてしまっている点は当時の分類学的知見の偏りを物語っている．

その後，階層構造はより細分化され，様々な分類単位が設立されたが，Linné が提唱した「綱」の上位グループである「門」(phylum) と「属」と「目」の間のグループである「科」(family) を加えた，門，綱，目，科，属，種のカテゴリーは基本単位として，現在でも最も広く受け入れられている．一例として，「ヒト」を Linné 式の階層分類体系に当てはめてみよう．

動物界	Kingdom	Animalia
脊椎動物門	Phylum	Vertebrata
哺乳動物綱	Class	Mammalia
霊長目	Order	Primate
ヒト科	Family	Hominidae
ヒト属	Genus	*Homo*
ヒト（種）	Species	*Homo sapiens*

それぞれの動物種の分類に関するこのような表記方法は，動物園や水族館の展示説明にも必ず登場するので記憶にある方も多いだろう．Linné が示したこの生物の類似性に基づく階層的な分類体系によって，ヒトという動物種の所属が明らかとなり，生物全体の中での位置（分類学的位置）が特定できるようになった．しかもこの分類体系を用いれば種をはじめとする実在する生物の分類群（グループ）同士の相対的な位置関係を示すこともできる．例えば，哺乳動物綱（一般的には哺乳類として認知されている）の中ではヒトはサルに近いとよく言われる

が，ヒトとサルは同じ霊長目に属し，サルの中でも特にヒトに近いとされるチンパンジーやゴリラなどのいわゆる類人猿は，ヒト属以外のヒト科に属する種を指している．ヒトと同属の現生種はいないが，ジャワ原人やネアンデルタール人などは同属の別種である．このように日頃，我々が漠然と感じている分類群同士の相対的な関係も階層的な分類体系を使えばかなり明確に示すことができて非常に実用的である．

　Linné 本人は，世界の創造主たる神の意志を推し量るためにこの分類体系を考案したが，この体系が確立されたことで，後世の分類学者はもちろん，生物の多様性が「神の創造」ではなく「進化の結果」であることを知っている今日の我々にとっても，自然を体系化する大きな方向性が示されることとなった．

20.3.2 学名の始まり

　Linné のもう 1 つの功績である二名法に関して解説する前に，学名について少し理解を深めておこう．

　今さら言うまでもないが，個々の生物の呼び名を世界共通の統一名称で表記したものが学名 (scientific name) である．これに対し，日本の「和名」や英語圏の「英名」(English name) はすべて「通俗名」である．「通俗名」では同じ種に対して国や地域ごとに異なる呼び名が付けられているのが普通だが，中には，例えば和名の「カブトムシ」のように単一の種の名称なのか，いくつかの種を含めた総称名であるのかがはっきりしない呼び名もあり混乱することも多い．

　誤解している人もいるようだが，Linné が学名を初めて提唱した訳ではない．博物学者達が目指した「自然のしくみの正しい理解（今日の言葉で言えば，種レベルの生物多様性の解明)」のためには，国や地域ごとに異なる上に，どの種を指すのかがはっきりない場合も多い通俗名ではその全容を正しく理解することは到底不可能であり，1 つの生物種に 1 つの世界共通の統一名称をつけようとすることはいわば必然の流れであった．Linné はこの命名システムを簡略化しそれを普及させたのである．

　学名はラテン語で表記される．ラテン語は，古代ローマ帝国で使われていた言語でイタリア語，フランス語，ルーマニア語，スペイン語，ポルトガル語などラテン系諸言語（ロマンス諸語）の祖先語であるとともに，英語やドイツ語，オランダ語などのゲルマン諸語にも多大な影響を与えた言語であり，中世のヨーロッ

パ社会では文語として文学や学術の分野で広く用いられていた国際言語だった．博物学が発達をはじめた当時，ラテン語を日常的に使う民族は既に存在せず，どの国の学者にとってもいわば中立であったということも学名にラテン語を用いることが支持された理由の1つと言えるだろう．

20.3.3 二名法

Linné 以前の時代には，新たに発見された種に新しい学名を与える際には，既存の種の名に新たなラテン語の単語を追加して命名する方法がとられていたため，博物学の発達によって多くの新たな生物種が次々に発見されるにつれて，種名が著しく複雑になってしまう場合が多かった．こうした状況下で，Tournefort (1694-1695) は「植物学の基礎」の中でラテン語1語からなる属名（generic name）と，その後にその種の特徴を簡潔に表わす数語の単語を付け加えて種名とする方法をとった．その後，Linné は1758年に出版した『自然の体系 第10版』の中ですべての生物種の表記方法を統一し，Tournefort の命名法をさらに簡潔化させ，属名と種小名（specific name）の2語のラテン語で表した．これが二名法（または二名式命名法：binomial nomenclature）である．一例として，身近なアゲハチョウ（ナミアゲハ）の学名は以下のとおりである（日本昆虫目録編集委員会編，2013）．

Papilio xuthus Linnaeus, 1767

最初の"*Papilio*"が属名，それに続く"*xuthus*"が種小名である．属名は最初の1文字のみ大文字で表記し，種小名は動物ではすべて小文字で表記する．種小名という用語は種名（species name）と混同されるかもしれないが，種小名は「学名を構成する2つの単語のうち属名に続いて記述されるその種の特徴などを表す単語」を指す特別な訳語である．言い換えれば，「属名＋種小名」のセットで個々の種の呼称である種名の学名表記が完成するのである．この属名と種小名は，特に地の文がアルファベット表記の場合，すぐに学名と認識できる必要性があるため，一般にイタリック体（斜字体）が使用される．イタリック体による表記が難しい場合は，下線を引くことでも代用できる．属名と種小名に続いて記述されているのは左からその学名を名付けた命名者名（アゲハチョウの命名者は Linné である！）と命名した年である．命名者名は学名の後にコンマなどの記号を挿入せずに続けて記述し，命名者名と命名年の間にはコンマを挿入する．この命名者名

と命名年は動物では学名の一部とはみなされず（そのためイタリック体にもしない），分類学関連の論文などでは表記が推奨されてはいるが，一般の使用においては省略しても問題ない．ところで，命名者名と命名年の表記に関して，以下のモンシロチョウの場合のようにこれらが括弧に入っている場合もある（日本昆虫目録編集委員会 編，2013）．

   Pieris rapae（Linnaeus, 1758）

これはモンシロチョウに学名が付けられた後で，属名が変更されたことを意味している．実はモンシロチョウは Linné が命名した当時はアゲハチョウと同じく *Papilio* 属とされていたが，後にモンシロチョウによく似ているオオモンシロチョウをタイプ種（タイプ種の意味は後述）として *Pieris* 属が新たに作られたため，ここに移された歴史がある．こうした規則を知らずに，体裁の統一のためにすべて括弧を取ったりあるいは付けたりした文献を見かけることがあるが，それは大きな誤りである．動物では命名者名と命名年は省略可能とはいえ，いい加減に扱ってよいものでは決してなく，表記には十分に留意したい．

 生物の学名を 2 語の単語のみに制限する二名法の普及によって，学名が体系化されるとともに，その記述が簡潔になったばかりでなく，その後の新種の追加にも柔軟に対応できるようになった．現在の生物の学名はすべてこの形式に従っており，例えば動物の学名に関しては，この Linné の『自然の体系 第 10 版』の出版以前に提唱された名称は原則として認めないことが動物の命名に関する国際的なルール（国際動物命名規約，詳しくは後述）で取り決められている．

 Linné の登場によって分類学は学問としても隆盛を極め，Linné をはじめとする動物や植物分類学者の多数の著書は当時の一般市民にまで広く流布し，当時の社会における生物の多様性の認識に大きく寄与することとなった．

20.4 国際動物命名規約

 Linné によって階層的分類体系と二名法という近代分類学の下地は整備された．しかし，分類学が発達し，膨大な数の種が新たに発見・命名される中で，「1 つの生物種に 1 つの世界共通の統一名称をつける」という学名の大原則を厳密に実行するにはさらに細かな実用的なルールが必要になった．こうした必然性の中

から生まれた国際ルールが「国際命名規約」である．以下，我々ヒトを含む動物の場合を主な例として「国際命名規約」の概略を辿ってみよう．

　動物の命名に関しては，様々な議論の後に，Linné の『自然の体系 第 10 版』の出版から実に 1 世紀以上を経て，1905 年にようやく最初の規約である『萬国動物命名規約』(International Rules of Zoological Nomenclature) が出版された（いわゆる旧規約）．その後 1961 年にこの内容を一新した『国際動物命名規約』(International Code of Zoological Nomenclature : ICZN) が出版された（先の旧規約と区別して新規約と呼ばれる）．以降，『国際動物命名規約』は最初の出版から 3 度の改訂を重ね，1999 年には最新版である第 4 版が出版（発効は 2000 年）され，2012 年には第 4 版の条項が一部改正されている．

　この国際動物命名規約を編集・改訂・出版する動物命名法国際審議会は，学名の運用上問題があると提議された案件に対して裁定を下す役割も担っている．提議された案件の内容，裁定までの経緯や結果等はすべて審議会が発行する『動物学命名法雑誌』(Bulletin of Zoological Nomenclature) において公開される仕組みになっている．

　現在では，動物以外にも，植物（藻類・菌類を含む），栽培植物，細菌に対して独立した国際命名規約がそれぞれ発行されている．これらの規約は細かな点では相違点も多いが，Linné 式の階層的分類体系と命名法によって学名を管理するという大原則は共通している．

20.4.1 命名と記載

　分類学における「記載」(description) とは，対応する学名の元にある生物種の特徴を言葉や図，写真などで記述することである．分類学的に記載されていない種は未記載種（undescribed species）と呼ばれる．この場合，例えばある地域に生息する生物種が，その地域ではよく知られた通俗名で呼ばれていたとしても，学名が与えられていない場合には未記載種とみなされる．未記載種に新たに学名が与えられ（命名），記載（新種記載）されたものが新種 (new species) である．よって，細かいことだが，新たに発見された未知の生物を取り上げて「新種発見！」などと報道した記事をよく見かけるが，記載される前はあくまで「未記載種」と表現するのが正しい．

　国際動物命名規約には新種記載に関連した事細かな取り決めが明記されている．

20.4.2 国際動物命名規約の概要
A. タイプの指定
　ある動物の新種を記載する場合，必ずその種を定義づける拠り所となるいわば証拠標本の指定を伴わなくてはならない．これが担名タイプ（name-bearing type：タイプ標本）である．タイプの中でも最も重要なものが「ホロタイプ」（holotype）であり，記載される種の基準として単一（1個体）の標本が指定される．ホロタイプの指定を伴わない記載は新種記載とはみなされない．タイプとなる標本が複数個体ある場合には，その中の1個体をホロタイプとし，残りを「パラタイプ」（paratype）に指定する．パラタイプの指定は必須ではない．実はかつて複数の標本をタイプとして指定することを認めていた時代があったが，後になってそれらのタイプの中に別の種が混じっていたことが判明するなどの問題が生じた．ホロタイプとして単一の標本を指定することが厳守されるようになってから，このような問題は生じなくなったが，パラタイプを指定する際には，万が一にも別の種が混入するようなことがないよう十分に留意する必要がある．

　命名規約上は，タイプは完全な標本である必要はなく，例えば，多くの化石種がそうであるように，身体の一部，たとえ1本の歯でもタイプに指定できる．しかし，可能であれば，ホロタイプとしてその生物種の特徴をよく表した典型的な個体を指定する一方で，パラタイプとして種内の変異の幅（性的二型などの多型や，大きさ，色彩の変異など）を示す個体を指定すれば，その種の全体像を表すことができて極めて実用的である．

　このように学術的に非常に重要な意味を持つタイプは，博物館や大学など公的機関において万が一にも紛失や破損することがないよう恒久的に保管しつつ，一方で，学術研究の発展のために誰もが利用できるよう便宜が図られることが望ましい．

B. 先取権の原則
　何度も述べてきたように，学名の大原則は「1つの生物種に1つの世界共通の統一名称をつける」ことである．しかしながら，分類学の急速な発展によって，同時期におびただしい数の新種が記載される中で，不幸にも同じ種が違う学名で記載されたり，逆に違う種に同じ学名が付けられる事例が数多く生じた．分類学では前者の場合を異名（シノニム：synonym），後者を同名（ホムニム：homonym）と呼ぶ．多様性の解明が進んだ今日においても，ある種が未記載であると

いう確証を得ることは実は非常に難しく，過去の研究に関する調査が不十分であったために，新種記載論文が公表された後でその種が以前に別の名前で記載されていたことが判明することも十分にあり得る．

　命名規約ではこうした問題を解決するために，ある種の学名について「最も古く公表されたものが唯一有効である」という単純明快な原則を打ち出している．これが「先取権の原則」である．この原則のもとでは，同じ種が違う学名で記載された場合（異名）には，最も早く公表された学名が唯一有効とされる．雑誌などの場合，出版日が1日でも早い方，仮に同じ雑誌の同じ号に発表された場合はページの若い方，さらに極端な場合で同じページの場合には行の若い方に先取権がある．また，ある種に付けた学名が既に別の種の有効な学名として使われていることが判明した場合（異物同名）は，その学名は前者の名称として使うことができず，前者（後から提唱した学名）に対しては置換名（別の新たな学名）を付けなければならない．

　これまでに3度の改訂を重ねてきた国際動物命名規約だが，先のタイプ標本の原則とこの先取権の原則は当初から一貫して貫かれてきたいわば国際動物命名規約の2つの柱である．

C. 先取権の例外

　先取権の原則を柱としてきた国際動物命名規約ではあるが，「学名の安定性」を重視した例外規定がある．これは先に公表されていた学名が，長い間その存在を忘れられ（あるいは存在が知られずに）使用されず，その後に公表された学名のほうが広く知れわたっていて長く使用されていた場合など，学名の変更がその生物に関わる分野へ大きな混乱を及ぼすおそれがある場合にこれを避けるために考案された措置である．こうした事例が判明した場合には，動物命名法国際審議会による審査を受け，受理されれば，先に発表された学名を遺失名（nomen oblitum）として破棄し，よく通用している後から発表された学名をこれまでどおりに使用することができる．ただし植物や細菌の命名規約にはこの例外規定はない．

D. 著作物の基準

　タイプ標本と先取権の原則が当初から一貫して貫かれてきたいわば国際動物命名規約の2つの柱であるとすれば，逆に改訂のたびに時代を反映して変更されて

きたものもある．それが新種記載を公表する著作物（出版物）の基準である．新種記載は定期刊行される学術雑誌や書籍に掲載されるのが一般的だが，印刷や製本の方法は時代と共に大きく変化してきた．20世紀前半までは活版印刷からオフセット印刷に至るまで印刷方法そのものは変化し多様化しても，印刷の行程は専門業者に頼るものだったが，20世紀後半からコピーやコンピューターを使ったDTP（デスクトップ・パブリッシング）が目覚ましく発達し，著作物が個人レベルでも簡単に印刷・発行することが可能になった．さらには紙媒体を用いず，CD-ROMなどの記憶媒体での発行や，最近では雑誌の電子ジャーナル化も急速に進んでいる．

　こうした時代の変化を背景に，国際動物命名規約では第2版までは，出版物と言えば，印刷製版を経て紙にインクを持って印刷されたものを基本的に指していたが，1986年第3版では他の方法，例えばコピー複写物やパソコンからのプリントアウト（トナーによる印刷物）も認められるようになった．さらに1999年の第4版ではCD-ROMなどの光学ディスク（ただし読取り専用）での公表が条件つきながら認められた．

　2012年の部分改正では，第4版で認めたCD-ROMなどの光学ディスクによる公表を禁じた代わりに，内容とレイアウトを変化させないようにしておくことが可能なファイル形式としてpdfファイルによる公表が認められた．CD-ROMなどの光学ディスクは耐久性の問題に加えて，規格の変更やOSのバージョンアップ等で読取りがすぐに不能になる可能性が非常に高いだけに，この措置は妥当な判断といえるだろう．なお，pdfファイルによる公表の場合には著者は「Official Register of Zoological Nomenclature」（通称ZooBank）に登録し，かつ当該著作物そのものの中に登録を行った証拠を明記しなければならない．

E. 規約の適用範囲

　Linné式の分類体系で「種」の次の下位に位置づけられている階級が「亜種」（subspecies）である．亜種とは同種でありながら形態や生態，遺伝的に独自の特徴をもつ地方個体群（地方集団）を意味し，種と同様に独自の亜種名が命名される．この亜種への命名は，国際動物命名規約の適用を受け，種と同じように記載にあたってのタイプの指定が求められるほか，すべに述べた先取権や著作に関する原則も適用される．「亜種名」は「属名＋種小名＋亜種小名」の三名法で表示さ

れ，その後にその亜種の命名者名と命名年を記述する．

亜種よりさらに下に，変種（variety），型（form），品種（race），季節型（seasonal form）などさまざまなカテゴリーが区別されて命名されることがあるが，これらのカテゴリーは国際動物命名規約では適用外に置かれる．ただし，適用外と言っても，これらの使用を禁止するというわけではなく，亜種より下のカテゴリーに特定の名称（学名とはみなされない）で呼ぶことに利便性があるなら命名すること自体は自由である．

種より上位の階級に関しては，属名や科名は国際動物命名規約の適用を受けるが，目名や綱名などには適用されない．国際動物命名規約の適用を受ける属名や科名に関しては，先取権や著作に関する原則が適用されるほか，種や亜種にとってのタイプと同じように，その属を定義する際に拠り所となったタイプ種や，その科を定義する際に拠り所となったタイプ属がそれぞれ指定される．

20.5 何種類の動物がいるか

これまで種レベルの生物多様性を解明し体系化する学問である分類学の始まりから Linné 式の分類体系，その分類体系の運用ルールである命名規約の内容に至るまで概観してきたが，そもそもこの地球上には一体，何種類の生物がいるのだろうか？ また，現在までにどのくらい多様性の解明は進んだのであろうか？ 本章の最後に，動物の現状をみてみよう．

Linné の時代に記載されていた動物はわずか 4000 種あまりに過ぎなかった．その後，250 年あまりの間に状況は大きく変わった．

現在，動物（界）の既知種（記載されている種）は 150 万種あまり（ただし化石種は除く）で，これは地球上の既知の全生物種のおよそ 3/4 にあたる（Zhang, 2013）．各動物門の中で現生の既知の種数が最も多いのは昆虫類（昆虫綱）で約 80 万種，昆虫を含む節足動物門で約 130 万種とされており，全動物の 8 割を節足動物門が占める．昆虫類を含む節足動物の種数の多さは以前からよく知られており，昆虫類や節足動物の種数が判明すれば，全動物の種数も推定しやすいという発想から昆虫類や節足動物の種数推定に関する多くの研究例がある．

Erwin（1982）は，パナマの熱帯林でフォギング（殺虫剤噴霧）によって 1 種類

の木から採集された甲虫の種数をもとに熱帯林全体の節足動物の種数を推定し，約3100万種と見積もった (Erwin, 1982)．一方，Novotnyら (2002) によるニューギニアの熱帯林で51種の寄主植物を食べる900種以上の植食性昆虫のデータを解析した結果では，世界の熱帯林に生息する節足動物の種数は，400-600万種と推定された (Novotny et al., 2002)．Hamiltonら (2010；2011) は，Erwin (1982) の計算は多くの仮定や推定値を用いて計算しているため，過大評価になっているとして，これまでの研究結果をもとにシミュレーションし直し，推定された中央値として，610万種という数を提示している (Hamilton et al., 2010；2011)．その後，Bassetら (2012) は，パナマの熱帯林で土壌から樹冠に至るあらゆるハビタットに生息する節足動物をトラップによって徹底的に採集し，0.48ヘクタールの調査地から6144種の節足動物を得た結果に基づき，世界の熱帯林全体の節足動物の種数の推定を試み，その結果としてHamiltonらの推定値である610万種に大きな修正は必要ないと結論した (Basset et al., 2012)．どうやら熱帯林だけで少なくとも600万種程度の節足動物がいるのは間違いないようである．

仮に節足動物の推定種数を600万種とするとLinné以来の250年あまりの間にやっと全体の1/5弱が記載されたことになるが，このペースでいくと節足動物をすべて記載し終るのに，この先1000年以上かかる計算になる！　この現状を見れば，その存在が世に知られる前に絶滅の憂き目をみる種がいかに多いことか想像に難くない．

他の動物門に関しても様々な推定が行われており，動物全体の種数は1000万～3000万種と推定されている（詳細は表20.1を参照のこと）．陸上では86％，海洋では91％もの真核生物の種が未記載種であるという推定 (Mora et al., 2011) もあり，正確な数はわからないが，とにかく膨大な数の未記載種がいることだけは確かである．日本産の生物種数に関しては日本分類学会連合による詳細な集計が公開されている（日本分類学会連合, 2003）．この集計によると日本産の動物の既知種は6万種あまりで，推定される未知種（未記載種）数は約2万8千～12万8千種にのぼる．分類関係の研究者が多く，世界的にみても多様性の解明度が高い日本にもまだこれほどの未記載がいるとは驚きである．絶滅速度を減速させると同時に，生物多様性を解明し，適切な保全対策をこうじるためにも一刻も早い記載が必要である．分類学の役割と寄せられる期待は極めて大きなものがある．

表20.1 主な動物門の既知種数と推定種数

動物門	既知種数	推定種数
海綿動物	8,500	18,000
刺胞動物	12,500	12,500<
有櫛動物	190	500
扁形動物	20,000	80,000
直泳・菱形動物	135	500<
輪形動物	2,000	3,000
鉤頭動物	1,200	1,500
顎口動物	100	1,000
腹毛動物	450	1,000<
内肛動物	150	150<
外肛動物	4,500	4,500<
箒虫動物	20	20<
腕足動物	330	500
紐形動物	1,200	3,000<
毛顎動物	130	130<
軟体動物	93,000	200,000
環形動物	16,500	30,000
星口動物	320	330
緩歩動物	1,100	1,100<
有爪動物	180	220
動吻動物	150	500
鰓曳動物	15	25
線形動物	25,000	5,000,000
類線形動物	320	500
節足動物	1,215,000	6,100,000
棘皮動物	7,000	14,000
珍無腸動物	430	430<
半索動物	90	110
脊索動物	70,100	80,000
合計	1,525,000	100,000,000<

数字はすべて概数. 合計には表記していない動物門の種数も含む. 各動物門の詳細は21章を参照のこと.
藤田 (2010), Zhong (2013) を改変.

第21章 分類学

Advanced

荒谷邦雄

21.1 種概念と種の識別形質

　「分類学では形態的に区別がつく種のみを認めている」という類いの表現をよく見かけるが，これは大きな誤解である．分類学が必須とするものは種を区別し記載するための「識別形質（diagnostic character）」であり，この識別形質として昔から多用されてきたのが最も身近な形態形質であったに過ぎない．逆に言えば，識別形質は明確に記述できるものがあれば形態形質である必要は必ずしもない．実際に近縁種間の識別形質として鳴き声の違いを重視した記載は昔からあったし，最近では隠蔽種（cryptic species）間でのDNAの塩基配列の違いを識別形質とした記載も登場している．ちなみに，鳴き声や交尾器形態などが記載で重視されるのは，これらが，生物学的種概念（biological species concept）でいう交配前隔離と深く関わっている可能性が高いとみなされるからである（詳しくは第16章参照）．交配前隔離と深く関わる形質には形質置換（character displacement）が生じやすく，同所的（あるいは側所的）に分布する近縁種間では特に有効な識別形質になり得る．ただし，識別形質は必ずしも系統関係を反映せず，形質置換などが生じた場合は類似性と系統的な近縁性とはむしろ矛盾した結果結果をもたらすので注意が必要である．いずれにせよ，こうした生殖隔離に関与する形質を識別形質として重視するのは生物学的種概念を念頭においたものであり，生物学的種概念によって隠微種を認識することは生物多様性の正確な評価のためにも重要である．

　形態的種概念や生物学的種概念以外にも，生物同士の生態的地位（ニッチ：niche）など生態的特徴に注目して種を認識する「生態学的種概念」（ecological species concept），生物の系統関係に注目し種を認識する「系統学的種概念」（phylogenetic species concept）（詳しくは 21.8.1 項参照のこと）など様々な種概念が提唱されているが，種の実体は多様であり，すべての生物に一般的に適用で

きる種の定義は存在しない．しかし，一方で，分類学では，こうした様々な種概念が拠り所とする生物の特性を念頭に，対象とする種を最も明確に他の近縁種から区別できる識別形質を，その種が含まれる生物群の実態に即して選択し，使い分けることで，種を認識（定義ではない）することが可能である．

21.2 進化理論と分類学

　昔の人々はすべての生き物はもちろん自然の仕組みはすべて神の創造によるものであると信じてきた．Linné もその例外ではなく，彼は「世界の創造主たる神の意志を推し量るため」に階層的な分類体系を考案し，それに基づいた生物種の目録を作成したことは第 20 章で述べたとおりである．Linné にとっての種は「神によって創造された不変の客観的実在」であり，生物に存在する様々な変異は「神の手を離れた後で生じた不完全な誤り」と信じられていた．

　その後，Lamarck（ラマルク）によって生物の種は不変なものではなく，長い年月の間に変化して新しい種が生まれるという進化の概念が初めて提唱された．さらに Linné の約 100 年後，Darwin（ダーウィン）によって自然淘汰説が提唱されるに至った．自然淘汰による進化では変異こそが進化の出発点である．適応度に関係する個体変異があるからこそ淘汰が生じ，その形質が遺伝して生物は自ら変わるべくして変わるのである．こうした進化の概念の普及は，生物の時間的変化を論じ，その進化史の様相を推定しようとする系統学（phylogenetics）を発展させることとなった．Haeckel（ヘッケル）は進化の概念を取り入れ，生物の系統を 1 つの根を持つ系統樹で初めて表現した．

　系統学の発展に対し，多くの分類学者は，伝統的な分類学と系統学は整合性のあるものであり，分類学で伝統的に使用してきた生物同士の形質の類似は，進化史を反映した系統上の近縁性を意味し，類似を基準にして構築されてきた分類体系はそれぞれの生物間の進化史の再現にほかならず，伝統的な分類学は系統学（進化学）との統合によって系統分類学（phylogenetic systematics）へと大きく展開したと考えた．その上で，生物の進化の歴史が過去に生じた唯一無二のものであるなら，その進化史を表現するような分類はたった 1 つしかなく，それこそが「自然分類」であるとみなした．

こうした中で，1950年頃からは表形分類学や分岐学をはじめとする分類学や系統学に関する様々な理論が生まれ，一大論争を巻き起こした．

21.3 表形分類学

第16章にも述べられているような変異の扱いに関する問題点の他にも，形態形質を用いる場合，どの特徴に注目するか，どの特徴の違いに重きを置くかは人によって様々なので，主観的な分類に陥ってしまう可能性もある．また，肉眼，虫眼鏡，光学顕微鏡，電子顕微鏡という具合に形態を観察する道具（技術）のレベルによっても認識は大きく異なってくる．さらには，そもそも人間が認識する形態の差異を当の生物が同じように認識しているのかという根本的な問題もある．特に形態的特徴として重視されがちな「色の違い」は視覚が発達した人間だからこそ認識できる差異であり，多くの他の生物同士は色について人間とは全く異なった認識をしているはずである．こうした点から，形態に基づいて認識される種とそれに基づいてまとめられた分類体系は，人間の認知によって定義される人為的な分類単位であるという批判も多い．

こうした批判に対し，主観をなるべく排した分類法を目指して考案されたのが表形（表型）分類学（phenetic classification）である．表形分類学は方法論を可視化するために形質の定量化を徹底し，形態に加え，解剖学的，生理学的，あるいは生化学的な形質などをできるだけ多数集め，相対的な類似度に基づいて分類する方法で，形質をすべて重み付けしないで客観的に評価する．近年では多数の形質をマトリックスにしてコンピューターを使ったクラスター分析などを行う数量分類学（numerical taxonomy）として発展した．実際に，多変量解析などを使って識別形質を表現し分類した記載も多い．しかし，たとえ同じクラスターに分類されたとしても，その得られる結果はあくまで形態をはじめとする種間の表現型の類似性（系統学的な近縁性ではない）を意味しており，収斂進化などに惑わされる懸念もある．また，得られた樹形図は類似度のみに基づいたいわば類似図であり，系統樹ではないことにも留意が必要である．

数量分類学の手法は近年の分子系統学に引き継がれた．第15章で紹介されている遺伝子の類似度に基づく系統樹作成法は，まさに数量分類学のアプローチそ

のものである．ただし，分子系統学の場合，遺伝子DNAの塩基配列の類似度は遺伝的な距離を反映していると考えられるので，得られた樹形図は系統樹とみなすことができる．

21.4 分岐学

　分岐学（cladistics）はドイツの昆虫学者Henig（ヘニック）によって50年ほど前に提唱された理論で，系統推定の実際的な方法論として現在でも広く受け入れられている．

　我々は複数の生物群の系統関係を推定する際，まずそれらの生物群のうちで，どの組み合わせが互いに他のものより近縁であるかを考える．最も近縁な関係とは，言い換えれば，最も近い祖先を共有する関係を意味する．分岐学の最も大きな特徴は，系統推定の基本である共通祖先の保有関係の再構成を，「共有派生（子孫）形質」（synapomorphyまたはsynapomorphic character）に基づいて行うことにある．共有派生形質とは，子孫にあたる複数の生物群の間で共通してみられる相同形質（特徴）のうち，直近（最近隣）の共通祖先に起源したと考えられる形質のことである．子孫群に共有されている形質でも，それが直近の共通祖先よりもさらに古い祖先に起源する（と推定される）場合には共有祖先（原始）形質（synplesiomorphyまたはsynplesiomorphic character）と呼ばれる．この関係を系統樹の上で表したのが図21.1；および2である（系統樹に関する用語は第15章に詳しく述べられているので，そちらを参照のこと）．ただし，共有派生形質か共有祖先形質かの判断はあくまで相対的なものであり，同じ形質の状態がより祖先的な群から見れば共有派生形質とみなされ，逆により派生的な群からみれば共有祖先形質とみなされることもあり，注意が必要である．

　分岐学では分類群（taxon：名称を与えられた生物群，複数形はtaxa）として単系統群（monophyletic group）を重視する．単系統群とは様々な生物群のうち，共通の祖先に由来したすべての子孫を含む集合体のことである（ワイリーら，1992）．例えば，図21.1の系統樹において，1つの仮想的な祖先として内部節cに注目すれば，この内部節c，およびこれに由来する（系統樹上ではここから先端に存在する）子孫（内部節b，および外部節D, E, F）をすべて合わせた群が単系

21.4 分岐学

単系統群

○ ：共有派生形質
□ ：共有祖先形質

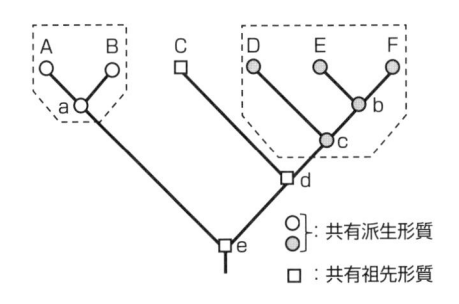

図 21.1 単系統群とその形質状態の例
[⋯]で囲った系統樹上の内部節 c, およびこれに由来する内部節 b と, その子孫である外部節 D, E, F をすべて合わせた群が単系統群の 1 例である. 同様に内部節 a とこの子孫の外部節 A, B からなる群も単系統群の例である.

統群である. 同様に内部節 a, およびこの子孫の外部節 A, B からなる群も単系統群である. 便宜上, 現生の生物群のみに注目し, 外部節 D, E, F, あるいは A, B が単系統群であるという表現をすることもある.

分岐学では単系統群こそが進化の歴史である近縁性を反映した自然分類群であり, こうしたクレード (clade：分岐群, 単系統群と同義) を重視することで自然分類体系が構築されるとみなす. 一方, 単系統群 (＝自然分類群) ではない側系統群 (paraphyletic group：偽系統群と訳されることもある) や多系統群 (polyphyletic group) は, 人為分類群とみなされる. 側系統群は, 一般に「ある祖先から生まれた子孫を構成要素とするグループ (単系統群) から, 1 つもしくは複数の子孫が取り除かれたグループ」と定義されることが多い (ワイリーら, 1992) (図 21.2a). また, 多系統群は, 「共通祖先が別の分類群に位置づけられるグループ」である (ワイリーら, 1992) (図 21.2b). この側系統群と多系統群の定義に関しては議論も多い (Nelson, 1971；Farris, 1974；1991；三中, 1997 など) が, 形質状態の進化に注目すれば, 側系統群を定義づける形質状態は,「共通祖先で獲得された原始的な形質 (共有祖先形質) 状態で, かつほとんどの場合は, 後になって一部の子孫で失われた形質状態 (このことが, これらの子孫が人為的に除かれてしまう原因となる)」であり, 一方で多系統群を定義づける形質状態は「収斂 (convergence), あるいは平行進化 (parallel evolution) した形質の状態」と考えれば, 両者の違いも理解しやすいだろう (図 21.2).

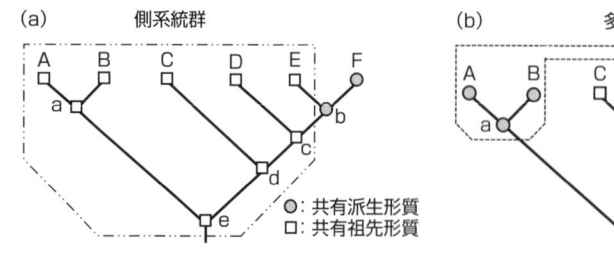

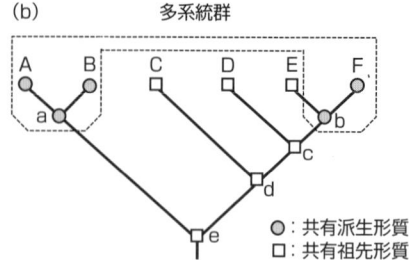

図 21.2 側系統群と多系統群，およびそれらの形質状態の例
左の系統樹上の ⬜ で囲まれた群が側系統群，右の系統樹上の ⬜ で囲まれた群が多系統群の 1 例である．

　この分岐学の理論に基づいて，実際に系統樹（分岐学では分岐図と呼ぶ）を構築する場合は最節約法が用いられる（最節約法の詳細は第 15 章を参照のこと）．近年では形態をはじめとする多数の形質から作ったマトリックスを元に最節約法によって分岐図を作成できる PC ソフト（PAUP など）も広く活用されている．

21.5 分岐分類学

　単系統性（monophyly）を重視する分岐学では，人為分類群とみなされる側系統群や多系統群を分類群として名称を与えることは認めず，便宜的にグルーピングする場合にはグレード（grade：段階群）として扱う（ただし，誤解のないように言っておくと，グレードは命名の対象とならないというだけで，進歩や適応の類似，その結果としての形態や生理形質の類似など進化的な意味はある）．
　多系統群や側系統群の命名を認めないのが分岐学の立場であるが，一般的に認識されている分類のカテゴリーが必ずしも単系統群ではない場合も多い．最も顕著な例が図 21.3 に示した鳥類と爬虫類の関係であろう．いわゆる現生の爬虫類（Linné の伝統的な分類体系でいう「爬虫綱」）はムカシトカゲ類，鱗竜類（トカゲやヘビ），カメ類，ワニ類に分類されている（ここではあえて各分類群の階級は表記せず「～類」とした）が，いわゆる鳥類がこれら爬虫類のクレードに入り，しかも現生の分類群の中ではワニ類と姉妹群（sister group：一番近縁な群のこと）をなすことが中足骨の構造の共通性や近年の分子系統解析（第 15 章）の結果から

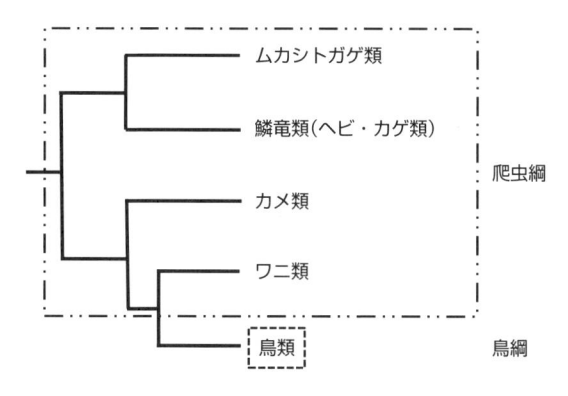

図 21.3 爬虫類と鳥類の系統関係と分類カテゴリー
　　　　実際の系統関係と分類カテゴリー（爬虫綱と鳥綱）が一致せず，
　　　　爬虫綱が側系統群になってしまう．

も明らかとなっている（松井，2006）．図 21.3 の系統樹を見れば明らかなように，このことは鳥類を除いた従来の爬虫類（ムカシトカゲ類，鱗竜類，カメ類，ワニ類）は側系統群となってしまうことを意味する．

　この系統樹のもとで従来の爬虫類と鳥類が有する形質状態に関して再考してみると，爬虫類に対して我々が持つ，変温動物である・身体が鱗で覆われている・歯がある・四足歩行で尾がある，といった一般的なイメージ（もちろん例外はある）はすべて祖先形質であることがわかる．これに対し，鳥類に抱く，恒温動物である・身体が羽毛で覆われている・歯がなく嘴（くちばし）が発達する・前肢が翼になっている・二足歩行するといったイメージは他の爬虫類にはない鳥だけが持つようになった派生形質（固有派生形質：autapomorphy）状態とみなされる．

　この系統関係への命名に関して，分岐学者のとる立場は明確である．1 つは従来どおり鳥類の独立性を重んじるならば，側系統群である爬虫類を分類群（名前を与えるグループ）と認めず，あくまで体制（基本的な身体の造り）等の類似という共有祖先形質で認識されるグレードとして扱う．この場合，爬虫綱もしくはそれに相当する分類群名称は破棄され，鳥綱と同ランクの分類群としてムカシトカゲ類，鱗竜類，カメ類，ワニ類を扱うことになる．

　もう 1 つの考え方は，鳥綱を爬虫綱から独立したものとみなさず，完全に爬虫綱の中の 1 つの分類群（例えば鳥目として）として扱うものである．

　実際に，徹底した分岐学者は前者の考え方を推し進め，Linné の分類体系に基

づく階級の命名法に代わって，phylogenetic nomenclature（PhyloCode）と呼ばれるクレードへの命名法に基づく体系の見直しを主張している（Donoghue & Gauthier, 2004 など）．

21.6 進化分類学

　一方，多くの分類学者は，分岐順序が系統関係を意味することを認めつつも従来どおりの鳥類と爬虫類の関係性，つまり双方を独立した同等の分類群としてみなす扱い方を正当化することに拘った．ここで彼らが拠り所としたのが「進化分類学」（evolutionary taxonomy）である．1960〜80年代は，表形分類学（数量分類学），分岐分類学，進化分類学の3学派が真の体系を目指して激しい論争を繰り返した．

　共有派生形質に基づく系統推定を基本とする分岐学では，固有派生形質は系統関係に関する情報を持たない形質（uninformative character）とみなされるが，進化分類では姉妹群に自動的に同じ階級を与えるのではなく，固有派生形質を重視した階級づけを行う（Mayr, 1988）．要するに，懸案の鳥類と爬虫類の関係で言えば，進化分類では，空中生活に転じたことに関連して多数の新しい固有派生形質を獲得した鳥類にはその変化の度合いに応じた，より高次の異なった分類学的階級を割り当てる．一方，鳥類とワニ類は姉妹群関係にあるものの，ワニ類は彼らだけの固有派生形質を発達させなかったため，全体として他の爬虫類に非常によく似ている．これをもって，ワニ類を爬虫類というグレードの一員とみなすと共に，側系統群からなるグレードである爬虫類を分類群として認めるというものである．

　こうした進化分類は，分岐学による系統推定に従来の分類で重視されてきた表現型の類似性を組み込んだ点で「総合法」（synthetic method）（Lincoln *et al.*, 1998）とも呼ばれ，伝統的な分類学と系統学は整合性のあるものだと考えた分類学者の多くは，進化分類の体系こそ自然分類を反映した理想的な「系統分類体系」であるとみなした．しかし，どのくらい固有派生形質を獲得すれば異なった階級に値するのか明確な基準がない上に，少数だが重要な固有派生形質の獲得をもギャップとしてグルーピングする根拠とする点は，まさに形質の重み付けであり恣

意的である．分岐学者は，共有派生形質で確定した姉妹群を使って明らかにした「系統関係」に「類似」を意味するだけのグレードを持ち込んで体系化する進化分類学者の論理的破綻を激しく攻撃した．実際，進化分類学者が重視する固有派生形質は，いわばその分類群にとっての識別形質であり，主観的な分類からの脱却を目指して生まれたはずの進化分類の考え方は，結局，識別形質を重視する伝統的な分類と本質的に変わっていないと言える．

21.7 分類学と系統学の違い

　しかし，一方で，分岐分類がいかに論理的に厳密であるとしても，完全に系統を反映させた分類体系は従来のLinné体系では考えられなかった大きな混乱を招く（松井，2006）．この例として我々ヒトを含む脊椎動物を取り上げてみよう．
　Linné以来の伝統的分類では，脊椎動物は，魚類，両生類，爬虫類，鳥類，哺乳類の6つのグループに大別されてきた．現在では脊椎動物は，頭索動物亜門（ナメクジウオ），尾索動物亜門（ホヤなど）とともに脊索動物門を構成する脊椎動物亜門としてまとめられることが多い．
　伝統的な分類では，水棲で鰭を持ち鰓呼吸する魚形の脊椎動物である魚類を1つのグループと考え，それを無顎類，軟骨魚類，硬骨魚類の3つに大別して認識してきた．しかし実際には魚綱は単系統群である脊椎動物のうち，陸上生活に適応した両生類から始まる四肢動物を除いた側系統群である．
　加えて，無顎類と硬骨魚類も側系統群であることも明らかとなった．前者に関しては，代表的な現生の無顎類とされてきたメクラウナギ類とヤツメウナギ類のうちメクラウナギ類は脊椎を持たないことからメクラウナギ類を除いた系統を狭義の脊椎動物と呼び，メクラウナギ類を含めた全体を有頭類と呼ぶ考え方も提唱されている（松井，2006）．硬骨魚類の中では肺魚類やシーラカンス類が肉鰭類として区別され，その他の硬骨魚類は条鰭類としてまとめられた．さらにこの肉鰭類の中でも肺魚類が陸上生活に適応した両生類から始まる四肢動物と単系統群をなすことも明らかになったため（Brinkmann *et al.*, 2004），シーラカンス類，肺魚類に四肢動物を合わせた単系統群を肉鰭類とし，この肉鰭類と従来の硬骨魚類を指す条鰭類を合わせた硬骨を持つ分類群を真口類と呼ぶようになった．四肢動物

のうち，最も先に分岐したのが両生類であり，それ以外の羊膜を獲得し真に陸上生活に適応した羊膜類と分かれる．羊膜類には爬虫類，鳥類，哺乳類が含まれるが，これらのうち爬虫類と鳥類の関係に関してはすでに述べたとおりである．

　これらの関係を整理したのが図 21.4 である．この図をみても明らかなように，我々ヒトを含む哺乳類は，脊索動物門の中で，有頭類＞脊椎動物＞顎口類＞真口類＞肉鰭類＞肺魚類＞四肢動物類＞羊膜類＞哺乳類，という入れ子状の関係に位置づけられ，四肢動物は肉鰭類の中の 1 つの末端分類群となり，哺乳類はさらにその四肢動物の末端分類群となってしまう．もし，この分岐（系統）関係を Linné 式の分類体系に反映させようとすると，哺乳類は目レベル（あるいはそれ以下）の分類群となり，極論を言えば，我々ヒトを含む哺乳類はいわゆる魚類（有頭類〜肉鰭類までの魚形のもの）の一部に位置づけられてしまう．系統学や分類学に興味のない多くの一般の人々にとっても，さすがにこの位置づけは受け入れ難いのではないだろうか．この受け入れ難さは，この分類体系が我々の通常の認識から大きくかけ離れていると感じられるからにほかならない．系統関係を反映させて正しい分類体系を作ったところで，果たして Linné 体系以上に脊椎動物の

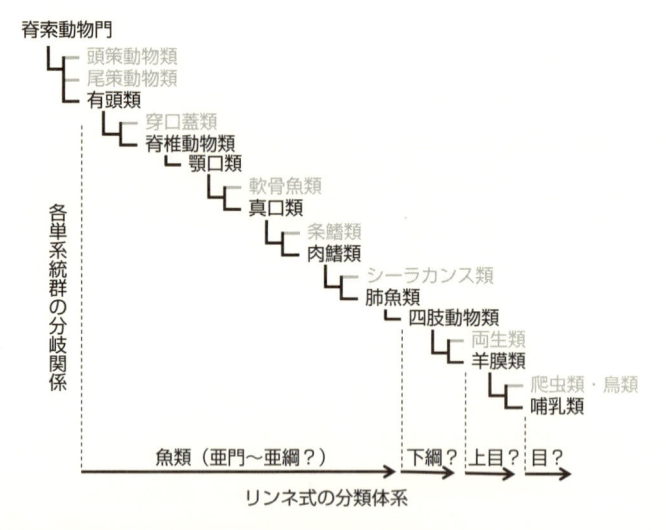

図 21.4　単系統性を重視した脊椎動物の分岐関係と哺乳類の位置づけ
　　　哺乳類は，脊索動物門の中で，有頭類＞脊椎動物＞顎口類＞真口類＞肉鰭類＞肺魚類＞四肢動物類＞羊膜類＞哺乳類，という入れ子状の関係に位置づけられ，この関係にリンネ式の分類体系を反映させようとすると，哺乳類は目レベル，あるいはそれ以下のカテゴリーとして扱わざるを得なくなってしまう．

相互関係に対する理解が深まるのか疑問である（松井，2006）．さらにいえば，系統関係と分類体系に整合性を持たせること自体にそもそも無理があるのではないだろうか．

　結局のところ，分類学と系統学は対象生物の形質（特徴）を分析するという点では同じだが，異なる目標を目指している．分類学は，生物というものを人が理解しやすいようにカテゴリー化し説明する．その意味で，分類学は，「認知科学」である．一方の系統学は，系統を推定する，すなわちどのように進化したのか推定することであって，「歴史科学」なのである（三中，1997）．人間の認知に立脚する分類体系は，人間にとってわかりやすい指標であるべきであり，一般性や実用性，安定性を重視すべきである．そのために，時には「保守的」，あるいは「恣意的」と批判されつつも側系統群を認める柔軟な対応も分類学には必要なのである．

21.8 分子系統学がもたらしたもの

　近年，系統学は分子遺伝学的手法を取り入れた分子系統学（詳細は第15章を参照のこと）の登場によって著しい発展を遂げた．

　まず，分子に注目することで形態など目に見える表現型や生殖隔離に現れる前段階にある集団の変化を調べることができようになった．分子系統解析によって種内の遺伝的分化の様相を把握し，遺伝子レベルの多様性の解明と保全に寄与することが可能となった訳である．

　一方，全生物が共有しているDNAを用いれば，形態では相同性を検証することが難しいほどかけ離れた界や門レベルなどの高次の分類群間の系統関係も推定することが可能である点も分子系統解析の大きな特徴である．

　しかも幸いなことに，こうした細かな遺伝子レベルの多様性や，逆に「界」や「門」などの高次の分類群間の系統に対しては，多くの分類学者にも種レベルに対するほどの拘りはなく，分子系統解析の結果を受け入れる傾向が強い．また一般の人々にとっても普段意識する身近な動物群の範囲から大きくかけ離れたこれらのレベルの研究成果は，新たな知見が得られたことへの驚きはあっても，引き起こされる混乱は少ない．

こうしてみると分子系統学の発達は分類学と系統学に1つの新たな相互の関係性をもたらしたように見える．すなわち，人間の認知に深く関わる分類学は人間にとって身近な種レベルの体系化を主として担い，分子系統解析という強力な武器を手に入れた系統学は，種レベルの上下に位置する遺伝子レベルと大系統レベルの進化史を解明する役割を主として担うことで，棲み分けが可能となった．その結果，分類学と系統学は，あたかも1台の車の両輪として，「生物多様性の解明と保全」という共通目標に向かってようやく走り出すことができるようになったのである．

21.8.1 遺伝子レベルの多様性の解明と保全

分子系統学が発達する以前，徹底した分岐学の論理は単系統性を突き詰めた「系統学的種概念」を生み出すに至った．系統学的種は系統樹上で最も先端（末端）の外部節に位置付けられる，それ以上分けようのない集団を意味し，従来の分類学的に亜種や変種として区別されている地理的集団はもちろん，生態型（ecotype）や食植性昆虫などに見られるホストレース（host race）なども系統学的種概念ではすべて種として扱われることになる．系統学的種概念では原理的には，突然変異が1つでもあれば，それを共有するごく小さな集団に対しても種名を与える根拠となるため，種の細分化がどんどん進んでしまう懸念がある．また，どこまで分ければいいのかがわからないという点も問題である．その一方で，それらを種と呼ぶかどうかはともかく，系統的に異なる「単位」を認識することは生物多様性の認識においては重要な意味を持つ．

分子系統解析はこの系統的に異なる種以下の単位の認識に大きな威力を発揮した．分子系統解析と集団遺伝学的解析によって，種内の遺伝的集団構造の認識や各集団間の遺伝的分化の様相を把握することで，系統学的種の実体に近い「歴史的また現在において適応的および遺伝的に分化した集団の単位」(Ryder, 1986) である「進化的重要単位」(evolutionary significant unit：ESU) を検出することが可能となった．ESUは実践的な保全単位として近年保全事業で重要視されている．

21.8.2 生物の系統と高次分類

紀元前4世紀のAristotelesの時代から18世紀のLinnéの時代に至るまで，生

物は「動物界」と「植物界」の2つに分類されていた．19世紀半ば，生物の系統樹を描いたHaeckelはその中で動物界，植物界に加えてそのどちらでもない原生生物界の3界に生物を分けた．その後，生物の細胞構造を観察する技術の発達によって生物は細胞内に核や細胞内小器官持たない原核生物と，細胞内に膜で覆われた核や細胞内小器官を持つ真核生物とに大きく分かれることが明らかとされた．これを踏まえて，20世紀半ばには原核生物をモネラ界に分類し，真核生物を原生生物界，植物界，動物界の3つに分類した四界説を経て，モネラ界，原生生物界，菌界，植物界，動物界の5つに分ける五界説が提唱された．五界説では栄養生産の違いに基礎を置いている．多細胞の独立栄養生物（生産者）を植物界，多細胞の従属栄養生物（消費者）を動物界，多細胞の腐食栄養生物（分解者）を菌（真菌）界（単細胞のままで繁殖する酵母も含まれる）とし，真核生物のうち単細胞生物と単純な群体性の細胞の生物は，原生生物界にまとめられた．その後，リボソームRNAの小サブユニットを用いた分子系統解析の結果から原核生物としてまとめられていた細菌類が古細菌とそれ以外の真正細菌に二分されることが明らかとなり，五界説のモネラ界が古細菌界と真正細菌界（バクテリア）に分類された（六界説）．現生の古細菌はメタン菌，高度好塩菌や超好熱菌などの極限生物として存在しているものが多い．余談だが，PCRの耐熱酵素であるTaqポリメラーゼは古細菌の一種である好熱菌 *Thermus aquaticus* のDNAポリメラーゼである．

　1980年代に入ると分岐学の発展を受けて動物界・植物界・菌界の単系統性の再評価がなされた．その結果，植物界からすべての高等藻類が，また菌類から粘菌類・卵菌類が原生生物界へと移され，原生生物はますます雑多な生物の寄せ集めとなった．1980年代の後半からは原生生物界の再検討が始まり，原生生物界から珪藻などの単細胞藻類がワカメやコンブなどの多細胞褐藻類とともに新たに設立されたChromista界に移されたほか，原生生物の中でミトコンドリアを持たない生物を集めたアーケゾア（Archezoa）界も提唱された（八界説）．しかし，その後，アーケゾアに関しては，ミトコンドリアをもともと持っていなかったものと寄生生活への適応によって二次的ミトコンドリアを喪失したものもあることが判明した．1990年には古細菌と真正細菌，真核生物を界より上のドメイン（超界）としてまとめる考え方も提唱された．

　近年の分子系統解析の成果は五界説以降の見解に大きな影響を与えた．古細菌

と真正細菌，真核生物の3つのドメインの相互の関係については，古細菌が単系統をなす（ドメイン説を支持）解析結果（Yutin *et al.*, 2008 など）と古細菌の一部（エオサイト類）が真核生物と単系統をなすとする解析結果（Cox *et al.*, 2008 など）がともに報告され，今でも議論が続いている．真核生物の細胞内小器官として極めて重要なミトコンドリアは好気性真正細菌である α-プロテオバクテリアが，また葉緑体は，やはり真正細菌のシアノバクテリア（藍藻）が真核生物の細胞内に共生したことで獲得されたことも明らかとされた．菌（真菌）界を代表するいわゆるカビやキノコには細胞壁があり先端成長するものが多いため，真菌類は当初は植物と見なされたが，葉緑体を持たず，動物と同じ従属栄養生物であり，近年の分子系統解析の結果からも植物より動物に近いことがはっきりした．

　2000年代に入ると分子系統解析の研究成果を受けた真核生物の新しい分類法が次々と発表されている．そのほとんどは単系統性を重視し，クレードへの命名を基本としているため，Linné 式の階級に従っていない．

　2005年には，国際原生生物学会から真核生物の新しい分類体系（Adl *et al.*, 2005）が提唱された．この分類では真核生物を6つのスーパーグループ（上界に相当する），Amoebozoa（アメーバ類，粘菌類），Opisthokonta（動物，真菌類，襟鞭毛虫類など），Rhizaria（有孔虫類，放散虫類など），Excavata（ミドリムシ類やランブル鞭毛虫などの鞭毛虫類），Chromalveolata（ゾウリムシ類などの繊毛虫類，渦鞭毛藻類，卵菌類，珪藻，褐藻類など），Archaeplastida（陸上植物，紅藻類，緑藻類，灰色藻類など）に分類している．

　その後，Chromalveolata については，単系統群ではなく，むしろ有孔虫類，放散虫類などが含まれる Rhizaria と単系統性があるグループが含まれていることが判明したため，細分化と再編成が提唱された．国際原生生物学会が2012年にまとめた最新の体系（Adl *et al.*, 2012）では全真核生物の中に，Opisthokonta, Amoebozoa, Excavata, Archaeplastida, SAR（Rhizaria＋Chromalveolate の一部）の5つのスーパーグループを認めている．ただし正確には，スーパーグループが不明な小さな系統が多数ある（図21.5）．

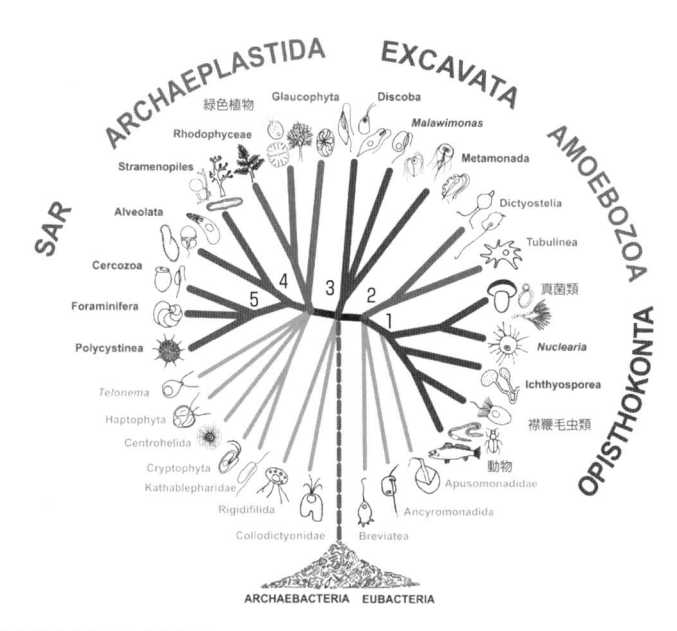

図 21.5 真核生物の最新の分類体系
真核生物は，Opisthokonta（単系統群 1），Amoebozoa（単系統群 2），Excavata（単系統群 3），Archaeplastida（単系統群 4），SAR（単系統群 5）の 5 つのスーパーグループと系統関係が不明な小さな多数の系統群に分けられる．動物は Opisthokonta，緑色植物は Archaeplastida にそれぞれ含まれる．Adl ら（2012）を一部改変．

21.9 動物界の系統

最後に，これまで紹介した Linné による生物の体系化を実感するために，我々ヒトを含む動物界の「門」レベルの高次の分類群間の系統をとり上げてみたい．なお，ことわっておくが，動物をとり上げるのはあくまで生物種の体系化を解説するための一例であり，植物をはじめとするその他の生物を無視する訳ではない．

21.9.1 動物界の起源と単系統性

生物の大系統に関する議論の中で動物界の定義に関しても様々な議論があった．従来，動物として扱われることの多かったゾウリムシなどの単細胞の「原生動物」は，動物界には含めず，現在，動物界は多細胞の動物（後生動物：Metazoa）

からなる分類群として位置づけられている.

　後生動物の起源に関しては単細胞の原生動物と考えられてきたが,その祖先に関しては2つの説がある.1つはHaeckelが唱えた襟鞭毛虫類の集合体を後生動物の祖先とみる群体鞭毛虫説であり,もう1つはHadžiが唱えた繊毛虫類が多核化して生じたとみる多核化繊毛虫説である.

　近年の分子系統解析では多くの研究において,すべての後生動物が単系統群をなし,かつ襟鞭毛虫類がその姉妹群となることが示されており,後生動物の起源に関しては,前者の群体鞭毛虫説が有力とされている.この後生動物＋襟鞭毛虫類の分類群の姉妹群に真菌類（菌界）が位置することも示唆されており,後生動物と襟鞭毛虫類,および真菌類からなる単系統群をまとめたものがすでに紹介した真核生物のスーパークラスのうちの1つであるOpisthokontaである（図21.5）.

21.9.2 ボディープランの進化

　現生の動物はボディープラン（体制：体の基本的なつくり）をもとにして,30以上の動物門に分けられている（表21.1,および図21.6）なお,この表以外にも胞胚葉動物門（一胚葉動物門）（Monoblastozoa）が *Salinella salve* という単一種によってたてられているが,この動物は存在自体が疑問視されているのでここでは除いてある.伝統的な動物の門レベルの系統関係はこのボディプランに関する詳細な比較形態学や発生学的知見をもとに推定された.中でも従来から特に注目されてきた6つのボディプランと,推定されたそれらの進化の流れをまとめると以下のようになる.

(1) 多細胞化：単細胞原生動物の襟鞭毛虫が集合して多細胞化した.
(2) 胚葉性：口と消化管が生じ,内胚葉（主に消化管などを形成）と外胚葉（主に表皮や神経系などを形成）を区別する二胚葉性の動物を経て,さらに中胚葉（主に筋肉や骨格,血管などを形成）ができて三胚葉性の動物となった.
(3) 体の相称性：無相称から放射相称（Radiata）,さらに左右相称動物（Bilateria）へと体軸が大きく変わった.
(4) 原口：受精卵の発生の際,陥入によって生じた原口がそのまま将来の口になる旧口（前口）動物（Protostomia）と,原口が口にならず,新たに口が開く新口（後口）動物（Deuterostomia）とが生じた.

表21.1　動物界の分類体系

体系の大筋は藤田 (2010)，および Zhong Z-Q. (2013) に従った．中生動物門は菱形動物門と直泳動物門の2つに，脊索動物門は尾索動物門，頭索動物門，脊椎動物門の3つに分けられることも多い．また，現在では有鬚動物門は環形動物門に，舌形動物門は節足動物門に，それぞれ含まれるとみなす扱いがほとんどである．これらの門に関しては（　）に入れて表記してある．

上位分類	体制	胚発生	動物門
側生動物	無相称	無胚葉	海綿動物門 Porifera（カイメン類）
			平板動物門 Placozoa（センモウヒラムシ *Trichoplax adhaerans* 1種のみ）
真正後生動物	放射相称	二胚葉	有櫛動物門 Ctenophora（クシクラゲ類）
			刺胞動物門 Cnidarians（クラゲ類，イソギンチャク類，サンゴ類など）
	左右相称	三胚葉	扁形動物門 Platyhelminthes（プラナリア類，サナダムシ類など）
			無腸動物門 Acoelomorpha（無腸目 Acoela と皮中神経目 Nemertodermatida）
			中生動物門 Mesozoa
			（菱形動物門 Rhombozoa ニハイチュウ類）
			（直泳動物門 Orthonectida *Ciliocincta* 属など）
			紐形動物門 Nemerteans（ヒモムシ類）
			顎口動物門 Gnathostomulida（Bursovaginoidea 目など）
			腹毛動物門 Gastrotrichia（イタチムシ類，オビムシ類）
			輪形動物門 Rotifera（ワムシ類）
			内肛動物門 Entoprocts（スズコケムシ類）
			外肛動物門 Bryozoa（苔虫類）
			箒虫動物門 Phoronida（ホウキムシ類）
			腕足動物門 Brachiopoda（シャミセンガイ類など）
			星口動物門 Sipuncula（ホシムシ類）
			ユムシ動物門 Echiura（ユムシ類）
			毛顎動物門 Chaetognatha（ヤムシ類）
			有輪動物門 Cycliophora（*Symbion* 属の2種のみ）
			微顎動物門 Micrognathozoa（*Limnognathia maerski* 1種のみ）
			環形動物門 Annelida（ミミズ類，ゴカイ類など）
			（有鬚動物門 Pogonophora ハオリムシ類）
			軟体動物門 Mollusca（貝類，イカ・タコ類）
			線形動物門 Nematoda（線虫類，回虫類）
			類線形動物門 Nematomorpha（ハリガネムシ類）
			鰓曳動物門 Priapulida（エラヒキムシ類）
			胴甲動物門 Loricifera（コウラムシ類）
			動吻動物門 Kinorhyncha（トゲカワ類）
			緩歩動物門 Tardigrada（クマムシ類）
			有爪動物門 Onychophora（カギムシ類）
			節足動物門 Arthropoda（昆虫類，甲殻類，カブトガニ・クモ類，多足類など）
			（舌形動物門 Pentastoma シタムシ類）
			珍渦虫動物門 Xenoturbellida（チンウズムシ属 *Xenoturbella* の2種のみ）
			棘皮動物門 Echinodermata（ヒトデ類，ウニ類，ナマコ類）
			半索動物門 Hemichordata（ギボシムシ類）
			脊索動物門 Chordata
			（頭索動物門 Cephalochordata ナメクジウオ類）
			（尾索動物門 Urochordata ホヤ類）
			（脊椎動物門 Vertebrata 魚類，両生類，爬虫類，鳥類，哺乳類）

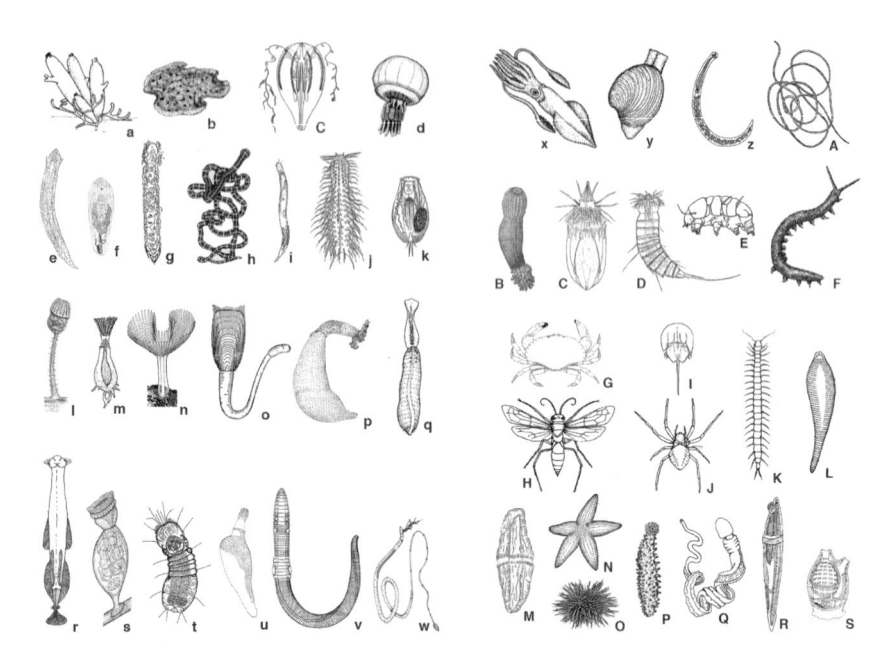

図 21.6　各動物門を代表する分類群の形態的特徴

a：海綿動物門（カイメン類），b：平板動物門（センモウヒラムシ），c：有櫛動物門（クシクラゲ類），d：刺胞動物門（クラゲ類），e：扁形動物門（プラナリア類），f：無腸動物門（無腸目），g：中生動物門（菱形動物門ニハイチュウ類），h：紐形動物門（ヒモムシ類），i：顎口動物門（Bursovaginoidea 目），j：腹毛動物門（イタチムシ類），k：輪形動物門（ワムシ類），l：内肛動物門（スズコケムシ類），m：外肛動物門（苔虫類），n：箒虫動物門（ホウキムシ類），o：腕足動物門（シャミセンガイ類），p：星口動物門（ホシムシ類），q：ユムシ動物門（ユムシ類），r：毛顎動物門（ヤムシ類），s：有輪動物門（*Symbion* 属），t：微顎動物門（*Limnognathia maerski*），u：鉤頭動物門（コウトウチュウ類），v：環形動物門（ミミズ類），w：有鬚動物門（ハオリムシ類），x：軟体動物門（頭足類イカ類），y：軟体動物門（二枚貝類），z：線形動物門（線虫類），A：類線形動物門（ハリガネムシ類），B：鰓曳動物門（エラヒキムシ類），C：胴甲動物門（コウラムシ類），D：動吻動物門（トゲカワムシ類），E：緩歩動物門（クマムシ類），F：有爪動物門（カギムシ類），G：節足動物門（甲殻類），H：節足動物門（昆虫類），I：節足動物門（鋏角類カブトガニ類），J：節足動物門（クモ類）K：節足動物門（多足類），L：舌形動物門（シタムシ類），M：珍渦虫動物門（チンウズムシ属），N：棘皮動物門（ヒトデ類），O：棘皮動物門（ウニ類），P：棘皮動物門 Echinodermata（ナマコ類），Q：半索動物門（ギボシムシ類），R：脊索動物門（頭索動物亜門ナメクジウオ類），S：脊索動物門（尾索動物亜門ホヤ類）．伊藤（1985）；白山（2000）；藤田（2010）より改変．

(5) 卵割：発生の際，らせん型の卵割をするグループと放射型の卵割をするグループがある．

(6) 体腔：三胚葉性の動物には内胚葉と外胚葉の間隙に中胚葉組織が広がって体腔と呼ばれる空間がつくられるようになった．無体腔動物（Acoelomates）に

はこうした体腔がない．体腔には胞胚の時の体腔がそのまま，いわば空になっている部分として残っただけで，上皮細胞（基底膜）で覆われていない偽体腔（Pseudocoelomates）と，基底膜で裏打ちされた真体腔（Coelomates）がある．真体腔には腸管の膨らみから体腔が生じる腸体腔と中胚葉組織の塊から体腔が生じる裂体腔の2つの発生様式があり，前者は多くの旧口動物に見られ，後者は新口動物に見られる．動物では，体腔が無体腔（Acoelomates）から偽体腔，真体腔へと進化することで，動物の体の大型化や，器官や組織の複雑化が進んだと考えられてきた．

21.9.3 動物門の伝統的系統関係

　動物の伝統的な系統関係を模式的に図21.7に示した．ボディプランの面から現生の多細胞の動物（後生動物）のなかで最も祖先的（原始的）な動物と考えられてきたのは海綿動物門（Porifera：カイメン類，図21.6a）である．海綿動物の体制は単純で，組織もなければ器官もなく相称性もない．細胞間の接着や協調などもほとんど見られない．海綿動物は同様に明瞭な組織や器官をもたない平板（板状）動物門（Placozoa：センモウヒラムシ，図21.6b）とともに，側生動物（Parazoa）と呼ばれるグループに分類され，それ以外のすべての後生動物を真正後生動物（Eumetazoa）と呼ぶこともある．

　真正後生動物では二胚葉性で放射相称動物である有櫛動物門（Ctenophora：クシクラゲ類，図21.6c）と刺胞動物門（Cnidaria：クラゲ類，イソギンチャク類，サンゴ類など，図21.6d）が最も原始的とみなされてきた．無相称や放射相称動物以外の多細胞動物は，三胚葉性で左右相称である．左右相称動物は，体の前後の区別もはっきりしている．左右相称動物は大きく旧口動物と新口動物に大きく2つに分かれ，体腔も複雑化している．前者の受精卵はらせん型の卵割をするものがほとんどで，後者はすべて放射型の卵割をする．

　三胚葉性の左右相称動物の多くには，体腔が形成されるが，旧口動物の中でも祖先的とみなされる扁形動物門（Platyhelminthes：プラナリア類，サナダムシ類など，図21.6e）とそれに近縁，あるいは扁形動物門に含める見解もあった無腸動物（Acoelomorpha，図21.6f）や珍渦虫類（Xenoturbella：チンウズムシ類，図21.6M），それ以外には内肛動物（Entoprocta：スズコケムシ類，図21.6l）や有輪動物（Cycliophora：パンドラムシ類，図21.6s）紐形動物（Nemertea：ヒモムシ

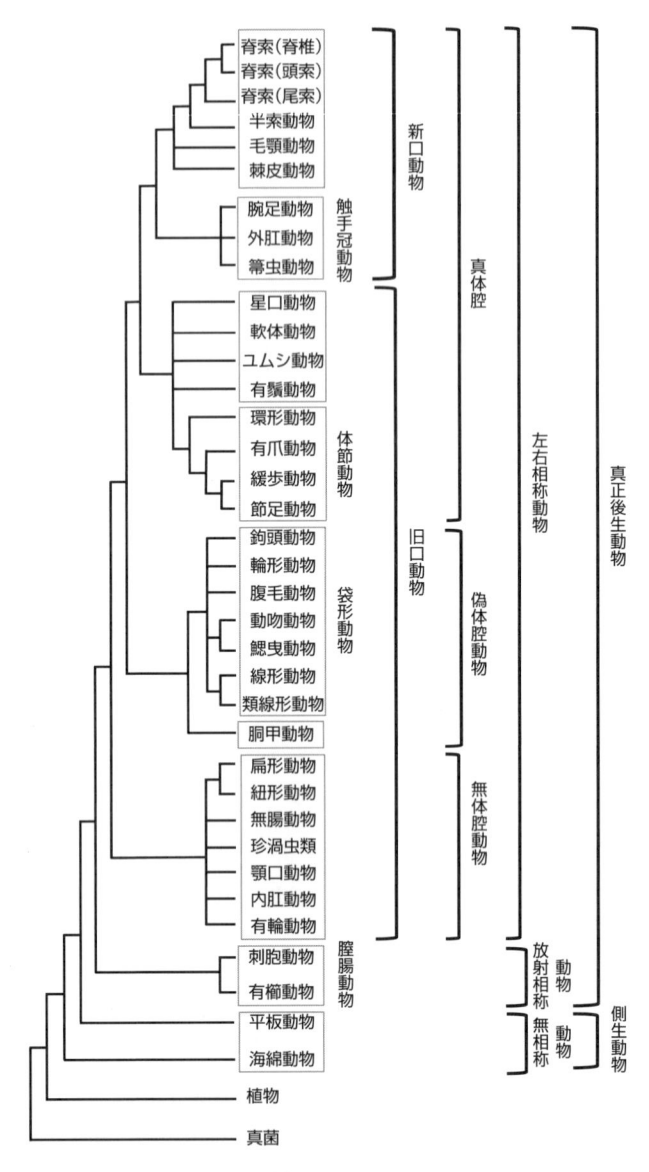

図 21.7　各動物門の伝統的な系統関係
　　　　ボディプランに関する詳細な比較形態学や発生学的知見から推定されたもの．
　　　　Adoutte ら（2000）を改変．

類), 顎口動物 (Gnathostomulida, 図21.6i) なども無体腔動物であるとされてきた. 旧口動物のうち, 無体腔動物の次に出現した偽体腔動物は, 袋形動物としてかつてまとめられていた輪形動物門 (Rotifera：ワムシ類, 図21.6k), 腹毛動物門 (Gastrotrichia：イタチムシ類, 図21.6j), 線形動物門 (Nematoda：センチュウ類, 図21.6z), 類線形動物門 (Nematomorpha：ハリガネムシ類), 鉤頭動物 (Acanthocephala：ダイコウトウチュウ類, 図21.6u), 動吻動物門 (Kinorhyncha トゲカワ類, 図21.6D), 鰓曳動物門 (Priapulida：エラヒキムシ類, 図21.6B) と, これらに加えて胴甲動物門 (Loricifera：コウラムシ類, 図21.6C) などがあるとされた. これら以外の旧口動物は, 体節構造がある体節動物としてまとめられる環形動物門 Annelida (ミミズ類, ゴカイ類など, 図21.6v), 節足動物門 (Arthropoda：昆虫類や甲殻類など, 図21.6G〜K), 有爪動物門 (Onychophora：カギムシ類, 図21.6F), 緩歩動物門 (Tardigrade：クマムシ類) をはじめ, 星口動物門 (Sipuncula：ホシムシ類, 図21.6p), ユムシ動物門 (Echiura：ユムシ類, 図21.6q), 軟体動物門 (Mollusca：貝類, イカ・タコ類など, 図21.6x, y) などは, すべて裂体腔タイプの真体腔動物である. 中でも, 節足動物門の多様性が最も高いのは, 真体腔であることによって器官や組織の複雑化を遂げたからだと考えられた.

新口動物には, 脊椎動物を含む脊索動物門 (Chordata, 図21.6RS), 半索動物 (Hemichordata：ギボシムシ類など, 図21.6Q), 棘皮動物門 (Echinodermata：ウニ類, ヒトデ類, ナマコ類など, 図21.6N, O), 毛顎動物 (Chaetognatha：ヤムシ類, 図21.6r) が含まれ, これらはすべて腸体腔タイプの真体腔動物であるとされた.

触手冠 (lophophore) と呼ばれる構造を持つことで, 触手冠動物 (Lophophorata) としてまとめられる外肛動物門 (Bryozoa：コケムシ類, 図21.6m), 腕足動物門 (Brachiopoda：シャミセンガイ類, 図21.6o), 箒虫動物門 (Phonorida：ホウキムシ類, 図21.6n) は口が原口に由来しないこと, 卵割が放射状であること, 腸体腔タイプの真体腔動物とみなされることなどから新口動物とみなす研究者も多く, ここでは一応それに従った図を示したが旧口動物的な特徴も備えており, 議論が分かれていた.

また, この図21.7には入っていない主な動物門として中生動物門 (Mesozoa：ニハイチュウ類など, 図21.6g) と有鬚動物門 (Pogonophorans：ハオリムシ類,

クダヒゲムシ類，図21.6w）がある．中生動物門は直泳動物門（Orthonectida）と菱形動物門（Rhombozoa）に分けられることもあるがいずれも寄生性で細胞数も極端に少なく，体皮細胞と生殖細胞しか持たない単純な体制の動物である．極めて原始的な動物なのか，寄生生活のために著しく退化した左右相称動物なのかについて議論があった．また，深海の熱水噴出口などに多産し，硫化水素などを利用した化学合成をする特異な生態で知られる有鬚動物は，口や肛門，消化器官がないなど特異な形態をしているため，系統的位置は定かではなく，新口動物とみなす見解もあった．

21.9.4 動物門の分子系統

1990年代に入り，すべての生物が共通に持つリボソームRNAである28SrRNAや18SrRNA, Hox遺伝子（ホメオボックス遺伝子：動物の胚発生の初期において組織の前後軸および体節制を決定する遺伝子），EST（多数の相補DNAクローンから得られる短い部分的配列）などを用いた分子系統解析が盛んに行われるようになると動物の大系統に関する展望が大きく広がった．図21.8にTelford（2006）がそれらの知見をまとめて作成した動物の系統樹を示す．

この系統樹を概観すると，系統樹の根本の方から，無相称動物（無胚葉動物），放射相称動物（二胚葉動物）が分岐（ただし，それぞれの関係は側系統）し，左右相称動物（三胚葉動物）が単系統群としてまとまっている．左右相称動物は旧口動物と新口動物，無腸動物からなる．旧口動物と新口動物はそれぞれ単系統群をなす．注目すべきは新口動物と考えられてきた毛顎動物門が旧口動物であることが判明した点である（ただし，旧口動物の中での詳細な位置は不明）．また，詳しくは後述するが，同様に新口動物とみなす研究者も多かった触手冠動物（外肛動物門，腕足動物門，箒虫動物門）もいずれも旧口動物であることがはっきりした．これらの結果は，従来，新口動物の共有派生形質とみなされてきた，口が原口に由来しないこと，卵割が放射状であること，腸体腔タイプの真体腔であることなどの形態発生様式は収斂である可能性が高いことを示唆している．

旧口動物は，冠輪動物（Lophotrochozoa）と脱皮動物（Ecdysozoa）の2つの大きな系統群からなることが示唆されている．

脱皮動物はAguinaldo *et al.*（1997）によって名付けられたもので，その名のとおり脱皮をするという共有派生形質をもつ動物群で，比較的まとまりがよいグル

21.9 動物界の系統　*315*

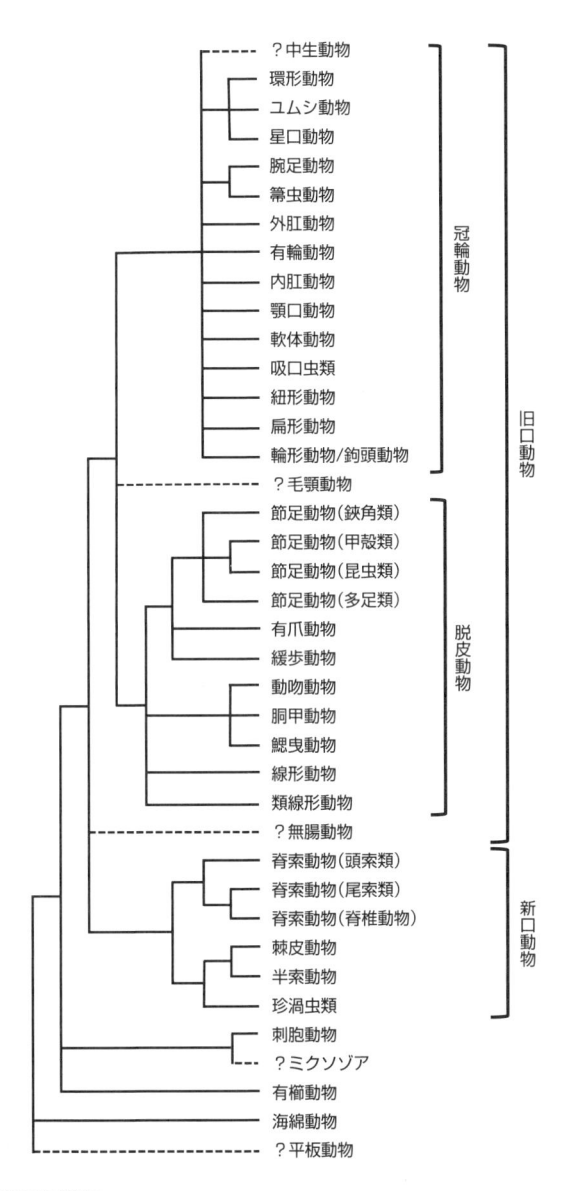

```
                    ┌──── ？中生動物
                  ┌─┤
                  │ ├──── 環形動物
                  │ ├──── ユムシ動物
                  │ └──── 星口動物
                  │ ┌──── 腕足動物
                  ├─┤
                  │ └──── 箒虫動物
                  ├────── 外肛動物
                  ├────── 有輪動物
                  ├────── 内肛動物          ┐
                  ├────── 顎口動物          │冠
                  ├────── 軟体動物          │輪
                  ├────── 吸口虫類          │動
                  ├────── 紐形動物          │物
                  ├────── 扁形動物          │
                  └────── 輪形動物/鉤頭動物  ┘     ┐
              ┌───────── ？毛顎動物                │
              │         ┌── 節足動物(鋏角類)       │
              │       ┌─┤                         │旧
              │       │ ├── 節足動物(甲殻類)       │口
              │     ┌─┤ └── 節足動物(昆虫類)       │動
              │     │ └──── 節足動物(多足類)       │物
              │   ┌─┤ ┌──── 有爪動物              │
              │   │ └─┤                           │脱
              │   │   └──── 緩歩動物              │皮
              ├───┤     ┌── 動吻動物              │動
              │   │   ┌─┤                         │物
              │   │ ┌─┤ └── 胴甲動物              │
              │   └─┤ └──── 鰓曳動物              │
              │     │ ┌──── 線形動物              │
              │     └─┤                           │
              │       └──── 類線形動物            ┘
              ├───────── ？無腸動物                ┐
              │         ┌── 脊索動物(頭索類)       │
              │       ┌─┤                         │
              │     ┌─┤ └── 脊索動物(尾索類)       │新
              │     │ └──── 脊索動物(脊椎動物)     │口
              ├─────┤     ┌ 棘皮動物              │動
              │     │   ┌─┤                       │物
              │     └───┤ └ 半索動物              │
              │         └── 珍渦虫類              ┘
              ├──────── 刺胞動物
              ├──┄┄┄┄┄ ？ミクソゾア
              ├──────── 有櫛動物
              ├──────── 海綿動物
              └──┄┄┄┄┄ ？平板動物
```

図 21.8 **各動物門の分子系統**
　平板動物門，ミクソゾア動物，中生動物門，無腸動物門，毛顎動物門の系統的位置に関しては，一番可能性が高い場所におかれてはいる（点線の系統樹と？を附している）が，解析方法によって異なる結果が報告されているので注意が必要．Telford（2006）より改変．

ープのようで，各門の間の系統関係もかなり明らかにされている．真体腔では節足動物門（ただし，昆虫類が甲殻類に含まれる可能性など，節足動物門の内部の系統関係については議論がある）とその近縁群とされる緩歩動物門と有爪動物門，偽体腔では袋形動物としてまとめられた門のうちの線形動物門，類線形動物門，動吻動物門，鰓曳動物門に加えて，胴甲動物門などから構成されている．注目されるのは，節足動物門などとともに体節動物としてまとめられていた環形動物門が，節足動物門など他の体節動物が含まれる脱皮動物とは異なるもう1つの系統である冠輪動物に属することが判明したことである．

　もう一方の冠輪動物（Lophotrochozoa）はHalauychら（1995）によって触手冠動物（Lophophorata）と，担輪動物（Trochozoa）でまとめられるトロコフォア（trochophore）幼生と呼ばれる幼生を作る動物門を含むことから新たに名付けられた．この名称からもわかるように，新口動物とみなす研究者が多かった触手冠動物（外肛動物門，腕足動物門，箒虫動物門）はいずれも旧口動物に含まれることがはっきりしたわけである．ただし，触手冠動物に単系統性はなさそうである．他には無体腔の扁形動物門や内肛動物門，紐形動物門，有輪動物門，偽体腔動物門の輪形動物門，腹毛動物門，真体腔動物では軟体動物門が含まれている．また，環形動物門が冠輪動物に含まれることが明らかとなったことはすでに述べたが，ユムシ動物門と星口動物門に加えて，正体が不明であった有鬚動物門が環形動物門の一群（多毛綱）であることも明らかとなった（そのため，図21.8の系統樹では有鬚動物門は表記されていない）．実際には冠輪動物には触手冠もトロコフォア幼生も作らない動物門も含まれており，移動や摂食に繊毛を使うという点が共有派生形質とみなされているが，多様な動物門を含んでいるため，冠輪動物内部の系統関係は不明な点が多く複数の仮説が対立している状態にある．

　いずれにせよ，図21.8と21.7の系統樹を見比べればわかるように，冠輪・脱皮動物のそれぞれのグループには無体腔，偽体腔，真体腔の動物が入り混じっている．このことは，伝統的な系統論で考えられていたように左右相称性動物では体腔が無体腔から偽体腔，真体腔へと複雑さが増すように大きく進化したのではなく，むしろ真体腔の獲得は三胚葉動物の初期進化の過程で起き，無体腔や偽体腔は二次的な退化として旧口動物の中で並行的に生じた可能性を示唆している．

　新口動物に関して見てみると，驚くべきことに，脊索動物門（図では脊椎動物亜門＋頭索動物亜門＋尾索動物亜門）と二分岐している半索動物門と棘皮動物門

が含まれているもう一方のクラスターに珍渦虫（*Xenoturbella*）が加わっている．珍渦虫属は1949年に記載されたチンウズムシ（*Xenoturbella bocki*）に基づいて創設された属で，現在までに2種しか知られていない．極めて単純な体制をした動物で，記載以降，無体腔で散在神経系しか持たないため，扁形動物門に近縁，もしくはその一群とみなされてきた．近年，珍渦虫の分子系統解析が実施された際には，軟体動物の二枚貝に近縁であるという結果が報告され，大きな反響を呼んだ（Noren & Jondelius, 1997）．しかし，再度の分子系統解析による検討で，この結果は，消化管内に残っていた珍渦虫が食べた餌の二枚貝の幼生のDNAを誤って解析してしまったものであったことが突き止められ，珍渦虫が実は新口動物に属すること（Bourlat *et al.*, 2003）が明らかとなった．

　図21.8に含まれている動物群のうち，平板動物門，ミクソゾア動物，中生動物門，無腸動物門，毛顎動物門の系統的位置に関しては，一番可能性が高い場所におかれてはいるが，解析方法によって異なる結果が報告されている．これらの動物門は，いずれもそれぞれの大系統群の基部付近で枝分かれした可能性が高いと考えられ，さらなる検討が必要である．

21.9.5 最新の動向：大量遺伝子データによる動物の系統解析

　ここ数年の間に分子系統学的手法は目覚ましく進展した．ESTなどゲノムレベルの情報が蓄積されつつあり，従来では不可能であった多量の遺伝子データに基づいた多数の生物に関する系統解析が可能になった．また，従来から問題であった長枝誘引（long branch attraction artifact：系統樹上で他に比べてずっと長い枝の長さで表記されるような進化の速度が速い生物では，系統樹上での位置がしばしば間違って推定される現象）の影響を押さえる手法も工夫されるようになった．こうした状況のもとで，動物の系統に関して新たな興味深い成果が次々ともたらされている．そのうちのいくつかの成果を最新のトピックスとして紹介しておこう．

A. もっとも祖先的な後生動物は何か？

　これまで最も祖先的な後生動物と考えられてきたのは，先述のTelford（2006）の系統樹でも示されているように，極めて単純な体制を持つ海綿動物門（図21.6a）だった．しかしここ数年，この定説を揺るがす興味深い報告が相次いだ．

Dunnら（2008）は多数の動物のESTデータに基づいて，それまでにない規模の系統解析を実施した．その結果，有櫛動物門がすべての後生動物の中でもっとも祖先的な動物門であることが示唆された（ただし，この解析には平板動物門は含まれていない）．

　有櫛動物門はクラゲ（刺胞動物門）によく似た概観をしていて，櫛板と呼ばれる繊毛の列を持つことからクシクラゲ類とも呼ばれる（図21.6c）．もともとはクラゲ類を含む刺胞動物と合わせて腔腸動物門とされていたが，神経組織や筋肉組織を備えるなど複雑な体制を持っていることから独立の門とされた．Dunnら（2008）の結果が真実だとすれば，有櫛動物が持っている神経系や筋肉系が海綿動物ではすべて退化した可能性も出てくる．

　その後，タクサを増やし，新たなESTのデータを加えた解析（Hejnolら2009）や，ごく最近に実施されたゲノム解析（Ryanら2013）でも，有櫛動物門がすべての後生動物の中でもっとも祖先的な動物門であるという同様の結果が得られている（図21.9a）．さらに，後者の結果から有櫛動物門には左右相称動物に見られる中胚葉器官に関わる遺伝子が欠落している一方で，神経系細胞は海綿動物のそれと類似していることも明らかとなった．このことは有櫛動物門の中胚葉器官は左右相称動物とは独立に進化したこと，海綿動物では有櫛動物門にあった神経系細胞が失われたことを示唆している．

　一方，Philippeら（2009）は，海綿動物門（普通海綿，石灰海綿，六放海綿類，同骨海綿の4系統），有櫛動物門，平板動物門，刺胞動物門，の祖先的な系統群を全て含めた多数遺伝子の系統解析を初めて実施した．その結果，海綿動物の4つの系統が単系統となり，後生動物の中で最初に分岐することが示唆された．また，かつての腔腸動物にあたる刺胞動物と有櫛動物がそれぞれ単系統となり，この腔腸動物（刺胞動物＋有櫛動物）と左右相称動物が互いに姉妹群となることが示唆された（図21.9b）．この結果は従来の比較形態学や発生学的な知見とも一致する．さらにPickら（2010）はDunnら（2008）と同じ配列データに，平板動物門や，海綿動物門の4つの主要な系統など多数の分類群を新たに加えて再解析し，Dunnら（2008）の結果は多重置換によって引き起こされた誤りであり，後生動物の基部がやはり有櫛動物ではなく海綿動物である可能性が高いことを示した．

　海綿動物門や有櫛動物門と他の後生動物との関係を理解することは，動物の多

細胞化・複雑化などの初期の進化を理解する上で非常に重要であり，今後のさらなる研究の進展が期待される．

B. 平板動物門の系統的位置

　平板動物門はセンモウヒラムシ（*Trichoplax adhaerens*）ただ1種からなる特殊な門である（図21.6b）．センモウヒラムシは運動性を持つ中で最も単純な動物であり，細胞はわずか4種類しかなく，神経や消化管などの複雑な組織も全く持たない．平板動物のこの単純な体制が原始的な形態を留めたものなのか，それとも退化した動物なのかが興味が持たれるが，従来の分子系統解析の結果では系統的位置は解決していなかった．

　Srivastavaら（2008）はセンモウヒラムシのゲノムを解読し，予想外に複雑な遺伝子組成を持つことを明らかにした．また，系統解析の結果からは平板動物門は左右相称動物と刺胞動物門が作る単系統群と姉妹群になり海綿動物門がその外側に位置した（ただし，この解析には有櫛動物は含まれていない）．Ryanら（2010）は，Hox遺伝子を用いた解析の結果から海綿動物門と有櫛動物門の2つが，残りの平板動物門を含む他の動物すべてから分かれたことが示唆されたことを受けて，平板動物門＋刺胞動物門＋左右相称動物からなる動物群をParaHoxozoaと呼ぶことを提唱した．平板動物門が左右相称動物＋刺胞動物門の単系統群と姉妹群になることはその後のゲノム解析（Ryanら2013）から得られた結果でも支持されている．

C. ミクソゾア（Myxozoa）動物の系統的位置

　かつては原生生物に分類されてきた寄生性の生物で，粘液胞子虫綱と放線胞子虫綱の2つのグループに分類されていたが，驚くべきことに，両者は別々の生物ではなく，同じ1つの生物で世代が違っているだけであることがわかった．さらに，分子系統解析の結果，後生動物に含まれることが明らかとなり，独立した動物門（粘液胞子虫門）とした見解もあった（日本分類学会連合，2003）が，系統的位置は定かではなく，二胚葉性動物に近縁か三胚葉性動物に近縁かの異説があった．Feng *et al.*（2014）は，長枝誘引を考慮した分子系統解析の結果に基づいて，ミクソゾア類は，寄生生活によって特殊化した刺胞動物門（二胚葉性）の一群である可能性が高いと結論づけた．

D. 中生動物の系統的位置

原生動物と後生動物の中間と考えらたこともあった中生動物門は，現在，菱形動物門（二胚虫類）と直泳動物門に分けられている（表21.1）．いずれも寄生性で，体皮細胞と生殖細胞しか持たない単純な体制をしており，極めて原始的な動物なのか，寄生性のために退化した左右相称動物なのか議論があった．Petrovら（2010）は18Sと28SrRNAの2遺伝子を用いて菱形動物門と直泳動物門の系統的位置を調べ，両者が左右相称動物の中で冠輪動物に含まれる可能性を示唆している．これはらせん旋卵割を行う両者の発生形態とも一致する（Minelli, 2009）が，冠輪動物の中での系統的位置は未確定のままである．

E. 新口動物の第4の門と新メンバー

かつて扁形動物に含まれていた珍渦虫（図21.6M）が脊索動物門，半索動物門，棘皮動物門に続く第4番目の門として新口動物に加わった経緯（Bourlat et al., 2003）に関してはすでに述べたが，その後，珍渦虫は，新口動物の中で，歩帯動物（Ambulacraria）としてまとめられる棘皮動物門と半索動物門の姉妹群となる，独立の珍渦虫動物門（Xenoturbellida）として扱うべきという見解が示された（Bourlat et al., 2006; Telford, 2008）．

一方，この珍渦虫動物門に関して，Hejnolら（2009）は，珍渦虫と同様に同様に脳なとの集中神経系，肛門，体腔を欠いた非常に単純な体制を持つ無腸動物門（図21.6f）と近縁であり，かつこの2つの動物門がすべての左右相称動物の姉妹群になることを示唆し，これをきっかけに無腸動物門と珍渦虫動物門の系統的位置に関する議論がわき起こった．ちなみに，それまで無腸動物門の系統的位置に関しては，左右相称動物の中で一番最初に分岐した可能性や，派生的な冠輪動物である可能性などが挙げられていたが定かではなかった（Dunn, 2008）．

こうした議論の末に，Philippeら（2011）は，新たなESTデータに加えて，長枝誘引に影響を受けにくいCATモデルを用いて系統解析を実施し，無腸動物が左右相称動物の根元ではなく，新口動物の内部に含まれ，かつ無腸動物が珍渦虫と単系統群をなし，歩帯動物（棘皮動物門＋半索動物門）の姉妹群になると結論した．さらに彼らはこれらの結果を受けて，珍無腸動物門（Xenacoelomorpha）という新門を提唱した．ごく最近，珍渦虫が無腸動物と類似した直接発生過程を示すことも確認され，珍無腸動物門の妥当性が裏付けられた（Nakanoら2013）．

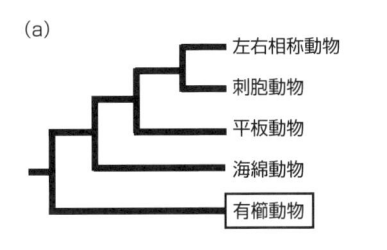

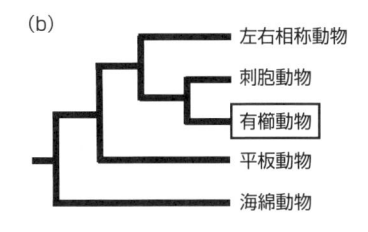

図 21.9　後生動物の祖先的な動物門の系統関係
(a) と (b) 2つの系統樹では有櫛動物の位置が大きく変わっている．
(a) Ray ら (2013) より改変．(b) Philippe ら (2009) より改変．

　無腸類や珍渦虫類が左右相称動物の中で最初に分岐した動物であった場合には，左右相称動物の共通祖先は脳や肛門をもたない単純な体制をもっていたと考えられるが，珍無腸動物門が新口動物である可能性がにわかに高まってきたことで，左右相称動物の祖先は，脳なとの集中神経系，肛門，体腔などを有する，より複雑な体制をもっていた可能性が示唆されたことになる．

21.10 今後の課題

　興味深い後生動物の初期系統の解明に向けて，今後は解析する分類群のゲノム情報の充実はもちろん，多重置換，長枝誘引，モデル選択，外群選択などに関して十分に考慮した系統解析を実施が必要である．発生学的な見直しも不可欠であろう．今後の更なる研究の進展に期待したい．

第22章 地球環境問題と保全生物学

矢原徹一

　多くの生物種は，その個体数が増える過程で，生息環境を改変する．たとえばシカのような草食動物が増加すれば，餌となる植物が減少し，植生が大きく変化する．水系において植物プランクトンが増加すれば，透明度が低下し，水中は酸素不足の環境となる．人間の活動がひき起こしている環境問題も，ヒトという種の個体数増加によって生じた環境の変化に起因している．本章ではこの観点から，ヒトという種が環境に対して与えている負荷と，人間にとって望ましい環境を保全するための努力について取り上げる．まず，地球環境の危機の現状について概観しよう．次に，このような危機の背景にあるヒトの人口増加の特徴とその要因について考えよう．第3に，地球環境問題を解決するために実施されている努力の現状を要約しよう．最後に，地球環境問題の解決に向けての展望について考える．

22.1 危機の現状

22.1.1 野生生物の減少

　人間活動の影響によって，多くの生物種の個体数が減少し，その絶滅リスクが増大している．個体数については，世界各地で継続的に観察されている事例を集約し，1970年の個体数を基準として何％に減少したかを表す指数（生きている地球指数：living planet index）が集計されている（図22.1）．この指数によって，陸上・陸水・海洋のすべてにおいて種の個体数減少が進んでいることが明らかになった．このような個体数の減少とともに，種の絶滅が進行しているが，その速度は正確には見積もられていない．悲観的な仮定によれば，毎時間3種が絶滅していると推定されているが，これはおそらく過大推定だろう．世界でもっとも正確に種の絶滅リスクが評価されているのは，日本である．日本の維管束植物については，種の分類や分布に詳しい市民・科学者約500名の協力によって，絶滅危

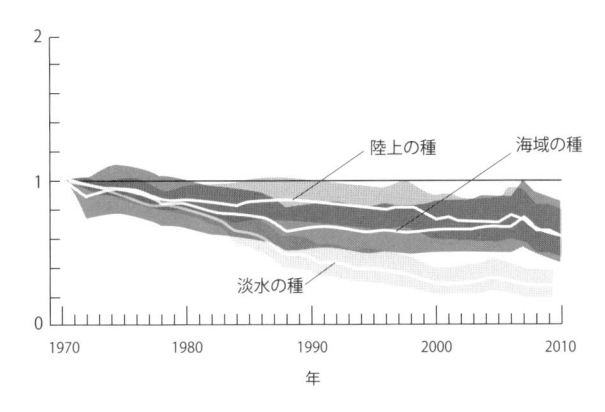

図 22.1 生きている地球指数の経年変化 (WWF, 2014)

惧植物の個体数と分布に関する 3 回の全国調査が実施されてきた．この調査にもとづく絶滅リスクの数値計算の結果，日本産の種の 24% が絶滅危惧種と判定され，レッドリスト（絶滅危惧種のリスト）に掲載されている（Yahara *et al.*, 1998；矢原・川窪，2002）．また，過去 60 年間に維管束植物 42 種が絶滅しており，この水準での個体群減少がそのまま続くとすれば，次の 100 年間にはさらに 370〜561 種が絶滅すると推定される（Kadoya *et al.*, 2014；BOX 22.1）．

このような生物種の絶滅が世界各地で生じる一方で，地球温暖化（global warming：大気や海面の温度上昇）が地球環境を大きく変化させている．地球温暖化は，乾燥地域における干ばつの増加や，海洋に面した地域における台風・ハリケーンの増加など，他の異常気象と関連しており，これらの一連の変化は気候変動（climate change）と呼ばれている．気候変動に関する政府間パネル第 5 次報告書（IPCC, 2015）によれば，現状のままでは 2100 年に平均地表温度が 4 度上昇すると予測されている．

このような生物多様性の減少や気候変動以外の点でも，地球環境は人類活動によって大きく変化しており，危機の現状はきわめて複合的である．この複合的危機を，12 の環境問題（Diamond, 2005），生態系サービスの減少（Millennium Ecosystem Assessment, 2005），地球の限界（planetary boundaries, Rockström *et al.*, 2009；Steffen *et al.*, 2015）という 3 つの視点から考えてみよう．

22.1.2　12の環境問題

過去に崩壊した文明を比較した著作『文明崩壊』の中で，Diamond（2005）は地球環境問題を12に分類した．これら12の問題は，生物多様性の損失（biodiversity loss），非生物的天然資源の損失，地球環境の悪化を駆動する直接要因・間接要因という4つのカテゴリーにまとめることができる（表22.1）．生物多様性の損失の中で，森林（とくに熱帯林）の消失は，二酸化炭素の排出量増加と生物種の減少という2つの主要な地球環境問題に関係している．熱帯林はラテンアメリカ・アジア・アフリカのいずれにおいても減少を続けている．2000年代には年あたり760万ヘクタールの熱帯林が失われた（Achard *et al.*, 2014）．その結果，毎年880メガトン（8.8億トン）の二酸化炭素が放出されたと推定されている．東南アジアでは，過去20年間に，カンボジアにおいて22％，インドネシアにおいて20.3％，ミャンマーにおいて19.0％の森林が失われた（FAO, 2011；Yahara *et al.*, 2012）．森林減少が最も急激なカンボジアでは，1990年に国土の73.33％を占めていた森林が，2010年には57.18％まで減少した．九州大学ではカンボジア林野庁と協力してカンポントム省の熱帯林に固定調査区（PSPs：permanent sample plots）を設定し，種多様性や成長速度を調査しているが，そのPSPsを含む森林が2004年から2010年の間に伐採された（図22.2）．

表22.1　12の環境問題　（Diamond, 2005を一部改編）

生物多様性の損失
① 生息地（森林・湿地・さんご礁・海底など）の消失
② 野生の食糧源（魚介類など）の減少
③ 種の多様性（土壌生物・ポリネータなど）の減少

非生物的天然資源の損失
④ 土壌の消失（農地での侵食は森林比で500〜1万倍）
⑤ 化石燃料の減少
⑥ 利用可能な水の減少
⑦ 光合成能力の減少

地球環境の悪化を駆動する直接要因
⑧ 有害物質による汚染
⑨ 外来種の蔓延
⑩ 温室効果ガスの増加

地球環境の悪化を駆動する間接要因
⑪ 人口増加
⑫ 一人あたりの負荷量の増加

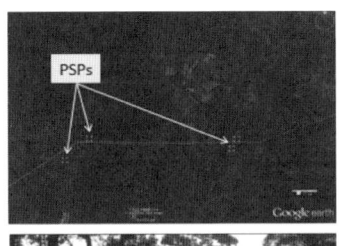

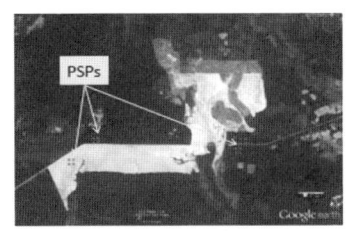

図 22.2　カンボジア・カンポントム省における熱帯林の減少

　このような熱帯林の消失は，気候変動を促進する一方で，多くの生物種の存続を脅かしている．熱帯アジアでは，トラ・アジアゾウ・オランウータンなどの大型哺乳類が熱帯林の減少とともに減少し，絶滅が危惧される状態にある．1819年の英国による植民以来，熱帯林が95%も減少したシンガポールでは，保護された森林内ですら約半数の植物種が絶滅した．このシンガポールにおける面積と種数の関係から，東南アジア全体では将来，13～42%種が絶滅すると推定されている（Brook *et al.*, 2003）．上記のカンボジア・カンポントム省の森林固定調査区においても，森林伐採によって樹木種が消失し，系統多様性が減少している（Toyama *et al.*, 2015）．

22.1.3 生態系サービスの低下

　地球環境の危機が注目されている主要な理由は，人間にとっての有用性が失われていることにある．地球環境がもたらす有用性は，生態系サービス（ecosystem sevices）と呼ばれている．生態系サービスは，ミレニアム生態系評価（Millennium Ecosystem Assessment, 2005）によって提起された概念であり，以下の4つのカテゴリーに整理されている．

① 供給的サービス：食糧，繊維，燃料，淡水など，人間に直接利益をもたらす商品の提供

② 調節的サービス：大気，気候，水，土壌，病気，花粉媒介，災害などを調節する生態系機能
③ 文化的サービス：レクリエーション，聖地，審美的な喜びなど，非物質的な価値の提供
④ 基盤的サービス：他のサービスを維持するための，水・物質循環，一次生産のプロセス

この分類は，主として経済学的な考え方に依拠しており，供給的サービスは市場で金銭的価値が評価され，取り引きされている商品の供給を指している．これに対して，他の3つのサービスは，通常は市場での価値評価が行われていないため，供給サービスの増大を意図した土地利用の変更（たとえば森林を伐採して農地に変えること）などによって，失われやすい．また，供給的サービスの点でも，公有水面のような共有地の資源は，乱獲されやすい．この現象は共有地の悲劇（tragedy of commons）と呼ばれる（Hardin, 1968）．ミレニアム生態系評価は，供給的サービスの中で，主として私有地で行われる食糧生産は増加しているが，淡水のように主として共有地に由来する資源は減少していることを示した．また，供給的サービス以外の3つの生態系サービスが減少を続けている事実を明らかにし，これらの生態系サービスを保全する国際的努力の重要性を指摘した．

22.1.4 地球の限界

地球の限界（planetary boundaries）という視点を提示した Rockström ら（2009）は，人類の活動によってもたらされている地球環境の変動が直線的な変化ではなく，非線形性を持ち，ある臨界点を超えると急激な変化を起こす可能性に注目した．そして，地球システムの変化を人類にとっての安全圏内にとどめるための「限界」を提案した（図22.3）．たとえば，気候変動の原因である大気中の二酸化炭素の濃度に関しては，350 ppm を限界の候補値とした．この候補値は，長期的な気候変動への効果，極域の氷床の安定性，完新世（最終氷期以後の過去約1万年）における気候変動の幅，の3点を考慮して提案された．そして，387 ppm という現状（論文発表の2009年当時，2013年には400 ppmを超えた）は，この限界を超えていると指摘した．生物多様性に関しては，年あたり100万種あたりの絶滅種数10種を限界の候補値とした．この候補値は，化石から推定された海生生物の絶滅速度（年・100万種あたり0.1～1種）を考慮して提案された．そし

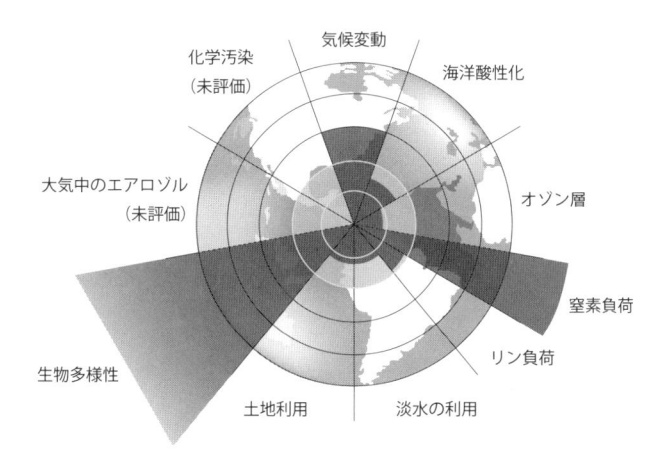

図 22.3　9 つの環境変動に関する地球の限界　Rockström *et al.*（2009）より．

て，年あたり 100 万種あたり 100 種以上が絶滅していると推定される現状は，この限界を超えていると指摘した．このほか，窒素負荷について年あたり 3500 万トンを限界の候補値とし，1 億 2100 万トンという現状は，この限界を超えていると主張した．

　窒素負荷は，食糧生産の増加と深く関係している．世界の主要穀物の生産量は，1970 年（1,079 百万トン）から 2014 年（2,471 百万トン）へと 2.3 倍に増加したが，その背景には品種改良と化学肥料による単位面積あたりの生産性の増加がある．1940 年代までは，コムギ・コメなどの主要作物では，化学肥料の投入量を増やすと結実により茎が倒伏し，収量がかえって低下するという問題があった．この問題に対して，ノーマン・ボーローグらは短稈品種を育成して倒伏を防ぐ技術を開発し，その後の人口増加を支える食糧増産を可能にした（なお，コムギの短稈品種育成には，日本で育種された農林 10 号が使われた）．1940 年代から 60 年代にかけてのこの技術開発は，「緑の革命」と呼ばれている．ノーマン・ボーローグはこの技術開発をリードした功績により，ノーベル平和賞を 1970 年に受賞した．このような技術開発の結果，世界各地の農地で，化学肥料の投入量が増加した．化学肥料のうちとくに使用量が多い窒素肥料は，気体の窒素から合成される．自然界では，気体の窒素から有機体窒素を合成する反応（窒素同化）を行えるのは，根粒バクテリアなどごく一部の微生物だけである．このため，窒素は一般的に植物の生長と種子生産を制限する栄養素である．窒素肥料の利用はこの制

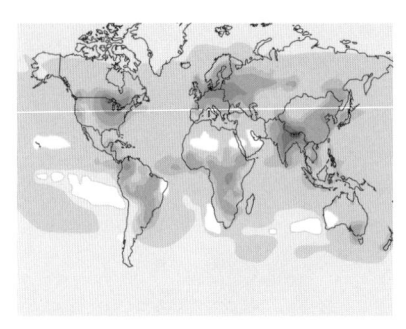

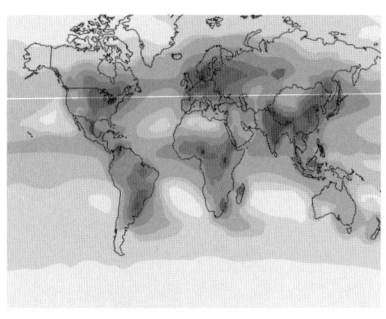

図 22.4 世界各地の窒素投入量：1860年(左)と2010年(右)の比較　Bobbink *et al.* (2010) より．

限を大きく解消したが，一方で生態系への窒素投入量を増やした．Bobbink ら (2010) の推定によれば，1 平米あたり年あたりの窒素投入量が 0.5 g を超える場所は 1860 年にはインド東部と合衆国東部の一部に限られていたが，2000 年には世界各地の農業地帯ほぼ全域に拡大している（図 22.4）．このような窒素負荷の増大によって，水域の富栄養化（栄養塩が豊富になる現象．富栄養化が進むと水面付近では植物プランクトンが増加し，赤潮やアオコの形成につながる．また，夜間には呼吸量が増え，貧酸素状態が生じる）が深刻化した．また，陸上生態系では，窒素過多による競争の促進によって植物種の多様性が地球規模で減少する傾向が指摘されている（Bobbink *et al.*, 2010）．わが国では，雨や大気からの窒素負荷の増加によって高山帯のハイマツの成長が促進されている．日本の高山各地でハイマツ帯が拡大し，草原（お花畑）が減少しているが，その背景には温暖化の影響とともに，窒素負荷の増加が関与している可能性が高い．

22.2 危機の背景：人口と環境負荷の増加

地球環境の危機の背景には，人間活動が環境に与える負荷が人類の歴史を通じて増大し続けてきたという事実がある．この負荷の総量は，ヒトの個体数（すなわち人口）と，1人あたりの環境負荷の積であり，そしてこの2つの要素がともに増加している．この2つの要素が，人類の歴史の中でどのように増加してきたかを考えてみよう．

人口の初期増加は，旧石器時代のヒトがアフリカを出て世界各地に移住する過

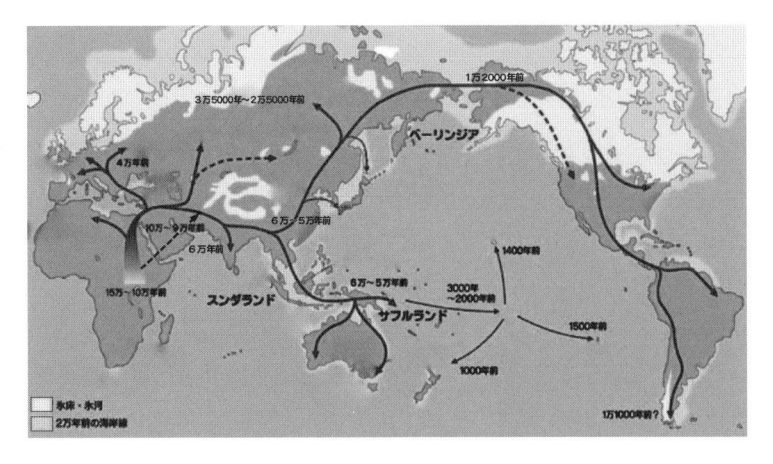

図 22.5　過去 5 万年間の人類の移住径路

程で生じた．ヒトがシナイ半島を経由して最初にアフリカから西アジアに出たのは約 10 万年前だが，この時点ではレバント地方（現在のレバノンとその周辺）に棲息していたネアンデルタール人（*Homo neandertalensis*）との競争の結果，この地方から消失したことがわかっている．ヒトが次に西アジアに進出したのは 6～5 万年前であり，この移住径路はシナイ半島ではなく，紅海からアラビア半島に船で渡った可能性がある．この可能性を示唆する根拠は，レバント地方ではネアンデルタール人の遺跡しか見られないこと，その後の東南アジアへの移住速度がきわめて速く（6～5 万年前にインドネシアに到達している），沿岸を船によって移住した可能性が高いことである．ネアンデルタール人が広く暮らしていたヨーロッパへのヒトの移住は，約 4 万年前にはじまる．ネアンデルタール人がヨーロッパで絶滅したのは最終氷期の約 2 万年前である．一方，東アジアでは 6～5 万年前にはヒトは中国南部に移住しており，日本へも 3 万 5000 年より前に移住した（九州中部では，3 万 5000 年の火山灰層より下から旧石器時代の遺跡が見つかっている）．アラスカにはベーリンジア（陸橋でつながったベーリング海峡）を通じて約 12,000 年前に移住した，その後氷河の後退とともに南下し，約 10,000 年前には南米に移住した．アジアから太平洋諸島への移住はより新しく，約 3000 年前に始まった．なお，日本の時代区分では約 16,500 年前から約 3000 年前が縄文時代である．

旧石器時代から縄文時代までのヒトは，狩猟採集生活を行った．わが国では，

大型哺乳類（ヘラジカ，オオツノシカ，ナウマンゾウなど）と中・小型哺乳類（ニホンジカ，イノシシ，ノウサギなど）を狩猟対象としていたが，とくに大型哺乳類は重要な食糧だったと考えられる．大型哺乳類は行動圏が広いので，旧石器時代人も広範囲を移動して大型哺乳類を狩猟する生活を行っていた．旧石器時代人による狩猟圧の結果，ヘラジカ，オオツノシカ，ナウマンゾウなどの大型哺乳類はすべて日本列島から絶滅した．世界的に見ても，旧石器時代人がヨーロッパやオーストラリア，新大陸に移住した後に，マンモスや巨大有袋類（オーストラリア），巨大アルマジロ（南米）などの絶滅が起きた（Barnosky et al., 2004）．ヨーロッパや北米では，ヒトの移住と気候変動（約2万年前から始まる温暖化・大陸内部の乾燥化）が重なったので，絶滅には両方が影響した可能性がある．しかし，オーストラリアでの大型有袋類の絶滅は気候が安定した時期（約4万年前まで）に起きており，ヒトによる狩猟が原因と考えられている．なお，ヒトが進入する以前には，大型哺乳類を捕食できる肉食獣はいなかったので，オオカミなどに捕食された中・小型哺乳類と異なり，大型哺乳類には天敵を警戒して逃げる習性が進化していなかった可能性がある（傍証として，肉食獣がいない島で進化したドードーなどの大型鳥類は，大航海時代にあらわれたヒトを見ても逃げなかったので，容易に捕獲され，絶滅させられたという事実がある）．

以上のように，旧石器時代のヒトは約6万年前から地球全体に分布を拡大し，この過程で人口を増やし続けた．また，大型哺乳類を絶滅させることで，各地の生態系を変えた．大型哺乳類はすべて草食動物であり，これらの絶滅は草原を減らし，森林を増やす潜在的効果があったと考えられる．しかし，最終氷期が終わり温暖化と大陸内部での乾燥化が始まった約2万年前からは，気候変動が陸上生態系に大きな影響を与えた．約2万年前から，世界各地で森林火災が発生し，堆積物中に炭が増加することが知られているが，この変化は主に気候変動によるものと考えられる（Marlon et al., 2013）．

人間活動による環境負荷が顕著に増加したのは，農業の開始以後である．農業はさらなる人口増加を可能にし，また農地拡大によって1人あたりの環境負荷も拡大した．最初の農業（オオムギの栽培）は，約11,000年前に西アジアで開始されたが，オオムギ・コムギの栽培が本格化するのは約9,000年前からである．これとほぼ同時期に，中国ではイネの栽培がはじまり，ブタが家畜化された．また，ニューギニアではバナナなどの栽培がはじまった．メキシコではやや遅れて約

5000年前にトウモロコシの栽培がはじまった（図22.6）．農業の開始を促した要因については諸説あるが，資源の枯渇と気候変動の両方が影響した可能性が高い．大型哺乳類の絶滅後に植物食・小型動物食（小型哺乳類・魚貝類・カメ類・鳥類など）の比重が高まり，これらの食材の貯蔵・調理技術が進歩した（貯蔵・調理用の土器が作られ，改良された）．また，調理によって利用可能な食糧が増えた結果，半定住生活が可能となり，やがて居住地周辺における飼育栽培化（domestication, 動物の家畜化・植物の栽培化）が開始された．この過程は最終氷期後の温暖化の時期と重なる．おそらく，気候変動と人間活動の両方によって居住地周辺の資源が減少し，その結果として植物の栽培化・動物の家畜化が促進されたのだろう．

西アジアでは，オオムギ・コムギの栽培化に続いて，ヤギ・ヒツジ・ウシが家畜化された（Diamond, 2002；2003）．その結果，乳製品が利用可能となり，その後のヨーロッパ社会を支える牧畜技術が発達した．また，ウシという動力を得たことで，より大規模な土木工事を行うことが可能となった．ウシはその後，中国でも飼育されるようになったが，これは独立に家畜化されたのではなく，西アジアからの移住や交易によってもたらされたと考えられている．Diamond（1997）は，オオムギ・コムギ・ヤギ・ヒツジ・ウシなどの原種を生み出した地理的条件

図22.6　農業の起源地　Diamond（2003）を改変．

（地中海性気候，海岸から3000 m級の山岳までの環境勾配など）が，西アジアでの世界最初の農業開始をもたらし，やがて産業革命にいたるヨーロッパの文明化をいち早く進めた究極要因だと主張した．

オオムギ・コムギ栽培と牧畜によって主要な食糧生産を行うヨーロッパ型農業は，森林伐採による畑地や放牧地の拡大を促進した．ヨーロッパアルプスに見られる放牧地の景観は，このような森林伐採の結果作りだされたものである．また，最初に農業が開始された西アジア（肥沃な三日月地帯）では，雨量が少ない土地で畑作が行われたために，植物の吸水にともなう表土への塩分集積が進み，塩害による農地の荒廃が生じた．このように，ヨーロッパ型農業の開始は，環境負荷を増大させた．

雨量の多い東アジアでの稲作中心の農業は，主として湿地的な環境を利用し，森林伐採が少なかった点で，西アジアやヨーロッパに比べれば環境負荷が小さかったと考えられる．9300年前から7100年前までの植生変化が花粉分析によって詳細に明らかにされた中国跨湖橋遺跡（上海市近郊の海辺にあり，上記の期間のみ陸地化した）では，7800年前の稲作開始後にカシ類の花粉が減り，微粒炭が増えたので，森林が伐採されて木が焼かれたことがわかる（Zong *et al.*, 2007）．しかし，稲作開始以後もカシ類の花粉は継続して堆積しており，森林をかなり維持した状態で稲作が行われていたと考えられる．一方で，高潮対策を含む灌漑技術を発展させ，湿地環境での生産性を高めていた．遺跡から出土する植物資源には，ドングリ，野生モモ，オニバス，トウビシ，ハトムギ，豆類などがあり，稲作の一方で多様な野生植物種を採集して利用していた．また，野生動物についても，カニ，カメ，ワニ，ガチョウ，タヌキ，シカ，スイギュウなど多様な種を採集・狩猟して食べていた．このような灌漑稲作と狩猟採集を組み合わせた農業が弥生時代に日本にもたらされ，森林と水田が接する里山環境の原型が生み出された．ただし，ヨーロッパにおいても一部の地域では，森林が残された里山的な環境がある．たとえばスペインのデエサと呼ばれる放牧地では，カシ林を維持し，どんぐりをブタの餌に用いている（イベリコ豚はその代表である）．

以上のような農業形態の違いを反映して，東アジアに比べてヨーロッパ（およびヨーロッパからの植民によって農地開拓が行われた北米）では，森林減少が著しかった．しかしそのヨーロッパにおいても，木材自体が重要な資源であるため，萌芽再生などによる林業が発達した．産業革命以前は，軍艦を含む船はすべ

てカシ類を主とする木材によって造られた．また，輸送時の主たる梱包手段であった樽（転がせるため）や，人間の移動手段としての馬車も，木製だった．もちろん，建築用材としても，燃料としても木材は重要な資源だった．このように，産業革命以前は，産業革命以後に比べて森林を維持するインセンティブがより高かったと考えられる．

この事情は，産業革命によって大きく変化した．鉄を多用した船が作られるようになり，樽はコンテナに，馬車は自動車にとってかわられた．燃料として石炭・石油が利用されるようになり，木を使わない建築技術も発達した．現在でも木材は重要な資源ではあるが，多くの地域において林業よりも他の産業のほうが面積あたりの収益が大きくなっている．たとえば熱帯林の減少が急速に進む東南アジアでは，森林を維持するよりもアブラヤシ園やゴム園に転換するほうが，収益性が高い．

産業革命がもたらしたもう1つの大きな変化は，市場の発達である．さまざまな食糧を森林などの自然から得る自給自足的な生活が，食糧を市場で購入する生活へと変化した．この変化にともなって作物栽培が拡大し，森林などからの食糧の採集が減少した．こうして，現代の市民生活は，陸上の生物多様性資源への依存度がきわめて低い状態となっている．その結果，森林や湿地などの生物の生息地がほとんど市場価値を持たない状況となり，農地などの収益を生む土地利用への転換が促進されている．ただし，海域や大規模な陸水域では，現在でも自然生態系からの採集による漁業が主流であり，多くの生物多様性資源が利用されている．

以上のように，人類と環境の関係は，農業の開始と産業革命を経て大きく変化した．これら2つの大きな変化を経て，世界の人口は増え続けてきた（図22.7）．その増加は，他の生物で見られる指数増加（第2章参照）ではなく，増加率自体が増加する（人口増加が加速する）という例外的なパターンを示した．これを可能にしたのは，産業革命以後の技術革新と市場の拡大であり，また短稈品種育成と化学肥料の投入による農業革命だった．産業革命以後は，人口増加が加速しただけでなく，1人あたりの所得が急増し，それにともなって1人あたりの環境負荷も大きく増えた（図22.8）．

1人あたりの二酸化炭素排出量は，森林減少や生物多様性の損失とも関係しており，環境負荷の良い指標である．図22.8から明らかなように，さまざまな国に

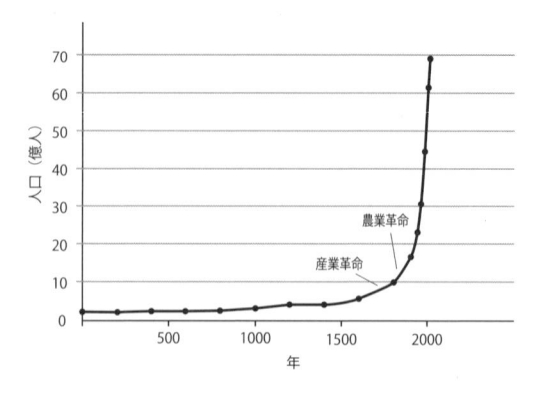

図 22.7 世界の人口増加
Klein Goldewijk *et al.* (2010) より作図.

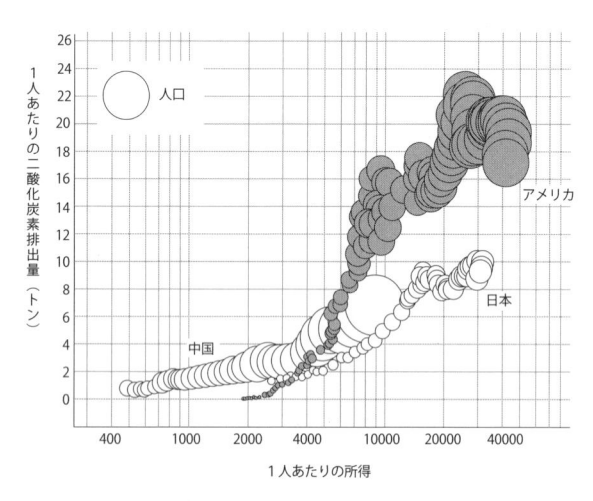

図 22.8 1950 年以後の 1 人あたりの所得と 1 人あたりの二酸化炭素排出量の変化
Gapminder (http://www.gapminder.org) より.

おいて，所得の増加とともに 1 人あたりの環境負荷が増えた．ただし，アメリカ合衆国と日本では，一人あたりの二酸化炭素排出量が最近では減少している．これは，二酸化炭素排出を抑制する技術の進歩によるものである．一方で，現在ほぼ同じ所得水準にあるアメリカ合衆国と日本の間で，二酸化炭素排出量に約 2 倍の差がある．この事実から，1 人あたりの環境負荷は国民のライフスタイルと関係していることがわかる．日本の国民のライフスタイルはアメリカ合衆国のそれよりも環境負荷が小さいが，中国をはじめ発展途上国よりも大きい．

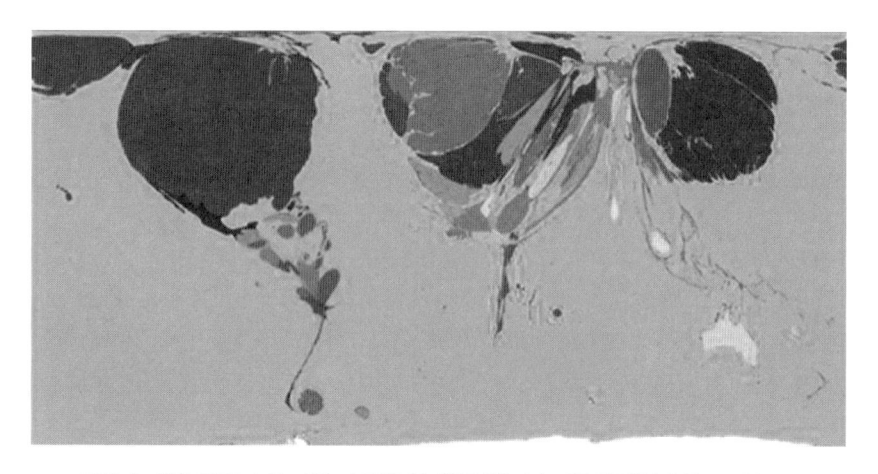

図 22.9 世界各国の木材・パルプの輸入量（輸入量に応じて国の面積を変えている）
Worldmapper（http://www.worldmapper.org/display.php?selected=74）より．

　市場がグローバル化した今日では，私たちの生活はさまざまな商品の輸入を通じて，他の国の環境に負荷をかけている．とくに木材やパルプの輸入は，他の国（とくに熱帯諸国）の森林減少と関係している．そこで，環境負荷のもう1つの指標として，木材・パルプの輸入量を見てみよう（図 22.9）．図 22.9 では，木材・パルプの輸入量が，変形された各国の面積で表されている．先進国（とくにアメリカ合衆国と日本）は，木材・パルプの輸入量が多い．一方で，熱帯林の木材や木材製品を輸出している東南アジア諸国やブラジルなどでは，輸入量はごくわずかである．この図は，先進国の生活が発展途上国（とくに熱帯諸国）の環境への負荷の上に成り立っていることを象徴的に表している．

22.3 危機への対策

　地球環境の危機が広く認識される中で，1992年に「環境と開発に関する国際連合会議」（第一回地球サミット）がリオ・デ・ジャネイロで開催され，気候変動枠組条約（UNFCCC：United Nations Framework Convention on Climate Change）と生物多様性条約（CBD：Convention on Biological Diversity）が採択され，その後日本を含む多くの国がこれらの条約に締約（署名，批准，受諾，承諾または加

入）した（UNFCCCには195カ国とEUが，CBDには193カ国とEUが締約している）．いずれの条約も「枠組条約」と呼ばれ，目的と一般的な原則のみを定めている．各国を法的に拘束する実施細目は個別の議定書などによって定められる．このため，2つの条約の締約国（parties）は，締約国会議COP（Conference Of Parties）を開催し，議定書やその実施計画などについて協議を続けている．

気候変動枠組条約においては，日本は1997年に第3回締約国会議（COP3）を京都で開催し，京都議定書（Kyoto Protocol）と呼ばれる議定書の国際合意に大きく貢献した．京都議定書では，2008年から2012年までの期間中に，先進国全体の温室効果ガス6種の合計排出量を1990年に比べて少なくとも5%削減する（日本の割り当ては6%）という目標を設定したが，この目標は達成されなかった．京都議定書ではまた，クリーン開発，排出権取引などのメカニズム（京都メカニズム）を設定した．クリーン開発メカニズム（CDM：Clean Development Mechanism）とは，先進国が開発途上国に技術・資金等の支援を行い，温室効果ガス排出量を削減，または吸収量を増幅する事業を実施することにより，削減できた排出量の一定量を先進国の温室効果ガス排出量の削減分の一部に充当できる制度である．排出権取引は，各国に割り当てられる排出枠，CDMで発行される炭素クレジットなどを，取引できる制度である．排出枠を超えて排出してしまった国が，これらのクレジットを買い取ることで，排出枠を遵守したと見なされる．

2008年度から2012年度までの日本の排出量の平均は基準年（1990年）に対して1.4%上回った．一方で，森林吸収量と京都メカニズムクレジットを加算すると，基準年比 −8.2% となり，目標を達成したと日本政府は発表した．ただし，EU全体で11.4%の排出量削減が達成されたことと対比して，日本による排出量削減への努力が不足したという批判がある．

二酸化炭素排出量を減らすうえでは，市民生活や産業活動からの排出量削減とともに，森林のバイオマス減少を減らすことが重要な課題である．この課題に対応するために，REDD（Reducing Emissions from Deforestation and Forest Degradation in Developing Countries）という国際的なメカニズムが設定された．このメカニズムは，2005年に開催された気候変動枠組条約のCOP11において，コスタリカとパプア・ニューギニアから提案された．その後COP13（2007年）において，REDD+ という拡張提案が採択された．「+」（プラス）が追加されたのは，森林の持続的管理，森林の炭素ストックの保全，および植林などによる炭素

ストックの拡大を含む包括的なメカニズムに拡張されたためである．さらに最近では，生物多様性保全への配慮をふくむ森林の持続的利用が求められている．

生物多様性条約においては，「地球・地域・国家レベルでの生物多様性損失の速度を2010年までに有意に減らす」という目標（2010年目標）が2002年に提案され，国連総会で承認された．しかしながら，2010年に名古屋で開催された第10回締約国会議（COP10）では，この目標が達成できなかったという評価が下された．生きている地球指数，森林面積，サンゴ礁の保全状態など，生物多様性のさまざまな指標についての科学者による評価の結果，指標値は減少を続けており，このままの減少が続けばいくつかの生態系において臨界点（tipping point）を超えた不可逆的な変化が起きる可能性があると指摘された（Leadley et al., 2010; Pereira et al., 2010）．この評価をふまえて，愛知ターゲット（Aichi targets）と呼ばれる2020年までの新たな目標（表22.2）がCOP10で合意された．愛知ターゲットは，5つの戦略目標についての計20の目標からなる．現在，日本を含む生物多様性条約加盟国において，これらの目標を達成するための努力が続けられている（Box 22.2）．2014年に発表されたその中間評価によれば，目標11（陸域及び陸水域の少なくとも17%を保全する）など，いくつかの目標については前進が見られる一方で，多くの場合，「進展は2020年に向けて設定された目標を達成するためには不十分である」と評価された（Secretariat of the Convention on Biological Diversity, 2014）．

気候変動枠組条約と生物多様性条約の下での地球環境問題に対する国際社会の取り組みにおいて，科学が果たしている役割は大きい．気候変動枠組条約との関連では，IPCC（Intergovernmental Panel on Climate Change：気候変動に関する政府間パネル）が組織され，気候変動の現状と予測に関する科学レポートを継続的に発表している．生物多様性条約との関連では，国連によるミレニアム生態系評価が実施され，その報告書が2005年に出版された（Millennium Ecosystem Assessment, 2005）．2013年には，ミレニアム生態系評価を継承するアセスメント機構として，IPBES（Intergovernmental Platform on Biodiversity & Ecosystem Services：生物多様性と生態系サービスに関する政府間プラットフォーム）が組織された（Diaz et al., 2015）．IPBESは，2015年から2018年にかけて地域アセスメントと地球規模アセスメントを実施する．このアセスメントには，世界各国の500名を超える科学者が関わっている．

表22.2 生物多様性条約愛知ターゲット（2020年目標）の要約

戦略目標A. 生物多様性の損失の根本原因に対処する.
目標 1：生物多様性の価値とそれを守るためにできることを，人々が認識する.
目標 2：生物多様性の価値が，国や地方の開発計画に組み込まれる.
目標 3：生物多様性に有害な補助金が廃止または改革され，生物多様性の保全及び持続可能な利用のための措置が策定・採用される.
目標 4：政府，ビジネス及びあらゆるレベルの関係者が，持続可能な生産及び消費のための計画を実施し，自然資源の利用の影響を生態学的限界の十分安全な範囲内に抑える.

戦略目標B. 生物多様性への直接的な圧力を減少させ，持続可能な利用を促進する.
目標 5：森林を含む自然生息地の消失速度が少なくとも半減し，その劣化と分断が顕著に減少する.
目標 6：すべての水産資源が持続的に管理され，絶滅危惧種や脆弱な生態系に対する漁業の深刻な影響をなくす.
目標 7：農業，養殖業，林業が行われる地域が，生物多様性の保全を確保するよう持続的に管理される.
目標 8：富栄養化などによる汚染が，生態系機能と生物多様性に有害とならない水準まで抑えられる.
目標 9：侵略的外来種とその定着経路が特定され，優先度の高い種が制御され又は根絶される.
目標10：気候変動または海洋酸性化により影響を受けるサンゴ礁その他の脆弱な生態系について，人為的圧力を最小化し，その健全性と機能を維持する.

戦略目標C. 生態系，種及び遺伝子の多様性を守ることにより，生物多様性の状況を改善する.
目標11：陸域及び内陸水域の17%以上，また沿岸域及び海域の10%以上，特に，生物多様性と生態系サービスに特別に重要な地域が保全される.
目標12：既知の絶滅危惧種の絶滅及び減少が防止され，また特に減少している種に対する保全状況の維持や改善が達成される.
目標13：作物，家畜及びその野生近縁種の遺伝子の多様性が維持される

戦略目標D. 生物多様性及び生態系サービスから得られる全ての人のための恩恵を強化する.
目標14：生態系サービスが人の健康，生活，福利に貢献し，回復及び保全され，その際には女性，先住民，地域社会，貧困層及び弱者のニーズが考慮される.
目標15：劣化した生態系の15%以上の回復を通じ，気候変動の緩和及び適応及び砂漠化対処に貢献する.
目標16：遺伝資源へのアクセスとその利用から生ずる利益の公正かつ衡平な配分に関する名古屋議定書が，国内法制度に従って施行され，運用される.

戦略目標E. 参加型計画立案，知識管理と能力開発を通じて実施を強化する.
目標17：各締約国が，効果的で，参加型の改訂生物多様性国家戦略及び行動計画を策定し，実施し始めている.
目標18：生物多様性とその慣習的な持続可能な利用に関連して，先住民と地域社会の伝統的知識，工夫，慣行が，国内法と関連する国際的義務に従って尊重され，主流化される.
目標19：生物多様性，その価値や機能，その現状や傾向，その損失の結果に関連する知識，科学的基礎及び技術が改善され，広く共有され，適用される.
目標20：戦略計画の効果的実施のための資金が，現在のレベルから顕著に増加すべきである.

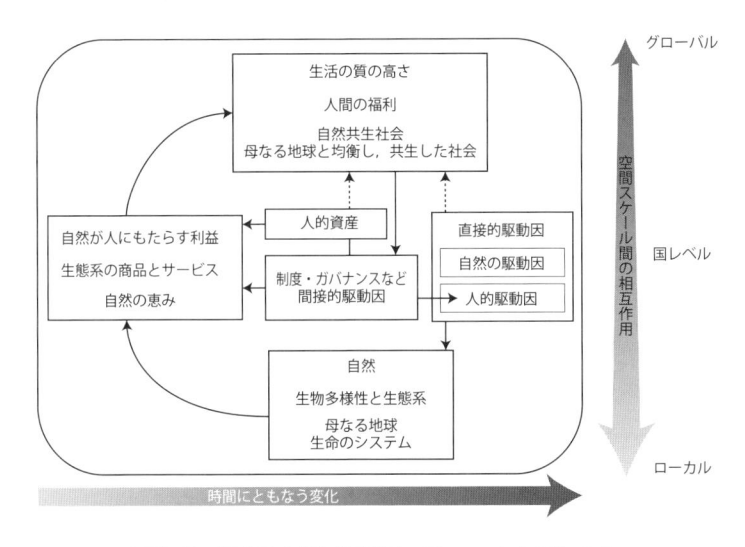

図22.10 IPBESの概念的枠組み　Diaz *et al.*（2015）より.

　IPCCとIPBESは，公表された論文をもとにアセスメントを実施する国際メカニズムである．その基礎となる研究を推進するメカニズムに，Future Earth がある（Future Earth, 2013）．Future Earth は，世界気候研究計画（WCRP），地球圏－生物圏国際協同研究計画（IGBP），生物多様性科学国際共同研究計画（DIVERSITAS），地球環境変化の人間社会的側面国際研究計画（IHDP）という，国際科学会議（ICSU）傘下の4つの地球環境研究プログラムを統合して2013年にスタートした10年間の国際的な研究推進プログラムである．このプログラムでは，自然科学と社会科学を統合した問題解決志向の統域的研究（trans-disciplinary study）を発展させるという理念の下で，さまざまなプロジェクトが立案・実施されつつある．一方で，地球環境の諸要素については，衛星観測と地上（あるいは洋上）観測によって，その変動を長期的にモニタリングする必要がある．この役割を担う国際メカニズムとして，1995年に地球観測に関する政府間会合（GEO）が組織された．GEOの下で，気候・災害・生物多様性・生態系などの9つの領域についての全球地球観測システム（GEOSS：Global Earth Observation System of Systems）構築をめざす10年計画が推進されてきた．この計画は2015年に終了するが，その成果を受けて次の10年計画が2016年から開始される．このように，アセスメント，統域的研究，地球観測をそれぞれ

IPBES, Future Earth, GEO が分担する体制が確立され，UNFCCC, CBD という2つの条約と連携しながら，地球環境問題への対策を進めている．

22.4 地球環境問題解決への展望

　大気中の二酸化炭素は今なお増え続け，生物多様性は減少を続けている．これらの点で，地球環境問題は深刻化していると言える．しかし，問題解決に向けての良い兆候もある．第1に，世界の多くの国で女性1人あたりの子どもの数が減り続けており，2050年にはアフリカを除くほとんどの国で人口増加が止まると予測される．女性1人あたりの子どもの数は，子どもの死亡率と相関があることが知られている（図22.11）．すなわち，子どもの死亡率が高い国では，女性はより多くのこどもを産む傾向がある．現在でもアフリカ諸国では5歳までの子どもの死亡率が5～15％と高く，一方で母親は3.5～7.5人の子どもを産んでいる．その結果，人口は増え続けている．しかし，ラテンアメリカ諸国や東南アジア諸国を含む多くの国では，母親1人あたりの子どもの数は減り続け，2に近づいている．ブラジルや中国などでは，すでに2を下回り，人口増加が止まりつつある．このような母親1人あたりの子どもの数の減少には，子どもの死亡率の低下に加え，女性の社会進出にともなう晩婚化や初産年齢の増大が影響している．このような変化によって，過去6万年にわたって地球規模で増え続けてきた人口増加が，ついに減速を始めたのである．これは人口動態における画期的な変化であり，その結果，人間活動による環境への総負荷を減らすことが，現実的な課題となってきた．

　人口とともに，1人あたりの環境負荷が増えてきたことが地球環境問題の背景にある．1人あたりの環境負荷は，1人あたりの所得と相関があるため，発展途上国が今後経済的に発展していく過程では，1人あたりの環境負荷の増大は避けられない．しかし，経済がある程度発展した段階では，環境改善への社会的投資が増え，環境負荷が減るという仮説が提唱されている．この仮説の下で，環境負荷の時系列変化が描くと予想されるU字型の曲線は環境クズネッツ曲線（environmental Kuznets curve）と呼ばれる．確かに，日本を含む先進国では，公害や深刻な汚染などの経験を経て，環境改善への対策が進み，水質・大気汚染などは改

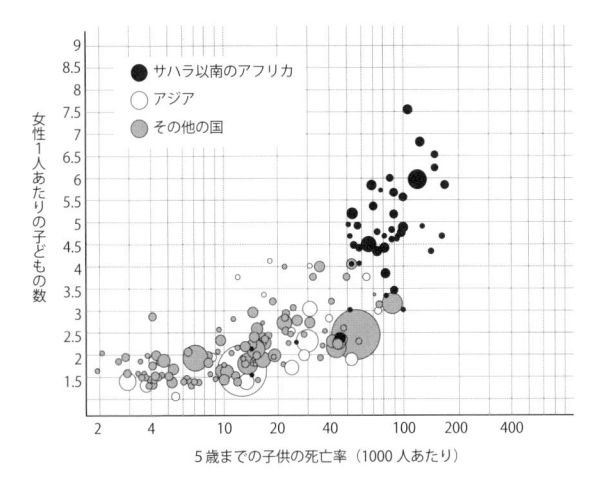

図22.11 5歳までの子供の死亡率と女性1人あたりの子どもの数の関係（2013年の統計）
Gapminder（http://www.gapminder.org）より．

善されてきた．ただし，森林面積に関しては，現時点ではこの仮説を支持する有意な証拠は得られていない（Mills & Waite, 2009）．アジア諸国の中では，日本・中国・ベトナム・フィリピンでは減少が底打ちして増加に転じており，一方でミャンマー・カンボジア・インドネシア・マレーシアでは減少が続いている（Yahara et al., 2012）．この違いを決めている要因は，環境クズネッツ曲線の想定よりも複雑である．

インドネシア・マレーシアなどでの熱帯林減少に大きく寄与しているのは，アブラヤシ農園や，パラゴムノキ・アカシア・ユーカリの植林地の拡大である．アブラヤシの果実はパーム油生産に利用される．わが国ではカップ麺などを生産している食品メーカーがパーム油の大手利用者である．パラゴムノキの樹液から，自動車のタイヤに利用される天然ゴムがとれる．アカシア・ユーカリは，コピー用紙などを生産するためのパルプ材として利用される．したがって，日本における食用油・タイヤ・コピー用紙などの消費が，東南アジアにおける熱帯林の減少を間接的に促進している．しかし，環境クズネッツ曲線仮説では，貿易を通じて他国からの環境負荷が継続することは想定していない．

アブラヤシ農園や植林地の無制限な拡大を防ぐには，熱帯林保全に配慮している事業者が市場において有利になる（逆に熱帯林保全に配慮しない事業者が不利

になる）メカニズムが有効である．このようなメカニズムとして，認証制度が整備されてきた．アブラヤシに関しては，持続可能なパーム油のための円卓会議（RSPO）が事業者組合，自然保護団体などによって2004年に設立され，認証基準が定められた．RSPOの農園認証基準は以下のような項目を含んでいる．

・基準5.2：希少種，危急種あるいは絶滅危惧種と保護価値の高い生息地がプランテーションの中に存在する場合，もしくはプランテーションや搾油工場の経営により影響を受ける可能性がある場合，その状況が特定され，その保全について経営計画や業務において考慮されなければならない．
・基準5.6：汚染や温室効果ガスなどの排出を削減するための計画が作成，実施，監視されなければならない．
・基準7.3：2005年11月以降の新規プランテーション開発は，原生林または，保護価値の高い土地の維持および価値の向上に必要な地域を1カ所以上含んではならない．

森林に関しては，林業者，木材引取業者，先住民団体，自然保護団体などによって1993年に設立された国際NGO「森林管理協議会（FSC）」が森林認証基準を定めている．その結果，FSC認証を持たない企業は取引き先を限定される状況が生まれている．このような認証を持つ商品を消費者が購入することで，森林の保全や持続的利用が促進される．ただし，日本ではまだ紙や木材製品の購入にあたって，消費者は森林認証の有無よりも企業ブランドを重視する傾向が強い．この状況の改善が望まれる．

以上のような認証制度の発展に加えて，これまで市場での価値が評価されてこなかった生態系サービスに関して，価値評価を行う取り組みが進んでいる．森林・湿地などの生態系は，調節サービスなどのさまざまな有用性を持ち，自然資本と呼ばれる．これらの自然資本は，市場価値が評価されていない公共財であるために，「共有地の悲劇」（Hardin, 1968）が生じる．この状況を変えるために，自然資本に関する価値評価が行われ，「生態系と生物多様性の経済学（TEEB：The Economics of Ecosystems and Biodiversity）」と題する報告書が公表された（TEEB, 2010）．愛知ターゲットの目標2「生物多様性の価値が，国や地方の開発計画に組み込まれる」は，この報告書の提案にもとづくものである．

以上のように，地球環境問題を解決する努力においては，生態学だけでなく，経済学を含む社会科学が果たす役割が大きい．このため，生態学と社会科学の連

携が進んでおり，Future Earth はこの方向性を積極的に推進している．一方で，進化生物学や生態学の考え方が社会科学に大きな影響を与えてきた．ジャレド・ダイアモンドによる一連の著作（Diamond, 1997；2005）はその例である．ノーベル経済学者を受賞したダニエル・カーネマンによる人間の認知バイアスに関する著作（Kahneman, 2011）においても，進化生物学的思考が取り入れられている．また，心理学者のスティーブン・ピンカーは進化生物学的な人間理解を取り入れて，「心のしくみ」「暴力の人類史」などに関してすぐれた著作を発表した（Pinker, 1997；2011）．このような人間の認知メカニズムについての理解は，環境問題の現場における合意形成やより良い意思決定を実現するうえで役立つ．

　日本生態学会が策定した「自然再生事業指針」では，順応的管理（adaptive management：対策の不確実性を認め，対策を継続的なモニタリング評価と検証によって随時見直しと修正を行いながら実施する管理手法）の重要性を指摘するとともに，「合意形成と連携の指針」を提案した．順応的管理における対策の選定は，不確実性をともなう仮説を選ぶ行為なので，科学によってどの対策（＝仮説）が妥当かを決めることは困難である．したがって，対策の選択にあっては，多様な価値観を持つ関係者間の合意形成をはかることが必要である（日本生態学会生態系管理専門委員会，2005）．これからの保全生態学は，従来の生態学的アプローチに加え，経済学的な価値評価や人間の心理を考慮に入れた意思決定手続きなどに関するアプローチを取り入れ，統域的科学（trans-disciplinary science, Future Earth, 2013；Meuse *et al.*, 2013）へと発展するだろう．

Box 22.1

IUCN レッドリストカテゴリー（絶滅危惧生物に関する IUCN の評価基準）

　IUCN-SSC（国際自然保護連合 種の保存委員会）では，レッドリスト（絶滅危惧生物のリスト）に掲載するための定量的基準を定めた文書を 2001 年に発表した（IUCN, 2001）．この文書は，3 つのカテゴリーに判定するための 5 つのクライテリアを定めている．3 つのカテゴリーとは，CR（critically endangered, 絶滅危惧 IA 類），EN（endangered, 絶滅危惧 IB 類），VU（vulnerable, 絶滅危惧 II 類）である．5 つのクライテリアは，基準 A（減少率基準），基準 B（面積基準），基準 C（減少傾向にある集団についての個体数基準），基準 D（とくに少ない種についての個体数基準），基準 E（絶滅確率にもとづく基準）からなる．基準 A〜E はどれを用いても良い．どれか 1 つに該当すれば，レッドリストに掲載可能である．このため，現時点での個体数が十分に多く，絶滅確率の点で基準を満たさない種であっても，急激に減少していて基準 A を満たせば，レッドリストに掲載することができる．たとえば，ミナミマグロは乱獲のために大きく減少したことを理由にレッドリストに掲載されたが，絶滅確率が基準を満たさない種をリストすることへの批判がある（Matsuda et al., 1998）．わが国の維管束植物レッドリストでは，絶滅確率が基準 E を満たすことを優先的な判断基準として掲載する種を決めている（矢原・川窪, 2002）．

表　レッドリストカテゴリー（絶滅危惧生物に関する IUCN の評価基準）

	基準	絶滅危惧 IA 類	絶滅危惧 IB 類	絶滅危惧 II 類
A	急激な減少	10 年また 3 世代で 20% 未満に減少	10 年また 3 世代で 50% 未満に減少	10 年また 3 世代で 80% 未満に減少
B	狭い分布域（寸断・連続的減少・大きな変動あり）	分布域が 100 km² 未満または生息地が 10 km² 未満	分布域が 5000 km² 未満または生息地が 500 km² 未満	分布域が 20,000 km² 未満または生息地が 2,000 km² 未満
C	小集団（連続的減少あり）	成熟個体 250 個体未満	成熟個体 2500 個体未満	成熟個体 1 万個体未満
D1	特に小集団	成熟個体 50 個体未満	成熟個体 250 個体未満	成熟個体 1000 個体未満
D2	特に狭い分布域	—	—	100 km² 未満または 5 か所未満
E	絶滅確率が基準値を超える場合	5 年後の絶滅確率が 50% 以上	20 年後の絶滅確率が 20% 以上	100 年後の絶滅確率が 10% 以上

Box 22.2
九州大学伊都キャンパスでの生物多様性保全事業

九州大学では伊都地区における新キャンパス造成工事にあたって,「種の消失をおこさない (no species loss)」「森林面積を減らさない (no forest loss)」という大きな目標を掲げて,生物多様性保全事業を実施した (Normile, 2004；矢原, 2008). この事業の目標設定は,生物多様性オフセットと呼ばれる保全事業の枠組みに似ている. 生物多様性オフセットとは,開発によって失われる生物多様性・生態系を代替地において再生することによって,これらの損失を差し引きでゼロにすること (no net loss) を目標とする事業である. 生物多様性オフセットは開発が避けられない場合の保全手法として注目されているが,実施例を評価すると代替地における再生に失敗している場合が多い (Sudin, 2011；Gardner et al., 2013). これらの失敗の背景には,開発地とは異なる環境で開発地と同等の生物多様性・生態系を再生することがそもそも困難であるという事情がある. これに対して,九州大学伊都キャンパス生物多様性保全事業では,事業地内での移植や生息場所の再生によって種や森林の no net loss という目標を達成しようとしている. この事業にあたって,事業地内の尾根線・谷線に沿って徹底した維管束植物種の分布調査が行われた. 具体的には,調査ルートを 10 m×4 m の小調査区に分割し,小調査内の維管束植物種をすべてリストするという作業を延長 20 km 以上にわたって実施した. 図1は,延長約 23 km (2296 調査区) における 658 種の出現頻度 (記録された調査区の地点数) を出現頻度順に示したグラフである. 図から明らかなように,出現頻度はその順位が下がるに従い急速に減少する. すなわち,出現頻度が高い種は少数

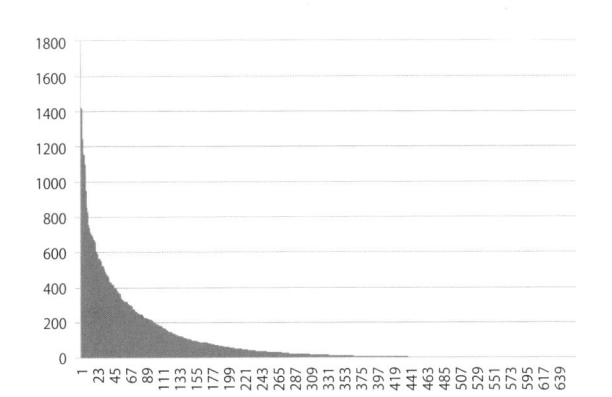

図1　九州大学伊都キャンパス用地で記録された維管束植物 658 種の出現地点数 (縦軸) とその順位 (横軸) の関係

であり，大部分の種は用地内では希少種である．

具体的には，1500地点以上で記録された種は1種（0.2%），1000地点以上で記録された種は7種（1%），500地点以上で記録された種は33種（5%）だけだった．一方で，1地点のみで記録された種が88種（13%），5地点以下で記録された種が233種（34%），10地点以下で記録された種が296種（45%）あった．造成工事にあたっては，用地内希少種が消失しないように個別に対策がとられた．造成される場所にだけ生育する種については，生息場所として適した環境を保全緑地内で探し，移植を実施した．用地内希少種の分布が集中していた生息地（水田のあとに成立した湿地，ガマが生育する池など）については，生息地ごとの移設（新たに湿地や池を造成し，そこに土壌と植生をセットで動かす作業）が行われた．

このような種の保全努力の一方で，森林面積を維持するために，特殊な大型重機を用いた森林移植が実施された（図2）．

図2　九州大学伊都キャンパスにおける林床移植
造成される用地に見られる森林において，林床植生と樹木（高さ5mまで）を含む土壌ブロック（1.4 m×1.4 m×深さ約50 cm）を切り出し，造成によって生じた盛り土斜面（標高差30 m）に移設した．高さ5mをこえる樹木については，樹幹を伐採したうえで土壌ブロックを切り出した．移植先の盛り土斜面では，雨水による浸食を防ぎ，斜面の強度を確保するために，コンクリートの水路（右下の写真で植生間に見える白い部分）が設置されている．移植を実施した斜面は左右それぞれで保全緑地の森林植生に接続している．右手に見える裸地では，モウソウチクを伐採して森林を再生している．

第23章 Advanced 外来種による危機

細谷忠嗣

　人間活動によって地球の生物多様性が重大な影響を受けている．これまで長い時間をかけて進化してきた生物と生物相互の関係が急速に失われていく「生物多様性の喪失」が危急の問題となっている．生物多様性の減少・喪失をもたらす最大の脅威は，生息地の破壊や改変によるものであるが，これらとともに外から侵入して広がる外来種（alien species）もまた大きな脅威となっている．外来種は，在来の生物を減少・絶滅させ，あるいは病気を持ち込む，生態系を改変するなどの様々な悪影響を与えている．しかも，外来種がいったん侵入して定着すると，元の状態に戻すことは容易なことではない．

23.1 外来種とは

　外来種は，過去あるいは現在の自然分布域外に導入された種および亜種，あるいはそれ以下の分類群を指し，生存し繁殖することができるあらゆる器官，配偶子，種子，卵，無性的繁殖子を含むものである．外来種の「導入」（introduction）は，外来種を直接・間接を問わず人為的に，過去あるいは現在の自然分布域外へ移動させることである．導入は，外来種を人為によって自然分布域外へ移動させる意図的導入（intentional introduction）と，意図的ではない非意図的導入（unintentional introduction）に分けられる．そして，これら導入された外来種が新しい生息地で継続的に生存可能な子孫を作ることに成功する過程を定着（establishment）という．現在，世界各地で数多くの外来種の定着が生じている．

　外来種は，生態系，生物多様性，人間の健康，人間の生産活動などに様々な望ましくない影響，およびそれによって生じる問題を引き起こす．これらを総じて外来種問題として扱う．この外来種のうち，特にその導入または拡散した場合に生物多様性を脅かすものを侵略的外来種（invasive alien species）といい，世界的に重大な問題となっている．

また，外来種はその起源により，国外起源の国外外来種と国内起源の国内外来種に分けられる．外来種は，国外からだけでなく，国内移動によっても生じることを十分に注意する必要がある．

23.2 外国産動植物の輸入状況

生きた動植物の輸入状況は財務省の貿易統計によると，近年減少傾向にあるものの，2011年時点で哺乳類が年間で約24万個体，鳥類が約2万個体，爬虫類が約32万個体，両生類が約7500個体，魚類（観賞魚）が約3700万個体，昆虫類が約4300万個体，生きた状態で輸入されている．輸入されている種には多くの愛玩動物や観賞用植物が含まれており，哺乳類では，その多くをハムスターが占め，リスやフェレットなども多い．爬虫類ではイグアナ属やリクガメ科が多く，特にリクガメ類は世界一の輸入数である．また，1999年以降の規制緩和によって生き虫の輸入が可能となったクワガタムシ類やカブトムシ類は，2015年1月24日現在，クワガタムシ類の774種，カブトムシ類の116種が輸入可能である．規制緩和以降，ペット昆虫として一大ブームによって輸入数は急激に増加し，2005年には約190万個体にまで達した．2010年時点でも約70万個体が輸入されている．また，植物では，ラン科植物やサボテン科，ガランサス属（ユキノシタ）などの観賞用植物が株の状態で大量に輸入されている．

これらの輸入された外国産動植物は，日本国内で大量に飼育，繁殖，流通されている状態にあり，その逃亡や逸出が起きた場合には外来種問題を引き起こすこととなる．

23.3 外来種問題が生ずる原因

生物は本来，限られた移動・分散能力のもと，山や川，海などの地理的な障壁によって自由な分布の拡大を制限されている．そのため，一方の種が不利益を被るような生物間相互作用は空間的に限定されたものとなる．それにより，強力な捕食者や寄生者の影響によって無制限に種が絶滅することが抑制されている．

地球上のすべての生物は，1つの原始生命体から進化によって多様化し，現在地球上に見られるような多様な種へと分化してきた．1つの種から別の種が生まれる際には，一部の個体が親集団から空間的に隔離されることが必須と考えられている．

　生物の移動に制約が課されていることは，一方では生物間相互作用を介した種の絶滅を抑制し，他方では新しい生物種の誕生を促すという意味で，地球における生物多様性の発達と維持において重要な意味を持つ．

　しかし，現在では，人による多様な外来種の利用のための大量な意図的導入と，人と物資の頻繁な移動に伴う非意図的導入が日常化し，地理的な障壁が生物移動の障壁として役立たなくなった．そのため，多くの野生生物が本来の生息地の外に持ち込まれ，そのうちの一部の種が野生化し，定着した結果，外来種として生態系や人間活動に何らかの影響を及ぼすことが多くなってきた．

　また，人間活動によって農耕地や植林地，市街地などの人為的干渉の大きな場所が急激に増加し，本来は自然界に存在しない種類の環境が地球上に広がった．攪乱地や荒れ地に適応していた一部の生物種が，このような人為的干渉の大きな生息地に分布を拡大した．その結果，地球規模で広域に分布する少数の汎生種が世界中に目立つようになり，地球の生物相の均質化が急速に進みつつある．

　多くの外来種は人為的な干渉の大きな新しい種類の生息地で野生化し，定着している．外来種が地域の生物相に占める割合は，その地域における生態系への人為的な干渉の強さと外来種の人為的移動の機会の両方を反映するため，地域生物相への人為的な影響の大きさを示す指標の1つともなる．

23.4 どのような外来種が定着に成功するのか？

　新しい地域に侵入した外来種が全て定着できる訳ではない．定着に成功する外来種の特徴としては，次の3点があげられる．
(1) 好適な条件下で大きな個体群をいち早く形成できる繁殖力の高い種．
(2) どのような場所でも生息適地を見いだし，また何らかの適当な食物を見いだすことができる幅広い生息地や食性をもつジェネラリスト．
(3) 新しい地域を広域に移動して生息適地を一早く見いだすことができる分散者．

23.5 どのような場所が外来種の定着を引き起こしやすいのか？

外来種の定着のしやすさは場所によって異なる．外来種が定着しやすい場所の特徴としては，次の3点があげられる．
(1) 攪乱された地域や植生遷移の初期の地域は，空いたニッチが存在し，利用可能な手つかずの資源もあるため，外来種はほとんど競争なしに利用できる．
(2) 種の多様性が低い離島は，未利用の空いたニッチが残されており，また自然分散で侵入してくる周辺地域に生息する在来種もほとんどなく，競争が少ない．
(3) 捕食者が不在で，また捕食に対して未経験の被食者（草食動物にほとんど適応していない植物も含む）が生息する離島では，在来の生物が外来種の食物資源として捕食されてしまう．

このように，島嶼域が特に外来種の定着を引き起こしやすい場所として注意が必要とされている．

23.6 外来種問題

外来種は競争，捕食，病害を通じて，あるいは生態系の物理的基盤の改変を通じて，侵入先での在来種の絶滅の危険性を増大させる．それは，在来種たちが進化の歴史を共有してきたことによって，被害を受ける側が防御機構を適応進化させるなど，何らかの対抗手段を存在させてきたのに対して，外来種と在来種の間には，歴史的にそのような調整が働いていない．そのため，防御手段を持たない在来種が食べ尽くされるなどし，絶滅に追いやられる可能性がある．

一方で，地理的隔離によって独自の進化の道を歩んできた近縁種が人為的に導入されることによって，本来その地域にいた在来種との間に雑種をつくり，在来種の純系を失わせることも，在来種の絶滅や遺伝的な多様性の喪失という生物多様性保全上の大きな脅威となる．

外来種が生物多様性に与える影響は不可逆的なものであり，長期的に見れば生息地の破壊以上に深刻であることが例証されつつある．外来種の管理の必要性と重要性は，世界的な共通認識となっている．外来種のうち，定着した外来種の

5～20% が生態系に無視できない影響を及ぼしている (Williamson, 1996). 従来は外来種の中でも，産業や人の健康・生命に影響を及ぼす事例については古くからその影響が調べられ，一部の対策なども実施されていた．しかし，生態系や生物多様性に対する影響が認識され始めたのは最近であり，その情報はまだ不十分であり，対策も遅れている．

23.7 生物間相互作用を通じた在来種への脅威

現在，明治以降の導入により日本に定着している国外外来種は 2000 種以上リストされている（日本生態学会編，2002）．外来種問題は，生物多様性や生態系への影響，人の健康や生命への影響，産業への影響など多様である．特に，面積の狭さから島に収容できる種数が限られる島嶼域は単純な生態系となっているため，外来種は生物多様性や生態系に対する特に深刻な影響を与える．さらに，島嶼の生物は繁殖力が低い，外来種との競争能力が低い，捕食回避能力の欠如，大型捕食動物の欠如などの特徴がみられ，外来種の影響を受けやすい．

23.7.1 食べる-食べられるの関係を通じた影響

外来動物が在来の植物や動物を捕食することにより，在来種の絶滅や減少をもたらす場合がある．

外来の植物食動物による甚だしい食害によって在来植物の絶滅をもたらすことがある．例えば，中国産のソウギョが導入された野尻湖などでは，在来の水草の絶滅をもたらした．家畜として導入されたノヤギは世界各地で野生化している．特に島嶼域で被害が大きく，小笠原諸島においては植物を食い荒らして土壌流出させ，景観が変わるほど植生を破壊しており，海鳥の繁殖適地や希少種の減少，土壌流入による珊瑚礁の死滅など多様な影響が生じている．現在，駆除が進められており，一部の島では駆除が成功している．

外来の捕食者が餌動物に与える影響も時として大きい．陸上においては，マングースやノネコが絶滅危惧種を含む様々な動物や昆虫を捕食して局所的な絶滅をもたらしている．特に捕食者が生息していなかった島嶼などに外来の捕食者が侵入した場合，大量絶滅をもたらす危険性が高い．ネズミ類やハブの駆除の目的で

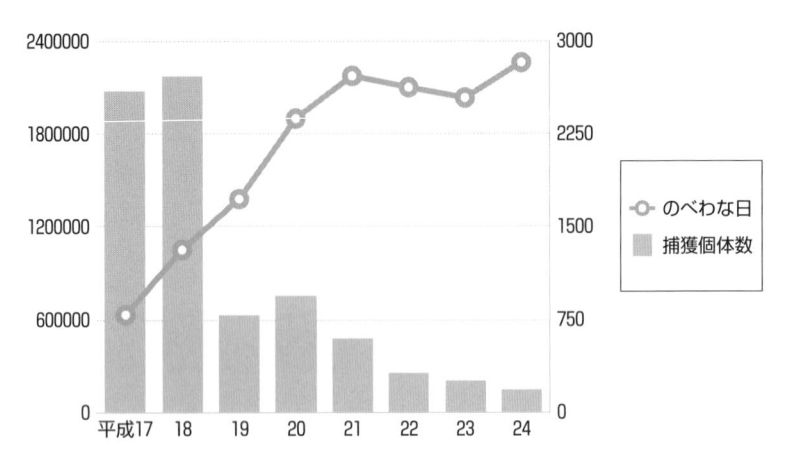

図 23.1　奄美大島におけるマングースの捕獲数と捕獲努力（のべわな日）の経年変化
のべわな日＝わなの数×わな有効日数．環境省ウェブサイト（2013）より．

図 23.2　奄美大島におけるマングースの捕獲地点の経年変化
（左）平成 18 年．（右）平成 24 年．環境省ウェブサイト（奄美野生生物保護センター）より．

　琉球列島に導入されたマングースが定着し，奄美大島においてアマミノクロウサギなど，沖縄本島においてはヤンバルクイナなどの絶滅危惧種を捕食し，この地域の生物多様性保全上の大きな問題となっている．現在，両島においてマングースの駆除事業が行われており，駆除の成果がでてきている（図 23.1，図 23.2）．両島ともに，マングースの捕獲個体数は年々減少し，その分布域も狭まってきており，マングースの減少に伴って，ヤンバルクイナやアマミノクロウサギなどの在来種の回復も確認されるようになってきた．

　水系では，日本全国のおびただしい数の水域に蔓延しているオオクチバス（図

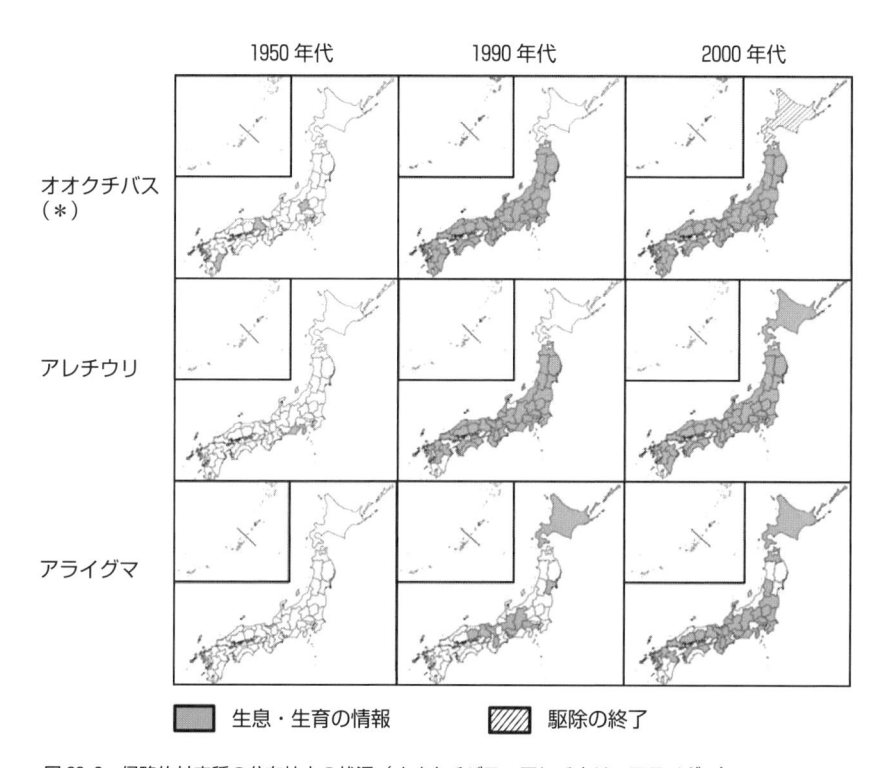

図23.3 侵略的外来種の分布拡大の状況(オオクチバス,アレチウリ,アライグマ)
＊ 北海道では2001年にオオクチバスの生息が確認されたが,2007年に駆除を終了した.
生物多様性総合評価(2010)より.

23.3)などのブラックバス類やブルーギルが,絶滅危惧種を含む様々な動物や昆虫を捕食して局所的な絶滅をもたらしている.主にスポーツフィッシングのために湖沼や池などに違法に放流されて野生化したブラックバスが淡水魚や水生昆虫などを無制限に捕食し,生物多様性や生態系に大きな影響を与えている.

アメリカ原産のグリーンアノールは小笠原諸島の父島と母島に定着し,高密度化しており,その強い捕食圧により樹上性かつ昼行性のチョウ,トンボ,ハナバチ,セミ,カミキリムシ,タマムシなどの昆虫類に多大な影響を及ぼしている.

フイリマングース
(国立環境研究所 五箇公一氏作画,日本生態学会 (2015) より)

オオクチバス
宮城県メールマガジン (2004) より.

セイタカアワダチソウ

23.7.2 競争による在来種の抑圧

生態学において,競争は生物の個体同士が生息域や食糧等の資源,配偶相手などを争うことを意味する.

植物は生活に必要な資源の共通性が高く,しかも固着性のため,光などの資源を巡る競争は生死や成長,繁殖を大きく支配する.そのため,競争力の大きな種が侵入すると,資源の独占による他種の排除が起こりやすい.

河原の湿性草原に侵入した北米原産のオオブタクサは,その高い競争力によっ

て絶滅危惧種を含む群落の種の多様性を低下させる．セイタカアワダチソウは成長が早く，地下茎を伸ばして空間を占有する能力が極めて高い植物であり，しかも種子の分散力も大きく，急速に分布を拡大する．現在では，全国の多くの河川の河原に見られ，その他空き地などの明るい立地にも至る所に見られる．この種が群生するところでは，絶滅危惧種のフジバカマなどの在来種が姿を消している．

北米原産のアレチウリは，輸入大豆や飼料用穀物に種子が混入して全国に広がり，河原や林縁で大繁茂しており，在来種の生育を妨げている（図23.3）．

アルゼンチンアリは国内で分布域を拡げており，南米原産で極めて競争力が強い種であり，本種が侵入した地域では，在来のアリ類がことごとく駆逐されることが報告されている．

23.7.3 寄生生物の随伴による在来種への脅威

ある生物にとっては命に関わる影響を及ぼすことのない寄生生物であっても，それまでにその寄生生物と接触したことがなく，免疫や抵抗性を持たない在来生物に対しては，時として重い病気を引き起こして死亡率を増大させる．

例えば，対馬においては，全国で広く見られる飼いネコの野生化によって，イエネコ由来のネコ免疫不全ウイルスが絶滅危惧種であるツシマヤマネコに感染し，被害を与えている．

23.7.4 多様な影響（複合的な影響）

1種の生物は生態系の中で多様な生物と関わり合っており，1種の外来種が定着しただけでも多岐にわたる影響がもたらされることも少なくない．

トマトなどの施設栽培用の受粉昆虫として商品化されたセイヨウオオマルハナバチは，施設栽培によるトマトなどの農業生産に多大な貢献をしている．しかし，この輸入されたセイヨウオオマルハナバチが，園芸ハウスから逃亡して北海道などに定着している．本種はマルハナバチの中でも競争力が際立って大きく，在来種との競合，盗蜜や在来マルハナバチを競合により衰退させることによる野生植物への影響，ダニなどの病害微生物の持ち込み，雑種形成など，生態系への多様な影響が問題となっている．

23.8 在来種との交雑

　在来種と近縁で交雑可能な外来種が侵入した場合，外来種が在来種と交雑し，雑種個体を形成してしまい，生物多様性保全上の重大な問題を引き起こす．雑種形成は，外来種の定着がなくとも侵入した時点で起こりうるため，注意が必要である．また，交雑により産卵された卵が発生しないなど，たとえ雑種を形成しなくとも，交雑を行うことにより在来種の適応度の低下が起こる場合もある．

　動物園などで飼われていたタイワンザルが逃亡や遺棄され野生化している．和歌山県ではニホンザルとの雑種が確認されており，ニホンザルの純系の集団が失われることが危惧される．下北半島では，全頭捕獲に成功し，ニホンザルの北限個体群（国指定天然記念物）への遺伝的な撹乱の危険性が取り除かれた．

　また，ソウギョやハクレンの稚魚に混ざって持ち込まれたタイリクバラタナゴが，アユなどに混ざって全国に放流され，西南日本に分布する絶滅危惧亜種であるニッポンバラタナゴとの交雑が起こっており，ニッポンバラタナゴの純系が途絶えることが危惧されている．

　ペットとして大量に輸入されているクワガタムシにおいても，在来のヒラタクワガタと外国産ヒラタクワガタの交雑個体が野外から採集されており，遺伝的な撹乱が危惧される．

　固有種・亜種の宝庫である琉球列島でも，ペットや剥製用に持ち込まれたセマルハコガメと国の天然記念物で絶滅危惧種のリュウキュウヤマガメの交雑個体が発見されたり，薬用や展示用に八重山列島から沖縄本島に持ち込まれたサキシマハブが沖縄本島在来のハブと交雑して雑種が生じている．これらは，島嶼隔離によって生じた固有の遺伝的集団を失うことにつながり，生物地理学上の問題も大きい．

　植物では，外来植物のセイヨウタンポポが，在来のタンポポと交雑し，雑種性タンポポを形成している．都市的環境で普通に見られるタンポポは，従来セイヨウタンポポと考えられていたが，実はその大部分が日本産の2倍体タンポポの遺伝子を取り込んだ雑種性タンポポである．

23.9 生態系の物理的な基盤を変化させる

外来種は時に生態系の物理的な基盤を変化させ，在来生態系を変質させてしまう．

アフリカ南部原産の外来牧草シナダレスズメガヤは，砂防用，工事跡の法面の緑化に広く用いられてきたが，逸出したものが全国に蔓延している．洪水などの破壊作用にも強く，この植物が砂礫質の河原に侵入すると，株元に砂をためやすく，河原が砂質化する．本種は河川の中流域の河原を覆い尽くし，砂礫質の河原に固有な植物と入れ替わってしまい，河川生態系を大きく変化させている．

北アメリカ原産の落葉高木で広く砂防に利用されたハリエンジュは，共生菌による窒素固定によりやせた土地でも生育できる．本来貧栄養な砂礫質の河原に侵入すると土壌を富栄養化する．

このような物理的な条件の変化が起こると，それまでそこに生育していた植物の生活が成り立たなくなる一方で，別の生態的特性を持つ植物の生活に適した条件となり，生態系全体が大きく変化してしまう．

ハリエンジュとその花

23.10 人に対する直接的な影響

外来種は，人の健康に影響を及ぼしたり，直接的に危害を加える場合がある．

23.10.1 伝染病

　外来種が人の健康に影響を及ぼす影響としては，外来種が運び込む新規の病原体による病気がある．初めて接触する病原生物が宿主である人に重い病気を引き起こす場合もある．多くの哺乳動物や鳥類は，人畜共通感染症のキャリア（保菌者）になる可能性があり，北海道他で野生化しているアライグマは，人に失明や死亡の危険をもたらす人畜共通感染症であるアライグマ回虫症や狂犬病を媒介する可能性がある（図23.3）．

　現在，多くの種類の外国産動物がペットとして輸入されており，それらが持ち込む病原体やウイルスが人や在来の野生動物に新規の伝染病をもたらす可能性が危惧される．

23.10.2 花粉症

　日本人の国民病とも言える花粉症も外来種を原因とするものが含まれる．風媒植物であるイネ科の外来牧草やオオブタクサなどのブタクサ類は，大量の花粉を分散させるため，花粉症の原因植物となっている．初夏の花粉症は外来牧草に起因するものが多く，夏の終わりから秋にかけての花粉症はブタクサ類によるものが多く含まれる．

23.10.3 直接的な危害

　外来種が直接的に人に危害を加える場合もある．アメリカ大陸原産のカミツキガメは子ガメがペットとして売られていたが，気が荒く，成長すると体重数十キログラムもの巨体となり，飼い主が持て余して捨てられ，印旛沼などで野生化している．顎の力が強く，指を食いちぎられる危険性がある．

　オーストラリア原産のセアカゴケグモや南米原産のヒアリなどの有毒の動物も，人に中毒の危険性をもたらし，時には死亡する場合もある．

23.10.4 生活に不快な影響を与える

　また，直接的な被害は与えないが，台湾原産のヤンバルトサカヤスデのように大量発生したり，南米原産のアルゼンチンアリのように人家に入り込んで食品にたかるなどによって不快害虫となるものもいる．

23.11 産業に対する影響

外来種は，人が営む各種の産業に対しても大きな影響を及ぼす場合がある．

23.11.1 農業

　日本の農業現場では，セイヨウオオマルハナバチのように農業用生物資材として外来種を積極的に導入して利用しており，これらがなければ成り立たない状況にあることも事実である．

　しかし，農業に対する外来種の影響は多大なものである．田畑における雑草のほとんどは外来種となっている．ハルジオンのように薬剤抵抗性を発達させたため防除が難しい雑草となったものもある．飼料用の穀物に混入して入ってきた外来植物の種子が，家畜の糞の農地還元を通じて飼料畑やその他の畑に蔓延して被害を与えている．イチビやアレチウリなどが飼料畑にまん延し，作物との競合による減収などの被害をもたらしている．

　また，影響力の大きな害虫も外来種が多い．例えば，外来のアザミウマやアブラムシ，コナジラミ，カイガラムシ，ハモグリバエ，ハダニなどが施設園芸の害虫となっており，農作物に付着した国家間移動により，日本，北米，欧州の施設害虫相は国際的均質化が見られる．このような外来の害虫や雑草が農業に悪影響を及ぼさなければ，農薬の使用量も低く抑えることができ，化学剤による食料汚染や環境汚染も大幅に回避できるだろう．

　成功した対策例としてはウリミバエなどがある．本種は琉球列島で発生したが，未発生地への蔓延を防止するために，植物防疫法により寄生果実の本土への移動禁止措置がとられていた．対策として沖縄本島で1972年から，奄美大島では1981年から，不妊虫放飼法により本格的な根絶事情が行われ，1989年に奄美大島で，1993年に沖縄県全域で根絶に成功した．この事業は22年の歳月と204億円の資金，44万人の人員を投入して進められ，623億匹の不妊虫が放飼された．この根絶事業が成功をおさめた結果，沖縄県からニガウリなどの果実類が移動可能となった．この例からもわかるように，一度定着した外来種を根絶するために莫大な費用と労力が必要であり，外来種の侵入に対する予防措置が重要であることが世界的な認識となっている．

ウリミバエ

23.11.2 林業

　林業に対する最も顕著な外来種の影響は，北米産の外来線虫であるマツノザイセンチュウによる松枯れである．松枯れの原因はマツノザイセンチュウによるものだけではないが，重要な要因の1つである．被害面積の拡大は年間100万立方メートルに上り，毎年およそ150万本のマツが枯死している．その防除費用は，1970年代後半から年平均約160億円が投入されているが，根絶は成功していない．

23.11.3 漁業

　生物間相互作用を通じた問題でも影響が大きいブラックバスやブルーギルは，漁業対象種を捕食するなどして漁業に大きな影響を及ぼすことがある．琵琶湖では，フナ類などの漁獲量に明らかな減少が見られている．しかし，外来種の影響は明らかに大きなものであるものの，河川や湖沼の全般的な環境悪化も同時進行しており，漁業への複合的な影響を与えていることが多く，外来種の影響だけを個別に取り出して被害総額を計算することは難しい．

　外来種がもたらす魚病が漁業に影響を及ぼす可能性もある．2000年に宇治川でオイカワを大量死させた寄生虫（ブケファルス科の吸虫）の主要な第一宿主は外来種のカワヒバリガイであることが判明しており，中国産シジミに混入して侵入してきた可能性が指摘されている．

23.11.4 利水障害

淡水生二枚貝のカワヒバリガイは，琵琶湖で確認された以降，周辺の河川などに広がっている．利水施設の取水管や導水管の内壁に付着・増殖して深刻な通水障害をもたらし，利水における新たな経済的コストを課している．

23.12 外来種問題に対する取り組み

23.12.1 外来生物法

それまでは植物防疫法などの関連法で対応していた外来種問題であったが，2005年に特定外来生物による生態系等に係る被害の防止に関する法律（以下，外来生物法）が施行され，統一的に対策が行われるようになった．外来生物法は，外来生物による生態系，人の生命や身体，農林水産業への被害を防止することを目的としている．この法は，これから日本に導入される，またはすでに存在する外来生物を全て排除することを目的としているわけではなく，その中でも実際に被害を生じさせる外来生物を対象として，それらが日本の自然の中に持ち込まれることを防ぎ，また，既に生じている被害を食い止めるためにつくられた法律である．

外来生物法における「外来生物」は一般的な範囲である「過去あるいは現在の自然分布域外に人為的に導入された生き物」とは異なり，国内外来種を対象とせず，国外外来種のみを対象としている．また，人為的な導入であるという記録がはっきりとしない場合が多いため，明治元年以前に持ち込まれた外来生物を対象としない．さらに，肉眼で個体を識別することが困難な菌類や細菌類，ウイルスなどの微生物についても，当面の間含めていない．

一方，まだ日本に一度も導入されていない本来は外来生物とは呼べない生物についても，この法律の中では「外来生物」として扱っている．

23.12.2 特定外来生物

外来生物法では，外来生物による被害を防ぐために国によって特定外来生物などの指定が行われ，指定種については一定の規制が課されており，違反に対して罰則が設けられている．特定外来生物は，生態系，人の生命・身体，農林水産業

に被害を及ぼすもの，または及ぼすおそれのある外来生物が指定される．すでに国内で問題となっている外来生物や，海外で大きな問題を引き起こしたことがある外来生物などの外来生物の中でも特に大きな被害を及ぼすと考えられるものが指定されており，2014年12月現在，アライグマ（図23.3）やオオクチバス（図23.3），ジャワマングース，セイヨウオオマルハナバチ，アレチウリ（図23.3）など，100種類以上が指定されている．

特定外来生物を安易に輸入し販売することや，不十分な管理の元で飼育することは，野外への遺棄や逸出を招きやすい．その結果，取り返しのつかない被害がもたらされる可能性がある．そのため，特定外来生物については，1. 飼養，栽培，保管及び運搬の禁止，2. 輸入の禁止，3. 譲渡し，引渡しなど（販売を含む）の禁止，4. 飼養等をしている外来生物を野外に放つ，植える及びまくことの禁止，という厳しい規制がかけられている．

また，生態系等に被害を与えるおそれがある生物であるという疑いのある外来生物は「未判定外来生物」に指定される．「疑いのある」外来生物に規制をかけるのは，外来生物による被害をできるだけ未然に防ぐためである．この法律は新しい外来生物が輸入されようとするたびにいったん輸入を止めて，判定をする仕組みとなっている．判定の結果，被害を与えるおそれがあると判定されたものは特定外来生物に指定される．

このほか，特定外来生物には選定されておらず，適否について検討中，または調査不足から未選定とされている外来生物であるが，生態系等に対する被害が懸念されている外来生物が「要注意外来生物」に指定されている．要注意外来生物

アライグマ

には，アカミミガメやアメリカザリガニ，クワガタムシ科，セイヨウタンポポ，ニセアカシアなど約150種類が指定されている．飼養等の規制は課されないものの，生態系に悪影響を及ぼしうることから，利用に関わる個人や事業者等に対し，適切な取扱いについて理解と協力をお願いするものとなっている．

23.13 国内外来種問題

外来生物法では対象外となっているが，国内外来種による問題も生じている．日本固有種であるニホンイタチは，ネズミの駆除を目的として多くの島嶼に放獣されたが，島固有の生物を駆逐してしまうという問題を引き起こした．伊豆諸島の三宅島では，イタチの放獣によってオカダトカゲと国の天然記念物であるアカコッコが極端に減少した（図23.4）．

沖縄から薪炭材用として小笠原諸島に導入されたアカギは，造林地から天然林へと分布を拡大し，希少種を含む在来の樹木を駆逐している．現在，小笠原諸島ではアカギの全島駆除と在来林の再生事業が進められている．

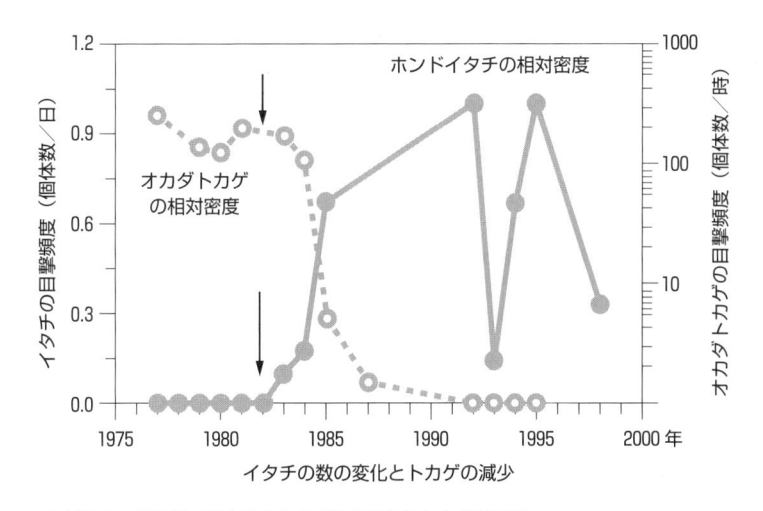

図23.4 三宅島におけるイタチの数の変化とトカゲの減少
矢印は2回目のイタチの放獣を示す．外来種ハンドブック（2002）より．

23.14 外来種問題に対する対策

外来種問題に対する対策は,「導入規制」と「防除」からなる.また,それらの効果を上げるためには「教育普及活動」が重要である.

地方自治体においても,北海道で2013年に国内外来種の規制を含めた「北海道生物の多様性の保全等に関する条例」が制定されるなど,地方レベルでの対策も図られるようになってきた.

23.14.1 導入規制

生物多様性や生態系への影響,人の健康や生命への影響,産業への影響などを与える可能性のある外来種による被害を未然に防ぐためには,自然環境下への導入機会をなくし,侵略性を発揮させないようにすることが最も望ましい.いったん導入され,定着した外来種を取り除くことは莫大な労力と費用が必要とされ,新たな外来種を水際で阻む方が簡単で確実である.そのため,新たな外来種を導入する前に,在来生態系や農林水産業などへのリスクを科学的に評価し,侵略性が高いと判断された外来種については法令などで導入を規制することが求められる.日本でも,外来生物法を施行し,特定外来生物の輸入,販売,飼育・栽培,保管,自然環境への導入が完全に禁止されている.

また,荷物を積載していない船舶を安定させるために重しとして積み込む「バラスト水」は様々な水生生物を取り込んでおり,船舶の移動に伴い世界各地に非意図的な導入を生じさせている.このような非意図的な移動が起きないような対策が求められており,現在,バラスト水条約が結ばれ,生物の少ない外洋でのバラスト水交換を行うか,またはバラスト水に含まれる生物を除去する装置によるバラスト水処理が義務づけられている.

23.14.2 防除

在来生物や農林水産業などへの影響を軽減したり,なくすために,外来種の分布が広がるのを防いだり,既に定着している外来種を取り除くことを「防除」という.自然環境の中に広がってしまった外来種の防除には,多大な資金,労力,時間がかかる.外来種が侵入してしまったら,できるだけ早く見つけ出して,広

がる前に防除することが大切である．しかし，すでに広い範囲に定着してしまった外来種については，生物多様性保全の観点から重要な地域，農林水産業などへの被害の大きな地域，拡散源となりうる地域など，防除の優先順位が高いと判断される場所から計画的に防除を実行していくことが求められる．

現在，日本では，アライグマ，マングース，グリーンアノール，カミツキガメ，オオヒキガエル，オオクチバス，ブルーギル，カワヒバリガイ，アルゼンチンアリ，セアカゴケグモ，アレチウリ，オオカナダモ，ハリエンジュなどについて，計画的な防除が進められている．沖縄本島や奄美大島におけるマングースや小笠原諸島におけるグリーンアノールなど防除の成果も出てきたが，防除を実行した後の生物側の反応は予測通りにいかないことも多い．封じ込めたはずの外来種が拡散してしまったり，防除対象外の外来生物が増加してしまうこともある．防除実施の途中で，外来種や保全対象となる在来種の生息状況などのモニタリングを行い，防除の成功・失敗を評価し，防除計画の見直しを図るという順応的管理のプロセスをとる必要がある．

23.14.3 教育普及活動

外来種問題は人が自然環境下に外来種を持ち込むことから始まるため，導入規制や防除の実際的な効果を高める上で，教育普及活動は重要な活動である．様々な外来種の問題について正確に認識している人を増やしていくことが期待されている．また，自然環境の中に生息・生育する膨大な数の動植物種の中から，外来種の種類を見分けられる人材が求められている．野外で生き物に触れる機会の多い子供たちへの教育，地域の環境保全の中での人々への啓発，農林業を営む人々への情報提供など，多様な教育普及活動が進められている．

外来種の被害を予防するためには，国民の一人一人に外来生物被害予防三原則「入れない，捨てない，拡げない」を実践してもらうことが大切である．

外来生物被害予防三原則（環境省）
入れない：悪い影響を及ぼすかもしれない外来生物をむやみに日本に入れない．
捨てない：飼っている外来生物を自然のなかに捨てない．
拡げない：野外にすでにいる外来生物は他の地域に拡げない．

参考文献の紹介　さらに学びたい人に

【　】内の数字は，文献に関連している章を表す．

相見 満（2000）国際動物命名規約が改訂された．霊長類研究，16，55-57．【20】

秋元信一（1992）種とは何か．『講座進化7　生態学からみた進化』（柴谷篤弘・長野敬・養老孟司 編）東京大学出版会．【21】

Anderson, R. M., May, R. M. & Anderson, B. (1992) Infectious diseases of humans: dynamics and control, *Australian Journal of Public Health*, 16, 208-212.
理論疫学の歴史上もっとも重要な教科書である．【5】

Barton, N. H., Briggs, D. E. G, Eisen, J. A., Goldstein, D. B. & Patel, N. H. (2007) *Evolution*, Cold Spring Harbor Laboratory Press.［宮田隆・星山大介 監訳（2009）『進化——分子・個体・生態系』メディカル・サイエンス・インターナショナル］【1】【14】【15】【16】
5人の専門家の共同執筆による分子から生態系まで含めた進化生物学の総合的教科書．

Begon, M., Townsend, C. R. & Harper, J. L. (2005) *Ecology: From Individuals to Populations*, Wiley-Blackwell.【19】
欧米における生態学のスタンダードな教科書．

Coyne, J. A. & Orr, H. A. (2004) *Speciation*, Sinauer Associates.【16】

クロー，J. F. 著．木村資生・太田朋子 訳（1991）『遺伝学概説』培風館．【11】
少し内容は古いが，遺伝学の考え方をしっかりと学ぶことができる教科書．

Davies, N. B., Krebs, J. n R. & West, S. A. (2012) *An Introduction to Behavioural Ecology*, Wiley-Blackwell.［野間口眞太郎・山岸哲・巌佐庸 訳（2015）『デイビス・クレブス・ウェスト 行動生態学 原著第4版』共立出版］【2】【3】【4】【6】【7】【8】【9】【10】

動物命名法国際審議会（2005）『国際動物命名規約 第4版［追補］日本語版』（野田泰一・西川輝昭 編），日本動物分類学関連学会連合．【20】
1999年に出版された規約第4版の日本語正文として動物命名法国際審議会から正式に認定された日本語版の最新追補版（初版は2000年に出版）．

Falconer, D. S. & Mackay, T. F. C. (1996) *Introduction to Quantitative Genetics*. 4th ed., Benjamin Cummings.【13】
QTLマッピングまで含めてわかりやすく量的遺伝学全般を解説した有名な教科書．

Fred, B. & Castillo-Chavez, C. (2001) *Mathematical models in population biology and epidemiology. Vol. 1*, Springer.【5】
感染症の数理モデルの数学的な部分を厳密に扱っている．

Freeman, S. & Herron, J. C. (2013) *Evolutionary Analysis*. 5th ed., Benjamin Cummings.【1】
実例を挙げて進化生物学を解説した，読みやすい教科書．

Gilbert, S. F. & Epel, D.（2009）*Ecological Developmental Biology : Integrating Epigenetics, Medicine and Evolution*, Sinauer Associates.【14】

Gillespie, J. H.（2004）*Population Genetics : A Concise Guide*, Johns Hopkins Univ Press.【12】
　　かなり高度な内容も含むが，手際よくまとめられた集団遺伝学の入門用教科書．

五箇公一（2010）外来生物が日本の昆虫の生物多様性に与える影響．『日本の昆虫の衰亡と保護』（石井 実 監修）pp. 235-247，北隆館．【23】

ハートル，D. L.・ジョーンズ，E. W. 著，布山貞章・石和貞男 監訳（2005）『エッセンシャル遺伝学』培風館．【11】
　　ゲノム科学の観点から，分子遺伝学から古典遺伝学までを解説した遺伝学の標準的教科書．

細谷忠嗣・荒谷邦雄（2007）クワガタムシ・カブトムシ類の外来種問題について．遺伝, 61, 54-58.【23】

池田清彦（1992）『分類という思想』新潮社．【21】

International Commission on Zoological Nomenclature（1985）*International Code of Zoological Nomenclature. 3rd ed.*【20】

International Commission on Zoological Nomenclature（1999）*International Code of Zoological Nomenclature. 4th ed.*【20】
　　1999 年に出版された国際動物命名規約の第 4 版（最新版）の原本．

巌佐 庸（1998）『数理生物学入門：生物社会のダイナミックスを探る』共立出版．【2】【3】【4】【6】【8】【9】

巌佐 庸（2008）『生命の数理』共立出版．【2】【3】【4】【6】【8】【9】

環境省 編（2011）『環境白書　循環型社会白書／生物多様性白書（平成 23 年版）』.【23】

Kimura, M.（1983）*The Neutral Theory of Molecular Evolution*, Cambridge University Press.［木村資生 監訳（1986）『分子進化の中立説』紀伊国屋書店］【15】

Li, W.-H.（1997）*Molecular Evolution*, Sinauer Associates.【15】

松浦啓一（2009）『動物分類学』東海大学出版会．【21】

馬渡峻輔（1994）『動物分類学の論理』東京大学出版会．【21】

馬渡峻輔 編著（1995）『動物の自然史』北海道大学出版会．【21】

メイナード-スミス，J. 著，梯正之・寺本英 訳『進化とゲーム理論』産業図書．【2】【3】【4】【6】【8】【9】

Mayr, E.（1996）*This is Biology : The Science of the living world*, Harvard University Press.［八杉貞雄・松田学 訳（1999）『これが生物学だ　マイアから 21 世紀の生物学へ』シュプリンガー・フェアラーク東京］【21】
　　生物学的種概念を唱えたことで有名な Mayr が 90 歳を超えて記した，いわば集大成の一冊．

宮田隆 編（2010）『新しい分子進化学入門』講談社．【15】

村中孝司・石濱史子（種生物学会）編（2010）『外来生物の生態学——進化する脅威とその対策　種生物学研究第 33 号』文一総合出版．【23】

Nielsen, R. & Slatkin, M.（2013）*An Introduction to Population Genetics: Theory and Applications*. Sinauer Associates.【12】
主に遺伝子系図学の立場から書かれた集団遺伝学の入門用教科書．ゲノムデータの解析例等も載っている．

日本生態学会 編（2004）『生態学入門』東京化学同人．【2】【3】【4】【6】【8】【9】【14】

日本進化学会 編（2012）『進化学事典』共立出版．【14】【15】【16】

野田泰一・西川輝昭（2013）国際動物命名規約第 4 版の 2012 年 9 月改正．タクサ 日本動物分類学会誌，**34**, 71-76.【20】
CD-ROM などの光ディスクによる公表を禁止し，pdf ファイルによる公表を認めた改正内容が紹介されている．

大久保憲（2006）『動物学名の仕組み――国際動物命名規約第 4 版の読み方』伊藤印刷出版部．【20】
「国際動物命名規約」の読み方に関する参考書で，条文に関する詳細な解説と関連するコラムが多数置かれていてわかりやすい．

Pullin, A. S.（2002）*Conservation Biology*, Cambridge University Press.［井田秀行・大窪久美子・倉本宜・夏原由博 訳（2004）『保全生物学―生物多様性のための科学と実践』丸善］【23】

Rosenzweig, M. L.（1995）*Species Diversity in Space and Time*, Cambridge University Press.【18】

Ruxton, G. D., Sherratt, T. N. & Speed, M. P.（2005）*Avoiding Attack: The Evolutionary Ecology Of Crypsis, Warning Signals And Mimicry*, Oxford University Press.【7】

佐々治寛之（1989）『UP バイオロジー 74 動物分類学入門』東京大学出版会．【21】

Seehausen, O., Butlin, R. K., Keller, I., Wagner, C. E. et al.（2014）Genomics and the origin of species. *Nature Reviews Genetics*, **15**, 176-192.【16】

自然環境研究センター 編著，多紀保彦 監修（2008）『日本の外来生物』平凡社．【23】

Székely, T., Moore, A. J. & Komdeur, J.（eds.）（2010）*Social Behaviour: Genes, Ecology and Evolution*, Cambridge University Press.【10】

Tokeshi, M.（1993）Species abundance patterns and community structure. *Advances in Ecological Research*, **24**, 111-186.【19】

Tokeshi, M.（1999）*Species Coexistence: Ecological and Evolutionary Perspectives*, Blackwell Science. 【18】【19】
群集構造・種の共存に関するモノグラフ．引用文献豊富．

Tokeshi, M. & Arakaki, S.（2012）Habitat complexity in aquatic systems: fractals and beyond. *Hydrobiologia*, **685**, 27-47.【18】

Vynnycky, E. & White, R.（2010）*An introduction to infectious disease modelling*. Oxford University Press.【5】
近代の理論疫学研究を非常に分かりやすくまとめている．

渡辺千尚（1992）『国際動物命名規約提要』文一総合出版．【20】

Wiley, E. O. (1981) *Phylogenetics: The theory and practice of phylogenetic systematics*, Wiley-Interscience.［宮正樹・西田周平・沖山宗雄 訳（1991）『系統分類学　分岐分類学の理論と実際』文一総合出版］【21】
　　分岐分類学の理論と実際を詳しく解説した良書．

Wilson, E. O. (1992) *The Diversity of Life*. Harvard University Press.【20】
　　生物多様性について大変わかりやすくまとめた教科書として有名．

山内 淳（2012）『進化生態学入門：数式で見る生物進化』共立出版．【2】【3】【4】【6】【8】【9】

山崎柄根（1985）国際動物命名規約第3版の発行と改訂の要点．動物分類学会誌，30，60.【20】

Yang, Z. (2006) *Computational Molecular Evolution* Oxford University Press.［藤博幸・加藤和貴・大安裕美 訳（2009）『分子系統学への統計的アプローチ：計算分子進化学』共立出版］【14】【15】

横山 潤・堂囿いくみ・種生物学会 編（2008）『共進化の生態学――生物間相互作用が織りなす多様性』文一総合出版．【14】

引用文献

Abzhanov, A., Kuo, W. P., Hartmann, C. *et al.* (2006). The calmodulin pathway and evolution of elongated beak morphology in Darwin's finches. *Nature*, 442, 563-567.

Abzhanov, A., Protas, M., Grant, B. R. *et al.* (2004). Bmp4 and morphological variation of beaks in Darwin's finches. *Science*, 305, 1462-1465.

Adl S. M., Simpson, A. G., Lane, C. E. *et al.* (2012) The revised classification of eukaryotes. *Journal of Eukaryotic Microbiology*, 59, 429-493

Adl, S. M., Simpson, A. G., Farmer, M. A. *et al.* (2005) The new higher level classification of eukaryotes with emphasis on the taxonomy of protists. *Journal of Eukaryotic Microbiology*, 52, 399-451.

Adoutte, A., Balavoine, G., Lartillot, N. *et al.* (2000) The new animal phylogeny: Reliability and implications. *Proceedings of the National Academy of Sciences of the USA*, 97, 4453-4456.

Aguinaldo, A. M., Turbeville, J. M., Linford, L. S. *et al.* (1997) Evidence for a clade of nematodes, arthropods and other moulting animals. *Nature*, 387, 489-493.

青木重幸 (1984)『兵隊を持ったアブラムシ』どうぶつ社.

Barnosky, A. D., Koch, P. L., Feranec, R. S. *et al.* (2004) Assessing the causes of late Pleistocene extinctions on the continents. *Science*, 306, 70-75.

Barton, N. H., Briggs, D. E. G., Eisen, J. A., Goldstein, D. B. & Patel, N. H. (2007) *Evolution*, Cold Spring Harbor Laboratory Press. [宮田隆・星山大介 監訳 (2009)『進化——分子・個体・生態系』メディカル・サイエンス・インターナショナル]

Basset, Y., Cizek, L., Cuénoud, P. *et al.* (2012) Arthropod diversity in a tropical forest. *Science*, 338, 1481-1484.

Bauhin, G. (1623) *Pinax theatri botanici, sive Index in Theophrasti Dioscoridis, Plinii et Botanicorum qui a saeculo scripserunt opera.*

Blaustein, L. (1999) Oviposition Site Selection in Response to Risk of Predation: Evidence from Aquatic Habitats and Consequences for Population Dynamics and Community Structure. In: *Evolutionary Theory and Processes: Modern Perspectives*, Wasser, S. (ed.), pp. 441-456, Springer.

Bobbink, R., Hicks, K., Galloway, J. *et al.* (2010) Global assessment of nitrogen deposition effects on terrestrial plant diversity: a synthesis. *Ecological Applications*, 20, 30-59.

Bond, A. B. (2007) The evolution of color polymorphism: Crypticity, searching images, and apostatic selection. *Annual Review of Ecology, Evolution and Systematics*, 38, 489-514.

Bond, A. B. & A. C. Kamil (2002) Visual predators select for crypticity and polymorphism in virtual prey. *Nature*, 415, 609-613.

Bourlat, S. J., Juliusdottir, T., Lowe, C. J. *et al.* (2006). Deuterostome phylogeny reveals monophyletic chordates and the new phylum Xenoturbellida. *Nature*, 444, 85-88.

Bourlat, S. J., Nielsen, C., Lockyer, A. E. *et al.* (2003) Xenoturbella is a deuterostome that eats molluscs. *Nature*, 424, 925-928.

Bradshaw, H. D. Jr., Wilbert, S. M., Otto, K. G. & Schemske, D. W. (1995) Genetic mapping of floral traits associated with reproductive isolation in monkeyflowers (*Mimulus*). *Nature*, 376, 762-765.

Bradshaw, H. D. Jr., Otto, K. G., Frewen, B. E. *et al.* (1998) Quantitative trait loci affecting differences in floral morphology between two species of monkeyflower (*Mimulus*). *Genetics*, 149, 367-382.

Brinkmann, H., Venkatesh, B., Brenner, S. & Meyer, A. (2004) Nuclear protein-coding genes support lungfish and not the coelacanth as the closest living relatives of land vertebrates. *Proceedings of the National Academy of Sciences of the USA*, **101**, 4900-4905.

Brodie, E. D. III & Brodie, E. D. Jr. (1999) Predator-prey arms races. *Bioscience*, **49**, 557-568.

Brook, B. W., Sodhi, N. S. & Ng, P. K. L. (2003) Catastrophic extinctions follow deforestation in Singapore. *Nature*, **424**, 420-423.

Brower, L. P. (1984) Chemical defence in butterflies. In: *The Biology of Butterflies*, Vane-Wright, R. I. & Ackery, P. R. (ed.), pp. 109-134, Academic Press.

Caraco, T. (1979) Time budgeting and group size: a test of theory. *Ecology*, **60**, 618-627.

Caraco, T., Martindale, S. & Whitham, T. S. (1980) An empirical demonstration of risk-sensitve foraging preferences. *Animal Behaviour*, **28**, 820-830.

Caro, T. (2005) *Antipredator Defenses in Birds and Mammals*, University of Chicago Press.

Charlat, S., Hurst, G. D. & Mercot, H. (2003). Evolutionary consequences of *Wolbachia* infections. *TRENDS in Genetics*, **19**, 217-223.

Chivers, D. P., Wisenden, B. D., Hindman, C. J. *et al.* (2007) Epidermal 'alarm substance' cells of fishes maintained by non-alarm functions: possible defense against pathogens, parasites and UVB radiation. *Proceedings of the Royal Society B*, **274**, 2611-2619.

Clutton-Brock, T. (2009) Cooperation between non-kin in animal societies. *Nature*, **462**, 51-57.

Cohen, D. (1971) Maximizing final yield when growth is limited by time or by limiting resources. *Journal of Theoretical Biology*, **33**, 299-307.

Cuthill, I., Kacelnik, A., Krebs, J. R., Haccou, P. & Iwasa, Y. (1990) Starlings exploiting patches: the effect of recent experience on foraging decisions. *Animal Behaviour*, **40**, 625-640.

Darwin, C. R. (1859) *Origin of Species*. John Murray.

Das, R., Hergenrother, S. D., Soto-Calderon, I. D. *et al.* (2014) Complete Mitochondrial Genome Sequence of the Eastern Gorilla (*Gorilla beringei*) and Implications for African Ape Biogeography. *Journal of Heredity*, **105**, 752-761.

Dawkins, R. (1976) *The Selfish Gene*, Oxford University Press.［日高敏隆ほか 訳 (1980)『生物＝生存機械論―利己主義と利他主義の生物学』紀伊国屋書店］

Dawkins, R. (1979) Twelve Misunderstandings of Kin Selection. *Zeitschrift für Tierpsychologie*, **51**, 184-200.［訳が Dawkins (1982) の訳書に収録されている］

Dawkins, R. (1982) *The Extended Phenotype*. Oxford University Press.［日高敏隆ほか 訳 (1987)『延長された表現型―自然淘汰の単位としての遺伝子』紀伊国屋書店］

Dawkins, R. (1986) *The Blind Watchmaker*, W. W. Norton & Company.［日高敏隆 監修, 中嶋康裕・遠藤彰・遠藤知二・疋田努 訳『盲目の時計職人―自然淘汰は偶然か？』(2004) 早川書房. ※1993年に発行された同じ監修者らによるものの改題］

Dawkins, R. & Krebs, J. R. (1979). Arms races between and within species. *Proceedings of the Royal Society, London Biological Society*, **205**, 489-511.

Diamond, J. (1997) *Guns, Germs, and Steel: The Fates of Human Societies*, W. W. Norton & Company. ［倉骨彰 訳 (2012)『銃・病原菌・鉄 1万3000年にわたる人類史の謎（上・下）』草思社］

Diamond, J. (2002) Evolution, consequences and future of plant and animal domestication. *Nature*, **418**, 700-707.

Diamond, J. & Bellwood, P. (2003) Farmers and their languages: the first expansions. *Science*, **300**, 597-603.

Diamond, J. (2005) *Collapse. How Societies Choose to Fall or Survive*, Penguin. ［楡井浩一 訳 （2012）『文明崩壊 滅亡と存続の運命を分けるもの（上・下）』草思社］

Diaz, S. & 83 authors. (2015) The IPBES Conceptual Framework—connecting nature and people. *Current Opinion in Environmental Sustainability*, 14, 1-16.

Diekmann, O., Heesterbeek, H., Britton T. (2012) *Mathematical tools for understanding infectious disease dynamics*, Princeton University Press.

Dobson, M. 著, 小林力 訳 （2010）『Disease 人類を襲った30の病魔』医学書院.

Dobzhansky, T. (1947) Genetics of natural populations. XIV. a response of certain gene arrangements in the third chromosome of *Drosophila pseudoonbcscura* to natural selection. *Genetics*, 32, 142-160.

Donoghue, M. J. & Jacques, A. G. (2004) Implementing The Phylocode. *Trends In Ecology & Evolution*, 19, 281-282.

Dunn, C. W., Hejnol, A., Matus, D. Q. *et al.* (2008) Broad phylogenomic sampling improves resolution of the animal tree of life. *Nature*, 452, 745-749.

Edmunds, M. (1974). *Defence in Animals*, Longman.

Eisner, T., Goetz, M. A., Hill, D. E. *et al.* (1997) Firefly "femmes fatales" acquire defensive steroids (lucibufagins) from their firefly prey. *PNAS*, 94, 9723-9728.

Emlen, S. T. (1997), Family Dynamics of Social Vertebrates, In: *Behavioural Ecology: An evolutionary approach. 4th ed.*, Krebs, J. R. & Davies, N. B. (eds.), Blackwell Science.

Emlen, S. T. & Wrege, P. H. (1988) The role of kinship in helping decisions among white-fronted bee-eaters. *Behavioral Ecology and Sociobiolgy*, 23, 305-315.

Erwin, T. L. (1982) Tropical Forests: Their Richness in Coleoptera and Other Arthropod Species. *The Coleopterists Bulletin*, 36, 74-75.

FAO (2011) *Global forests resources assessment 2010-global tables*. http://www.fao.org/forestry/fra/fra2010/en/

Farris, J. S. (1974) Formal definitions of paraphyly and polyphyly. *Systematic Zoology*. 23, 548-554.

Farris, J. S. (1991) Hennig defined paraphyly. *Cladistics*, 7, 297-304.

Feng. J. M., Xiong, J., Zhang, J. Y. *et al.* (2014) New phylogenomic and comparative analyses provide corroborating evidence that Myxozoa is Cnidaria. *Molecular Phylogenetic and Evolution*, 81, 10-18.

Ferrari, M. C. O., Wisenden, B. D. & Chivers, D. P. (2010) Chemical ecology of predator-prey interactions in aquatic ecosystems: a review and prospectus. *Canadian Journal of Zoology*, 88, 698-724.

Fisher, R. A. (1930) *The genetical theory of natural selection*, Oxofrd University Press.

Frankham R., Ballou J. D. & Briscoe, D. A. (2002) *Introduction to conservation genetics*. Cambridge University Press.

藤田敏彦 （2010）『動物の系統分類と進化』裳華房.

Frisch, K. von (1938) Zur psychologie des Fische-Schwarmes. *Naturwissenschaften*, 26, 601-606.

Furuichi, S. & Kasuya, E. (2013) Mothers vigilantly guard nests after partial brood loss: a cue for nest predation risk in a paper wasp. *Ecological Entomology*, 38, 339-345.

Future Earth (2013) *Future Earth Initial Design: Report of the Transition Team*, International Council for Science (ICSU).
http://www.icsu.org/future-earth/media-centre/relevant_publications/future-earth-initial-design-report

Gardner, T. A., von Hase, A., Brownlie, S. *et al.* (2013) Biodiversity offsets and the challenge of achieving no net loss. *Conservation Biology*, 27, 1254-1264.

Godfray, H. C. J. (1994) *Parasitoids: Behavioral and Evolutionary Ecology*, Princeton University Press.

Grafen, A. (1985) A geometric view of relatedness. *Oxford Surveys in Evolutionary Biology*, 2, 28-90.

Grafen, A. (2007) Detecting kin selection at work using inclusive fitness. *Proceedings of the Royal Society B*, 274, 713-719.

Grant, P. R. (1986) *The Ecology and Evolution of Darwin's Finches*, Princeton University Press.

Grant, M. R., Godiard, L., Straube, E. *et al.* (1995) Structure of the Arabidopsis RPM1 gene enabling dual specificity disease resistance, *Science*, 269, 843-846.

Halanych K. M., Bacheller, J. D., Aguinaldo, A. M. *et al.* (1995) Evidence from 18S ribosomal DNA that the lophophorates are protostome animals. *Science*, 267, 1641-1643.

Hamilton W. D. (1970) Selfish and spiteful behaviour in an evolutionary model. *Nature*, 228, 1218-1220.

Hamilton, A. J., Basset, Y., Benke, K. K. *et al.* (2010) Quantifying Uncertainty in Estimation of Tropical Arthropod Species Richness. *The American Naturalist*, 176, 90.

Hamilton, A. J., Basset, Y., Benke, K. K. *et al.* (2011) Correction. *The American Naturalist*, 177, 544.

Hamilton, W. D. (1964a) The Genetical Evolution of Social Behavior. *Journal of Theoretical Biology*, 7, 1-16.

Hamilton, W. D. (1964b) The Genetical Evolution of Social Behaviour. II. *Journal of Theoretical Biology*, 7, 17-52

Hamilton, W. D. (1971) Geometry for the Selfish Herd. *Journal of Theoretical Biology*, 31, 295-311.

Hardin, G. (1968) The tragedy of commons. *Science*, 162, 1243-1248.

Hasegawa, M., Kishino, H. & Yano, T. (1985) Dating of human-ape splitting by a molecular clock of mitochondrial DNA. *Journal of Molecular Evolution*, 22, 160-174.

Hejnol, A., Obst, M., Stamatakis, A. *et al.* (2009) Assessing the root of bilaterian animals with scalable phylogenomic methods. *Proceedings of the Royal Society B*, 276, 4261-4270.

Hirayama, H. & Kasuya, E. (2009) Oviposition depth in response to egg parasitism in the water strider: high-risk experience promotes deeper oviposition. *Animal Behaviour*, 78, 935-941.

Hori, M. (1993). Frequency-dependent natural selection in the handedness of scale-eating cichlid fish. *Science*, 260, 216-219.

Hutchingson, G. E. (1978) *An introduction to population ecology*, Yale University Press.

Iannelli, M.・稲葉 寿・國谷紀良 (2014)『人口と感染症の数理 年齢構造ダイナミクス入門』東京大学出版会.

稲葉寿 (2002)『数理人口学』東京大学出版会.

稲葉寿 編 (2008)『感染症の数理モデル』培風館.

IPCC (2013) Summary for Policymakers. In: *Climate Change 2013: The Physical Science Basis. Contribution of Working Group I to the Fifth Assessment Report of the Intergovernmental Panel on Climate Change*. Stocker, T. F., Qin, D., Plattner, G.-K. *et al.* (eds.)
http://www.ipcc.ch/pdf/assessment-report/ar5/wg1/WG1AR5_SPM_FINAL.pdf

伊藤立則 (1985)『砂の隙間の生き物たち』海鳴社.

伊藤嘉昭 (1976)『動物生態学 (上下)』古今書院.

IUCN (2001) *IUCN red list categories and criteria: version 3.1*.

Iwasa, Y., Cohen, D. & Leon, J. A. (1985) Tree height and crown shape as result of competitive games. *Journal of Theoretical Biology*, 112, 279-297.

Iwasa, Y. & Cohen, D. (1989) Optimal growth schedule of a perennial plant. *American Naturalist*, 133, 480-505.

巌佐庸 (1998)『数理生物学入門：生物社会のダイナミックスを探る』共立出版.

Iwasa, Y. (2000) Dynamic optimization of plant growth. *Evolutionary Ecology Research*, 2, 437-455.
巌佐庸 (2008)『生命の数理』共立出版.
Jukes, T. H. & Cantor, C. R. (1969) *Evolution of Protein Molecules*, pp. 21-132, Academic Press.
Kacsoh, B. Z., Lynch, Z. R., Mortimer, N. T. & Schlenke, T. A. (2013) Fruit flies medicate offspring after seeing parasites. *Science*, 339, 947-950.
Kadoya, T., Takenaka, A., Ishihara, F., et al. (2014) Crisis of Japanese vascular flora shown by quantifying extinction risks for 1618 taxa. *PLoS ONE*, 9 (6), e98954.
Kahneman, D. (2011) *Thinking, Fast and Slow*. Macmillan. [村井章子 訳 (2014)『ファースト&スロー あなたの意思はどのように決まるか？（上・下）』早川書房]
環境省ウェブサイト
http://kyushu.env.go.jp/naha/pre_2013/0703a.html（2013年7月3日）
http://amami-wcc.net/efforts/alien-species/（奄美野生生物保護センター）
環境省生物多様性総合評価検討委員会 編（2010）『生物多様性総合評価報告書』.
Kimura, M. (1980) A simple method for estimating evolutionary rates of base substitutions through comparative studies of nucleotide sequences. *Journal of Molecular Evolution*, 16, 111-120.
木村資生 著・監訳, 向井輝美・日下部真一 訳 (1986)『分子進化の中立説』図4.4. 紀伊国屋書店.
Klein Goldewijk, K., Beusen, A. & Janssen, P. (2010) Long term dynamic modeling of global population and built-up area in a spatially explicit way: HYDE 3.1. *The Holocene*, 20, 565-573.
Leadley, P. W., Pereira, H. M., Alkemade, R. et al. (2010) Biodiversity Scenarios: Projections of 21st Century Change in Biodiversity and Associated Ecosystem Services. *Technical Report for the Global Biodiversity Outlook 3*. Secretariat of the Convention on Biological Diversity, Technical Series no. 50.
Lima, S. L. (2002) Putting predators back into behavioral predator-prey interactions. *Trends in Ecology and Evolution*, 17, 70-75.
Lima, S. L. & Bednekoff, P. A. (1999) Temporal Variation in Danger Drives Antipredator Behavior: The Predation Risk Allocation Hypothesis. *American Naturalist*, 153, 649-659.
Lincoln, R. J. (1998) *A Dictionary of Ecology, Evolution and Systematics*. Oxford Paperback Reference.
MacArthur, R. H. (1972) *Geographical Ecology: patterns in the distribution of species*, Harper and Row.
Malcolm, S. B. & Brower, L. P. (1989) Evolutionary and ecological implications of cardenolide sequestration in the monarch butterfly. *Experientia*, 45, 284-295.
M'Kendrick, A. G. & Lesava Pai, M. (1911) A rate of multiplication of microorganisms: a mathematical study. *Proc. Royal. Soc. Edinb.*, 31, 649-655.
Mappes, J., Marples, N., & Endler, J. A. (2005) The complex business of survival by aposematism. *Trends in Ecology and Evolution*, 20, 598-603.
Marlon, J. R., Bartlein, P. J., Daniau, A-L., et al. (2013) Global biomass burning: a synthesis *and* review of Holocene paleofire records and their controls. *Quaternary Science Reviews*, 65, 5-25.
Matsuda, H., Takenaka, Y., Yahara, T. & Uozumi, Y. (1998) Extinction risk assessment of declining wild populations in the case of the southern bluefin tuna. *Researches on Population Ecology*, 40, 271-278.
松井正文 編著 (2006)『脊椎動物の多様性と系統』裳華房.
Mauser, W., Klepper, G., Rice, M. et al. (2013) Transdisciplinary global change research: the co-creation of knowledge for sustainability. *Current Opinions in Environonmental Sustainability*, 5, 420-431.
Maynard Smith, J. (1977) Parental investment; a prospective analysis. *Animal Behaviour*, 25, 1-19.
Mayr, E. (1942) *Systematics and the Origin of Species*. Columbia University Press.
Mayr, E. (1988) *Toward a new philosophy of biology: observations of an evolutionist*. Harvard University

Press.
Michod, R. E.（1982）The Theory of Kin Selection. *Annual Review of Ecology and Systematics*, **13**, 23-55.
Millennium Ecosystem Assessment（2005）*Ecosystems and Human Well-being: Synthesis*. Island Press.
［横浜国立大学 21 世紀 COE 翻訳委員会 責任翻訳（2007）『生態系サービスと人類の将来――国連ミレニアムエコシステム評価』オーム社］
http://www.millenniumassessment.org/documents/document.356.aspx.pdf
Mills, J. H., Waite, T. A.（2009）Economic prosperity, biodiversity conservation, and the environmental Kuznets curve. *Ecological Economics*, **68**, 2087-2095.
三中信宏（1997）『生物系統学』東京大学出版会.
Minelli, A.（2009）*Perspectives in Animal Phylogeny and Evolution*, Oxford University Press.
宮城県メールマガジン「みやぎの自然」（2004 年 2 月 1 日）
http://www.pref.miyagi.jp/soshiki/sizenhogo/basu.html
Mora C., Tittensor, D. P., Adl, S. *et al.*（2011）How many species are there on Earth and in the ocean? *PLOS Biology*, DOI: 10.1371/journal. pbio.1001127.
Mousseau, T. A. & Roff, D. A.（1987）Natural selection and the heritability of fitness components. *Heredity*, **59**, 181-197.
Myers, N., Mittermeier, R. A., Mittermeier, C. G., Gustavo A. B. da Fonseca, G. A. B. & Kent, J.（2001）Biodiversity hotspots for conservation priorities. *Nature*, **403**, 853-858.
Nakano, H., Lundin, K., Bourlat, S. J. *et al.*（2013）*Xenoturbella bocki* exhibits direct development with similarities to Acoelomorpha. *Nature Communications*, **4**, 1537. DOI: 10.1038/ncomms2556.
Nei, M. & Gojobori, T.（1986）Simple methods for estimating the numbers of synonymous and nonsynonymous nucleotide substitutions. *Molecular Biology and Evolution*, **3**, 418-26.
Nelson, G. J.（1971）Paraphyly and polyphyly: Redefinitions. *Systematic Zoology*. **20**, 471-472.
日本分類学会連合（2003）第 1 回日本産生物種数調査
http://ujssb.org/biospnum/search.php
日本昆虫目録編集委員会（2013）『日本昆虫目録. 第 7 巻 鱗翅目（第 1 号 セセリチョウ上科―アゲハチョウ上科）』櫂歌書房.
日本生態学会 編（2002）『外来種ハンドブック』（村上興正・鷲谷いづみ 監修）地人書館.
日本生態学会 編（2012）『進化学事典』共立出版.
日本生態学会 編（2015）『シリーズ現代の生態学 3 人間活動と生態系』（森田健太郎・池田浩明 担当編集）共立出版.
日本生態学会生態系管理専門委員会（2005）自然再生事業指針. 保全生態学研究, **10**, 63-75.
Noren, M. & Jondelius, U.（1997）Xenoturbella's molluscan relatives.... *Nature*, **390**, 31-32.
Normile, D.（2004）Conservation takes a front seat as university builds new campus. *Science*, **305**, 329-330.
Novotny, V., Basset, Y., Miller, S. E. *et al.*（2002）Low host specificity of herbivorous insects in a tropical forest. *Nature*, **416**, 841-844.
Otto, S. P. & Whitton, J.（2000）. Polyploid incidence and evolution. *Annual review of genetics*, **34**, 401-437.
Pace, N. R.（1997）A molecular view of microbial diversity and the biosphere. *Science*, **276**, 734-740.
Paterson, A. H., Lander, E. S., Hewitt, J. D. *et al.*（1988）Resolution of quantitative traits into Mendelian factors by using a complete linkage map of restriction fragment length polymorphisms. *Nature*, **335**, 721-726.
Pereira, H. M, Leadley, P. W., Proença, V. *et al.*（2010）Scenarios for global biodiversity in the 21st

century. *Science*, 330, 1496-1501.
Petrov, N. B., Aleshin, V. V., Pegova, A. N. *et al.* (2010) New insight into the phylogeny of Mesozoa: Evidence from the 18S and 28S rRNA genes. *Moscow University Biological Sciences Bulletin*, 65, 167-169.
Philippe H., Brinkmann, H., Copley, R. R. *et al.* (2011) Acoelomorph flatworms are deuterostomes related to Xenoturbella. *Nature*, 470, 255-258.
Philippe, H., Derelle, R., Lopez, P. *et al.* (2009) Phylogenomics revives traditional views on deep animal relationships. *Current Biology*, 19, 706-712.
Pick, K. S., Philippe, H., Schreiber, F. *et al.* (2010) Improved phylogenomic taxon sampling noticeably affects nonbilaterian relationships. *Molecular Biology and Evolution*, 27, 1983-1987.
Pietrewicz, A. T. & Kamil, A. C. (1979) Search image formation in the blue jay (Cyanocitta cristata). *Science*, 204, 1332-1333.
Pinker, S. (1997) *How the Mind Works*, W. W. Norton & Company.［椋田直子 訳（2013）『心の仕組み（上・下）』筑摩書房］
Pinker, S. (2011) *The Better Angels of Our Nature*, Viking Books.［幾島幸子・塩原通緒 訳（2015）『暴力の人類史（上・下）』青土社］
Queller, D. C., Ponte, E., Bozzaro, S., & Strassmann, J. E. (2003) Single-gene greenbeard effects in the social amoeba Dictyostelium discoideum. *Science*, 299, 105-106.
Rainey, P. B. & Travisano, M. (1998). Adaptive radiation in a heterogeneous environment. *Nature*, 394, 69-72.
Ricklefs, R. E. (1969) An Analysis of Nesting Mortality in Birds. Smithsonian Contribution to Zoology. *Smithsonian Institution Press*.
Rockström, J., Steffen, W., Noone, K., *et al.* (2009) A safe operating space for humanity. *Nature*, 461, 472-475.
Rothschild, L. J. & Mancinelli, R. L. (2001) Life in extreme environments. *Nature*, 409, 1092-1101.
Rundus, A. S., Owings, D. H., Joshi, S. S. *et al.* (2007) Ground squirrels use an infrared signal to deter rattlesnake predation. *PNAS*, 104, 14372-14376.
Ruxton, G. D., Sherratt, T. N. & Speed, M. (2004) *Avoiding Attack: The Evolutionary Ecology of Crypsis, Warning Signals and Mimicry*, Oxford University Press.
Ryan, J. F., Pang, K., Mullikin, J. C., *et al.* (2010) The homeodomain complement of the ctenophore Mnemiopsis leidyi suggests that Ctenophora and Porifera diverged prior to the ParaHoxozoa. *Evodevo*, 1, PMID: 20920347.
Ryan, J. F., Pang, K., Schnitzler, C. E. *et al.* (2013) The Genome of the Ctenophore Mnemiopsis leidyi and Its Implications for Cell Type Evolution. *Science*, 342, DOI: 10.1126/science.1242592.
Ryder, O. A. (1986) Species conservation and sys- tematics: the dilemma of the subspecies. *Trends in Ecology & Evolution*, 1, 9-1.
佐藤總夫（1987）『自然の数理と社会の数理——微分方程式で解析する II』日本評論社.
Secretariat of the Convention on Biological Diversity. (2014) *Global Biodiversity Outlook 4*.［地球規模生物多様性概況第4版　https://www.cbd.int/gbo/gbo4/publication/gbo4-jp-hr.pdf］
Schaffer, W. M. & M. L. Rosenzweig (1978) Homage to the red queen. I. Coevolution of predators and their victims. *Theoretical Population Biology*, 14, 135-157.
Schemske, D. W. & Bradshaw, H. D. (1999). Pollinator preference and the evolution of floral traits in monkeyflowers (*Mimulus*). *Proceedings of the National Academy of Sciences*, 96, 11910-11915.

Schliewen, U. K., Tautz, D. & Pääbo, S. (1994) Sympatric speciation suggested by monophyly of crater lake cichlids. *Nature*, 368, 629-632.
Schuetz, J. G. (2004) Common waxbills use carnivore scat to reduce the risk of nest predation. *Behavioral Ecology*, 16, 133-137.
Sherman, P. W., J. Jarvis, & R. Alexander (1991) *The Biology of the Naked Mole-rat*, Princeton University Press.
白山義久 (2000) 『無脊椎動物の多様性と系統 (節足動物を除く)』 裳華房.
Species 2000, Catalogue of Life
http://www.catalogueoflife.org/col/browse/tree
Srivastava, M., Begovic, E., Chapman, J. *et al.* (2008) The *Trichoplax* genome and the nature of placozoans. *Nature*, 454, 955-960.
Stahl, E. A., Dwyer, G., Mauricio, R. *et al.* (1999). Dynamics of disease resistance polymorphism at the *Rpm1* locus of *Arabidopsis*. *Nature*, 400, 667-671.
Steffen, W., Richardson, K., Rockström, J., *et al.* (2015) Planetary boundaries: Guiding human development on a changing planet. *Science*, 347, DOI: 10.1126/science. 1259855.
Sudin, K. N. (2011) Toward an Era of Restoration in Ecology: Successes, Failures, and Opportunities Ahead. *Annual Review of Ecology and Systematics*, 42, 465-487.
Suzuki, Y. & Nijhout, H. F. (2006). Evolution of a polyphenism by genetic assimilation. *Science*, 311, 650-652.
TEEB (2010) *The Economics of Ecosystems and Biodiversity Ecological and Economic Foundations*. Kumar, P. (ed.), Earthscan.
Telford, M. J. (2006) Animal phylogeny. *Current Biology*., 16, R981-R985.
Telford, M. J. (2008) Xenoturbellida: the fourth deuterostome phylum and the diet of worms. *Genesis*, 46, 580-586.
Terao, A. & Tanaka, T. (1928) Influence of temperature upon the rate of reproduction in water-flea Moina macrocopa Strauss. *Proc. Imper. Acad. (Japan)*, 4, 553-555.
Tian, D., Araki, H., Stahl, E. *et al.* (2002). Signature of balancing selection in *Arabidopsis. Proceedings of the National Academy of Sciences*, 99, 11525-11530.
Tournefort, J. P. (1694-1695) *Elemens de botanique ou methode pour connoitre les plantes.*
Toyama, H., Kajisa, K., Tagane, S. *et al.* (2015) Effects of logging and recruitment on community phylogenetic structure in 32 permanent forest plots of Kampong Thom, Cambodia. *Philosophical Transactions of the Royal Society B*, 370, doi: 10.1098/rstb.2014.0008.
Trivers, R. L. (1971) The evolution of reciprocal altruism. *Quarterly Review of Biology*, 46, 35-57.
辻和希 (2006) 血縁淘汰・包括適応度と社会性の進化. 『シリーズ進化学6 行動・生態の進化』岩波書店.
Uesugi, K. (1996) The adaptive significance of Batesian mimicry in the swallowtail Butterfly, *Papilio polytes* (Insecta, Papilionidae): associative learning in a predator. *Ethology*, 102, 762-775.
Via, S., Bouck, A. C. & Skillman, S. (2000) Reproductive isolation between divergent races of pea aphid on two hosts. II. selection against migrants ad hybrids in the parental environments. *Evolution*, 54, 1626-1637.
Wiley, E. O, Siegel-Causey, D., Brooks, D. R. & Funk, V. A. (1991) *The Compleat cladist: a primer of phylogenetic procedures*, Series: Special publication (University of Kansas. Museum of Natural History) no. 19, Museum of Natural History, University of Kansas. [宮正樹 訳 (1992) 『系統分類学入

門—分岐分類の基礎と応用』文一総合出版］
Wilkinson, G. (1984) Reciprocal Food Sharing in the Vampire Bat. *Nature*, 308, 181-184.
Wilkinson, G. (1988) Reciprocal Altruism in Bats and Other Mammals. *Ethology and Sociobiology*, 9, 85-100.
Williamson, M. (1996) *Biological Invasion*, Chapman and Hall.
WWF (2014) *Living Planet Report 2014*.
   http://wwf.panda.org/about_our_earth/all_publications/living_planet_report/
Yahara, T., Kato, T., Inoue, K. (1998) Red list of Japanese vascular plants: summary of methods and results. *Proceedings of Japanese Society of Plant Taxonomists*, 13, 89-96.
矢原徹一・川窪伸光 編 (2002)『保全と復元の生物学 野生生物を救う科学的思考』文一総合出版.
矢原徹一 編著 (2008)『日本生態学会エコロジー講座1 森の不思議を解き明かす』pp. 85, 文一総合出版.
Yahara, T., Akasaka, M., Hirayama, H. (2012) Strategies to observe and assess changes of terrestrial biodiversity in the Asia-Pacific Regions. In: *The Biodiversity Observation Network in the Asia-Pacific Region, Toward Further Development of Monitoring*, Nakano et al. (eds.), pp. 3-19, Springer.
Yutin, N., Makarova, K. S., Mekhedov, S. L. *et al.* (2008) The deep archaeal roots in eukaryotes. *Molecular Biology and Evolution*, 25, 1619-1630.
Zhong, Z-Q. (2013) Animal biodiversity: An update of classification and diversity in 2013. *Zootaxa*, 3703, 5-11.
Zong, Y., Chen, Z., Innes, J. B. *et al.* (2007) Fire and flood management of coastal swamp enabled first rice paddy cultivation in east China. *Nature*, 449, 459-462.
Zuckerkandl, E. & Pauling, L. B. (1965) Evolutionary divergence and convergence in proteins. In: *Evolving Genes and Proteins*, Bryson, V. & Vogel, H. J. (eds), pp. 97-166, Academic Press.

索　引

【数字・欧文】

2 次感染者 ……………………………… 59
2010 年目標 …………………………… 337
Amoebozoa …………………………… 306
Archaeplastida ………………………… 306
Aristoteles（アリストテレス）………… 280
aspect diversity ………………………… 82
Linné, Carl von ……………………… 281
Chromalveolata ……………………… 306
Darwin, C. R. …………………………… 5
DNA ……………………………… 6, 135
ESU …………………………………… 304
Excavata ……………………………… 306
Future Earth ………………………… 339
Mendel, G. J. ………………………… 131
Grafen の秤 ………………… 123, 124, 125
Haldane-Muller の原理 ……………… 149
Hamilton のルール（Hamilton 則）… 119
Hardy-Weinberg 平衡 ………………… 140
IPBES ………………………………… 339
IPCC …………………………… 323, 337
Kermak-McKendrick モデル ………… 54
life-dinner principle …………………… 80
mRNA ………………………………… 136
Opisthokonta ………………………… 306
OTU …………………………………… 195
QTL マッピング ……………… 166, 212
R_0 …………………………………… 59
REDD＋ ……………………………… 337
Rhizaria ……………………………… 306
RNA ワールド ………………………… 8
SAR …………………………………… 306
Schreckstoff …………………………… 82
SIR モデル …………………………… 54
subspecies …………………………… 289
TEEB ………………………………… 343
Tilman のグラフモデル ……………… 252
Wright-Fisher モデル ………………… 151
ZooBank ……………………………… 289

【あ行】

アーケゾア …………………………… 305
アイソクライン ………………………… 33
愛知ターゲット ……………………… 337
アウストラロピテクス ………………… 14
亜種 …………………………………… 289
アミノ酸 ………………………… 136, 185
アメンボ ……………………………… 85
安定化淘汰 …………………………… 172
安定な（stable）……………………… 23
安定なリミットサイクル ……………… 47
安定ノード …………………………… 38
安定フォーカス ………………………… 39

閾値原理 ……………………………… 56
生きている地球指数 ………………… 322
遺失名 ………………………………… 288
移住 ……………………………… 141, 150
異所的な種分化 ……………………… 207
異性間淘汰 …………………………… 114
維管束植物 …………………………… 11
一年生草本 …………………………… 92, 97
遺伝暗号 ………………………… 9, 136
遺伝子型環境共分散 ………………… 163
遺伝子型環境相互作用 ……………… 162
遺伝子型主効果 ……………………… 162
遺伝子型頻度 ………………………… 139
遺伝子型分散 ………………………… 163
遺伝子系図学 …………………… 142, 154
遺伝子多様性 ………………………… 5
遺伝子重複 …………………………… 192
遺伝子の流動 ………………………… 203
遺伝子変換 ……………………… 137, 139
遺伝地図 ……………………………… 135
遺伝的荷重 …………………………… 149
遺伝的な攪乱 ………………………… 356
遺伝的浮動 ……………………… 151, 208
遺伝的分化 …………………………… 150
遺伝的変異 …………………………… 5
遺伝子頻度 …………………………… 140
遺伝率，狭義の ……………………… 163

遺伝率，広義の	163	型	290
意図的導入	347	花粉症	358
異名	287	花粉分析	332
インデル	139	カムフラージュ	81
イントロン	136	環境汚染	359
インフルエンザ	53	環境科学	vii
隠蔽種	293	環境クズネッツ曲線	341
隠蔽色	81	環境収容力	20
		環境主効果	162
栄養	68	環境と開発に関する国際連合会議	336
栄養器官	92	環境の変異性	250
栄養生殖	210	環境負荷	328
栄養成長	94	環境分散	163
栄養段階	228	感受性者	53
エクソン	136	間接効果	37, 232
餌選択	67	感染者	53
エディアカラ生物群	10	感染症	52
エネルギー	219	感染症の適応度	56
塩害	332	感染症の動態	53
塩基	136	感染履歴	57
塩基置換	138	カンブリア爆発	11
		冠輪動物	314, 316
オオカバマダラ	85		
雄間の競争	174	キイロタマホコリカビ	127
オナガカエデチョウ	85	偽系統群	297
折れ棒モデル	258	気候変動	323
		気候変動に関する政府間パネル第5次報告書	323
【か行】		気候変動枠組条約	336
科（family）	282	記載	286
界	305	希釈効果	83
外群	195	キーストン（keystone）種	233
階層的分類体系	281	寄生	4, 51
カイ二乗値	141	寄生生物	355
外胚葉	308	季節型	290
海綿動物門	311, 318	擬態	5, 87
海洋酸性化	224	偽体腔	311
海洋保護区	248	基本再生産数	59
外来種	29, 347	帰無仮説	141
外来生物	361	逆位	137
外来生物被害予防三原則	365	吸引域	38
外来生物法	361	旧口（前口）動物	308
学習	77	教育普及活動	365
学名	283	境界線効果	250
攪乱地	349	共生	9
隔離	52, 349	競争	350
確率密度	60	競争力	354

共通祖先	154
共通祖先遺伝子	155
協同的	115
京都議定書	336
京都メカニズム	336
共有祖先（原始）形質	296
共有地の悲劇	326
共有派生（子孫）形質	296
恐竜	13
協力関係	36
局所安定	38
距離行列	198
魚類	301
切り替え齢	95
近縁係数	144
近交係数	143
近交弱勢	166
近親交配	142
駆除	351
組換え	135
組換え率	135
クリーン開発メカニズム	336
クレード	297
グレード	298
群集生態学	237
群体鞭毛虫説	308
群淘汰	126, 127
群落	355
警戒色	85
景観	351
警告シグナル	86
警告色	85
経済的合理性	88
経済的コスト	361
形質グループ	126, 127
形質置換	36, 293
形態種	204
系統学	294
系統学的種概念	293, 304
系統分類学	294
血縁関係	119, 120
血縁個体	120, 123
血縁度	119
血縁淘汰	118

欠失	137
血清疫学調査	57
ゲノム	136
ゲノム間コンフリクト	121
ゲーム理論	103, 107
ケモスタット	26
検疫	52
限界価値	94
原核生物	305
原始細胞	9
原始生命	6
減数分裂	133
原生生物	3, 305
顕性代	11
検定	141
綱（class）	282
合意形成	343
攻撃的擬態	87
硬骨魚類	301
交雑	356
公衆衛生	53
後生動物	307
交尾行動	115
交尾成功率	114
効用関数	77
五界説	305
国外外来種	348
国際動物命名規約	285, 286
国際命名規約	286
国内外来種	348, 363
互恵的利他主義	117, 127
古細菌	3, 9, 305
コスト	119
個体群生態学	v
固定	152
固定確率	153
固定指数	150
子供を世話	104
コドン	136
固有種	356
固有派生形質	299
昆虫綱	290

【さ行】

細菌	3

索引

最終規模 ································ 61
最終規模方程式 ························ 61
最終氷期 ····························· 330
最節約法 ······················· 198, 298
最適な配分スケジュール ················ 95
細胞質 ······························ 121
最尤法 ······························ 198
在来種 ······························ 350
在来生態系 ·························· 357
雑種形成 ···························· 356
雑種個体 ···························· 356
雑種第1世代 ························· 131
雑種第2世代 ························· 131
里山 ································ 332
サドル ······························· 38
サメハダイモリ ······················· 84
左右相称動物 ························ 308
三名法 ······························ 289
産卵場所選択 ························· 85
産卵力 ······························ 145

シアノバクテリア ···················· 221
飼育栽培化 ·························· 331
自家不和合性 ························ 177
時間遅れ ····························· 50
識別形質 ···························· 293
シグナル ····························· 83
資源 ···························· 21, 354
資源利用 ····························· 35
資源量 ······························ 251
自己複製 ······························ 6
四肢動物 ···························· 301
市場の発達 ·························· 333
自殖 ································ 142
指数増殖 ····························· 17
指数分布 ····························· 60
自然再生事業指針 ···················· 343
自然誌（史） ························ 281
自然淘汰 ················ 5, 88, 89, 171, 294
自然の体系 ·························· 281
自然分類 ······················· 281, 294
自然分類群 ·························· 297
持続可能なパーム油のための円卓会議（RSPO）
 ·································· 342
四足動物 ····························· 12
実効再生生産数 ······················· 62

シノニム ···························· 287
刺胞動物門 ····················· 311, 318
姉妹群 ······························ 300
社会行動 ···························· 115
社会的相互作用 ······················ 103
種（species） ························ 281
集団（個体群） ························ 4
集団遺伝学 ······················· v, 131
集団生物学 ····························v
集団免疫 ····························· 63
雌雄の違い ·························· 111
収斂 ································ 297
種間競争 ························· 4, 28
種間相互作用 ·························· 4
樹型 ································ 197
樹高 ································ 111
種小名 ······························ 284
種数 ································ 237
種数-面積関係 ······················· 242
種多様性 ······························ 6
種内競争 ····························· 21
種内相互作用 ·························· 4
種の相対量 ·························· 255
種分化 ································ 5
種レベルの多様性 ···················· 279
順応的管理 ····················· 343, 365
生涯繁殖成功度 ······················· 89
消失 ································ 152
ショウジョウバエ ····················· 85
常染色体 ···························· 133
消費者 ······························ 219
除去者 ··························· 53, 54
触手冠動物 ····················· 313, 316
植物界 ······························ 305
植物防疫法 ·························· 361
食物網 ························· 218, 230
食料汚染 ···························· 359
所得 ································ 341
処理時間 ····························· 68
ジリス ······························· 84
シロオビアゲハ ······················· 87
人為淘汰 ···························· 164
進化 ································ 349
進化距離 ···························· 191
真核生物 ························· 9, 305
進化速度 ······················· 153, 154

進化的重要単位	304
進化的に安定	88
進化的に安定な戦略（ESS）	105
進化分類学	300
信号	83
人口	328
人口増加	340
新口（後口）動物	308
真社会性	121
真社会性昆虫	115, 121
新種	286
真正細菌	9, 305
真体腔	311
人畜共通感染症	358
振動	41
侵略性	364
侵略的外来種	347
水域生態系	219
数理科学	viii
数理生物学	v
数理モデル	53
数量分類学	295
スパイト	115
性	103
生産者	219
生産性	252
生殖隔離	203
性染色体	133
生息場所	233
生存率	145
生態学	v
生態学的種概念	293
生態系	4, 217, 351
生態型	304
生態系エンジニア	233
生態系サービス	235
生態系多様性	6
性転換	106
性淘汰	113, 174
正の淘汰	171
正の頻度依存淘汰	86
生物学的種概念	203, 293
生物間相互作用	179, 348
生物生産性	228

生物生産量	252
生物相	349
生物体量（バイオマス）	257
生物多様性	237, 279, 347
生物多様性条約	336
生物多様性と生態系サービスに関する政府間プラットフォーム	339
生物多様性の損失	324
脊椎動物	11, 301
接合後隔離	206
接合前隔離	205
節足動物	3, 290
絶滅危惧	344, 352
セパラトリックス	38
全感染期間	59
先取権	287
染色体	132
全球地球観測システム（GEOSS）	340
戦略	111
相加遺伝分散	164
総合法	300
相互作用	179
相互利他性	117
相同染色体	133
挿入	137
相補的結合	136
相利関係	4
相利共生	51
属（genus）	281
側系統群	297
側所的種分化	209
属名	284

【た行】

大域安定	38
大絶滅	13
体内時計	41
ダイナミックプログラミング	99
タイプ	287
ダーウィン適応度	88
多核化繊毛虫説	308
多型	147
多系統群	297
脱皮動物	314
多年生草木	97

索引　*385*

多様化選択	148	テイラー展開	57
多様性	3	適応	4, 171
多様性指数	272	適応進化	171
単系統群	296	適応性	67
単系統性	298	適応戦略	88
探索像	82	適応度	88, 115, 119, 145
炭素	223	適応放散	13
タンパク質	6, 135	鉄	224
担名タイプ	287	デトリタス	226
担輪動物	316	テトロドトキシン	84
		転写	136
置換	137	伝染病	358
置換名	288		
地球温暖化	323	統域的科学	343
地球科学	vii	同義置換	138, 182, 191
地球観測に関する政府間会合（GEO）	340	頭索動物亜門	301
地球サミット	336	島嶼域	351
地球の限界	326	同所的種分化	208
チーター	117, 127	同性内淘汰	114
窒素	219	同祖	120, 143
窒素固定	220	闘争	112
窒素負荷	327	淘汰係数	146
中生動物門	320	淘汰差	165
中胚葉	308	淘汰反応	165
中立	148	同定	280
中立安定	45	導入	347
中立説	186	導入規制	364
中立な突然変異	171	動物界	305
超越方程式	61	動物学命名法雑誌	286
長時間平均捕食速度	69	動物誌	280
長枝誘引	317	動物命名法国際審議会	286
超優性	147, 173	同名	287
鳥類	298, 302	同類交配	142
直泳動物門	320	特定外来生物	361
直接効果	232	時計遺伝子	41, 50
著作物	289	突然変異	137
珍渦虫	317	突然変異と淘汰の平衡	149
珍渦虫動物門	320	ドメイン	9, 305
珍無腸動物門	320	トランジション	138
		トランスバージョン	138
通俗名	283		
		【な行】	
定性的解析	22	内的自然増加率	20
定着	347	内胚葉	308
定方向性淘汰	146	生食ルート	226
締約国会議	336	軟骨魚類	301

ナンセンス変異 …………………… 138

肉鰭類 ……………………………… 301
二酸化炭素排出量 ………………… 334
ニッチ ……………………… 256, 350
二倍体 ……………………………… 133
二名式命名法 ……………………… 284
二名法 ……………………… 281, 284
任意交配 …………………………… 140
人間活動 …………………………… 322

ヌクレオチド ……………………… 136

熱帯林 ……………………………… 324

農業の開始 ………………………… 330
農業用生物資材 …………………… 359

【は行】
配偶子 ……………………………… 133
配偶システム ……………… 106, 112
配偶者選択 ………………………… 113
倍数化 ……………………… 137, 211
倍数体 ……………………………… 133
博物学 ……………………… 280, 281
働きアリ …………………… 115, 121
働きバチ …………………… 115, 121
爬虫類 ……………………… 298, 302
八界説 ……………………………… 305
ハビタット ………………………… 233
ハプロタイプ ……………………… 157
バラスト水 ………………………… 364
パラタイプ ………………………… 287
繁殖活動 ……………………………… 92
繁殖成功度 ………………………… 104
繁殖成長 ……………………………… 94
半数体 ……………………………… 133
半数二倍性 ………………………… 121
汎生種 ……………………………… 349
半倍数性 …………………………… 121
反復囚人のジレンマ ……………… 118

非意図的導入 ……………………… 347
尾策動物亜門 ……………………… 301
菱形動物門 ………………………… 320
被子植物 ……………………………… 3
被食 ………………………………… 80
被食者 ……………………… 40, 80
ピット器官 ………………………… 84
非同義置換 ……………… 138, 182, 191
非翻訳領域 ………………………… 136
病害 ………………………………… 350
病害微生物 ………………………… 355
表形分類学 ………………………… 295
表現型可塑性 ……………………… 36
表現型分散 ………………………… 162
品種 ………………………………… 290
頻度依存淘汰 ……………… 148, 173

不安定な（unstable） …………… 23
不安定ノード ……………………… 39
不安定フォーカス ………………… 39
フィッシャー性比 ………………… 109
フィールド科学 …………………… vii
富栄養化 ……………… 221, 254, 328
フェロモン ………………………… 82
不快害虫 …………………………… 358
不可逆的 …………………………… 350
腐食ルート ………………………… 226
フタモンアシナガバチ …………… 85
物質循環 …………………………… 219
物理的な基盤 ……………………… 357
ブートストラップ法 ……………… 199
不妊虫放飼法 ……………………… 359
負の淘汰 …………………………… 171
プレイヤー ………………… 103, 111
フレームシフト変異 ……………… 139
分岐学 ……………………………… 296
分散力 ……………………………… 355
分子系統学 …………………… v, 184
分子進化学 …………………… v, 184
分子進化の中立説 ………………… 186
分子生物学的手法 ………………… vii
分子時計 ……………… 185, 187, 193
分断化淘汰 ………………………… 172
分類学 ……………………… v, 279, 296

平均ヘテロ接合頻度 ……………… 153
平衡状態 ……………………………… 22
平行進化 …………………………… 297
平衡淘汰 …………………………… 147
平衡理論（マッカーサー・ウィルソン理論） …… 240

ベイツ型擬態	87	未判定外来生物	362
平板動物門	318	ミミック	87
ベキ乗分割モデル	269	ミュラー型擬態	87
ペスト	52	ミレニアム生態系評価	325
ヘテロ接合頻度	153		
ベニモンアゲハ	87	無顎類	301
ヘルパー	121	無限サイトモデル	155
扁形動物門	311	無根系統樹	195
変種	290	無体腔動物	310
片利共生	51	無腸動物門	317
		群れ	83
包括適応度	121		
方向性淘汰	172	命名者名	284
防除	364	命名年	284
母系遺伝	121	雌の選好性	174
捕食	4, 80, 350	免疫機能	62
捕食圧	353		
捕食寄生者	80	毛顎動物門	314
捕食者	40, 80	目（order）	282
ホストレース	304	モデル	87
保全生物学	v	戻し交配	134
ホタル	84, 87	モニタリング	365
ホップ分岐	49	モネラ界	305
哺乳類	302	門（phylum）	11, 282
ホムニム	287		
ホモ・サピエンス	14	**【や行】**	
ホロタイプ	287	薬剤抵抗性	359
翻訳	136	野生化	349
翻訳領域	136		

【ま行】

魔性の女	87	優位崩壊モデル	262
マーカー遺伝子座	159	優位保持モデル	262
マッカーサー分割モデル	264	有害突然変異	148
マッピング	135	有根系統樹	195
マルサス係数	17, 56	有櫛動物門	311, 318
マルサス法則	56	有鬚動物門	316
		湧昇流	222
見かけの競争	37	優性	132
未記載種	286	優性効果	164
ミクソゾア動物	317, 319	優性の度合い	146
ミスセンス変異	138	優性分散	164
ミトコンドリア	9	有頭類	301
緑の革命	327		
緑ひげ効果	126	要注意外来生物	362
見張り	83	羊膜動物（羊膜類）	13, 302
		予防接種	57, 62
		予防措置	359

四界説	305

【ら行】

ランダム分割モデル	264
利益	119
利害の違い	103
力学系	38
陸域生態系	219
陸上への進出	11
利己的	115
利己的な集合	83
リスク愛好	79
リスク回避	78
利他主義	115
利他性	115, 119
利他的	115
利他的行動	118
利他的性質	122
離島	350
利得	104
流行の強度	61
流出	26
両生類	302
量的遺伝学	157

量的形質	160
量的形質遺伝子座	166, 212
葉緑体	9
理論疫学	64
リン	219
臨界な住民数	56
臨界点	337
臨界免疫化割合	63
劣性	132
劣性致死遺伝子	145
レッドリスト	323
連鎖	135
連鎖不平衡	158
六界説	305
ロジスティック式	19
ロトカ・ヴォルテラ競争式	30

【わ行】

ワーカー	115, 121
ワクチン	62
ワクチン接種率	62
和名	283

【担当編集委員】

巌佐 庸（いわさ　よう）

1980年	京都大学大学院理学研究科博士課程修了
現　在	九州大学大学院理学研究院生物科学部門・教授，理学博士
専　門	数理生物学
主　著	『数理生物学入門：生物社会のダイナミックスを探る』『生命の数理』（ともに共立出版）

舘田英典（たちだ　ひでのり）

1981年	九州大学大学院理学研究科 単位取得の上退学
現　在	九州大学大学院理学研究院生物科学部門・教授，理学博士
専　門	集団遺伝学

シリーズ　現代の生態学 1 Current Ecology Series 1	編　者　日本生態学会　©2015 発行者　南條光章
集団生物学 *Population Biology*	発行所　共立出版株式会社 〒112-0006 東京都文京区小日向4丁目6番19号 電話　（03）3947-2511（代表） 振替口座　00110-2-57035 URL　http://www.kyoritsu-pub.co.jp/
2015年7月10日　初版1刷発行	印　刷　精興社 製　本　協栄製本
検印廃止 NDC 460, 468 ISBN 978-4-320-05744-9	一般社団法人 自然科学書協会 会員 Printed in Japan

JCOPY ＜出版者著作権管理機構委託出版物＞

本書の無断複製は著作権法上での例外を除き禁じられています．複製される場合は，そのつど事前に，出版者著作権管理機構（TEL：03-3513-6969，FAX：03-3513-6979，e-mail：info@jcopy.or.jp）の許諾を得てください．